KB068252

아이만큼 자라는 부모

THE AWAKENED FAMILY

참견하지 않고
집착하지 않는,
부모의 최강 육아법

아이만큼 자라는 부모

셰팔리 차바리 지음 · 김은경 옮김

차례

3부
부모가 보이는 감정의 실체

4부
변화를 이끄는 육아의 기술

우리는 우리 자신이 진정으로 누구인지 인지할 때 의식적으로 깨어난다. 이러한 인지를 통해 스스로 어떠해야 한다고 규정한 모습이나 다른 사람이 원하는 모습이 아닌 진짜 자신의 모습에 충실하면 얼마나 자유로워지는지 깨닫는다. 우리 자신의 주체적 자아와 연결되어야만 자녀를 그들의 주체적 자아와 연결시켜주는 일이 육아의 중요한 목적임을 알게 된다.

의식 있는 부모는 각 구성원의 참자아를 발현시키기 위해 노력하며, 아이가 자기 목소리를 발견하고 인정하고 표현할 수 있도록 길을 열어준다. 아이는 이러한 자기 목소리를 통해 자기 자신 그리고 타인과 활발하게 소통한다. 이렇게 자기 목소리를 낼 수 있는 권리가 현재와 미래의 회복탄력성과 자율권의 중요한 요소라는 점을 알면, 아이는 이 세상이 연민, 비폭력, 번영을 기반으로 발전하는 데 힘을 보탤 수 있다.

의식 있는 부모들은, 부모를 자녀보다 훨씬 우월한 존재로 보는 전통적인 육아 방식이 더 이상 쓸모 없으며, 오히려 이런 생각이 가족 내에서 역기능과 불화를 일으킨다는 사실을 알고 있다. 그들은 부모와 자녀를 동등한 존재로 보는 새로운 육아 방식을 만들어내고 실행하려 한다. 이러한 방식에 익숙해질 때, 부모와 자녀는 의식적인 인지를 바탕에 둔 성장의 길을 함께 걷는 동반자가 된다.

의식 있는 부모는 가족의 모든 관계가 서로의 성장을 돕기 위해 존재한다고 생각한다. 이러한 부모는, 자녀가 부모의 성숙과 성장의방향을 비춰주는 거울 같은 존재라고 생각한다. 이러한 부모는 자신이 생각하는 자녀의 단점을 고치려고 애쓰는 대신, 현재를 사는 능력을 키울 수 있게 노력한다. 다시 말해, 자녀의 행동이 아닌 부모 자신의 자각에 초점을 맞춘다. 이것이 바로 이 책에서 얻을 수 있는 핵심적인 깨달음이다.

부모가 매 순간 의식적으로 깨어 있는 상태에서 자녀와 함께 배우고 성장할 때 온 가족이 번창한다. 이러한 가족은 각자의 운명을 자유롭게 실현하면서 부담감과 두려움 없이 살아간다. 자기 인식이 강하고 자신을 한없이 신뢰하며 자유롭게 자신을 표현하기 때문에 마음껏 탐험하고 발견하고 참자아를 발현한다. 이것이 바로 의식 있는 부모가 만들어내는 가정의 풍경이다.

1부

The Awakened Family

새로운 육아의 길로 떠나는 용기

chapter 1

의식 있는 부모가 되는 길

"싫어, 가기 싫다고요!" 독립심 강한 내 딸 마이아는 이렇게 주장했다. "엄마 친구들이 오는 지루한 행사에 제가 꼭 갈 필요는 없잖아요!" 나는 마이아가 내 오후 일정에 관심이 없다는 걸 알고 있었지만 어쨌든 내 곁에 있어주기를 바랐다. 더욱이 그 행사에 참여하는 것이 '딸에게도 좋을 것'이라고 판단했다.

마이아는 여느 10대 초반 아이들처럼 분노와 고집과 건방진 태도가 뒤섞인 반응을 보였다. 등을 홱 돌리더니 자기 방으로 걸어가 문을 쾅 닫아버렸다. 나는 어안이 벙벙한 채 그 자리에 서 있었다. 딸을 독립적으로 키워왔던 터라 자기주장이 강한 딸의 모습을 마음 한편으론 높이 샀지만 다른 한편으론 그런 식으로 말하는 딸의 태도에 화가 치밀곤

했다. '아주 가끔은 엄마 말을 따라야 하는 거 아냐?' 마음속에서 이런 목소리가 들려왔다.

어떤 생각이 이겼는지는 짐작할 수 있을 것이다. 나는 나도 모르게 거친 발걸음으로 딸아이 방으로 들어갔다. "앞으로 엄마한테 그런 식으로 말하지 마!" 나는 큰소리로 말했다. "앞으로 엄마한테 버릇없이 굴지 마. 엄마한테 사과하고 그 행사에도 참여해!" 나는 이렇게 말하곤 딸이 방금 전에 그랬듯 몸을 홱 돌려 방문을 쾅 닫고 나와버렸다. "흠, 이 정도면 알아들었겠지! 이제 버르장머리 없는 자식으로 키우지 않겠어! 무슨 일이 있어도 엄마 말을 들어야지." 나는 득의양양하게 혼잣말을 했다.

근래에 나와 마이아가 실랑이를 벌인 적은 그때가 처음이 아니었다. 딸은 열두 살이 되면서 본인도 이해하기 힘든 감정의 소용돌이에 휘말리곤 했다. 그 또래 딸을 둔 엄마들이 대부분 그렇듯, 나는 마음을 가다듬고 애정을 담아 딸에게 공감해야 한다는 점을 자주 잊어버리곤 나 자신 또한 격한 감정에 휩싸였다. 10대 초반 아이들에겐 공감이 필요한데 말이다. 그 또래 딸을 둔 대부분의 엄마들처럼 나는 10대 초반 아이들에게 필요한, 차분하고 애정 어린 공감을 자주 잊어버리고 욱하곤 했다.

말다툼의 원인은 분명 내게 있었다. 그날 오후께 나는 마음을 가라앉힌 뒤 그 다툼에 대해 찬찬히 이야기해보려고 마이아와 마주앉은 뒤 아이를 꼭 안아주었다. 나는 마이아와 함께 우리가 어떤 식으로 서로를 화나게 했는지 이야기를 나누다가 사과하듯 말했다. "내가 그렇게 몰아붙이지 말고 현명하게 처신했어야 했는데. 엄마고 어른이니까." 마이아는 알 수 없는 눈빛으로 내 눈을 응시하더니 이렇게 말했다. "왜 그런 생각을 하세요? 제가 그렇게 버릇없이 말하지 않아야 했어요. 저야말로 좀 더 현명해야 했어요. 열두 살이나 되었으니까." 마이아가 나처럼 후회하는 말을 하자 마음 한구석에서 안도감이 느껴졌다. 나만 발끈했고 나만 가책을 느낀 것이 아니었다는 점에 내심 마음이 놓였다.

그 순간, 나는 내 안에 두 개의 상반된 측면이 존재한다는 사실을 절실히 깨달았다. 한 측면은 딸의 내면에 존재하는 힘을 믿고 딸과 깊이 연결되어 있었고, 다른 측면은 딸에게 분별없이 경솔하게 반응하여 반감과 단절을 일으키고 있었다. 나는 이중 하나는 내 진짜 감정이고 다른 하나는 나의 비이성적인 측면이라는 걸 깨달았다. 나는 흔히 후자를 나의 '에고ego'라 부른다.

'마이아는 내가 말한 대로 해야 해'라는 마음속 말이 실제 내가 아닌 나의 에고가 낸 목소리라는 사실을 깨달은 순간, 나는 그 소리에 귀 기울이지 않게 되었다. "그 정도 말했으면 됐어." 나는 에고에게 속삭였다.

마음을 가라앉히고 다시 이성을 되찾았을 때 날선 실랑이가 나의 에고 때문에 발생했다는 걸 마침내 인정할 수 있었다. 만일 내가 배려하는 부모의 모습에 충실했다면 딸이 가고 싶어 하지 않는 행사에 가라고 강요하진 않았을 것이다. 순전히 내 이기심으로, 딸을 통제하고 싶은 충동으로 그런 행동을 한 것이다.

시간이 흐른 뒤에야 통제하고, 요구하고, 화내는 목소리의 형태를 띠던 마음속 내 에고가 진짜 내가 아니라는 점을 이해하게 되었다. 누구든지 에고는 실제 자신이 아니다. 에고는 감정이 격해질 때 활기를 띠는 반응 습관이며 순전히 감정적인 측면이다. 이 사실을 인지하는 순간 우리는 이 에고를 길들일 수 있다.

자신의 에고를 잘 길들일수록, 그러니까 수많은 비이성적 감정을 불러일으키는 모순적이고 부정적인 자기 대화를 잘 진정시킬수록 '실제 자신'의 모습으로 상대방과 관계 맺는 능력이 향상된다. '실제 자신'은 본질적이고 진정한 자신을 말한다. 이러한 자신은 항상 내면 깊숙한 곳에 존재하지만 대부분은 에고의 끊임없는 수다와 감정적 반응에 파묻혀 버린다. 일전에 한 고객이 내게 이렇게 물었다. "무턱대고 반응하는 제 자신이, 머릿속의 이 목소리가 실제 제 자신이 아니라는 건가요?" 그렇다. 지금 내가 바로 그 말을 하고 있는 것이다. 나의 첫 책 『의식적인 부모The Conscious Parent』에서 나는 다음처럼 설명했다.

에고는 우리가 머릿속에 담고 있는 자신에 대한 그림에 가깝다. 자신이 담고 있는 이 그림은 진정한 자신과 다를 수 있다. 누구나 이러한 이미지를 품은 채 성장한다. 이러한 자아상은 어렸을 때 대체로 타인과의 상호작용을 통해 형성되기 시작한다.

나는 이것을 '에고'라 일컫는다. 이 에고는 자신에 대해 만들어낸 인식이다. 이것은 주로 타인의 의견을 바탕으로 형성된 자신에 대한 생각이다. 자기 자신이라고 믿게 되었고 생각하게 된 모습이다. 이 자아상은 진정한 자기 자신 위에 켜켜이 쌓인다. 우리는 어린 시절에 형성된 자아상을 굳건히 믿어버리곤 한다.

의식 있는 부모가 되려면 자신의 에고를, 머릿속에서 끊임없이 들려오는 이 목소리를, 그리고 그것이 인도하는 잘못된 방법을 인지해야 한다. 육아를 잘하려면 에고가 진짜 자신이 아니라는 걸 반드시 깨달아야 한다. 그 목소리와 그로 말미암은 경솔한 행동을 인지할 줄 알게 되면 자녀에게 막무가내 반응을 보이지 않는다. 에고는 우리가 그런 반응을 보이기를 원하지만 말이다.

머릿속에 있는 이 에고의 목소리가 우리의 반응을 유도하는 이유는 그것이 두려움에 뿌리를 두고 있기 때문이다. 아이에게 이렇게 해야 한다고 들려오는 수많은 목소리를 가만히 들어보면 대부분 두려움에서 비롯되었다는 점을 발견하게 된다. 자녀가 삶에서 이룰 성취와 자녀 자체에 대한 과장되고 거창한 생각, 자녀에 대한 걱정과 실망감, 이 모든 생각은 궁극적으로 두려움에서 비롯된 것이다.

예를 들어, 당신의 자녀가 인생에서 성공하기를 원한다고 해보자. 하지만 그것이 당신에게 왜 그렇게 중요한가? 그 내막을 자세히 들여다보면 당신은 이 세상을 염려스러운 곳, 경쟁이 치열한 곳으로 보고 자녀의 미래를 걱정하기 때문임을 알 수 있다. 혹은 자녀가 여러 면에서 칭송받고 재능을 보이기를 원하기 때문일 수도 있다. 하지만 이러한 바람 이면에 담긴 진실은 무엇일까? 단순히 자녀의 재능을 살리기 위해서일까? 아니면 자녀가 사회에서 잘 어울리지 못할까 봐? 대단한 인물이 되지 못하고 평범하기 짝이 없는 사람이 될까 봐 두렵기 때문에?

우리가 자녀를 기르면서 경험하는 문제들은 대부분 두려움에서 비롯된다. 이 두려움은 에고의 특징이기도 하다. 부모의 두려움은 자녀에게 굉장히 해로운 영향을 끼치며 자녀가 보이는 바람직하지 못한 행동들의 근원이기도 하다. 나는 이 책에서 이러한 두려움은 근거가 없으며 우리가 두려워할 필요가 없다는 점을 보여주려 한다.

자녀를 믿고 자녀의 미래를 신뢰할 만한 이유는 충분하다. 왜냐하면 우리는, 인간의 성장과 발전을 위한 삶의 환경들을 함께 만들어낸다는 현명한 목적을 품고 있는 우주에 살고 있기 때문이다. 물론 어쩌면 당신은 이 세상이 순전히 악한 환경과 사람들로 가득하다고 생각할지도 모른다. 하지만 나는 두려움과 불신만 야기하는 이러한 일차원적 시각보다 이러한 인간의 힘을 좀 더 심리적인 측면에서 이해하는 것이 낫다고 본다. 이렇게 할 때 다른 대상에게 반감을 갖기보다 그들의 본질을 더 잘 이해하게 되며, 이 과정을 통해 자신의 본질도 제대로 파악할 수 있기 때문이다.

선과 악은 아주 오래전부터 존재해왔다. 그래서 인간은 이 비극을 극복하기 위해 자신 안에 존재하는 힘을 발견해야 했다. 폭력이 존재하는 이유를 논리적으로 설명할 수는 없지만, 마음 중심에서 벗어나도록 세뇌당한 어린 시절에서 비롯되었다는 말은 할 수 있다. 이러한 맹목적인 무지는 오랫동안 존재해왔다. 그리고 바로 이러한 이유 때문에 우리는 의식적인 부모가 되어야 한다. 무턱대고 감정적으로 반응하는 습관은 가정에서 배우며, 이런 아이들이 사회에 나가면 다시 이런 모습을 보인다. 따라서 가정에서 감정적인 반응의 요소를 길들이고, 자기 자신과 세상이 좀 더 의식적인 관계를 형성하도록 길을 마련하는 것이 부모의 역할이다.

부모로서의 에고가 야기하는 감정적 반응과 이별해야만 자녀가 어느 장소에 있든지 조화롭게 지내도록 가르칠 수 있다. 자기 본연의 모습에 충실할 수 있는 자유와 자존감으로 충만한 어린 시절에서 평화로운 세상으로 향한 길이 시작된다.

그렇다면 우리의 에고는 어떻게 자라났을까? 흔히 에고는 참자아나 타인에게 자신을 맹렬하게 드러내지만, 내밀한 필사적인 마음에서 자라난다. 무의식적인 요소로부터 자신을 보호해야 할 필요성에서 자라난다. 우리는 수많은 '해야 할 일'과 처신과 관련하여 많은 부담을 부여받으며 성장했고, 그러면서 진정한 자아를 오해하기 시작했다. 가령 어렸을 때 쉽게 울음을 터뜨린다는 이유로 부모나 형제자매에게 놀림당했던 사람은 금욕적이고 감정을 드러내지 않는 사람으로 성장할 가능성이 높다. 기분을 느끼는 자아가 자신의 참자아라면, 금욕주의는 에고의 겉치장으로 볼 수 있다. 어렸을 때 사랑하는 사람에게서 비난과 비웃음을 받으면 자신을 보호하기 위해 이러한 금욕주의가 형성된다. 부모의 심리 불안과 내적 상처 때문에 필요한 보살핌을 제대로 받지 못하면 순응적이거나 반항적인 모습을 발전시키기도 한다. 부모의 주목을 받기 위해 그러한 모습을 완벽히 갖추거나 연기가 필요하다고 여기는 것이다.

나는 상담치료전문가로 일하면서 아이들이 본인 의지와 상관없이 순응적이거나 반항적인 태도를 보이는 수많은 사례를 목격했다. 아이들이 이렇게 행동하는 이유는 그러한 천성을 타고났기 때문이 아니라, 부모의 육아 방식으로 인해 어쩔 수 없이 이러한 역할을 떠맡았기 때문이다. 우리들 대부분은 어린 시절의 현실에 대처하기 위해 잘못된 방식을 써야만 했다. 이 방식은 부모가 우리를 거부할 때 느끼는 고통에서 우리 자신을 보호하기 위해 시작되었지만, 결국 우리를 옭아매는 족쇄가 되고 말았다.

우리의 에고는 아주 오래전에 형성되었다. 그것이 형성되고 있다는 사실도 알지 못하는 아주 어린 시절에 말이다. 이런 이유로 머릿속에서 들리는 에고의 목소리를 자신의 정체성으로 생각하는 데 아주 익숙해졌다. 그러다 보니 이 목소리가 우리의 진짜 생각과 느끼는 방식이 아니라, 이 세상에서 살아남기 위해 발전시킨 거짓 목소리라는 사실을 깨닫지 못하게 되었다. 대체로 우리는 이 두려움 때문에 생존에 초점을 맞추고 그로 인해 형성된 잘못된 태도로 아이들을 키우고 있다. 이러한 거짓 자아가 자녀들과의 불소통을 낳는 첫 번째 씨앗이다.

에고는 본질에서 벗어나 '~하면 어쩌지?' 혹은 '~해야 해'라는 생각으로 우리를 이끈다. 우리는 아이들의 자연스러운 존재 방식에 초점을 맞추지 못하고 우리의 요구, 신념, 두려움을 아이들에게 투영한다. 우리가 아이들의 본연의 모습에 무심해질수록 우리는 아이들의 참자아와 단절된다. 아이의 진정한 모습을 부인하는 것은 배신행위와 같다. 왜냐하면 아이는 "왜 엄마는 있는 그대로의 나를 봐주지 않지? 내가 나쁜 아이이기 때문일까?"라거나 "아빠는 왜 내 방식을 창피하게 여기지? 내가 쓸모없는 아이라서 그런 게 틀림없어!"라고 생각하기 때문이다.

나는 아이를 키우면서 딸에 대한 진정한 감정이 내 에고의 반응 때문에 너무 쉽게 무색해지는 순간을 수없이 경험했다. 딸의 필요에 맞춰 대화하지 못하고 대개 지금 이 순간과 관련이 없는, 머릿속으로 그려낸 온갖 각본에 치중했다. 가령 일전에 딸이 자신의 사생활을 존중해달라고 했을 때 나는 거부당했다는 머릿속 목소리에 나도 모르게 사로잡혔다. 이 목소리는 내 에고에 지나지 않는데 말이다. '마이아는 왜 나를 거부하지? 내 지혜와 나의 존재를 원하지 않는 건가?' 머릿속 목소리가 따져 물었다. 사생활을 존중해달라는 요청을 혼자 있는 시간에 대한 건강하고 자연스러운 욕구라고 생각하지 않고 '거부'로 받아들인 것이다.

이런 식으로 에고에 사로잡힌 부모는 더 이상 자녀를 배려하지 못한다. 상대방과 어떻게 관계를 맺어야 하는지 유일하게 알고 있는 참자아는 에고에 잠식당한다. 이러한 에고 때문에 아이를 제대로 바라보지 못하고, 이 세상에서 살아남기 위해서 자신에 대해 잘못된 인식을 품도록 강요한다. 그러다 보면 자녀 역시 에고에 잠식되어버린다!

이런 면에서 아이를 키우는 일은 부모 자신의 성장에 엄청난 도움이 된다. 아이에겐 우리가 얼마나 무의식적으로 아이를 키우는지 인지하게 만들어주는 능력이 있다. 내 딸 역시 내게 이러한 역할을 해주고 있다. 의지만 있다면, 우리가 너무 쉽게 휩싸이는 감정과 진정으로 느끼는 기분 사이에 존재하는 큰 간극을 인지할 수 있다. 전자는 무력감과 거부당했다는 느낌에서 비롯되어 명령을 내리거나, 타임아웃time-out(아이를 짧은 시간 동안 혼자 있게 하는 훈육법—옮긴이)을 지시하거나, 충분하게 생각해보지 않았던 '훈육법'을 쓰는 등의 다양한 감정적 반응을 야기한다.

에고의 맹렬한 정신적, 감정적 활동을 인지하면 그것을 우리 본연의 모습과 분리할 수 있게 된다. 이것은 의식적인 부모가 되는 데 매우 중요한 부분이다. 에고가 현재를 직시하는 능력을 무력하게 만든다는 점을 깨달아야 특정한 행동이나 환경에 진정으로 적합한 반응을 생각할 수 있다. 두려움이 아닌 자녀의 필요에 가장 적합한 방식에 초점을 두고 접근할 수 있다.

의식 있는 부모 되기

마이아에게 했던 말이 내 에고가 한 말이라는 사실을 깨달았을 때, 나는 열두 살 소녀가 이해할 수 있는 언어로 에고에 대해 설명해주었다.

"화가 나거나 상대방에게 이해받지 못할 거라는 두려움을 느낄 때 말야." 나는 이렇게 말문을 열었다. "우리는 자신을 보호하기 위해 사나운 호랑이로 변해. 너도 그랬어. 넌 엄마가 너를 이해하려 하지 않는다고 여기면 엄마한테 필사적으로 이빨과 발톱을 드러냈지. 물론 엄마는 엄마가 자랐던 방식을 기준으로 '어쩜 저리 버릇없을까!'라고 생각했고. 그리곤 엄마도 엄마 호랑이의 이빨을 네게 곧바로 들이댔지. 네가 두렵지 않았거나 궁지에 몰렸다고 느끼지 않았다면 공격적으로 변하지 않았으리란 걸 엄마가 알았어야 했어."

마이아는 내 말을 골똘히 듣더니 안도의 한숨을 내쉬고 내 품 안으로 바싹 파고들었다. 나는 마이아가 자신이 이해받고 인정받는다는 생각에 편안해진 모습을 보면서 내가 딸에게 얼마나 분별없이 반응했는지 잠시 생각해보았다. 나는 늘 잔소리를 해댔고 설교를 했고 꾸짖었다. 스스로 모든 것을 알고 있고 모든 통제권이 있다고 여기는 에고 때문에 나온 반응이었다. 이때 딸의 자기방어적인 본능이 튀어나온 것은 지극히 자연스러운 현상이었다.

사람은 누구나 자신에게 내재되었다고 느끼는 힘을 드러내고 싶어 한다. 이러한 생각이 에고가 아닌 본연의 자아에서 나온 것이라면 자신에게 내재된 힘이 있다고 느끼는 건 건강한 감정이다. 여기서 '본연의 자아'라는 것은, 감정적인 반응을 잘하는 에고의 끊임없는 소리와 술책에 흔들리지 않는 자신의 한 측면을 말한다. 가령 화가 치미는 것을 느끼더라도 마음을 차분히 가라앉히고 자녀를 존중하는 태도를 보이며 자신이 원하는 것을 요청할 수 있는 태도라든가, 자신의 에고가 자녀에게 으름장을 놓거나 처벌을 가하고 싶어 한다는 걸 인지하더라도 이러한 충동을 가라앉히고 자녀에게 허용선을 정할 방법을 찾는 태도 등이 그것이다. 관심을 기울인다면 의식적인 인지 상태에서 행동하지 않는 순간을 모두 감지할 수 있다.

마이아는 내가 자신의 기분을 인정하지 않는다고 느끼자 자연스럽게 강력한 자아로 목소리를 높였다. 덩달아 나도 참자아의 차분한 반응이 아닌 에고의 반응을 보였고, 이는 다시 딸의 에고를 자극했다. 그 결과 우리는 에고의 싸움에 갇히고 말았다. 싸움이 한창일 때는, 딸 아이의 반응이 '못된' 아이이기 때문이 아니라, 엄마의 에고로부터 자신을 보호해야 한다는 건전한 필요성에서 비롯된다는 생각을 하지 못했다. 나만의 에고에 단단히 휩싸여 있던 터라 딸이 자신의 목소리를 낼 여지를 주지 못했던 것이다.

이것은 우리가 이해해야 할 아주 중요한 부분이다. 자신의 진짜 목소리를 낼 여지를 얻지 못하고 그 목소리가 부모의 지침 사항들에 묻혀 버리면 아이들은 불안하고 우울한 심리로 자란다. 수많은 청소년이 부모가 자신을 인정해주지 않고 자신의 있는 그대로의 모습을 봐주지 않기 때문에 다양한 방식으로 자해를 한다. 술을 마시고 약물을 복용하고 부적절한 성관계를 맺으며 자기 몸에 상처를 내는 것이다. 이 모든 것이 부모의 인정을 받기 위한 발악이다. 이 모든 것이 부모가 자신을 주목해주고 인정해주고 알아주기를 원하는 깊은 갈망이다.

이 책을 읽으며 과거에 저질렀던 실수들 때문에 심하게 자책하는 부모들이 많을지도 모른다. 나는 내 글이 자책감이 아니라 부모로서의 의식을 불러일으키기를 바란다. 의식적인 부모가 되기 위한 여정을 시작하는 부모들이 일반적으로 보이는 반응 가운데 하나는 지난 실수를 뒤돌아보며 후회와 죄책감을 느끼는 것이다. 이러한 반응은 이해할 만하지만, 현재로부터 감정적 마비와 단절을 일으키기 위한 에고의 또 다른 책략이라는 점을 상기해야 한다. 의식적인 상태를 항상 유지하는 부모는 없다.

우리는 모두 혼란을 야기하고 무력감을 선사하는 분별없는 반응의 순간들을 경험한다. 부모라면 누구나 느끼는 부분이다. '그렇게 했어야 했는데'라는 후회에 빠져 있지 말고 이러한 깨달음을 변화의 기회로 활용해야 한다. 이렇게 하면 관련 없는 과거에서 아무것도 끌어내지 않고 의식적으로 지금 이 순간의 자녀에게 반응하도록 자신을 훈련할 수 있다. 의식적인 부모가 아니었던 자신을 용서해야 곧바로 현재에 집중하게 되며 필요한 변화를 일으킬 수 있다.

앞서 언급한, 내가 딸과 맞닥뜨렸던 상황을 다시 짚어보자. 만일 내가 나의 잘못된 행동을 수정하지 않고 내 방식이 계속 옳다고 믿었다면 나는 딸의 타고난 성향을 억누르고, 딸에게 생겨나기 시작한 자기 결정 능력을 약화시키면서 딸이 자신의 가치를 평가절하하도록 만들었을 것이다. 그 과정에서 딸은 나에 대한 분노를 키웠을 테고, 그 결과 우리 사이에 거리감이 형성되면서 서로 소통하는 능력이 저하되었을 것이다.

때문에 매일 의식적인 부모가 되는 연습을 하는 건 중요하다. 우리는 흔히 '의식적인 상태'나 '주의 깊은 상태'로 불리는 고취된 인지 상태를 유지할 때 에고에서 나오는 감정적 반응 상태와 참자아에서 나오는 차분하고 집중된 상태 사이의 차이점을 능숙하게 분별한다. 감정적인 반응의 유형을 파악하고 그것이 어떻게 자신을 배신하는지 주시할 수 있게 되면 무의식적으로 이루어지는 반응에서 벗어나기 쉽다. 적절한 때가 되면 아예 처음부터 그러한 반응을 보이지 않는 것이 한결 수월해진다. 자신이 그런 반응을 보이기 시작한다고 느껴지면 잠시 멈추고 이렇게 자문해야 한다. "내 아이는 어때야 한다는 내 생각이 아닌, 아이의 있는 그대로의 모습에 주파수를 맞추려면 어떻게 해야 할까?"

의식적인 부모가 되는 일은 하루아침에 이루어지지 않는다. 에고가 우리를 어떻게 부추기는지 제대로 인식하려면 연습이 필요하다. 다행히 제대로 인식하기 위한 노력의 발걸음을 살짝 내딛기만 해도 자녀와의 관계에서 커다란 변화를 이룰 수 있다. 의식을 향상시키기 위해 내딛는 모든 발걸음은 자녀의 마음에 아주 가깝게 다가간다.

두려움에서 오는 불안과 분노

우리는 모두 어린 시절을 지나왔다. 우리 부모님들은 대체로 아이가 정서적으로 성숙해지도록 육아의 방향을 잡는 법을 잘 몰랐다. 그러니, 어느 정도 차이는 있겠지만, 우리가 의식적이지 못한 상태가 된 것은 어쩌면 당연한 일이다. 성인이 된 지 한참 후에도 우리들 대부분은 분별 있는 대응법을 배우지 못했다. 바로 이런 이유로 우리는 정서 발달의 공백을 경험하며, 특히 자녀를 키울 때 더 그렇다. 아이들이 우리의 어린 시절을 떠올리게 하기 때문이다.

내 고객인 저넷은 정서 발달의 공백 때문에 유난히 많은 고통을 느꼈다. 서른아홉 살인 저넷은 어린 시절의 기억으로 마음에 끊임없는 파문이 일었다. "전 엄마로서 실패했어요." 나와 상담을 하던 저넷이 감정에 북받쳐 떨리는 목소리로 말했다. "전 어른이 되는 법을 몰라요. 마음속에선 제가 여전히 어린 여자애로 느껴져요. 아직 어른이 되는 법도 알지 못하는 제가 어떻게 일곱 살 난 딸을 돌볼 수 있겠어요. 딸은 학교에서 친구들과 아주 많은 일을 겪을 텐데, 전 항상 딸이 걱정스러워요. 제가 느끼는 불안은 제 삶의 모든 면에 영향을 주고 있어요."

나는 저넷이 하는 말을 가만히 들어주었다. "딸이 울면 전 더 큰 소리로 울어요. 딸이 화를 내면 같이 화를 내요. 딸 친구들이 딸에게 못되게 굴면 그 애들이 저한테 못되게 구는 것처럼 느껴져요. 무슨 말을 해야 할지, 어떻게 행동해야 할지 도통 모르겠어요. 절반의 시간은 딸의 상태를 확인하고, 다른 절반의 시간은 고통과 분노 사이를 오가고 있어요."

저넷은 대화를 나누는 동안 "너무 불안하고 이 역할을 해낼 수 있을 것 같지 않아요"라는 말을 반복했다. 저넷은 수많은 고객이 내게 했던 말을 똑같이 하고 있었다. 아이를 기르는 것은 두려운 일이다. '잘못된' 방식으로 그 역할을 하고 있지 않은지 항상 우려스럽기 때문이다.

우리는 임무를 잘 완수하기 위해 최선을 다하는 부모들이다. 그런 우리가 모르는 것이 있다면 육아에서 나타나는 대부분의 문제가 자녀에 대한 두려움에서 비롯된다는 점이다. 우리는 이 두려움을 관심이라고 생각한다. 이러한 두려움은 흔히 자녀와 관련해서 극심한 불안의 형태를 띤다. 그 두려움이 정확히 어떤 형태를 띠든지 우리의 선한 의도를 상당 부분 약화시킨다. 두려움은 육아에서 우리가 추구했던 것과 정반대의 결과를 낳는 요인이 된다.

나와 저넷은 현상을 파악하기 위해 그녀의 과거를 되짚어보았다. 대화가 오간 지 얼마 지나지 않아 저넷은 여섯 살이 되기 전 두 가지 중요한 사건이 자신의 삶에 영향을 끼쳤다는 걸 드러냈다. 하나는 아버지가 실직하여 어쩔 수 없이 조부모와 함께 다른 도시로 이사했던 사건이었고, 다른 하나는 큰 변화에서 온 스트레스 때문에 부모님이 싸우기 시작했다는 점이었다. 저넷은 어른들이 자신의 삶에 끼친 변화에 어떤 목소리도 내지 못해 무력감을 느꼈다.

나는 이렇게 설명해주었다. "어머님은 아이들이 신경을 곤두세우게 만들 때마다 어른으로서 반응해준다고 생각해요. 하지만 실제론 그렇지 않아요. 어머님은 서른아홉 살이지만 어렸을 때의 행동 방식으로 되돌아가고 있어요. 거리낌 없이 말하거나 자기주장을 할 수 없었던 여섯 살 난 아이로 돌아가고 있는 거예요. 그건 감정적으로 시간 속에 얼어붙어 있는 것과 같아요. 그렇기 때문에 한편으론 상황을 통제하지 못한다고 느끼고, 다른 한편으론 무력감을 느끼는 거죠."

저넷은 일련의 사건들을 겪으며 남아 있는 감정들을 의식의 영역으로 끄집어내면서 자기 마음의 본모습을 인지하게 되었다. 이와 함께 오래전에 형성된 감정 패턴이 어떤 상황에서 자극받는지 알아차리기 시작했다. 저넷이 그런 상황에서 한발 물러나는 법을 배우고, 무의식적인 충동에 휩싸이는 대신 의식적인 결정을 내릴 수 있게 되면서 그녀의 감정적인 반응은 잦아들었다. 저넷은 주어진 상황에 점점 더 차분하고 성숙하게 접근할 수 있게 되었다. 그렇게 되자 과거의 올가미에 매여 있다고 느끼지 않게 되었고 딸과의 관계를 수용하게 되었다.

아이가 학교 시험을 망치지 않을까 불안하여 잠을 이루지 못했던 때를 떠올려보자. 아니면 아이가 괴롭힘을 당한다며 흐느껴 우는 바람에 공황 상태에 빠졌던 때를 돌이켜보자. 우리는 모두 아이와 관련하여 분노, 불안, 죄책감, 수치심 등 이런저런 형태의 극심한 부정적 감정을 경험한다. 이 모든 것은 두려움에서 비롯된다. 두려움에 압도되는 순간 성숙한 자아에 대한 인식을 모두 잃어버리고 자신은 부모로서 실패했다고 느끼며 그에 따라 행동하게 된다.

불안이라는 형태로 두려움을 경험하는 것은 자녀 문제를 상당히 비이성적으로 대하는 한 방법이다. 나의 또 다른 고객인 캐서린은 딸 신디에게 폭발했던 이야기를 들려주었다. 캐서린은 신디에게 처음으로 너무 심하게 격분했던 순간을 여전히 끔찍하게 여기고 있었다. 당시 신디는 네 살이었는데, 부엌에서 아무것도 만지지 말라는 엄마의 말을 듣고도 부엌을 온통 어질러놓았다. 사소한 일이었지만 캐서린은 신경이 곤두선 나머지 폭발하고 말았다.

그때 충격을 받은 신디의 표정이 캐서린의 뇌리에서 떠나지 않았다. 미치광이처럼 변한 엄마의 모습을 보며 몹시 겁에 질린 딸을 보자 캐서린은 곧바로 발악을 멈추었다. 자신이 심할 정도로 이성을 잃었다는 걸 깨닫자 간담이 서늘해졌다. 난데없이 어떤 압도적인 힘에 지배된 듯한 기분마저 들었다.

나는 '압도적인 힘'에 지배되었다는 말에 공감하면서도 그것이 '난데없이' 나타난 것은 아니라고 설명해주었다. 캐서린이 발끈했던 이유는 그녀의 어린 시절과 관련 있다는 점에서 저넷의 경험과 유사하다. 캐서린은 통제적인 부모 밑에서 자랐다. 그러면서 그녀의 감정적 청사진emotional blueprint이 형성되었고, 이것은 그녀가 신디에게 똑같은 방식으로 반응하게 만드는 원인으로 작용했다.

캐서린은 딸이 힘들어하는 모습을 지켜보면서 자신을 세세히 들여다봐야 할 때라고 판단했다. 그녀는 자신의 과거를 면밀히 되짚어보면서 어렸을 때 일어났던 일들이 어떻게 계속 자신에게 영향을 미치며 현재를 망치고 있는지 이해하게 되었다. 무엇보다 캐서린은, 아이가 자신의 잊어버린 자아를 깨우쳐주기 위해 자기 삶에 들어왔다는 점을 받아들이게 되었다. 아이가 이러한 깨달음을 주는 존재라는 걸 이해하게 된 것이다. 물론 이렇게 진정한 자아를 재발견하는 일에 응하느냐 응하지 않느냐는 자신의 몫이다.

어린 시절의 경험이 현재에 미치는 영향

우리 모두는 과거가 현재에 영향을 준다는 걸 인지해야 한다. 과거에 얽매여 있는 것과 과거가 현재에 어떻게 영향을 주는지 인식하는 것은 상당히 다르다. 오래전에 자신에게 발생했던 일을 끊임없이 반복하는 것은 자신이 빠져 있는 구멍을 더 깊이 팔 뿐이다. 또한 과거가 현재의 자신에게 끼치는 영향력을 제대로 인지하지 못하면 자신이 아이에게 얼마나 감정적으로 반응하는지 알아차리기 힘들다.

어린 시절의 경험들은 삶의 모양을 형성하는 틀을 만든다. 이러한 틀에서 현재의 행동 패턴이 나오는데 이것은 어린 시절의 모습과 상당히 유사하다. 이점을 인지하지 못하면 우리는 이러한 패턴을 반복한다. 사실 어른이 되어서의 경험과 관계 맺기는 대부분 이러한 패턴에 고착되어 있다. 따라서 우리의 부모가 얼마나 의식적인 부모였는가 하는 점은 우리가 얼마나 정서적으로 안정된 사람으로 자랐는가를 결정하는 주요인이다.

부모가 되면 어린 시절에 형성된 패턴을 파악할 기회가 주어진다. 자녀는 우리와 그야말로 가까운 존재이기 때문에 우리 자신을 들여다보는 거울과 같다. 우리는 자녀를 통해 어린 시절에 느꼈던 감정과 대면한다. 고통스러운 경험일 수도 있다. 그렇다면 이러한 고통을 어떻게 처리해야 할까?

내 고객 코니는 이러한 딜레마를 매우 잘 표현했다. "그런 순간엔 너무 무력감을 느껴요. 제가 열 살 난 딸애를 납득시키지 못해서 그 애가 계속 울거나 성질을 부릴 때면 다시 아빠와 살던 어린 시절로 돌아가 통제당하는 것 같은 기분이 들어요. 그런 기분 정말 싫어요. 내 안의 어떤 나는 어릴 때처럼 굴복하고 싶어지고, 또 다른 나는 똑같은 현실이 또다시 발생했다는 사실에 소리를 지르고 분노를 터뜨리고 싶어져요. 두 가지 모습 다 끔찍하게 싫은데 스스로 통제할 수 없다고 느껴질 때 도무지 어떻게 해야 할지 모르겠어요."

우리는 무력감이나 불안을 느낄 때 상대방을 맹렬히 비난하는 방식으로 이러한 기분을 억제하는 경향이 있다. 여기서 상대방은 우리의 아이들이다. 이것을 심리학 용어로, 우리의 고통을 타인에게 '투사한다'고 말한다. 이렇게 함으로써 타인을 우리가 느끼는 고통의 원인처럼 보이게 만드는 것이다. 이에 반해 의식적인 대응은 아이의 모습에 분별없이 반응하는 대신, 아이가 나에게 비쳐주는 거울 안을 들여다보면서 여전히 어린아이처럼 행동하는 나 자신의 많은 측면을 인지한다.

우리가 감정적으로 미성숙할수록 아이는 콤플렉스, 불안정, 문제 행동을 드러낼 가능성이 높아진다. 이는 아이가 "저는 부모님이 아직 철들지 않았다는 걸 보여주는 존재예요. 제발 그 문제 좀 해결해서 제가 온전한 존재가 되도록 해주세요. 전 부모님이 성숙한 사람이 되기 위해 무엇을 해야 하는지 보여주는 존재예요. 큰 호의를 베풀고 있는 거라고요. 부모님이 그 일을 빨리 해결해야 저도 부모님의 거울이 되어주는 부담에서 빨리 벗어날 수 있잖아요"라고 말하는 자기 나름의 방식이다.

의식적인 부모는 자녀가 보여주는 거울을 들여다봐야 한다는 사실을 인식한다. 그 거울을 들여다볼 때마다 오래된 패턴에서 벗어날 기회를 얻는 셈이다. 그렇게 하면 그 패턴을 자녀에게 전가하지 않는다. 옛날 각본을 새로운 각본으로 바꾸려면 용기가 필요하다. 하지만 이것이야말로 자녀와 의식적으로 소통하기 위해 우리가 깨어 있을 유일한 방법이다. 그리고 이 방법을 통해서만 자녀가 참자아로 성장하는 데 도움을 줄 수 있다.

자녀가 문제일까 부모가 문제일까?

당신은 아이에게 화가 나서 소리친 적이 있는가? 아이에게 격하게 화를 냈다가 나중에 몹시 겸연쩍었던 경험을 하지 않은 부모는 거의 없을 것이다.

부모가 자녀에게 격분할 때는 자신의 감정을 어찌해야 할지 모르는 상태다. 부모는 아이가 자신을 화나게 했다고 생각한다. 자신을 성가시게 하고, 시험에 들게 하고, 짜증나게 하고, '극단'으로 내몰았다고 말한다. "자 봐, 너 때문에 내가 이러잖아!"와 같은 말로 자신의 화를 정당화하는지도 모른다. 부모는 불안하거나 걱정되거나 두려울 때 느끼는 기분을 자녀에게 발생한 일이나 자녀의 행동 탓으로 돌려버린다.

전통적인 육아 접근법에 따르면 부모가 화나거나 불안에 휩싸이거나 공황 상태에 빠지는 이유는 항상 자녀가 잘못했기 때문이다. 부모는 자녀의 행동이 이러한 반응을 부추긴다고 생각하면서 "나한테 왜 그러는 거냐?"라고 아이에게 따져 묻는다.

전통적인 접근법에 따르면 아이들이 이런 행동을 할 때 부모는 아이의 권리를 빼앗으며 타임아웃을 설정하거나 엉덩이를 때리며 처벌을 가한다. 이러한 독재적인 방식은 부모가 자녀에게 의표를 찔리거나 자녀 때문에 어찌할 줄 모를 때 보이는 잘못된 반응이다. 한 고객은 소아과의사가 자신에게 이렇게 말해주었다고 전했다. "이 두 살짜리 아이는 엄청난 힘을 갖고 있어요. 아이에게 시달리기 전에 지금부터 고삐를 죄는 게 좋아요. 통제 수단으로 타임아웃과 처벌을 고려해보세요." 자녀를 대하는 전통적 방식이 우리 안에 깊이 뿌리내려 있기 때문에 우리는 이런 방식을 쓰지 않으면 '나쁜' 부모나 '무능한' 부모가 될 거라고 믿는다.

좀 더 현대적인 접근법을 쓰는 부모라면 중립적인 목소리를 내고, 비판적으로 들리지 않는 언어를 선택할지도 모른다. 화가 날 때면 마음을 가라앉히기 위해 잠시 혼자만의 시간을 가질지도 모른다. 마음을 진정시키기 위해 열까지 세는 방법을 쓰지 않는 부모가 있을까? 어떤 육아법은 상황이 격한 싸움으로 치닫는 것을 방지하기 위해 손목에 고무 밴드를 차고 있다가 평정을 잃을 것 같은 순간에 밴드를 당겼다가 탁 놓으라고 가르치기도 한다.

처벌에 초점을 둔 전통적인 방식과 좀 더 현대적인 방식의 문제점은 그 효과가 오래가지 못한다는 점이다. 흔히 부모들은 얼마 지나지 않아 똑같은 문제에 또다시 직면한다. 더 심한 경우, 이러한 문제들은 수면 아래에서 여전히 존재한다. 가령 아이가 거짓말을 하거나 수업을 빼먹거나 부모가 안 보는 데서 금지된 행동을 할 때 그렇다.

부모를 화나게 하는 자녀의 행동에 대한 전통적, 현대적 방식의 효과가 오래가지 못하는 이유는 행동의 근원을 살펴보지 않기 때문이다.

육아책에서 읽거나 육아전문가나 다른 부모에게 배우는 다양한 육아법들은 특정한 행동 이면에 존재하는 역학 관계가 아닌 행동 자체에 초점을 맞춘다. 이러한 방법들은 대개 자녀를 통제하는 방식과 관련되어 있다. 부모들은 자녀가 특정한 행동을 '한다면', 혹은 '하지 않는다면' 감정적 반응을 더 이상 보이지 않을 거라고 생각한다. 이는 부모와 자녀가 항상 상대보다 한발 앞서려고 애쓰는 게임과 같다. 말할 필요도 없이 이 게임은 화, 불안, 실망, 심지어 비탄으로 끝나버린다.

의식적인 육아는 판도를 바꾸는 일과 같다. 자녀를 바꾸려 애쓰지 않고 부모 자신을 바꾸려고 노력하는 일이기 때문이다. 일단 부모가 올바른 상태를 형성하면 아이는 자연스럽게 변하고, 의식적인 사람으로 성장한다. 물론 부모가 올바른 상태를 형성하는 방법을 아는가 하는 문제가 남아 있다. 부모들이 스스로 '올바른' 행동이라고 생각하는 육아 방식들에는 많은 두려움이 내재되어 있으며, 부모들의 과도한 감정적인 반응은 의식적인 육아법에서 중점적으로 다루는 문제들이다. 감정적 반응이 자녀와 소통하는 능력을 어떻게 약화시키는지 제대로 인지하면 자녀에게 의식적으로 반응할 새로운 방법을 고민할 수 있다. 이렇게 의식적으로 인지하는 상태일 때 부모는 자신이 어떤 반응을 보여야 자녀가 참자아를 온전히 표현할 수 있을지 고민한다.

아이는 부모를 일깨우는 존재

독립적인 삶이라는 측면에서 자녀는 아직 작고 힘없는 존재다. 하지만 부모를 일깨우는 존재로서는 엄청난 잠재력을 지녔다.

나는 '일깨우는 존재'라는 말을 좋아한다. 이 말은 '친구' '지원군' '동반자' '뮤즈' 등 자녀를 일컫는 상투적인 말을 넘어서는 표현이다. 부모를 깨우치고 부모의 의식을 새로운 수준으로 높이는 자녀의 잠재력을 그대로 드러내는 표현이다. 나는 나의 딸이 어떻게 이런 역할을 하는지 인지하기 시작하면서 딸아이에게 경외심을 느꼈다.

정말로 놀라운 점은 자녀들이 부모에게 일깨워주는 것이 대단한 통찰력이라기보다 아주 사소한 순간이나 평범한 상황에서 우연히 깨닫는 교훈에 가깝다는 점이다. 실제로 우리는 대개 갈등의 순간에 우리의 무의식적인 반응 양상을 파악하게 된다. 바로 이런 이유 때문에 나는 많은 부모들이 가정에서 발생하는 갈등을 피하거나 의견 충돌을 부정하지 말고 갈등의 불가피성을 인정하고, 그 과정에서 얻은 깨달음을 자신에게 필요한 성장의 발판으로 삼아야 한다고 생각한다.

우리의 에고는 자녀를 지배하고 싶어 한다. 이 에고는, 강력하고 통제력 있다는 느낌을 좋아한다. 독재적인 방식으로 길러져서 이제는 그 방식에 중독된 에고를 탓할 수도 없다. 자녀 말고 과연 누가 우리로 하여금 자신의 삶을 완벽할 정도로 통제하는 것을 허용하겠는가? 부모는 물론이고 형제자매, 친구 어느 누구도 그렇게 통제당하지 않는다. 하지만 우리의 에고는 자신이 완벽히 통제할 수 있는 유일한 대상이 자녀라고 생각한다. 그렇기 때문에 자녀에게 통제력을 발휘하려 애쓰는 것이다. 우리는 자녀와의 관계에서만 모든 것을 알고, 지배력 있으며, 군림하는 자가 될 수 있다. 우리는 이러한 통제가 우리 자신의 내적인 힘이 보잘것없다는 사실을 나타낸다는 점을 깨달아야만 한다. 그래야 다른 방법을 찾는다.

부모가 이따금 자녀에게 미성숙한 행동을 보이면 자녀는 항상 그 방식을 고스란히 반사해 보여준다. 부모가 자신의 이러한 방식을 모른 체해버리면 스스로 성장할 중요한 기회를 저버리는 것이다. 반면 자녀가 되비쳐 보여주는 미성숙한 면을 인정한다면 크게 변화될 기회를 얻는다. 그러니까 일상에서 아주 사소한 문제로 자녀와 나누는 대화가 변화를 위한 촉매 작용을 하는 셈이다.

한 어머니의 예를 들어보자. 이 어머니는 아침마다 아이들이 자기 말을 전혀 듣지 않아 화가 치민다며 불만을 털어놓았다. 이런 까닭에 아이들이 습관적으로 학교에 지각한다고 했다. 전통적인 육아법이라면 훈육을 권했을 것이다. 문제는 부모들이 그러한 상황에서 "엄마(아빠) 말 듣고 있니?"라고 반복해서 말한다는 점이다. 뒤이어 "엄마(아빠)가 방금 뭐라고 했지?"라고 말한다. 그러다 더 큰소리로 말하면 아이가 마침내 말을 들을 거라고 생각하며 냅다 소리를 지른다. 이렇게 한다 해도 아이들은 부모 말을 듣지 않는다. 아이들은 점점 더 발끈하며 반항한다.

더 단호하게 더 자주 훈육하라는 전통적 육아법 대신, 이 어머니가 평소에 체계적이지 못하고 대체로 굼뜬 사람인지 아닌지 알아보는 것은 어떨까? 혹시 이 어머니가 아침에 할 일을 효율적으로 하지 못하는 사람은 아닐까? 자, 이제 초점은 자녀에게 필요한 변화가 아니라 어머니가 스스로 변화하기 위해 필요한 부분에 맞추어졌다.

이 어머니는 거울을 들여다보며 이렇게 자문해야 한다. "어떤 면에선 내가 평소에 드러내는 행동 방식을 아이들이 보여주는 것인지도 몰라. 내가 좀 더 체계적인 사람이 되려면 생활에 어떤 변화를 주어야 할까?" 자녀가 태어나기 전에는 체계적이지 못한 특성이 어느 정도 용인

되었을지 몰라도, 이제는 그러한 특성이 자녀에게 바람직한 행동 양상을 가르치는 데 저해 요소라는 점을 깨달아야 한다.

엄마가 아침 시간을 약간 정신없이 보내는 것이 대수롭지 않게 여겨질 수도 있다. 하지만 결국 자녀의 행동 양상을 형성하는 것은 부모의 훈계나 명령이 아니라 부모가 매일 보여주는 행동 패턴이다. 부모가 이러한 사실을 받아들일 때까지 자녀는 부모가 좀 더 철들어야 한다는 사실을 계속 보여줄 것이다. 실제로 부모가 자신의 삶을 재정비하는 방향으로 성장하고 성숙해지려는 노력을 감행하지 않는다면 언뜻 별것 아닌 듯 보이는 행동 습관이 여러 가지 문제의 씨앗이 될 수 있다.

다른 예를 살펴보자. 열두 살 정도 되는 남학생은 괴롭힘을 당한 나머지 갈수록 사회적 은둔자가 되어갔다. 그 학생은 부모가 아무리 어르고 달래고 협박해도 등교를 거부하고 친구들과 어울리지도 않았다. 부모는 갈수록 큰 절망감에 빠졌다. 이 부모는 여러 전문가에게 아이의 문제를 '고쳐달라고' 부탁했지만 모두 소용없었다. 물론 이따금 전문가가 개입해야 할 상황이 있을 수도 있다. 하지만 그러한 도움을 요청하기 전에 문제의 초점을 부모로 옮겨서 생각해보는 건 어떨까? 가령 그 부모가 과거에 사회생활을 어떻게 했는지 되짚어보는 것이다.

이 학생의 어머니는 나와 함께 자신의 과거를 되짚어보면서 자신 역시 어렸을 때 괴롭힘을 당했고 스스로 왕따를 당한다고 느꼈음을 실토했다. 그래서 어린 시절의 상당 기간을 외롭게 지냈다고 했다. 괴롭힘을 당하는 이유가 자신에게 있다고 생각한 이 어머니는 엄청난 수치심을 느꼈다. 이러한 괴롭힘과 외로움과 수치심 때문에 그녀의 심리는 극도로 불안해졌다. 아들이 괴롭힘을 당하기 시작하자 이러한 불안 심리가 자극을 받았다. 그녀는 아들을 극도로 걱정한 나머지 부지불식간에 아들의 자신감을 약화시키는 언행을 보였다. 내면의 회복탄력성을 일깨우도록 아들을 격려하지 못하고 과도한 불안을 드러내어 아들을 움츠러들게 만든 것이다.

이 어머니는 나와 상담 치료를 하면서 아들이 자기 안에 틀어박히게 된 것은 어머니가 보이는 불안한 반응을 감당하지 못하여 보인 반응이라는 사실을 알게 되었다. 이와 더불어 이 어머니가 보인 반응은 자신이 처리하지 못한 어린 시절의 사건들에서 기인한 감정이라는 걸 알게 되었다. 자녀들은 심각한 상황뿐만 아니라 일상의 소소한 일들을 통해서 우리에게 끊임없이 이렇게 말하고 있다. "정신 차리고 자신을 들여다보세요. 자신을 변화시켜 보세요. 바로 당신 자신을 위해서 그렇게 하세요. 그래야 제가 당신을 짓누르는 짐에서 자유로워질 수 있어요."

자녀는 부모의 굼뜬 태도를 일깨워주기도 하고, 때로는 부모의 강박관념과 중독을 깨우쳐주기도 한다. 뿐만 아니라 부모의 불안, 완벽에 대한 욕구, 통제하려는 욕구를 자각시키기도 한다. 자녀는 부모가 '예스'나 '노'를 명확히 말하지 않을 뿐더러, 대체로 진심을 표현하지 않는다는 사실을 알려주기도 한다. 부모의 통제 욕구, 의존 성향, 결혼 생활의 문제점까지 고스란히 보여주고, 부모가 오랫동안 가만히 있지 못하는 성격이라는 걸 알려주기도 한다. 또한 자녀는 부모가 훌륭한 인품으로 자녀를 대하고, 자녀에게 마음을 열고, 여유롭고 즐겁게 자녀를 대하는 것을 얼마나 어려워하는지 드러내 보이기도 한다. 특히 자녀는 부모의 진심이 담기지 않은 모든 방식을 그대로 되비쳐 보여준다.

부모는 자녀가 자신에게 어떻게 행동하고 반응하는가와, 자신이 자녀에게 어떻게 행동하고 반응하는가를 파악해야만 자신의 무의식을 들여다볼 수 있다(그럴 의향이 있다면 말이다). 이런 진실을 받아들여야 자녀가 반항할 때 그들을 거부하지 않는다. 그들을 탓하는 대신 이러한 난관이 과거에 해결되지 못한 자신의 어떤 문제 때문에 지금 현실로 나타났는지를 되짚는다.

부모 내면에 초점 맞추기

의식적인 육아법은 그야말로 판도를 바꾸어놓는다. 자녀에서 부모 내면의 변화로 초점을 이동한다. 이 접근법은 가족을 근본적으로 일깨우는 잠재력을 가지고 있다. 물론 부모가 일상 전반에 걸쳐 이러한 초점의 변화를 시도하는 건 결코 쉬운 일이 아니다. 이러한 접근법은 부모가 자녀에게 반응하는 방식들이 모두 바람직하지 못하다는 걸 고스란히 드러낸다. 그렇기 때문에 부모가 무의식의 내면을 들여다보고 어두운 곳에 숨어 있는 측면들을 대면해야 한다는 과제를 제시한다. 이에 따라 부모는 '내 어린 시절의 방식'에 안주하지 않고 자녀와의 관계를 이끌어갈 새로운 방식을 찾아내려 하며 시간이 지날수록 자녀에게 맞는 반응을 고안해낼 수 있다. 그러다 결국 이렇게 자문한다. "나 자신에 대해 더 많이 배우기 위해 아이와 있는 이 순간을 어떻게 활용할 수 있을까?"

다섯 살 난 안나의 어머니 제나는 딸이 받은 충격 때문에 힘든 시간을 보냈다. 제나는 안나와 대화할 방법을 찾지 못해 매일 절망적인 기분을 느꼈다. 안나가 짜증을 내며 밤잠을 못 이루던 어느 괴로운 밤에, 제나는 안나의 빰을 후려치며 혼을 냈는데 그날 이후, 상황은 더 악화되었다. 당연한 일이다.

제나는 자신의 통제력이 부족하다는 사실에 수치심을 느꼈고 곧장 나와의 상담을 예약했다. 나는 그 일에 대해 이야기를 나누다가 제나가 어떤 측면에서 자기 무덤을 판 건지 알게 되었다. 제나는 이렇게 말했다. “전 안나가 계속 짜증을 부릴 때 안나의 기분을 들여다보려고 애썼어요. 왜 기분이 나쁜지, 어떻게 해주면 될지 계속 물어봤어요. 하지만 얘기는 안 하고 계속 울면서 저한테 팔을 마구 흔들더라고요. 전 계속 진정시켜 보려 했지만 안나는 계속 악쓰며 울었어요. 그러다 마침내 제가 이성을 잃은 거죠.” 제나는 여느 부모들처럼 아이와 소통하려 애썼다고 생각했지만 실제로는 갈등의 골만 더 깊어졌다.

나는 제나가 가장 중요한 퍼즐 조각을 잃어버린 상황이라고 말했다. “어머님은 가장 중요한 사항을 잊어버렸어요. 바로 어머님의 생각과 기분이죠. 마음속에 어떤 생각이 떠다녔고 어떤 기분을 느꼈는지 말해 줄 수 있나요?”

제나는 어리둥절한 표정으로 나를 보았다. 잠시 침묵을 지키던 제나가 말을 꺼냈다. “잘 모르겠어요. 안나에게만 신경을 썼던 터라 제 생각이나 기분에는 주의를 기울이지 못했어요.”

많은 부모가 제나처럼 말한다. 많은 부모가 자녀의 행동에만 신경을 쏟은 나머지, 순간적으로 분별없는 반응을 보이며 그러한 반응이 나온 근본 원인에 대해서는 생각하지 않는다. 부모들은 흔히 무의식적인 반응을 보이며, 그 결과 상황은 더 악화된다. 시선을 자기 자신에게로 돌려 자기 내면의 모습에 초점을 맞추어야 비로소 자신이 자녀가 경험했던 혼란에 얼마나 큰 원인을 제공했는지 깨닫는다. 제나는 그 점을 깨달았고, 더 중요한 것은 그런 상황을 변화시키기 위한 방법을 생각하는 힘이 생겼다는 점이다.

"어머님은 아이와 소통하려 할 때 너무 많은 감정에 휩싸여 있었어요. 무력감, 통제 불능의 기분, 좌절감과 분노를 느끼고 있었죠. 이 모든 감정은 두려움을 나타내요. 깨닫지 못하고 있지만 어머님의 반응을 야기한 원인은 아이의 행동이 아니라 어머님의 두려움이었어요."

제나는 스포트라이트를 자신에게 비추라는 말이 무슨 의미인지 서서히 이해했다. 잠시 생각에 빠져 있던 제나는 이렇게 말했다. "전 그때 딸이 아니라 제가 위태로워지고 있다는 걸 알지 못했어요. 제 자신한테 주의를 기울이지 않았던 거죠. 그저 딸을 바로잡아주겠다는 생각으로 무분별한 반응을 보인 거예요. 선생님 말이 맞아요. 그 모든 상황이 두려웠고 그래서 이성을 잃었어요."

의식적인 육아는 부모가 보여주는 행동의 실제 원인에 초점을 두기 때문에 미봉책이 아니다. 어머니와 아버지로서의 역할에 변화를 이끈다. 성숙하지 못한 우리의 모습을 자녀가 되비쳐 보여줌으로써 우리는 끊임없이 자신과 대면하면서 점점 훌륭한 부모로 성장한다. 세상에 태어난 모든 아이가 부모로 맞이해도 될 만큼 가치 있는 부모로 말이다.

chapter 2

오래된 신념이 육아에 끼치는 나쁜 영향

부모는 자녀를 깨어 있는 상태 그대로 이끌어주어야 한다. 그들은 이미 깨어 있는 존재이기 때문이다. 부모는 자녀가 타고난 의식적 인지력을 발휘할 수 있는 환경을 조성하여 그것을 계속 키워주어야 한다. 이렇게 하려면 두려움에서 비롯된, 자녀의 발전을 저해하는 통제식 육아법에서 벗어나 자녀의 신체, 정서, 정신 발달을 지원하는 육아법으로 바꾸어야 한다.

부모는 자신의 배에 탑승한 자녀가 나이에 걸맞게 항해해나가도록 용기를 주어야 한다. 자녀가 타고난 운행 능력을 발휘하도록 기회가 될 때마다 고무시켜야 한다. 부모의 두려움 때문에 자녀의 있는 그대로의 모습에 의문을 제기하면 안 된다. 자녀에게 자율권이 부여되어야 아이는 자신을 완전하게 표현하기 위한 노력에 자연스럽게 귀 기울이며, 동시에 그렇게 되는 데 필요한 모든 것을 스스로 찾아낸다.

통제를 통해 자녀에게 동기를 부여하는 방식에서 스스로 동기를 부여하는 사람이 되도록 격려하는 방식으로 바꾸는 육아법은 미묘하지만 중요한 변화다. 이렇게 해야 자녀에게 삶에 대한 열정을 지펴줄 수 있다. 그러면 자녀는 내면에서 자연스럽게 동기가 생겨나 목표를 실행하는 데 필요한 자기 훈련을 스스로 실행한다. 이를 통해 아이는 의식 있는 사람이 되며, 이는 현명한 삶의 기반이 된다.

우리는 자녀가 무한한 가능성을 지닌 내면 깊은 곳의 자아와 소통할 때 상상하지 못할 만큼 스스로 동기를 부여한다는 걸 알아야 한다. 부모의 역할은 자녀가 자신의 기질에 맞는 방식으로 의욕을 표현하도록 돕는 일이다. 자녀가 자신의 내면을 계속 들여다보도록 격려해야만 이러한 도움을 줄 수 있다. 그래야 자녀는 자신의 결정에 타인이 과도한 영향을 미치도록 내버려두지 않고 자신의 욕구에 귀를 기울일 줄 알게 된다. 물론 부모가 이러한 도움을 줄 수 있으려면 이런 정도에 정비례하는 본인의 삶을 살아야 한다.

'내 아이는 ~한 사람이 되어야 한다'고 정한 기준을 아이가 따르도록 강요하지 말고 아이 스스로 자아실현을 하도록 안내해주어야 한다. 이런저런 행동을 해야 자녀가 잘된다고 믿는 건 어리석은 일이다. 인생이란 불안정하기 때문에 항상 '무언가를 해야 한다'는, 우리가 그동안 배워온 방식과 어긋난다. 따라서 부모가 깨어 있는 안내자 역할을 수용하는 일이 처음엔 거북할 수 있다. 이러한 역할이 왠지 부모로서의 책임을 다하지 못하는 것처럼 느껴질 수도 있다. 이는 우리가 '무슨 일을 하는지 보면 그 사람을 알 수 있다'는 말을 들으며 자랐기 때문이다. 우리는 원하는 결과를 일구어내려 노력하지 않으면 마땅히 해야 할 일을 하지 않는다는 죄책감에 사로잡힌다. 자신의 두려움에 대한 해결책은 행동이라고 굳게 믿는다. 그래서 아이를 자신의 소지품으로 여기면서 우리가 상상한 아이의 미래를 향해 아이를 몰아붙인다. 하지만 머릿속 목소리에 귀 기울이고 거기에 사로잡히던 습관을 멈춰야 한다. 자녀를 자신의 삶의 주인이 될 능력을 충분히 갖춘 독립적 주체로 생각해야 한다. 그래야 마음속에 내재된 열정과 용기를 아이 스스로 드러낼 수 있다.

애정이 통제가 될 때

자녀에 대한 통제를 포기하기란 매우 어려운 일이다. 만일 당신이 이렇게 하려고 애쓴다면 당신의 에고는 왜 통제가 필요한지 모든 이유를 상기시키는 메시지들을 가차 없이 보낼 것이다. 하지만 그러한 메시지들은 자녀의 본모습과 지금 이 순간 실제로 일어나고 있는 일과는 상관이 없다.

이 부분을 좀 더 명확히 설명하기 위해 열네 살 토냐와 어머니 칼라가 처음 상담을 받으러 왔던 때를 이야기하려 한다. 이 모녀는 상담을 받는 내내 다투었다. 칼라는 딸 토냐가 해내지 못하는 것들을 죽 나열했다. 공부를 하지 않고, 빨래도 안 하고, 운동도 안 하며, 올바른 음식도 먹지 않고, A학점도 받지 못하고, 새로운 친구도 못 사귀고, 자원봉사도 안 하고, 개도 돌보지 않고…….

목록은 계속 이어졌다. 칼라는 딸이 반박하려 할 때마다 고함치듯 다른 예를 끄집어냈다. 마치 토냐는 제대로 하는 것이 하나도 없는 듯 보였다. 토냐는 자기를 옹호하려는 시도를 포기하더니 소파에 몸을 파묻고 입을 완전히 다물어버렸다. 딸의 분노와 어머니의 과잉반응으로 모녀 사이에 단단한 장벽이 드리워졌다.

"어머니께선 지금 상당한 공황 상태인 것 같네요. 뭐가 그렇게 두려운지 말씀해주실 수 있나요?"

"토냐가 대학에 못 가서 낙오자가 될까 봐 두려워요." 칼라는 눈물을 보이며 실토했다. "좋은 직업을 찾지 못하고 독립하지 못할까 봐 두려워요. 전 제 길을 찾는 데 오랜 시간이 걸렸어요. 그래서 딸만큼은 그러지 않았으면 해요." 토냐는 한숨을 크게 내쉬더니 뒤이어 말했다. "토냐는 제가 끊임없이 잔소리를 한다고 생각하지만 전 토냐가 성공할 수 있도록 애쓰는 거예요. 토냐가 절 적으로 생각하지 말고 이 엄마가 자길 얼마나 생각하는지 알아줬으면 좋겠어요."

나는 칼라가 딸을 통제해야 한다는 생각이 강한 나머지 딸에 대한 애정이 수많은 지시 속에 파묻혀버렸다고 설명해주었다. 이후 이어진 몇 번의 상담을 통해 칼라가 딸에 대한 접근법을 바꾸도록, 다시 말해, 두려움 때문에 끝없이 지시 내리는 모습에서 벗어나도록 도움을 주었다.

칼라는 딸이 리더십을 갖추기를 바랐지만 실제로 자신의 불안이 딸의 리더십을 약화시켰고, 현재 모습 그대로의 딸과 소통하는 능력을 묻어버렸다는 사실을 점점 깨달았다. 칼라가 변하자 토냐도 마음을 열었다. 토냐는 엄마가 악의적으로 잔소리를 한 것이 아니라는 점을 이해하기 시작했다. 엄마가 자신에게 애정이 많다는 건 분명했다. 칼라는 자신의 불안이 어린 시절에서 비롯되었다는 걸 인지하면서 불안을 없애려고 계속 노력했다. 그러는 과정에서 칼라와 토냐는 솔직하고 진심 어린 대화를 나눌 수 있을 정도로 관계가 좋아졌다.

나는 고객들을 상담하면서 부모가 불안을 없앨 때 자녀가 앞으로 나아가 자기 삶의 주인이 되는 경우를 많이 보았다. 토냐 역시 상담을 통해 어머니가 그렇게 원하던 자기 주도력을 갖추게 되었다. 어머니가 딸의 삶에 대한 통제를 멈추었을 때에야 비로소 그렇게 될 수 있었다. 역설적이게도 토냐의 어머니가 딸을 돕기 위해 필요하다고 여겼던 통제를 포기하자 자신이 원하는 것을 얻은 것이다.

초점을 둔 시간대의 불일치

칼라는 내가 알고 있거나 상담했던 여느 부모들과 비슷했다. 행동을 요구하는 문화에 젖어 있는 그들은 성공하기 위한 유일한 방법은 끊임없이 바쁘게 지내고 자기 생활을 통제하는 것이라고 믿는다. 칼라는 이 메시지를 딸 토냐에게도 전하고 있었던 것이다.

사회에서 거두는 성공은 문화적 기준에 따라 평가된다. 그래서 우리는 자신을 밀어붙이고 자원을 최대한 활용하여 성과를 내는 것이 삶의 전부라고 생각한다. 아이를 기르는 부모는, 높은 점수를 받고 좋은 학점을 따서 '적절한' 인재가 되는 것이 육아의 목표라고 생각한다. 나중에 억대 연봉자가 되기를 바라는 마음으로 말이다.

부모들은 목표 달성과 그것이 아이에게 안겨줄 '행복한' 미래에 대한 전망에 사로잡힌 나머지 아이의 세세한 생활까지 끊임없이 통제한다. 학업 성취에 대한 중압감을 주는 것으로도 모자라 취미나 동호회 활동으로 운동, 춤, 노래 또는 악기 연주까지 하라며 강권한다. 하지만 대중매체와 인터넷은 아이들의 주의를 온통 끌어당기고 있다. 온갖 활동에 둘러싸인 아이들은 이미 행동하는 것에 초점이 맞추어진 세상에서 자라고 있다.

우리는 왜 이 모든 활동에 아이들을 관여시키는 것이 가치 있다고 여길까? 아이가 '좋은 기회를 놓쳐' 우리가 바라는 대로 성장하지 못할 수 있다는 두려움 때문이다. 우리는 다름 아닌 사회적 기준에 맞는 성공을 바란다. 아니면 우리가 어렸을 때 그러한 기회를 얻지 못했던 터라 아이에게만큼은 우리가 누리지 못한 것을 제공해주고 싶은 마음 때문일 수도 있다.

부모가 밀어붙이듯 자녀에게 이 활동 저 활동을 시키며 정신없이 시간을 보내게 하면 아이들은 지금 이 순간 일어나는 일을 다소 불충분하게 느끼고, 심지어 바람직하지 못하거나 못마땅하다고 느낀다. 그 결과 지금의 일을 무가치하게 여긴다. 부모들은 자신이 현재 몰두하는 일이 아니라 앞으로 일어날 일이 중요하다고 무의식적으로 생각한다. 그러면서 자녀가 어떤 일에 오랫동안 집중하거나 꾸준히 연습하는 것을 왜 그리 어려워하는지 의아해한다.

부모와 자녀 사이에 발생하는 갈등의 근본 원인을 무엇이라고 생각하느냐고 질문한다면 나는 '초점을 둔 시간대의 불일치'라고 말하고 싶다. 부모는 미래에, 자신이 상상하는 지점에 도달하는 것에 초점을 맞춘다. 반면 아이는 부모의 간섭을 받지 않는다면 현재를 중심으로 살아간다. 대체로 부모와 자녀 사이에 발생하는 단절의 원인은 매 순간을 즐기는 삶과 미래를 향한 전진에 초점을 둔 삶의 괴리에서 찾을 수 있다.

어쩌면 당신은 미래에 대한 무시는 무책임하다고 생각할 것이다. 나도 이 부분에는 동의한다. 적절하게 계획을 세우는 것은 현명한 일이다. 어쨌든 미리 비행기표를 구입하고 여권을 준비해두지 않으면 비행기를 타지 못하니까 말이다. 하지만 이것은 현재를 희생하면서 미래에 초점을 맞추는 것과는 근본적으로 다르다.

내가 아이들이 '현재를 산다'고 말한 것은 지금 무엇을 하든지 이 순간을 온전히 누린다는 것을 의미하며, 여기에는 특별히 무엇인가를 하지 않는 것도 포함된다. 이것은 아이들에게 상당히 자연스러운 상태다. 하지만 부모는 자녀가 지금 순간을 누릴 기회도 없이 이런저런 활동을 재촉하여 그들이 현재에서 동떨어지도록 가르친다.

해야 할 일이 끊임없이 주어지지 않아서 매 순간을 누릴 수 있을 때 아이들은 천부적인 지능, 진정한 욕구, 타고난 성향과 흥미를 제대로 발현한다. 이러한 요소들은 성과를 내지 않으면 삶의 낙오자가 된다는 두려움이 아니라, 살아있음에 감탄하는 자연스러운 감정과 삶이 멋진 모험이라는 믿음에 뿌리를 두고 있다. 이렇게 말할 수 있는 이유는 우리를 창조한 우주가 어떤 잠재적 힘에서 생겨났으며, 그 이후로 창조적 여정을 이어오면서 다양한 형태의 발현을 통해 엄청난 에너지를 방출하고 있기 때문이다.

그러므로 부모가 내면의 힘을 발산하려는 아이의 성향을 허용해준다면 아이는 타고난 호기심으로 자기만의 세계를 스스로 탐험할 것이다. 아이들이 뭔가에 흥미를 느끼면 마치 시간이 정지된 듯 그 일에 몰두하는 이유가 바로 여기에 있다. 아이들은 어떤 일을 마치면 곧이어 또 다른 흥밋거리에 마음이 쏠려 새로운 에너지를 발산하기 때문에 지루할

틈이 없다. 게으름을 피우는 순간에도 아무것도 하지 않는다는 사실에 죄책감을 느끼지 않고 그저 편안한 상태를 누린다. 이는 타고난 천성과 온전한 조화를 이루는 상태다.

이렇게 자라는 아이는 충만하고 목적의식 있는 삶을 살도록 밀어붙일 필요가 없다. 이런 아이에게는 동기부여를 한다고 목표를 심어줄 필요도, 회유책을 쓸 필요도 없다. 부모가 할 일이란 그저 아이가 자기만의 특성을 나타낼 수 있도록 자신의 성향에 주파수를 맞출 수 있는 시간과 공간이 확보되는 환경을 제공해주는 것이다. 다양한 형태로 발현되어온 우주조차도 시간과 공간의 정적과 적막에서 생겨나지 않았는가.

자녀가 잠재력을 발휘하도록 자극을 주어야 한다는 건 잘못된 생각이다. 자녀가 행동하도록 만들기 위해 강요하거나 보상하거나 '엄한 사랑'의 방식을 쓰면 단기간에는 이득이 있을지 모르나 결국은 역효과를 낸다. 그 결과로 발생하는 분노는 행복감과 영감을 주지 못한다. 설령 무엇인가를 달성하는 데 성공했다 하더라도 자녀의 잠재력에 훨씬 못 미치는 성취가 될 것이다.

아이에게 정말 필요한 것

아이들은 우리에게 무엇을 가장 원할까? 최신 아이폰? 새 신발이나 유명 브랜드의 옷? 디즈니월드에 놀러가는 것? 명문 사립학교에 보낼 수 있는 수업료? 아이들은 신상품을 선물받거나 놀이동산에 가는 것을 좋아한다. 하지만 아이들은 이보다 훨씬 깊이 있는 것을 원한다. 비싼 옷이나 최신 전자제품도 아니고, 값비싼 여행이나 교육도 아니다.

나는 육아에 실패하는 원인 대부분은 자녀가 부모에게 진정으로 바라는 것을 부모가 제대로 이해하지 못하는 데 있다고 본다. 모든 아이는 다음의 세 가지를 알고 싶어 한다.

- 나는 관심을 받고 있는가?
- 나는 가치 있는 존재인가?
- 나는 중요한 존재인가?

아이들은 관심을 받는다고 느끼고, 자신이 가치 있다고 여기고, 자신의 성과 때문이 아니라 한 개인으로서 스스로 중요한 존재라고 여겨지면 자신에게 내재된 힘을 느낀다. 이렇게 되면 자신이 관심을 두거나 초점을 맞추는 일에 진정한 열정을 쏟는다. 다시 말해, 자신에 대한 부모의 자연스러운 애정이 삶에 대한 애정으로 표출되는 것이다.

아이들은 인생의 초반부에 서 있기 때문에 자신에 대한 애정과 자존감이 약할 수밖에 없다. 자기애와 자기표현이 단단해질 기회를 아직 얻지 못했기 때문이다. 시간과 경험이 필요하다. 그렇기 때문에 특히 유년 시절의 아이는 무엇인가를 이루어내는 능력과 자기 삶을 꾸려가는 능력이 자신에게 충분히 내재해 있다는 걸 부모를 통해 볼 수 있어야 한다. 부모가 아이를 어떻게 바라보는가, 아이를 어떻게 생각하는가 하는 점은 아이에게 얼마나 많은 힘이 내재되어 있다고 생각하는지를 보여주는 척도다. 따라서 이 시기의 아이에게는 부모와의 소통이 아주 중요하다. 이러한 소통이 아이에게 자신이 가치 있다는 확신을 준다. 그러므로 만일 부모가 아이의 성과, 아이가 이따금 하는 말과 행동의 한 측면에 지나치게 초점을 맞추면 그 시기에 아이에게 해야 할 가장 중요한 육아의 기회를 놓쳐버리는 셈이다. 여기서 말하는 중요한 육아란 아이의 타고난 자아에 대한 인식을 강화시켜주는 일이다. 이것이 제대로 되지 않을 때 아이는 진짜 자아를 거스르고 가짜 자아인 에고를 발전시킨다.

부모가 이러한 역할을 성공적으로 해내려면 많은 힘이 내재된 부모 자신의 내면에 계속 주의를 기울여야 한다. 자신의 욕구를 제대로 알고 자기만의 성향을 인지해야 하며 자신이 존재하는 목적과 지상에 존재하는 이 순간에 주파수를 맞추어야 한다. 이렇게 하지 못하면 단절된 느낌과 지루함과 외로움을 느끼기 쉽다. 그러면 자신감을 잃고 만다.

이렇게 되면 결국 부모는, 너무도 쉽게, 자녀를 자신의 꿈을 이루어줄 존재로 이용한다. 이런 부모는 자녀가 하고 싶은 것을 하도록 격려하는 대신 자녀를 자신의 부족함, 성취되지 못한 열망, 외로움을 누그러뜨려줄 존재로 만들려고 한다. 이런 측면에서 아이가 필요하다면 어떻게 아이의 가치를 거울처럼 보여줄 수 있겠는가. 이러한 부모는 자신에 대한 일그러진 생각에 기인한 비뚤어진 모습을 자녀에게 보여줄 뿐이다. 물론 이럴 때에도 부모들은, 부모의 역할에 대해 배운 대로, 자녀에게 '도움을 주기' 위해서 그렇게 하는 거라고 확신한다.

자녀는 부모가 자신의 본질적인 모습을 봐주고 인정해주는 말을 해줄 때 자아의식을 확고하게 발전시킨다. 따라서 자녀를 부모의 복제품이나 부모가 원하는 대로 되어야 할 존재가 아닌, 고유한 특성을 지닌 한 개인으로 생각해야 한다. 부모가 자녀를 자신의 욕구를 충족시켜주는 수단으로 보는 것이 아니라 인정하는 눈빛을 보내고, 진정으로 함께 있어주며, 관심을 기울여주어야 자녀는 강한 자존감을 키우며 성장한다. 부모는 자녀와의 상호작용을 통해 자녀가 얼마나 중요한 존재인지 전달할 수 있다.

"저를 보고 있어요?" 이것은 자녀가 부모에게 매일 묻고 있는 중요한 질문이다. "저에 대한 꿈과 기대감을 생각하지 말고, 저에 대한 목표를 생각하지 말고, 있는 그대로의 저를 인정해줄 수 있나요?"

아이는 부모가 자신의 깊은 내면을 이해해주기를 갈망한다. 나는 이러한 내면이 아이의 본질이며 이것은 아이가 무엇을 '하는 것'보다 더 중요한 부분이라고 생각한다. 아이는 자신들이 이따금 드러내는 비이성적인 행동의 모난 부분을 부모가 다듬어주고, 있는 그대로의 자아를 봐주기를 원한다. 때때로 자신이 보여주는 추한 말이나 행동과 관계없이 자신에게 내제된 좋은 점을 인정해주기를 원한다. 이렇게 될 때 자신에 대한 타고난 믿음이 에고의 가면을 쓰지 않고 확고하게 자리 잡는다.

부모가 자녀를 쳐다보는 눈빛에, 자녀의 말에 귀 기울이는 모습에, 자녀에게 말하는 방식에 자녀를 사랑하는 감정이 배어 있어야 자녀의 자존감이 향상된다. 부모가 이렇게 해야 자녀에게 힘을 불어넣어주고 강력한 자기 인식을 심어줄 수 있다. 그리고 이러한 요소들이 삶을 성공적으로 이끌어나가는 힘이 된다. 자녀가 어떤 사람이 되어야 한다는 상상을 버리고 자녀의 있는 그대로의 모습을 봐줄 때 부모는 자녀의 본모습에 충실하게 되며, 그 본모습을 꽃피우게 만들 육아법을 생각해낸다.

chapter 3

부모가 감정적으로 반응하는 진짜 이유

"좀 더 의식 있는 부모가 되고 자녀를 의식 있는 사람으로 키우려면 어떤 일을 어떻게 시작해야 하죠?" 나는 이러한 질문을 자주 받는다. "의식 있는 부모가 되려면 무엇이 필요하죠? 정확히 무얼 해야 하나요?" 부모들은 이러한 질문에 대한 답을 얻고 싶어 한다.

현재 상황을 인지한 다음 변하고 싶다고 말하는 것과, 현실적으로 변화를 이룰 방법을 아는 것은 별개의 문제다. 의식적인 부모가 되는 것은 내적인 과정이기 때문에 보편적인 원칙을 정의하기란 어렵다. 그리고 바로 이런 점 때문에 수많은 부모가 자신이 무엇을 해야 하는지 알고 싶어 한다.

의식 있는 부모가 되는 여정은 복잡하고 개별적이기 때문에 나는 항상 이렇게 조언한다. "우선 지금 일어나고 있는 일, 매 순간을 느끼는 것에서부터 시작하세요."

나는 부모들이 이렇게 하도록 돕기 위해 무엇이 자신의 감정을 격하게 만드는지 물어본다. 그러니까 자신을 기분 나쁘게 만드는 요인들을 죽 나열해보라고 요청한다. 부모들은 자녀들이 어떻게 할 때 화가 나는지 물어보는 거라고 생각해서 이런 내용들을 재빨리 나열한다.

"딸애가 몸을 깨끗이 씻지 않을 때 화가 나요."

"아들이 남동생을 때릴 때 열받아요."

"딸이 어디에도 어울리지 못하는 사람이 될까 봐 두려워요."

이런 흔한 불평들은 부모들이 자녀와 나누는 부정적인 대화의 원인을 자녀의 행동 때문이라고 생각한다는 걸 보여준다. 그러면 나는 이렇게 묻는다. "제가 감정을 격하게 만드는 요인을 물었을 때 어머님(아버님)이 아이에게 화살을 돌렸다는 거 아세요? 어머님(아버님)이 자신의 감정적인 반응에 대해 얼마나 재빨리 아이 탓을 했는지 인지하셨어요?"

"그럼 절 화나게 만드는 요인이 아이가 아니라고 여기는 척이라도 해야 하나요?" 부모들은 흔히 이렇게 반박한다.

나는 혼란을 느끼는 부모들을 탓할 생각이 없다. 전통적인 육아 방식은 부모가 자녀 때문에 화가 난다면 그것은 당연히 자녀의 잘못이라는 인식을 심어주었기 때문이다. 하지만 나는 단호하게 말한다. 부모 자신에 대한 내 질문의 초점을 자녀에게 돌리는 부모는 의식적인 육아를 할 수 없다고 말이다. 초점을 부모 자신에게 맞추는 것이 의식적인 육아의 기본이기 때문이다.

우리는 가족과 문화의 영향을 받아 형성된 어린 시절의 습관에 따라 무의식적으로 행동한다. 하지만 나는 우리를 화나게 만드는 요인은 결코 자녀가 아니라고 말한다. 요인은 항상 우리 안에 내재되어 있으며 과거의 상처와 어린 시절의 경험에 뿌리를 두고 있다. 아이들의 행동은 우리 안에 있는 재를 불꽃으로 타오르게 만드는 세찬 바람일 뿐이다.

내가 이렇게 말하면 부모들은 깜짝 놀란다. "그게 무슨 말씀이에요? 저를 화나게 하는 게 아이가 아니라고요? 애들은 천성적으로 부모를 화나게 하는 존재라는 건 누구나 아는 사실이에요!" 나는 부모들이 왜 그렇게 발끈하는지 이해한다. 어쨌든 지금까지 나온 육아서들은 아이들이 부모의 화를 돋우는 방법을 안다는 개념을 주입시켰으니까. 나 역시 최근까지 그렇게 생각했다. 그러다가 깊은 통찰을 통해 이 미묘하고 파급력이 큰 착각을 지금까지 믿어왔다는 사실을 깨닫게 되었다.

나는 부모들에게 이렇게 설명한다. "아이들을 있는 그대로 봐주세요. 아이들은 부모를 화나게 만들거나 죄책감이나 불안을 느끼게 하는데 관심이 없어요. 오히려 그 반대죠. 부모와 관계없이 자기 내면의 상태에 따라 행동해요. 하지만 부모가 워낙 감정적 고통을 잘 느끼는 터라 이따금 자녀는 본의 아니게 부모 내면에 불을 지피는 존재가 되어버려요. 아이가 일부러 그러는 게 아니라 부모가 부족하기 때문에 발생하는 일입니다. 부모는 아이의 행동 때문이 아니라 자신의 해결되지 못한 감정적 문제 때문에 화가 나는 거예요."

자녀가 악의적으로 부모를 화나게 한다는 착각에서 벗어나는 일은 의식 있는 부모가 되기 위한 여정에서 중요한 단계다. 자녀가 부모를 일부러 화나게 만든다는 일반적인 생각을 벗어던져야 자신이 얼마나 미성숙한지 깨닫는다. 조금이라도 자녀 탓을 하지 않고 자기 내면의 부족함과 직면해야 그 이유를 발견하게 된다.

자녀 때문에 부모가 화를 낸다는 생각은 우리 문화에 존재하는 맹목적인 가설이다. 바로 이러한 가설 때문에 부모들은 자녀가 똑같은 방법으로 자신들을 화나게 하지 못하게끔 자녀를 '혼내고' 통제할 수 있는 권한을 부여받았다고 생각한다. 자녀의 행동을 바꾸면 부모가 더 이상 화나지 않을 거라는 아주 단순한 개념을 맹신하기 때문이다.

하지만 자녀를, 혹은 자신 이외의 누군가를 바꾸는 일은 마치 찻숟가락으로 바닷물을 퍼내는 일과 같다는 사실을 알게 될 것이다. 부모들은 이 육아법이 효과가 있다고 믿기 때문에 똑같은 행동을 분별없이 반복하지만, 바닷물이 계속 밀려들어오듯 자녀들의 행동도 반복해서 부모를 화나게 한다. 자녀의 행동에 왜 자신이 부정적으로 반응하는지 살펴보지 않는다면 자녀와 이루어지는 상호작용의 양상을 결코 바꾸지 못한다. 그리고 이것은 어떤 친밀한 관계에서도 해당되는 진실이다.

열여섯 살 난 딸과의 관계 때문에 나를 찾아온 레나는 몹시 화가 난 상태였다. "딸애가 너무 버릇없어서 화가 치밀어요. 그 애 말투도 지긋지긋하게 싫어요."

나는 어떤 말투인지 자세히 표현해달라고 요청했다. "그 왜, 요즘 애들이 쓰는 말투 있잖아요. 신경을 거슬리게 하는, 이것저것 요구하는 말투 말예요."

나는 더 강력하게 요청했다. "정확히 어떤 말이 어머님을 화나게 만드는지 말씀해주세요. 내면의 화를 돋우는 외부적 요인을 파악하지 못하면 어머니가 그토록 부정적으로 반응하는 이유를 찾아내지 못해요."

그제야 레나는 이렇게 말했다. "조금의 감사함도 보이지 않으면서 자기를 위해 이것저것 해달라고 요구하면 제가 마치 딸애의 하인이 된 듯한 기분이 들어요."

레나는 마침내 딸과의 문제에 존재하는 근본 원인을 발견했다. 나는 이렇게 설명했다. "문제는 딸의 말투가 아니에요. 딸의 시중을 들도록 강요받는다는 어머니의 생각이 문제입니다. 딸이 지배자를 연상케 하는 목소리로 말할 때마다 어머님 내면에 존재하는 '하인'이 자극을 받아 맞받아치는 겁니다. 만일 딸이 어머님을 종처럼 여겨서가 아니라 그저 내면의 필요와 감정에 따라 그렇게 행동하는 거라면 어떻게 하시겠어요? 어머님이 자기 감정을 들여다보게 된다면 딸의 말투가 화를 돋우는 요인이라고 판단하지 않을 거예요."

레나는 이내 눈물을 글썽이며 말했다. "무슨 말인지 완전히 이해되네요. 저는 통제적인 어머니 밑에서 자랐어요. 그래서 어떤 형태의 통제나 지배에 대해서도 민감한 반응을 보여요. 곧장 맞받아치는 거죠. 10대 때 어머니한테 저항했듯이 말예요." 레나는 자신을 자극했던 요인을 알아차리면서 자신의 화를 돋우는 원인이 딸이 아니라는 점을 깨달았다. 그러면서 마음을 가라앉힐 수 있었다.

우리가 성장 과정에서 마음속에 고통을 담아두지 않았다면 무의식적으로 격한 반응을 보이진 않을 것이다. 그러니까 어떤 이유로든 내적으로 민감해진 상태여야만 내면의 도화선이 외적 자극에 의해 불붙는 것이다. 나는 레나에게 이렇게 설명해주었다. "어머님 내면에는 어머님의 어머님이 그러셨던 것처럼 통제권을 쥐어야 한다는 각본이 자리하고 있어요. 이 내면의 각본은 어머님의 신념이 되어버렸어요. 그러니까 본인보다 딸이 통제권을 더 쥐고 있다는 느낌이 들면 곧바로 반응하는 거예요. 하지만 진실을 깨달아야 해요. 딸은 그저 어머님의 한 일면을 반영해 보여주고 있을 뿐이에요."

자녀는 부모가 품고 있는 내면의 모습을 이런 식으로 보여준다. 부모가 기꺼이 자신의 내면으로 시선을 돌린다면 자녀와의 관계 변화에 가속도가 붙는다. 의식적인 육아란 부모에 대한 자녀의 반응을 부모 자신의 내면을 들여다봐야 한다는 신호로 받아들인다는 뜻이다. 이렇게 될 때 부모는 과거 경험으로 형성된 마음속 틀에 근거해 감정적으로 행동하는 대신, 감정을 가라앉히면서 조용히 자신의 내면을 들여다본다. 그러면 과거에 얽매여 분별없는 반응을 표출하고 싶은 유혹에서 벗어나 내 앞에 있는 자녀가 무엇을 요구하는지 들여다볼 수 있게 된다.

믿음은 행동을 통제한다

자신의 감정을 격하게 만드는 근본 원인을 알아내려면 "그날 내가 피곤했어"라든가 "상사가 업무로 너무 힘들게 해서 애한테 화풀이했어." 같은 설명만으로는 부족하다. "내 분노 조절 문제는 뭔가 조치가 필요해"라고 말하는 것으로도 부족하다. "그럼 어떻게 해야 하나요? 어떻게 시작해야 하나요?" 모든 부모가 이렇게 묻는다.

우선 제대로 아는 선에서 시작해야 한다. 이것은 의식적인 육아의 중심축이다. 자신의 생각, 감정, 행동을 제대로 알아야 한다. 자신이 자녀의 삶에 매 순간 불어넣는 모든 것을 제대로 알아야 한다. 제대로 알려면 한쪽은 내면을 향해 있고 다른 한쪽은 외부를 향해 있는 이중 렌즈가 마음에 있어야 한다. 대부분의 사람들은 외부를 향해 있는 렌즈에만 신경을 쓰며 성장하기 때문에 초점을 '행함doing'에 둔다. 이 책은 존재함의 품위와 지혜의 행함을 위해 쓰였다고 볼 수 있다. 우리의 삶에는 행함과 존재함, 행동과 그 행동 이면에 존재하는 의식, 행위와 그 이면에 존재하는 통찰 같은 두 가지 요소가 모두 필요하다. 이 두 가지가 조화를 이룰 때 진정한 의식이 생겨난다.

의식적인 부모가 되는 여정은 의지와 열정적인 호기심이 있을 때 할 수 있는 체험과 같다. 아무도 다른 사람을 더 의식적으로 만들 수 없다. 자신을 균형 있고 침착하게 조절하는 유일한 방법이 자신의 생각과 감정을 표출하는 방식을 제대로 아는 것임을 이해하는 사람만이 조용하게 해낼 수 있는 굉장히 개인적인 여정이다. 어쨌든 우리의 생각과 감정은 아주 많은 것을 보여준다. 그러므로 마음(여기서는 생각과 감정의 상당 부분을 이끌어내는, 자신이 따르는 믿음을 의미한다)이야말로 변화를 위한 진정한 출발점이다.

나는 육아와 관련해 내가 따랐던 믿음을 검토하는 과정을 거친 뒤에야 비로소 삶에 변화를 줄 수 있었다. 처음에는 내 믿음을 규정하는 일이 쉽지 않았다. 그것을 모든 사람이 생각하는 방식, 혹은 당연히 생각해야 하는 방식으로 여겼기 때문이다. 좀 더 자주 나 자신과 조용히 마주하면서, 호흡만 하며 가만히 시간을 보내면서(일종의 명상으로 볼 수 있다) 나는 기존의 생각들에서 천천히 빠져나오기 시작했고, 어리석게도 그러한 생각들로 나 자신을 정의했다는 사실을 깨달았다. 마음이 고요해지는 방법을 더 많이 배우고자 명상 집중 수행에 참가하는 동안 첫 깨달음을 얻었는데, 그 순간이 아직도 생생하다. 그때 같이 합숙했던 사람에게 나는 이렇게 말했다. "내 생각이나 믿음이 나 자신이 아니라는 사실을 믿을 수가 없어요!"

내 믿음은 구성체일 뿐이며, 사실상 삶에 대한 내 에고의 이상에 따라 살고 있었다는 점을 깨달은 순간, 나는 일종의 '작은 죽음mini-death'을 경험했다. 나 자신이 산산조각 나는 느낌을 받은 것이다. 내가 소중하게 여겼던 모든 것, 내 삶을 지탱하던 모든 기둥, 진짜라고 생각했던 모든 한계가 점점 커지는 깨달음 속에서 모두 부서졌다. 특히 육아와 관련한 나의 여러 가지 믿음을 철저히 들여다보면서 그것이 얼마나 완고하고 구식이고 유해한지 알아차리곤 충격을 받았다. 그러한 잘못된 믿음들은 한 인간으로서 나의 창의력과 성장을 억압했을 뿐만 아니라, 창의적이고 창조적으로 될 수 있는 내 아이들의 능력까지 서서히 약화시켰다. 나중에 나는 이 낡은 믿음이 내가 만난 모든 상담자들에게도 해당된다는 사실을 알게 되었다.

우리의 생각은 중립적이다. 일반적인 생각들을 한번 살펴보자. 가령 '비가 온다'와 '저녁 일곱 시다' 같은 생각들이 있다고 하자. 이 생각들은 사실의 진술이기 때문에 그 자체로는 중립적이다. 하지만 그 뒤에 여러 가지 믿음이 결합되면 긍정적인 힘, 혹은 부정적인 힘을 갖는다. 예를 들어 '비가 온다'는 생각이 '우리의 모든 계획은 엉망이 되겠구나.' 또는 '끔찍한 시간을 보내겠네.' 같은 믿음과 결합될 수 있다. 이렇듯 중립적인 생각이 곧장 기분과 감정 상태로 이어지는 것이다. '저녁 일곱 시다'라는 생각도 마찬가지다. 이 생각 역시 그 자체로는 중립적이지만 여러 가지 믿음과 결합되면 이 단순한 생각도 상당한 힘을 갖는다. 이 생각이 '난 피곤하고 지쳤어.' 또는 '할 일이 너무 많아 주체를 못하겠어'라는 믿음과 결합하면 곧장 부정적인 감정의 영역으로 우리를 이끈다.

우리의 믿음은 우리의 행동을 통제한다. 따라서 변화를 이루기 위한 출발점은 믿음이 되어야 한다. 나는 이 점을 염두에 두고 육아에 대한 나의 생각들을 살펴보면서 그것을 깨어 있는 의식으로 바꾸기 시작했다. 더 이상 과거 세대의 진부한 틀에 지배되지 않기를 바랐다. 나는 새로운 길을 걷기 시작했다. 이 길에서 내가 살고 싶은 방식과 육아 방식에 대한 책임은 나에게 있다. 붓을 쥔 사람은 바로 나이고 나의 붓놀림으로 그림이 그려질 터였다. 이제 나는 내 운명의 선언자였고 나의 현재를 빚는 수석 디자이너였다. 처음에는 겁이 났지만 이 길은 아주 수월하게, 그리고 한결같이 빛을 발했다. 그저 우리는 올바른 지도만 가지고 있으면 된다. 우리가 발견하는 이 지도는 계속 우리와 함께한다. 이 지도는 진정한 자아를 향해 있으며, 다음과 같은 핵심적인 질문을 던진다.

"지금 이 순간 나 자신과 내 아이에게 진실한 것은 무엇인가?"

부모의 쿨에이드

육아에 대한 믿음이 생겨나는 원인은 단 하나다. 내가 이른바 '부모의 쿨에이드parental Kool-Aid'라 일컫는 것을 과하게 섭취하기 때문이다. (원래 쿨에이드는 미국의 청량음료 분말을 가리킨다-옮긴이) 이러한 쿨에이드는 효과적인 육아법과 관련한 일곱 가지 문화적 신념의 형태로 나타난다. 이미 알고 있을지도 모르겠지만, 우리는 누군가가 화를 돋우면 의식적으로든 무의식적으로든 문화적 신념의 영향을 받아 행동한다. 이러한 신념은 사회에서 용인된 행동 방식에 깊이 스며들어 있고 단단히 자리하고 있기 때문에 대부분의 사람은 의문을 제기할 생각조차 못한다.

이러한 신념은 부모가 자녀와 진정으로 의미 있는 관계를 형성하는 데 도움이 안 된다.

그렇다면 우리가 그동안 습득해온 육아에 대한 생각이 과연 자녀와의 사이에서 경험하는 모든 불소통의 근본 원인일까? 올바른 육아법이라고 끊임없이 들어왔던 방식이 실제로 올바른 방식이 아닐 수도 있을까? 가장 중요한 질문을 던지자면, 과연 우리는 이러한 신념의 옷장을 과감히 열어젖히고 불필요한 모든 것과 함께 유해한 것들을 대청소할 수 있을까 하는 점이다.

우리는 육아와 관련한 우리의 신념을 바꾸는 데 저항감을 느낄지도 모른다. 하지만 모든 부모가 이러한 문화적 신념과 깊이 연관되어 있다는 사실은 부인할 수 없다. 이러한 신념에 따라 우리 아이들이 '으레 ~해야 한다'는 문장으로 정의되는 것이다. 하지만 이것은 대개 아이의 본모습과 관련이 없다. 이렇듯 사회에서 이상적으로 생각하는 모습과 각각의 아이들이 지닌 본모습 사이에 존재하는 차이가 부모와 자녀 사이의 수많은 불화를 일으키는 원인이 된다. 이 뿐만이 아니다. 이러한 차이는 자신의 자녀가 사회적 기준에 부합하지 못하고 실패하지 않을까 하는 두려움을 부모에게 심어주어 결국 자녀를 압박하게 만든다. 애석하게도 이러한 신념은 정부, 종교 기관, 교육계 같은 사회의 공식 기관뿐만 아니라 우리의 삶과 긴밀하게 연결된 사람들에게 큰 지지를 받는다. 우리의 친척, 친구, 교사, 성직자 그리고 전반적인 육아산업 관계자에 이르기까지 모두가 부모의 쿨에드를 마셨다.

여러 세대에 걸쳐 강화된 이 신념 때문에 우리는 아이가 어떻게 양육되어야 하고 나중에 어떻게 되어야 하는지를 규정하는 사회적 요구를 고스란히 따른다. 그 결과 부모들의 집단의식은 사실상 최면 상태와 비슷하게 되었고 우리 모두 이러한 최면에 빠지게 되었다. 나는 여러 나라를 돌며 강의를 해왔다. 인도, 캐나다, 멕시코, 미국 등 어디에서든 부모들은 이러한 문화적 요구라는 마법에 빠져 있었다. 사람들은 대체로 검토 과정 없이 사회적 신념을 그대로 따른다. 심지어 대부분의 시간을 그렇게 보내고 있다는 사실도 인지하지 못한다.

우리가 믿고 있는 신념의 잘못된 부분을 직시한다면 아마 겁이 날 것이다. 다른 사람들과 다르게 행동한다면 외면당하지 않을까 두렵기 때문이다. 주류에서 갑자기 방향을 바꾼다고 생각하면 불안할 뿐만 아니라, 아이가 앞으로 어떻게 될 것인지 걱정스럽기까지 하다. 이렇게 방향을 튼다면 비정통적인 것을 처벌하는 무수한 방법이 존재하는 사회에서 아이가 큰 대가를 치러야 한다는 점을 우리는 알고 있다.

그렇다면 비정통적인 방식을 따를 때 치러야 하는 대가에는 어떤 것이 있을까? 우리는 외적인 세계와의 고립을 두려워하기 때문에 주류의 방식을 따른다. 여기서 우리에게 해당되는 신념은 '좋은' 부모가 되는 일이다. 만일 비정통적인 방식을 따를 때 치러야 하는 대가가 너무 버겁다면, 이는 우리가 내면의 충만함에서 떨어져 나온 상태라는 것을 의미한다. 이런 상태라면 그 대가가 너무 견디기 힘들다고 느낄 수 있다. 하지만 자신에게 내재된 힘을 느낀다면 맹목적으로 주류를 따를 때 더 큰 대가를 치른다는 사실을 깨닫게 될 것이다.

나는 대부분의 부모들이 두려워하면서도 새로운 육아 방식을 간절히 원한다는 걸 발견했다. 이 세상은 간절히 변화를 원하고 있으며 이러한 변화를 시작할 가장 좋은 장소가 바로 가정이다. 아이들은 가정에서 자신과 타인을 사랑하는 방법, 갈등을 해결하는 방법, 이 세상을 사랑하는 방법을 배운다. 가정은 수확물을 위해 씨를 뿌리는 토양과 같다. 이 토양에 올바른 씨를 뿌리지 못하면 아이들은 중심을 못 잡고 허우적댈 가능성이 크다.

육아 방식에 변화를 주려면 대담해져야 한다. 우선 여러 세대를 걸쳐 자아실현에 실패한 사람들을 양산한 낡은 육아법을 버려야 한다. 나는 이따금 "아이가 커서 어떤 사람이 되길 바라세요?"라는 질문을 받는다. 이러한 질문 안에는 아이가 미래에 어떤 사람이 될 것인지는 부모의 통제권에 있다는 착각이 담겨 있다. 겉으론 순수해 보이는 이 질문은 자녀의 소소한 부분까지 관리하여 자신이 만든 제품을 세상에 내놓고 싶은 부모들의 바람을 부채질한다.

이 질문에 대한 내 대답은 항상 같다. "부모로서 제 목표는 아이가 자기 본연의 모습에 단단히 뿌리를 내리고, 자신에게 내재된 가치를 확신하고, 자신을 진정성 있게 표현하고, 저와 흔들리지 않는 관계를 이어가도록 기르는 것입니다." 다시 말해, 내 딸이 자기 자신에게 충실하기만 한다면 어떤 직업이나 라이프스타일을 추구하든 상관이 없다. 사회적 기준에 따라 딸의 본연의 모습과 다소 다른 사람으로 만들려는 시도는 내게 아무런 의미가 없다.

본모습에 충실하며 자란 아이는 결국 사회의 유익한 구성원이 된다. 자신의 동료와 자신이 몸담고 있는 이 세상을 소중히 여겨야 한다고 느끼기 때문이다. 이는 자신의 마음과 몸을 그런 식으로 대하며 자랐기에 가능한 일이다. 자신을 소중히 여기는 사람은 타인의 권리도 소중히 지켜주려 한다.

집단적인 최면 상태에서 벗어나 육아와 관련된 사회적 신념을 제대로 볼 때 우리는 우리의 아이들을 있는 그대로의 모습으로 볼 수 있게 된다. 이것이 큰 돌파구가 되어 사회적 기준에 따라 우리가 원하는 아이가 아니라 아이가 원하는 모습에 주의를 기울이게 된다. 아이를 있는 그대로의 모습으로 보기 시작하면 지금까지 우리가 하지 못했던 방식으로 아이와 소통하게 된다. 아이의 기질, 필요, 노력, 바람에 근거하여 아이를 이해할 수 있게 된다. 그전에 우리는 이러한 낡은 신념들을 이해해야 한다. 그것들에서 벗어나기 위해.

바로 네가 나를
가르쳤다는 것을

나의 환상 속에서 너를 이렇게 키우리라 생각했네.
완전하고, 완벽하고, 가치 있고,
잘 교육받고, 친절하고, 현명하고,
리더십 있고, 영향력 있고, 자유로운 사람으로.

내가 모든 걸 알고 있노라 착각했네.
어리석게도 내 나이와 내 힘을 믿었네.
내가 모든 걸 할 수 있다고 생각했네.
너를 가르치고, 고무시키고, 변화시킬 준비가 되었다고.

너와 수많은 시간을 보내고
지금에 이르러서야
이런 생각들이 얼마나 어리석은지,
얼마나 근거 없고 허황된 것인지 깨달았네.

이제는 이해하네.
바로 네가 나를 가르쳤다는 것을.
안내하고, 이끌어주고, 높여주고,
변화시키고, 일깨우고, 고무시켰다는 것을.
바로 나를.

내 생각이 틀렸다는 걸 이제야 깨닫네.
완전히, 속속들이 틀렸다는 것을.

너는 완벽하게 만들어진 클라리온.
나에게 내 참된 자아를 일깨워주었네.

2부

The Awakened Family

육아에 관한
낡은 신념들

chapter 4

첫 번째 신념:
육아의 초점은 자녀에게 있다?

나는 워크숍에서 이런 질문을 자주 한다. "양육의 주된 초점은 어디에 있을까요?" 그러면 곧바로 이러한 대답이 실내에 울려 퍼진다. "당연히 아이들이죠."

지금쯤 당신은 이런 대답의 문제점을 인지하고 있겠지만, 워크숍에 참석한 청중들은 그렇게 정답이 명백한 질문을 왜 던지는지 의아해한다. 내가 이 사회에서 육아의 초점을 아이에게 두는 접근법은 가정 내에서 발생하는 실망과 걱정과 역기능의 많은 원인이 된다고 말하면 청중들은 반박한다.

"왜 그렇죠?" 청중들은 어이없다는 어투로 묻는다. "아이에게 초점을 맞추는 게 왜 나쁜 거죠? 부모는 아이를 지원하고 부모가 줄 수 있는 모든 기회를 주어야 하지 않나요?"

나는 원성의 목소리가 더 커지기 전에 설명한다. 부모가 자기중심적이고 자애적인 태도로 아이를 뒤로 제쳐둔 채 자신에게 초점을 맞추는 방식을 옹호하는 것이 아니라 그 반대라고 말이다. 나는 아이에게 최고의 이로움을 제공하는 육아법을 옹호한다고 말이다.

의식적인 육아의 상당 부분은 직관과 반대되는 측면이 있다. 하지만 내가 예전의 패러다임이 효과 없는 이유를 설명하면 부모들은 새로운 육아법의 이점을 이해하기 시작한다.

자녀 중심적인 양육의 문제점

자녀를 특출하게 키워야 한다고 확신하는 부모들이 갈수록 많아지고 있다. 사실 저자, 심리학자, 정신과의사, 교육자, 시험 기관, 가정교사, 상담사, 제약회사, 블로거를 포함한 각종 전문가들로 구성된 육아 관련 산업은 자녀를 특출하게 키워야 한다는 부모들의 잘못된 강박관념에 힘입어 번성하고 있다.

나는 워크숍에서 부모들에게 이렇게 묻는다. "육아에 목표가 있나요?" 그러면 부모들은 곧바로 자녀를 성공하고 행복하고 친절하고 존경받는 사람으로 만드는 것이 목표라며 전형적인 대답을 늘어놓는다. 그들은 이런 식으로 자신의 자녀가 지금은 조금 부족하다는 메시지를 무의식적으로 전달한다. 그러한 특성들이 자신의 자녀에게는 없다는 메시지를 말이다.

하지만 그렇지 않다. 부모들은 자신의 아이가 이러한 특성들을 이미 갖추고 있다는 사실을 알아차리지 못하고 있을 뿐이다. 아이들의 미래를 위해 그러한 특성들을 발전시켜야 한다는 것이 사회적 관점이지만 내 생각은 다르다. 아이들은, 겉으로 드러나지 않더라도, 그러한 특성을 이미 갖추고 있다. 사회적 관점은 미래에 초점을 둔다. 반면 의식적인 육아는 오롯이 현재에 초점을 맞춘다.

'목표'라는 말은 미래를 위해 계획을 세우고, 어린 시절을 정해진 결과를 산출해야 하는 일종의 프로젝트로 만들어야 한다는 부담을 준다. 자녀를 한계 지점까지 밀어붙이면 온갖 갈등이 일어나며, 결국 부정적인 반응으로 표출될 수밖에 없다. 이는 때로 집안 분위기를 폭발 일보 직전까지 몰고 간다. 부모가 자녀의 본모습을 인정하면서 자녀와 소통할 때, 지금 이 순간의 모습을 완전하게 바라봐줄 때 자녀에게 필요한 육아를 실천할 수 있다. 자녀를 부모의 환상에 결부시키려는 태도에서 벗어나 자녀의 있는 그대로의 모습을 인정해주는, 그렇게 큰 변화를 이루는 것이 의식적인 육아의 목적이다. 자녀를 육아법에 맞추지 말고 육아법을 자녀에게 맞추어야 한다.

나를 찾아왔던 라파엘과 테스 부부는 어린 아들 가빈이 달성하기 힘든 목표를 정하고 그것을 이루도록 아들을 끊임없이 밀어붙였다. 가빈은 괴팍한 면이 있었고 또래의 '일반적인 발달 양상'을 보이지 않았다. 교사들과 학교 상담사들은 가빈 부모에게 가빈이 보통 수준은 될 수 있도록 신경 써달라고 했다.

집안에서는 싸움과 불화가 끊이지 않았다. 자연스러운 일이다. 부모가 더 밀어붙일수록 가빈은 더 고집 세게 굴었다. 좌절감이 깊어지면서 가빈은 더 자주 집과 학교에서 폭발했다. 그러자 주위에서는 약물 치료를 하라고 권유했다. 말할 필요도 없이 그들은 이러한 권유를 받고 괴로워했다. 아들을 위한 올바른 방법이 무엇일까? 만일 약물 치료를 하지 않는다면 아들을 더 위험한 상태에 빠뜨리는 걸까? 그들은 어떻게 해야 할지 모른 채 다른 방법을 찾고 싶다며 나를 찾아왔다.

만약 이 부부처럼 스트레스를 크게 받는 부모가 있다면 우선 스트레스를 줄이는 시도를 해야 한다. 나는 전형적인 발달 수준에 이르도록 가빈을 몰아붙이는 것이 온 가족을 격한 상태로 몰고 간다고 설명했다. 집안 분위기가 바뀌지 않으면 가빈은 정신적 문제에 처할 가능성이 있었다. 오랫동안 중압감을 받으며 산다는 것은 누구에게나 힘든 일이다.

나는 이들에게 3개월 동안 가빈에게 중압감을 주지 말라고 요청했다. 가정에서 정해 놓은 약속이나 일정을 완전히 무시하라는 말이 아니라 가빈에게 정서적 압력을 가하지 말라고 요구했다. 뿐만 아니라 가빈과 그들 스스로에게 거는 기대를 다시 평가해보라고 요청했다.

그들은 상담을 진행하면서 자신들이 가빈에게 버거울 정도로 중압감을 주었다는 사실을 이해하기 시작했다. 그들은 아들을 변화시키겠다는 목표에 눈이 멀어 지금 그대로의 아들과 소통하지 못했다. 그들은 점차 아들이 미래에 '꼭 되어야 하는' 모습이 아닌, 지금 이 순간의 모습에 초점을 맞추기 시작했고, 차츰 놀라운 변화를 경험했다. 이러한 변화는 가빈뿐만 아니라 집안 분위기에서도 나타났다. 그들은 나중에 가빈에게 더 잘 맞는 환경이 제공되는 학교로 가빈을 전학시켰다. 가빈은 지금까지도 약물 치료를 받지 않고 있다.

당신은 불안감을 느끼며 자라는 아이들이 얼마나 많은지 알고 있는가? 요즘 아이들은 심각한 불안감에 시달린다. 어린아이들조차 약물 치료를 받는 것이 일반적인 현상이 되었다. 요즘 어린이들 사이에선 불안감 외에 우울증도 만연해 있다. 10대 청소년뿐만 아니라 초등학생들도 그렇다. 부모를 기쁘게 하기 위해 특정한 방식을 따라야 한다는 부담감을 짊어질 때, 아이들은 상당한 불안감을 느낀다. 이런 환경에 있는 아이들은 자신의 진정한 자아에 맞게 자발적이고 자연스럽게 성장하지 못하고, 부모의 인정을 받고, 그 결과 사랑을 얻기 위해 수많은 노력을 쏟는다. 이러한 아이들은 부모의 기준과 사회적 기준에 자신을 맞추어야 한다는 압박감에 짓눌린다.

항상 다른 사람이 정한 기준에 맞추어 살아야 한다고 믿는 게 어떤 기분일지 상상할 수 있겠는가? 당신의 어린 시절을 떠올리면 이것이 어떤 기분인지 쉽게 이해할 수 있을 것이다. 어쩌면 당신은 부모님이 당신의 본모습을 이해하지 않을 것이란 사실을 알고 부모님 앞에서 당신의 진정한 자아를 숨길 방법을 찾았을지도 모른다.

열두 살 난 내 딸은 최근에 자기가 좋아하는 같은 학년 남학생에 대한 감정을 내게 이야기했다. 그때 딸아이 친구도 옆에 있었다. 나는 그 친구를 보며 이렇게 물었다. "네 어머니는 네가 좋아하는 남자애에 대해 이야기하면 어떻게 조언해주시니?"

그 친구는 이렇게 대답했다. "아, 전 절대로 그런 얘길 엄마한테 하지 않아요. 제 감정을 절대 이해해주지 않을 테니까요. 엄만 제가 열여덟 살이 될 때까진 남자한테 빠지면 안 된다고 생각해요." 나는 그 아이뿐만 아니라 그 아이의 어머니에 대해서도 안쓰러운 마음이 들었다. 이 두 사람은 모녀만이 누릴 수 있는 감정에 관한 기분 좋은 대화를 결코 경험하지 못할 테니 말이다.

그 순간 한 어머니가 떠올랐다. 나와 상담을 했던 그 어머니는 열네 살 난 딸에 대한 자랑을 늘어놓았다. "제 딸은 남자애들한테 관심이 없어요. 게다가 최고 우등생이니 전 정말 복 받았지 뭐예요. 제 딸은 스무 살짜리처럼 성숙하답니다." 그 딸은 어머니가 이런 말을 하자 두려움으로 두 눈이 휘둥그레졌다.

다음 상담 때 나는 그 아이에게 왜 그런 표정을 지었는지 물었다. 그러자 아이는 이렇게 대답했다. "엄만 제가 남자애들한테 관심이 없다고 생각해요. 그런 엄마를 배신할 순 없잖아요. 엄마한텐 제가 남자애들에 관해서 이야기했다는 말은 하지 말아주세요. 엄만 저한테 남자 친구가 있단 걸 알면 아마 죽으려 하실 거예요. 엄만 이성교제는 절대 반대하거든요." 나는 그 아이에게 비밀을 지킨다고 말해주었을 뿐만 아니라, 그 나이에 누굴 좋아하는 건 정상적인 거라고 다독여주었다. 하지만 아이는 무척 고통스러워 하고 있었다. 자신에게 이상을 품고 있는 엄마를 배신했으며, 그렇기에 어느 면에선 실패자라는 생각과 싸우면서 어깨를 내리누르는 짐 때문에 괴로워했다.

어떤 아이든 정도가 지나친 부모의 명령을 따라야 하는 게 얼마나 억울한지 정확하게 표현한다. 자기 일을 스스로 처리해야 한다는 걸 잘 아는 내면의 존재는 자신이 다른 사람의 생각을 따라야 한다는 사실에 분개한다. 이러한 감정을 품은 아이는 나중에 부모의 권위에 반항하고 그것을 무시하는 청소년이 된다. 이러한 부조화의 폭이 클수록 저항감은 더 커지고 부모에게서 더 멀어지려 한다. 우리는 이렇게 우리와 아이 사이에 깊은 구렁을 만들고 있다. 우리는 그 사실을 깨달아야 한다.

‘너무’가 주는 억압

가빈의 사례에서 보았듯, 부모가 자녀의 발달 과정을 세세히 통제하려고 하면 할수록 자녀는 과도한 불안을 느낀다. 일정 기준에 도달하지 못할 경우에는 ‘전문가’의 도움을 받아 문제를 ‘해결’하라는 주위의 권유를 받기도 한다. 부모들이 자녀의 사회적, 학문적 발달 정도에 ‘문제’가 있지 않을까 두려움을 느끼는 것은 지극히 자연스러운 현상이 되었다. 수많은 부모가 자신의 자녀가 다음과 같은 성향을 보이지 않는지 자기도 모르게 물어본다.

- 너무 부끄럼을 탄다.
- 너무 조용하다.
- 너무 조숙하다.
- 너무 공격적이다.
- 너무 충동적이다.
- 너무 자유분방하다.
- 너무 동기부여가 안 되어 있다.
- 너무 태평하다.
- 너무 소심하다.
- 너무 예민하다.
- 너무 산만하다.
- 너무 게으르다.

나는 이것을 '너무의 억압'이라 부른다. 이외에도 수많은 '너무'라는 표현 안에 부모의 걱정, 실망, 심지어 육아를 제대로 하지 못한다는 자책이 담겨 있다. 이 모든 것의 이면에는 두려움이 존재한다.

부모가 아이를 통제하지 못하는 상황에 맞닥뜨릴 때 이러한 걱정은 특히 심해진다. 이때 두려움은 불안으로 바뀐다. 나는 비슷한 상황에 놓인 사람만이 이러한 부모가 느끼는 무력감(공포감)을 이해한다는 걸 알게 되었다. 이러한 부모는 지금 일어나는 일을 이해하지 못한 채 지독한 외로움을 느낀다. 특히 자녀가 10대가 되어 가족에게서 벗어나려 할 때 더욱 그렇다.

정말 심상치 않은 일이 발생했을 때 자녀를 걱정하는 건 당연한 일이다. 상황을 바로잡기 위해 어떻게 해야 할지 모른다면 교육자, 치료전문가, 혹은 정신과의사 등에게 도움을 청하는 것이 현명한 방법일 수 있다. 하지만 자녀가 깨어 있는 부모, 의식 있는 부모 밑에서 자랐다면 그러한 상황은 거의 발생하지 않는다. 만일 그러한 상황이 자주 발생한다면 이는 아이가 부모의 잘못된 육아 방식 속에서 일상적으로 살아왔기 때문이다.

예전에 이례적이었던 상황이 이제는 일반적인 상황이 되었다. '성공'에 대한 사회의 강박관념은 도달하기 힘든 기준을 제시하고 탁월한 수준에 이르러야 한다며 청소년들에게 엄청난 부담을 안기고 있다. 여기서 '성공'은 부모들이 당연하게 여기는 기준에 따라 정의된 성공을 말한다. 그러한 부담을 느끼는 아이는 심리적으로 건강하지 못하다.

어느 날 라디오에서 한 부모가 유명 대학의 입학처장에게 전화를 걸어 아홉 살 난 자녀의 향후 입학에 대해 상담하는 것을 들었다. 그 아이가 느낄 중압감을 상상할 수 있겠는가. 특히 그 아이가 나중에 부모의 기대를 충족시키지 못했을 때 느낄 중압감은 어느 정도겠는가. 극단적인 경우처럼 보일지 모르지만 현재 수많은 청소년의 삶을 황폐하게 만드는 자녀 중심적 육아 현실을 잘 보여주는 사례다.

부모는 자녀에게 많은 기대를 건다. 말로 표현하지 않더라도 자녀는 부모가 자신의 본모습이 아닌 다른 모습을 기대한다는 걸 직관적으로 안다. 부모가 품고 있는 환상을 자신이 실현해주기 바란다는 점을 감지한다. 물론 일부 아이들은 이러한 기대를 잘 받아들여 성공을 거두기도 한다. 하지만 대다수의 아이들은 중압감을 이기지 못하고 무너진다.

아이의 타고난 기질이 부모의 이상과 맞지 않거나 마음속 바람과 근본적으로 달라서 부모의 기대를 충족시키지 못한다고 해보자. 이때 부모가 느끼는 실망감은 아이에게 해로운 영향을 끼칠 수 있다. 수많은 아이가 부모의 기대를 만족시키지 못했다는 이유로 죄책감에 빠지고 수치심을 느끼며 살아간다. 그 결과 아이들은 자신이 부족하다는 수치심에서 벗어나기 위한 방법을 찾기 시작한다. 학교에서 주의가 산만해지거나 분노를 폭발하며, 심지어 자해를 통해 분노의 방향을 자신에게 돌리기도 한다.

아이들이 그러한 감정들을 경험하면 내면에 있는 자신과의 연결고리가 끊어질 수밖에 없다. 당신의 부모님이 당신의 본래 모습이 아닌 다른 모습이어야 한다고 끊임없이 강요한다고 상상해보자. 어떤 기분이 들겠는가. 당연히 혼란스러울 것이다. 이렇게 되면 얼마 안 가 당신과 부모님 사이에 장벽이 형성된다. 부모님이 당신을 거세게 밀어붙일수록 당신과 부모님 사이의 단절은 더 깊어지고 그것을 메우는 일은 불가능해질 것이다.

만일 당신이 이 책에서 한 가지만 배우겠다면 가장 중요한 교훈 하나만 명심하면 된다. 자녀의 타고난 성향이 자연스럽게 드러나도록 해주지 않고 자녀에게 여러 가지 기대를 건다면, 결국 당신과 자녀 사이에 거대한 감정의 골이 만들어진다는 사실이 바로 그것이다. 이러한 골이 깊어질수록 불안이 물밀 듯 몰려올 것이다. 자녀에 대한 불안뿐만 아니라 당신 자신에 대한 불안도.

육아는 정말 이타적인 행위일까?

육아의 초점이 자녀에게 있다는 신념의 또 다른 측면을 살펴보자. 부모들은 자신이 자녀를 위해 하는 일은 이타적이기 때문에 자녀는 그걸 고마워해야 한다고 생각한다. 물론 육아에는 이타적인 요소들이 존재하지만 전적으로 이타적이라는 말은 정확하지 않다. 사실 육아라는 여정에서 이타적인 측면은 많지 않다. 우리가 우리 자신에게 이타적이라고 말하는 것은 굉장히 위험하다. 우리에게 정당성을 부여해주기 때문이다. 이때부터 우리는 자신이 '옳다'는 생각으로 자녀를 키우며, 이는 자녀의 건강한 자아 발달을 저해한다.

사실 아이를 낳는 일은 이타적인 행위라기보다 에고가 크게 작용한 결과인 경우가 많다. 흔히 아이를 낳겠다는 결정은 내면의 갈망을 충족시키고 싶은 마음에서 비롯된다. 가족을 이루고 부모가 되는 것에 환상을 품으면서 이러한 갈망을 충족하려 한다. 물론 사회는 가족을 이루고 부모가 되고 싶은 바람이 우리의 에고와 관련 있다고 생각하지 않는다.

오히려 그 반대다. 그러니까 사회는 부모에게 희생자라는 명예를 수여함으로써 출산이라는 행위를 통해 부모들 스스로 고귀해졌다고 생각하도록 이끈다. 에고에서 나온 이 측면 때문에 부모들은 자녀를 자신의 소유물이라고 느낀다. 이런 연유로 엉덩이 때리기 같은 처벌이 끼치는 피해 같은 사안이 논쟁거리가 될 때 "내가 내 자식 혼내는데 누가 뭐라 그래!"라고 반응하는 것이다.

아이들에게는 안 된 일이지만, 많은 부모가 어쨌든 자신은 이타적인 존재이므로 자신이 필요하다고 느끼는 것은 무엇이든 자녀에게 행할 수 있다는 막무가내식 믿음을 품고 있다. 이런 생각을 하는 부모들은 나중에 자녀가 자신의 독재에 저항하기라도 하면 마치 자신이 자녀 때문에 피해라도 본 양 스스로를 희생자라고 느낀다. 뿐만 아니라 사회가 심리적인 도움의 형태로 자신의 의식적이지 못한 양육을 뒷받침해주기를 바란다. 사실을 말하자면, 핵가족은 그 자체로 독립된 세상이 아니며, 부모의 행동으로 빚어진 결과는 사회의 다른 구성원들에게 큰 영향을 미친다. 그렇기 때문에 부모들은 자기 좋을 대로 자녀를 키울 권리가 있다는 에고의 신념을 버리고, 육아라는 도전 과제를 해내는 데 도움이 될 가장 좋은 정보를 찾아야만 한다.

부모를 실망시키지 말아야 한다는 중압감을 느끼는 아이들은 부모를 기쁘게 하려고 자기 내면의 진짜 목소리를 버린다. 이렇게 자신의 참자아를 포기하는 것은 폭넓은 영향을 끼칠 수 있다. 이런 연유로 아이는 이따금 고집스러운 행동을 하기도 한다. 육아의 상당 부분이 굉장히 이기적인 측면을 띠며, 부모의 계획을 실현한다는 목적에 사로잡혀 있다는 점을 부모 스스로가 인지한다면 이러한 부정적인 영향을 피할 수 있을 것이다.

지배와 통제가 주를 이루는 관계를 사랑과 진정한 친밀감을 바탕으로 한 관계로 바꾸려면 '육아의 초점은 자녀에게 있다'라는 신념을 바꾸는 것이 가장 중요하다. 바로 이러한 변화를 통해 아이들은 부모의 기준에 따라 '자라야 한다'거나 '행동을 고쳐야 한다'는 생각에서 자유로워질 수 있다. 이러한 생각의 틀에서 자유로워진 아이들은 자신이 원하는 대로 높이 날아올라, 받을 자격이 있는 보상을 받을 것이다.

부모부터 성장해야 한다

육아의 초점은 자녀에게 있다는 신념을 믿으면 자녀가 우리의 기대에 부응할 때 그 공을 곧바로 우리 자신에게 돌린다. 반면 자녀가 우리의 기대를 충족시키지 못하면 곧장 자녀 탓을 한다.

의식적인 육아란 이러한 접근법을 완전히 뒤집어 생각한다는 의미다. 이때 초점은 더 '성장해야 할' 필요가 있는 부모에게 옮겨간다. 다시 말해, 우리는 아이가 아닌 우리 자신을 세밀히 들여다보아야만 하는 것이다. 앞에서도 언급했듯, 우리들 대부분은 상당히 의식적이지 못한 부모 밑에서 자란 터라 마음에 감정적 상처를 품고 있다. 우리가 통제력과 영향력을 발휘할 수 있는 유일한 사람은 바로 우리 자신이다. 아이가 아닌 우리 자신에게 집중할 때 육아는 가장 큰 효과를 낸다.

우리의 부모들도 당신들만의 문제와 강박관념에 사로잡혔던 탓에 우리 본연의 모습에 주의를 기울이지 못했을 것이다. 나는 상담을 받으러 온 어른들이 자신의 어린 시절을 떠올리며 "제 어머니는 저의 진짜 모습을 봐주지 않았어요"라거나 "제 아버지는 제가 아버지 기대에 못 미치자 자주 화를 냈어요"라고 묘사하는 것을 자주 들었다. 이렇듯 본모습을 무효화하는 환경에서 자라면 세상을 보는 관점에도 영향을 받을 수밖에 없다. 내면의 결핍은 모든 경험에 영향을 준다. 30대나 40대 후반에 들어선 그들은 자신이 거부당하고 무가치하다고 느꼈던 어린 시절의 기억을 아직도 품고 있으며, 그러한 불안감은 현재의 관계에도 영향을 주고 있었다.

부모님이 우리 자신을 있는 그대로 봐주지 않으면 우리는 허용, 인정, 소속감을 갈망한다. 이러한 내면의 공허감은 마음을 고통스럽게 한다. 그런 고통을 방치하거나 무시하면 그것은 점점 자라 더 많은 고통을 야기한다. 무의식은 더 많은 무의식을 야기한다. 고통은 딱 맞는 옷을 입는 것과 같다. 그렇기 때문에 우리는 그 고통이 우리의 일부가 되었다는 사실조차 인식하지 못한다. 그저 '사는 게 다 이런 건가 보다.' 하고 생각한다. 우리가 경험한 상처는 그것을 의식의 영역으로 끌어내 대면하지 않으면 절대 사라지지 않는다. 자신이 어린 시절의 행동 패턴을 재현하고 있다는 사실을 깨달아야만 현재 느끼는 불행의 근원을 점차 해결해 나갈 수 있다.

바로 이러한 점에서 자녀의 존재가 중요하다. 어른이자, 지금은 부모가 된 우리는 자기도 모르게 어린 시절의 경험이 불쑥 떠올라 감정이 격해지곤 한다. 과거의 고통이 다시 고개를 내밀기 때문이다. 다루는 방법을 몰라 마음 깊은 곳에 묻어두었던 오래전 그 고통이 더 이상의 결핍을 거부하는 굶주린 동물처럼 격노하며 수면 위로 떠오르는 것이다. 이렇게 남아 있는 고통 때문에 우리는 부적절한 반응을 보인다. 자신이 그렇게 하고 있다는 사실조차 알지 못한 채로 말이다.

우리는 가까운 관계, 특히 자녀와의 관계에서 감정이 매우 격해지곤 한다. 의식적인 육아에서 자녀란, 부모가 자신에 대해 직시하지 못하는 것을 보여주는 거울 같은 역할을 한다. 자녀는 부모가 아직 해결하지 못한 고통을 수면 위로 끌어낸다. 바로 이 때문에 부모는 자녀의 행동에 몹시 격하고 비이성적인 반응을 자주 보인다. 자녀는 부모의 상처가 얼마나 깊은지, 부모가 이러한 상처를 그동안 얼마나 외면해왔는지 보여주는 존재다. 우리는 이를 진지하게 받아들여야 한다. 그렇지 않으면 자신의 해결되지 못한 고통이 반영되어 있는 미숙한 행동을 계속 드러내며 자녀를 키우게 될 것이다. 이것은 육아라는 의미 깊은 여정에서 가장 중요한 지점이다.

부모는 자녀의 단점에 초점을 맞추지 말아야 한다. 자녀의 행동 방식에는 부모의 행동 방식이 그대로 반영되어 있다는 점을 인정하고, 부모 자신의 변화를 주도하는 것이야말로 부모에게 주어진 진정한 과제라는 걸 깨달아야 한다. 자녀를 '바로잡으려고' 애쓰지 말고 자기 내면으로 시선을 돌려 마음속에 해결해야 할 문제가 남아 있지는 않은지 살펴보아야 한다.

이를 잘 이해하기 위해 학부모와 교사가 나누는 가상의 면담 상황을 들여다보자. 교사는 이렇게 말한다. "어머님, 이 아이는 집중력이 부족해요. 그러니 아버님과 함께 마음챙김에 집중하는 3개월짜리 프로그램에 참여하시면 어떨까요? 이 프로그램에 참여하면 마음이 차분해지는 데 도움이 되고, 그러면 아이의 감정 상태에도 긍정적인 영향을 줄 겁니다."

아니면 이런 대화를 상상해보자. "아버님, 조직력 전문가와 상담을 받아보시라고 권해드리고 싶네요. 그러면 시간을 더 효율적으로 관리하는 법을 배우고 조직력을 키울 수 있을 거예요. 학부모 회의에 시간 맞춰 오시는 것을 힘들어하시는데, 아버님의 습관이 아이에게 부정적인 영향을 주고 있는 것 같습니다. 아드님의 경우, 가정에서의 정신없는 상태가 학교에서도 이어지는 것 같아요."

교사들이 상담받으러 온 부모들에게 자녀가 보이는 행동을 책임져야 한다고 말하면 부모들은 분개하며 말한다. "하지만 전 의식 있는 부모예요! 전 대체로 침착하고, 아이들에게 도움을 주기 위해 정말 애쓰고 있다고요."

대부분의 부모들은 '좋은' 부모로 보이고 싶은 바람이 강해서 자신의 육아 방식을 정당화한다. 하지만 '좋은' 부모냐 '나쁜' 부모냐는 중요하지 않다. 그것은 꼬리표에 지나지 않는다. 중요한 건 자녀를 '바로잡는다'는 말이 부모 자신을 바로잡는다는 의미라는 점을 부모가 지속적으로 의식하는 일이다. 의식적인 상태는 완성된 정체성이 아니라 진행 중인 존재 방식을 말한다. 부모들이 이 점을 인지한다면 완벽하게 의식적인 상태는 없으며, 다만 향상심과 지속적인 발전이 존재한다는 점을 이해하게 될 것이다.

의식적인 육아는 실행이며 매일의 노력이다. 부모에게 붙는 꼬리표가 아닌 부모의 내면 상태와 관련 있는 것이다. 의식적인 육아를 하는 부모는 아이가 어디에 주의를 기울이고 있는지 알아차리려고 노력한다. 그 초점이 외부에 있는지, 아니면 내면에 있는지. 자신의 주의를 어디에 기울이고 끊임없이 살펴보는지의 여부가 의식적인 부모와 그렇지 못한 부모를 구분 짓는다. 의식적인 부모 역시 여느 부모들처럼 실수를 많이 저지를 수 있다. 차이점이라면 그들은 그런 실수와 대면할 때 "이런 실수를 통해 나는 어떻게 성장할 수 있을까?"라고 자문한다는 점이다.

대개 부모들은 자신의 내면에 초점을 맞추지 못하고 자녀를 바로잡아주고 통제해야 할 대상으로 본다. 자녀가 방으로 확 들어가면 곧장 자녀의 머리 모양, 청결 상태, 신발, 그 밖에 다른 것들로 트집을 잡는다. 자녀가 조용히 앉아 있거나 바쁘게 할 일을 하고 있는 방으로 난데없이 들어가 이래라저래라 잔소리를 하고 지시를 한다. 부모는 자신이 애정을 쏟고 있다고 여기지만 자녀는 제약받고 침범당했다고 느낀다. 부모란 자녀에게 방향을 정해주고 용기를 주며, 자녀를 향상시켜주고 관리해줘야 한다고 끝없이 느끼는 탓에 자녀와 친밀하게 보낼 수 있었던 순간들은 엉망이 되어버린다.

부모들은 자녀의 부정적인 행동에서는 비난거리를 잘 찾으면서 자녀의 평소 행동에선 좋은 측면을 좀처럼 발견하지 못한다. 정말 이상하지 않은가. 사실 부모들은 자신의 부정적인 행동에 늘 초점을 두기 때문에 자녀에게도 자연스럽게 그렇게 하는 것이다.

나는 부모들에게 항상 이렇게 묻는다. "자녀가 보이는 부정적 행동의 가장 큰 특징은 무엇인가요?" 그러면 그들은 분노, 무례함, 불안 등이라고 답한다. 육아와 관련된 대부분의 조언은 그러한 행동에 직접 맞서 조치를 취해야 한다고 강조한다. 하지만 나는 부모들에게 이러한 부정적 에너지와 상반된 에너지에 초점을 맞추라고 말한다. 물론 이러한 에너지는 부모 자신의 내면에도 존재한다. "자녀의 부정적 에너지와 상반된 에너지는 무엇일까요?" 이런 질문을 던지면 부모들은 쾌활함, 도우려는 마음, 존중, 용기 등이라고 대답한다. 그러면 나는 아이가 이런 에너지를 드러내는 행동을 할 때만 관심을 보이고 그 외의 행동에는 신경 쓰지 말라고 말해준다.

"하지만 아이가 그런 행동을 좀처럼 보이지 않으면 어쩌죠?" 흔히 부모들은 이렇게 반발한다. 그러면 나는 그런 일은 불가능하다고 단언한다. 자녀가 얼마나 괜찮은 존재인지 알아보지 못한다면 이는 순전히 부모가 자녀의 미래에 대한 걱정 때문에 우려의 눈빛으로만 자녀를 보기 때문이다. 아이들은 공손함이나 차분함 또는 부정적 에너지와 상반된 특성을 하루에도 몇 번씩 보인다. 자녀에게 조금도 방심하지 않는 부모는 이러한 순간들을 잘 발견하고 관심을 기울인다. 그러다 보면 자녀들에게도 바람직한 행동이 전면에 나타나고 바람직하지 못한 행동은 점차 사라진다. 이것은 어떤 것에 초점을 맞추면 상대방의 표현 양상이 그렇게 바뀔 거라고 믿는 것과는 다르다. 내가 말한 방법은, 좋아하지 않는 행동이 아닌 보고 싶어 하는 행동에 초점을 맞출 때 우리 안의 에너지가 변한다는 점에 주안점을 둔 것이다.

우리 자신이 바라는 것에 초점을 맞출 때 우리의 마음 상태는 바뀐다. 우리의 마음 상태가 예전보다 좀 더 가벼워지고, 차분해지고, 자유로워지면 아이들도 이를 감지한다. 해바라기가 해 방향으로 몸을 돌리며 햇빛에 반응하듯 우리 아이들도 이러한 우리에게 다가온다. 처음에는 이를 감지하기 어렵고 우리의 신뢰가 필요하지만 변화는 이미 진행된다. 우리와 자녀 사이에 이루어지는 상호작용의 질이 천천히 변하는 것이다. 아이의 부정적인 행동에 초점을 맞출 때처럼 끊임없는 갈등이 발생하는 것이 아니라 서로의 존재를 편안하고 즐겁게 여기기 시작한다.

부모가 매일 애정 어린 마음으로 생활한다면 자녀는 부모를 팀원으로 느낀다. 이런 부모는 자녀에게 "이것저것, 무엇무엇을 해야 해"라고 말하는 대신 "엄만(아빠) 네 말을 듣고 있고, 널 보고 있고, 네게 도움을 주고 싶어. 도움을 줄 수 있도록 네가 도와줄래?"라고 말한다.

아마 많은 부모들이 학교에서 돌아온 아이에게 질문 세례를 퍼부을 것이다. 만약 아이가 무뚝뚝하게 대답하면 기분 나빠하면서 자녀에게 거부당했다고 느낄 것이다. 지금 당장은 아무 말 하지 않더라도 상처받은 기분을 무의식적으로 마음 한구석에 담아둘 것이다. 그러고는 얼마간의 시간이 흐른 뒤, 자녀가 내뱉은 사소한 말에 마음속 깊이 묻어두었던 상처받은 감정이 자극받을 것이다. 그리고 잠시 뒤, 당신과 아이는 당신이 그렇게 쉽게 폭발한다는 사실에 어리둥절해할 것이다.

학교에서 돌아온 아이에게 질문 세례를 퍼붓다가 관계를 최악으로 치닫게 하지 말고 아이의 지친 어깨에서 가방을 내려주고 등을 토닥여 주면 어떨까? 아이에게서 무엇을 알아내려 애쓰지 말고 그들을 도와주고 편안하게 해주고, 그들에게 애정을 보여주면 어떨까? 그러면 상황이 바뀌지 않을까?

아이와 끝없이 싸우는 부모들은 굉장히 많다. "엄마(아빠)의 어떤 부분이 바뀌면 네가 충분히 만족할까? 어떻게 하면 너한테 더 잘해줄 수 있을까?" 같은 질문을 했다면 곧바로 해결되었을 싸움인데 말이다. 확신이 없고 불안정한 부모일수록 더 무감각하고 완고하며 자신이 옳다고 믿는 경향이 있다. 자신의 걱정과 불안에 붙들려 있는 부모가 어떻게 자녀에게 주의를 기울일 수 있겠는가. 부모가 자신의 완고한 방식과 걱정이 스며든 행동을 고수하면 자녀와의 관계 형성에 방해가 된다. 완고한 기대를 하지 말고 '있는 그대로'의 현실을 받아들이는 것이 자연스러운 삶의 방식이다. 그렇지 않으면 실망하게 되어 있다.

자녀는 부모를 성장시킬 기회를 제공하려고 부모의 삶에 들어온 존재다. 그러므로 육아의 매 순간이 부모를 일깨운다. 이러한 일깨움의 영향력은 엄청나다. 이를 통해 자녀는 부모의 기대라는 족쇄에서 풀려나 진정한 자아를 성장시킨다. 자녀의 행동이 부모 자신의 일면을 보여준다는 점에서 부모가 육아의 초점을 자신의 성장으로 옮길 때 자녀는 부모가 안긴 짐에서 자유로워진다. 뿐만 아니라 부모 역시 자녀의 삶을 끊임없이 규제하고 관리해야 한다는 부담감에서 벗어난다. 이리하여 마침내 우리는 우리의 과거를 잊고 자녀의 미래에 거는 불가능에 가까운 기대에서 자유로워지는 첫발을 내디딜 수 있게 된다.

성장을 위한
부모의 다짐

나는 육아가 나를 성장시키기 위한
과정이라는 사실을 온전히 받아들인다.

나는 변화의 책임이 자녀가 아닌
순전히 나 자신에게 있다는 점을 깨닫는다.

나는 나의 분투가 내면의 갈등을
보여준다는 점을 인지한다.

나는 난제에 직면할 때마다
이 상황은 나의 어떤 일면을 알려주려는 것일까
마음 깊이 자문한다.

chapter 5

두 번째 신념: 성공하는 자녀는 다른 아이들을 앞서간다?

"마이아는 발레 초급반에 들어갈 거예요." 집 근처에 있는 유명한 발레 학원의 총무는 내게 이렇게 말했다.

"좋아요! 딸애가 춤을 좋아하니 아주 신나할 것 같아요." 나는 흥분된 목소리로 당시 여덟 살이던 딸에 대해 설명했다. 그러자 총무는 목소리를 낮추며 말했다. "잘 아시겠지만, 마이아는 주로 여섯 살짜리 애들이 모여 있는 반에 들어갈 거예요. 아이가 싫어하지 않았으면 좋겠네요."

나는 내가 잘못 들었다고 생각했다. "여섯 살 애들이요?" 이렇게 되묻고는 다시 물었다. "아니, 잘 모르시나본데 우리 아이는 여덟 살이에요. 여덟 살짜리 애들을 위한 초급반은 없나요?"

총무는 안됐다는 듯 나를 응시하더니 차근차근 설명했다. "대부분의 아이들이 유치원을 들어갈 때부터 여기서 발레를 배워요. 여덟 살 정도면 고급반에 들어간답니다. 그러니까 따님이 우리 학원에 다니고 싶다면 더 어린 애들이 받는 수업부터 시작해야 해요." 나는 말문이 막혔다. 내 딸은 그저 춤을 추고 싶어 했을 뿐인데 이미 2년이나 뒤처져 있다고? 어떻게 이럴 수가 있지?

엄마이자 심리학자인 나는 그 경험으로 불현듯 무언가를 깨달았다. 나는 마이아를 근처 공원에 있는 진흙에서 열심히 놀게 두었고, 거실에서 판지로 터널을 만들며 창의력을 키우도록 했지만, 내 또래 부모들이 공감하는 육아 시간표를 지키는 데 실패했던 것이다. 아이를 여섯 살 때부터 전문가로 만드는 여정에 투입시키는 일이 포함된 시간표 말이다.

이후에 나는 마이아가 사회 활동에서 뿐만 아니라 학습적인 면에서도 다른 아이들보다 뒤처져 있다는 걸 알게 되었다. 나는 마이아가 쿠키 굽기나 점토로 토끼 귀 만들기 등의 '다양한 활동'에 참여하는 것에 만족했지만 이웃 아이들은 차를 타고 이동하면서 구몬 학습지 센터와 수화 교실을 다니고 있었다. 그 아이들의 어머니들은 '똑똑한 아이를 기르는 방법'을 많이 공부했을 테지만, 나는 내 아이를 무위의 시간에 내버려두었다. 어린 시절에 중요하게 경험해야 할 재미와 취미가 어쩌다 전문성 추구에 밀리게 되었을까. 왜 아이들의 어린 시절이 남보다 앞서가기 위한 무모한 경쟁의 시기로 전락했을까.

목표에 묻혀버린 즐거움

나와 상담한 에린은 아들을 어린이집에 보내는 것을 두고 커다란 좌절감을 표현했다. 나는 에린이 과장스럽다고 생각했다.

"겨우 네 살인 애한테 천재 수준을 기대하다니요! 고작 어린이집에 들어가는 데 이상한 입학시험과 면접을 통과해야 한다니 말이 되나요? 더군다나 원비가 3만 달러라고요!" 에린은 격분했다. "애가 어린이집에 가는 것에 스트레스를 받기도 했고 주위에서 아이가 8월에 태어나 생일이 늦으니 입학을 1년 뒤로 미루라고 조언하더라고요. 친구들은 제 아들이 뒤처져서 자신감을 잃을 거라고 했어요. 제 아들이 여름에 태어났다고 하면 모두 안됐다는 표정으로 절 봐요. 사실 임신 날짜를 적어놨던 메모지를 잃어버렸어요. 다른 엄마들은 유치원 입학 때 모든 면에서 앞선 아이를 낳으려고 남편과 관계하는 시간을 정해놓거든요."

에린은 몹시 감정적이었지만 레드셔팅redshirting(미국에서 아직 경기에 출전하지 않는 대학교 1학년 운동선수들이 빨강 셔츠를 입는 풍속에 빗대어 자녀의 취학 유예를 이렇게 부른다-옮긴이)이라 불리는, 우려스러운 유행에 대해 알려주었다. 부모들이 자녀를, 특히 아들을 운동과 학업에서 동년배보다 우위에 서게 하려고 일 년 늦게 입학시킨다는 것이다. 사립 초등학교가 있는 부유한 동네의 부모들은 이를 두고 '재편성reclassifying'이라는 좀 더 순화된 표현을 쓴다. 부모들이 자녀의 입학을 늦추는 이유는 자녀가 자신감을 상실하거나 '친구들보다 뒤처진다'고 느끼는 것을 원치 않기 때문이다.

부모들은 자녀에게 가장 이로운 일을 한다며 자신의 동기를 합리화한다. 그러면서 부모가 자녀에게 '필요'한 일이라고 여기는 것을 충족시키기 위해 신처럼 행동하며 기이한 교육 현상을 만들어내는 작금의 상황을 정당하다고 느낀다. 여기서 '필요'는 자연스러운 것이 아니라 사회에서 생각한, 인위적인 기준에 근거한 '필요'를 말하며 부모들은 여기에 공감한다. 나이가 더 많은 아이들이 어린 동생들을 도울 수 있도록 여러 연령층의 아이들을 한 교실에 두어야 하며, 실패를 통해 회복력을 길러야 한다고 강조했던 교육자 마리아 몬테소리Maria Montessori가 무덤 속에서 탄식할 만한 상황이다.

부모들은 자녀가 두 살이나 세 살이 됐을 때부터 다양한 활동을 하는 기관에 등록시킨다. 이러한 활동들은 원래 '재미'와 '탐험'을 위해 고안되었지만 이내 경쟁적으로 변해버렸다. 과도하게 감독받고 훈련되는 우리 아이들은 목표와 관계없이, 자유로운 어린 시절을 없애기 위해 안달 난 부모들과 교사들이 추구하는 목표의 대상이 되었다. 질서, 체계, 최적화 같은 어른들의 개념이 배우고 발전하는 아이들의 자연스러운 방식을 대체하게 되었다.

어쩌다가 부모들은 두 살 난 아이를 학원에 보내야 한다고 판단하게 되었을까. 나는 내 딸 마이아가 아장아장 걸어 다닐 때 아이가 무엇을 원하는지 잘 파악하지 못할 때가 많았다. 내가 학교 밖이나 놀이터에서 다른 부모들에게 아이가 어떤 활동을 할지, 어떤 학교에 가고, 어떤 취미를 가질지 어떻게 결정했느냐고 물었을 때 그들은 다음과 같은 대답을 들려줬다.

"취학 전 시기가 발달에 가장 중요한 때라고 믿었기 때문에 아이를 저녁까지 하는 사립 유치원에 보냈어요. 근데 그만한 가치가 있더라고요. 원비가 제가 대학 다닐 때 등록금과 맞먹긴 했지만요."

"딸아이가 악기 하나쯤은 연주할 줄 알아야 한다고 생각해서 악기를 사줬어요."

"남자아이들은 운동을 해야 해요. 그래서 제가 가장 좋아하는 운동을 시켰죠."

"사립 어린이집에 보내면 유명한 유치원에 우선순위로 입학할 수 있는 자격이 주어지고 대학 갈 때도 유리하게 작용한답니다."

"제가 미술 선생님이거든요. 그래서 자연스럽게 아이가 미술을 배우길 바랐어요."

자녀와 자녀의 어린 시절 경험에 초점을 맞추는 것이 아니라 어린 시절이 어때야 한다는 생각이 육아의 중점이 될 때 진정한 의미의 육아 과정은 건너뛰게 된다.

우리는 부모로서 자녀가 잘되어야 한다는 중압감을 느낀다. 물론 이러한 중압감은 예전부터 있었다. 당신이 만일 이전 시대에 신발 수선공이었다면 당신 아들이 신발 수선공이 되기를 원했을 것이다. 하지만 오늘날의 부모들은 자녀가 '잘' 하는 것에 만족하지 못한다. 우리는 '많은' 것을 성취하는 자녀를 원한다. 가족과 친구에게 뿐만 아니라 페이스북에서도 자랑할 수 있는 성취를 이룬 걸출한 자녀를 원한다.

어쩌면 당신은 자신이 트로피 차일드trophy child(다른 사람에게 좋은 인상을 주고 부모의 지위도 높여주는 아이를 일컫는 말-옮긴이)라는 개념에 공감하지 않는다고 생각할지 모른다. 하지만 자녀가 메달을 땄을 때는 사진을 인터넷에 올리고, 따지 못했을 때는 사진을 올리지 않는 부모라면 당신 역시 많은 것을 성취하는 자녀에 대한 신념에 일조하는 부모다. 아이를 영재로 만들어야 한다는 중압감은 전염성이 몹시 강해서 대다수의 부모들이 그런 생각에 빠져 있다. 부모들은 불안해하고 교사들은 스트레스를 받으며 아이들은 참자아에서 점점 멀어지고 있다.

맨해튼에 있는 민간 스포츠클럽에서 테니스 코치를 하는 내 친구가 이런 말을 했다. “애들 가르치는 게 정말 곤욕이야. 알지? 하고 싶지 않은데 부모 등쌀에 떠밀려서 온 애들 말야. 그 애들은 운동하러 와서 괴로운 시간을 보내. 난 그 애들을 가르쳐야 하는 게 너무 싫고. 그렇게 배우는 건 정말 아무 효과도 없다고!”

내 딸의 첼로 선생님은 내가 이런 말을 하자 눈물이라도 흘릴 듯한 표정이었다. 나는 말했다. “전 마이어가 악기 배우는 과정을 좋아했으면 해요. 이력서나 박사 학위를 위해서 배울 필요는 없어요. 제 유일한 부탁이라면 선생님께서 아이가 첼로 배우는 과정을 좋아하는 데 초점을 맞춰주셨으면 하는 거예요.” 내가 첼로에 대한 선생님의 순수한 애정을 상기시켜주기라도 했는지 선생님은 숨을 깊이 내쉬더니 솔직하게 이야기했다. “그렇게 말씀해주시니 감사하네요. 다른 부모님들은 하나같이 자기 아이를 요요마처럼 만들어달라며 부담을 주시거든요.”

부모가 자녀를 어린 나이에 성공시키려고 몰아붙이는 것은 대체로 부모 자신의 에고가 강하게 작동하여 생기는 현상이다. 이러한 부모는 자신의 육아법이 옳았음을 입증하고 싶어 할 뿐만 아니라 부모로서의 성공을 모두에게 자랑할 수 있는 트로피도 원한다. 이런 부모의 에고는 자녀의 진짜 본성에는 관심 없고 ‘내 아이가 다른 사람들 눈에 어떻게 보일까’에만 관심을 둔다. 이럴 때 아이는 단절감과 불안을 느낀다. 부모 자신이 아이에게 형성해주고 있다고 여기는 특성과 정반대의 성향을 보이는 것이다.

지나친 경쟁으로 스트레스를 받는 자녀는 부모와의 거리를 좁히지 못한다. 자녀는 부모가 느끼는 불안을 감지하고 흡수하며 내면화한다.

그러다 보면 이 세상을 스트레스가 많은 곳으로 믿게 된다. 이런 스트레스는 불면증에서부터 편두통, 복통에 이르기까지 다양한 증상으로 나타난다. 여섯 살이나 일곱 살밖에 안 된 어린이들이 공황 발작을 일으키기도 한다. 일부 아이들은 겨우 여덟 살에 '반항성 장애oppositional defiant disorder' 진단을 받는다. 주의력결핍장애ADHD나 그 밖에 장애 진단을 받는 어린이 수가 모든 연령층에서 증가하고 있다는 것을 상기해야 한다. 이 가운데 많은 증상이 기질성 장애지만, 상당수는 현재에 대한 믿음이 아닌 미래에 대한 불안이 밑바탕에 깔린 부모의 육아 방식 때문에 증상이 악화된 경우다.

곳곳에 만연한 경쟁

많은 부모가 아이가 달성하는 성과에 따라 아이의 가치가 매겨진다고 믿는다. 자녀가 다른 아이들을 앞서가는 것이 현명한 육아의 척도라고 여기는 것이다. 자녀가 성장할수록 앞서가야 한다는 중압감은 더 심해진다. 뉴욕에만 '영재 교육' 학원이 얼마나 많은지 보라. 자녀가 중학생이 되면 특별활동 표창이나, 스포츠·미술·체스·토론에서 뛰어난 기량을 보이는 학생에게 주는 장학금을 노리는 부모들이 많다. 마치 자녀를 승리마로 생각해서 돈을 건 경주마로 만들려는 것처럼 말이다. 이러한 부모는 미래에 얻을지도 모를 경제적 기회와 자녀를 동일시한다.

내 딸이 춤을 추고 싶어 했을 때 어떤 현실에 직면했는지 앞에서 언급했지만, 나이를 언급하며 이미 늦었다고 말한 총무의 대답도 딸아이의 춤추고 싶은 의욕을 꺾지는 못했다. 그러나 이러한 의욕은 즐겨야 할 일이 무거운 과제로 바뀔 때 꺾이기 마련이다.

나와 상담했던 열네 살짜리 남학생이 생각난다. 그 학생은 학교에서 운영하는 테니스 클럽에 들어가기로 결심했다. 프로 테니스 경기를 관람하다 테니스의 매력에 푹 빠져버린 것이다. 그 학생의 바람은 팀원들과 겨룰 수 있을 정도의 감각을 기르는 것이었다. 하지만 테니스 동호회에 들어가려던 학생의 희망은 여지없이 꺾였다. 초보자여서 자격이 안 된다는 대답이 돌아온 것이다. 학생의 어머니는 발끈했다. "자격이 안 된다는 게 무슨 뜻인가요?" 어머니가 코치에게 따져 물었다. "여기가 동호회인가요, 아니면 윔블던 출전 선수를 테스트하는 곳인가요?"

그 코치는 겸연쩍어하며 동호회에 들어오려면 적어도 3~4년 동안 테니스를 친 경험이 있어야 한다고 말했다. 그러면서 이렇게 조언했다. "아드님은 아마 못 따라갈 겁니다. 여기 애들은 대부분 여덟아홉 살부터 테니스를 쳤거든요." 결국 그 학생은 테니스를 치고 싶다는 바람을 접었다. 어머니가 그룹 강습에 등록해보라고 권했지만 그 학생은 테니스를 배워보겠다는 시도를 다시는 하지 않았다. 어머니는 테니스에 대한 아들의 열정이 사라지는 것을 지켜보면서 난감해했다.

다른 아이들을 앞서야 한다는 중압감이 가장 심하게 나타나는 분야는 바로 학업이다. 이런 중압감에는 흔히 부작용이 따른다. 내가 아는 열일곱 살의 똑똑한 학생 스텔라는 수년 동안 위산 역류증을 앓았다. 최근에는 궤양과 낭종까지 생겨 몸 상태가 악화되었다. 의사들은 스트레스와 관련된 증상이라고 진단했다. 스텔라는 학업 목표를 너무 높게 잡아서 최상위 점수가 나와도 늘 실망했다. 그러자 생리적 부작용이 바로 나타났다. 스텔라는 수재라는 정체성에 심하게 붙들려 있었기에 최고가 되어야 한다는 불안감을 견디지 못했다. 완벽해지지 못하면 자신은 실패자라고 믿었다. 모든 중압감을 제어하려 애쓴 결과 스텔라는 정서적으로 불안한 상태가 되었다. 다른 아이들보다 앞서는 것이 궁극적으로 아무 의미 없게 되어버린 것이다.

스텔라가 거의 모든 시험에서 최고 점수를 받고 반에서 1등을 했기에 사람들은 자연스럽게 그러한 성공이 쉽게 이루어졌다고 생각했다. 그들은 스텔라의 부모가 공부 잘하는 딸을 두어 복받았다고도 생각했다. 사람들은 스텔라가 자신의 성적에 대해 내게 털어놓았던 내용을 알지 못한다. "시험에서 1등 하는 게 쉽다고 생각하세요?" 어느 날 스텔라가 내게 물었다. "전 1등이라는 성적을 보면 속으로 신음을 해요. 그 숫자가 정말 싫어요. 제가 잘 해냈다는 사실을 즐길 여유도 없어요. 다음 시험에서도 똑같은 점수를 받아야 한다는 중압감이 몰려오니까요."

스텔라는 부모님이 자신의 건강을 걱정한다며 말을 이었다. "물론 부모님은 걱정하고 계세요. 어느 정도는 본인들의 잘못이라는 것도 알고 계시죠. 제가 어렸을 때 최고가 되라고 밀어붙이셨거든요. 제가 이렇게 극단적인 상태가 될 거라곤 상상하지 못했던 거죠."

스텔라는 어떤 성적을 받는가, 대학에 합격하는가, 어떤 대학에 가는가에 따라 자존감이 달라진다고 생각하는 여느 학생들과 똑같았다. 그들은 계획대로 되지 않으면 허물어지고 만다. 자신들의 내면에 고유한 정체성이 있어서 다른 것에서 정체성을 빌려올 필요가 없다는 점을 깨닫지 못한 채, 피상적인 정체성으로 자신을 정의하는 법을 배우고 있는 것이다. 참으로 애석한 일이다.

'잠재력을 발휘한다'는 말의 이중성

'잠재력'은 이중성을 지닌 단어다. 그러니까 이 단어는 가능성이 많다는 의미로 들리지만 여기에 내포된 의미를 이해하지 않고 사용하면 위험할 수도 있다. 잠재력이라는 말은 '당신은 아직 가치 있는 존재가 아니야'라는 의미이기 때문이다.

부모가 자녀에게 "넌 아직 잠재력을 발휘하지 못했어"라고 말한다면, 자녀의 현재 모습이 만족할 만한 이상적인 모습이 아니며, '꼭 되어야 하는' 모습이 아니라는 좀 더 날카로운 메시지를 전달하는 셈이다. 다시 말하지만, 이러한 부모는 현재의 자녀가 가지고 있는 다양한 장점이 아닌 미래의 가능성에 초점을 맞추고 있다. 이는 자녀의 장래에 대한 부모의 환상 속에서 나온 생각이다.

물론 스스로 원한다면 누구나 자신을 향상시킬 수 있다. 하지만 이것이 자녀에게 특정한 '잠재력'이 있다고 믿는 개념과는 다르다는 걸 명심해야 한다. '잠재력'이라는 개념은 지금의 자녀를 실제보다 평가절하하는 효과만 있을 뿐이다. 부모가 이러한 사고방식을 내보인다면 자녀는 지금 이 순간의 자신을 자연스럽게 표현하지 못한다. 이러한 개념을 가진 부모는 자녀의 현재 모습이 그토록 중요하게 여기는 상상 속 자녀의 미래와 비교해 하찮다고 여긴다.

이 상황을 일상적인 삶과 연관 지어 생각해보자. 당신은 친구들을 위해 저녁을 준비하고 있다. 메뉴를 꼼꼼하게 정하고 음식을 정성스럽게 준비했다. 대부분의 친구들이 맛있다며 칭찬을 쏟아냈다. 그런데 단 한 명만 별 말이 없다. 당신은 뭐가 문제인지 불안하다. '음식이 맛없나?'

라고 생각할 수도 있다. 마침내 이 친구가 입을 연다. "네가 우리한테 맛있는 식사를 대접하려 노력한 건 알겠어. 그런데 솔직히 말하자면 네 잠재력을 다 발휘하지 못한 것 같아." 이 말을 들은 당신은 어떤 기분이 들까? 다시 요리하고 싶을까, 아니면 그 친구의 말이 너무 고마워 친구를 기쁘게 안아주고 싶을까? 아마 당신은 기분이 상하고 그 친구를 다시는 초대하고 싶지 않을 것이다.

내가 〈오프라의 라이프클래스Oprah's Lifeclass〉에 출연했을 때 했던 말이 많은 사람들의 마음을 울렸던 모양이다. 이후에 이와 관련한 이메일을 정말 많이 받았다. 토크쇼에서 나는 이런 말을 했다. 내가 집으로 돌아가면 이 녹화분의 재방송을 보면서 제대로 못한 부분과 내 자신을 잘 표현하지 못한 부분을 책망할지도 모른다고. 충분히 잘하지 못하고 내 잠재력을 다 발휘하지 못한 것을 비난할지도 모른다고. 그리고 이렇게 덧붙였다. "하지만 그 순간 제가 지닌 의식으로 최선을 다했다는 점만은 확신합니다. 내가 최선을 다했다는 사실을 알기 때문에 내면에서 자연스럽게 들려올 비판의 목소리에 반박할 수 있을 거라고 믿어요."

이렇게 반발하는 목소리가 들려오는 것 같다. "만일 선생님께서 충분히 준비하지 않았다면 어땠을까요? 만일 최선을 다하지 않았다면요? 그랬다면 어떻게 반응했을까요?"

의식적인 접근법은 과거의 일을 고려하긴 하지만 실제로는 지금 이 순간의 경험을 중시한다. 그렇기 때문에 의식적인 접근법을 쓰면 과거에 저지른 실수에 대해 수치스러워하거나 죄책감에 붙들리지 않는다. 바로 지금 이 순간에 초점을 맞추기 때문에 이렇게 자문한다. "내가 준비할 때 작용한 마음의 방해 요소는 무엇이었지? 내가 노력하지 않아

생긴 결과에 대해 어떻게 책임질 수 있을까? 내 운명을 바꾸기 위해 지금 이 순간 무엇을 할 수 있을까?"

이러한 자기성찰의 순간에 우리는 우리가 하는 일에 대한 동기를 깨닫는다. 그러면서 내면의 진정한 바람(실은 여기에 맞게 행동해야 한다)에 정말 귀를 기울이는지, 아니면 무의식적으로 자기태만에 빠져 있는지 발견하게 된다. 다시 말해, 우리에게 선택권이 있음을 인정하게 된다. 이미 일어난 일에 대해 침울해할 수도 있고 이제부터 다르게 행동하기로 결심할 수도 있다. 이런 식으로 자기 자신과 대면하면 이렇게 자문할지도 모른다. "이 경험으로 뭔가를 배웠어. 내 노력이 부족했던 건 과거의 일이야. 지금 이 순간은 현재고. 깨어 있는 상태를 유지하려면 지금 나는 뭘 할 수 있을까?" 이러한 관점을 지닌다면 앞으로는 실패하지 않으며, 더 성장할 수 있는 기회가 주어진다.

우리는 누구나 지금 이 순간 자신의 모습 그대로 인정받고 존중받기를 원한다. 만일 우리가 다른 사람이 우리의 잠재력이라고 생각하는 외부의 기준에 끊임없이 비교당하면서 진짜 내 모습과 목소리를 인정받지 못한다면 어떤 기분일까? 아마 좌절감을 느끼고, 이런 상황이 지속될 때 분개하게 될 것이다. 우리의 아이들은 우리가 자신의 있는 그대로의 모습을 봐주지 않을 때 특히 상처받고 움츠러든다. 그러므로 우리의 기대감을 자녀에게 투영하여 아이의 현재를 빼앗고, 아이의 본모습이 아닌 다른 누군가가 되어야 한다는 생각에 아이가 자신의 자아와 단절 상태에 빠지게끔 만들지는 않았는지 살펴봐야 한다.

흐름을 거스르는 커다란 용기

당신은 당신의 아이가 자기 삶의 다양한 측면을 실제로 어떻게 느끼는지 알고 있는가? 안다고 확신하는가? 사실 대부분의 부모들은 아이들의 마음을 모른다.

아홉 살인 마르쿠스의 사례를 보자. 마르쿠스는 언제부터인가 자기 피부를 뜯어내기 시작했다. 이것이 습관으로 굳어지자 마르쿠스의 부모는 아이를 데리고 나를 찾아왔다. 그들은 아들이 영재인데 애석하게도 자기 잠재력을 다 발휘하지 못한다고 설명했다. 마르쿠스도 그렇게 느꼈을까? 아이는 자신의 삶을 이렇게 설명했다. "전 영재이기 때문에 저주받은 거예요. 모든 사람이 저보고 영재래요. 하지만 전 그게 무슨 의미인지도 몰라요. 전 영재인 게 싫어요. 전 제가 항상 부족하다는 느낌이 들어요. 사람들은 제가 영재니까 무엇이든 더 잘하길 바라고 있어요. 하지만 전 어떻게 해야 더 잘하는지 몰라요. 제 삶은 엉망이에요."

마르쿠스의 재능과 관련해 갈등을 겪는 사람은 본인만이 아니었다. 아이의 부모는 더 큰 갈등을 느끼고 있었다. 아이의 선생님이 알림장에 "마르쿠스는 오늘 열심히 하지 않았어요"라든가 "마르쿠스는 더 잘할 수 있는 아이라는 거 아시죠?"처럼 불만이 담긴 내용을 끊임없이 적어 보냈기 때문이다. 마르쿠스의 부모들은 아들을 더 도전하도록 만들지 못해 부모로서의 잠재력을 충분히 발휘하지 못한다고 생각하고 있었다.

앞서 스텔라 부모의 사례에서도 살펴보았지만, 마르쿠스 가족 같은 경험을 하는 가족은 수없이 많다. 자녀가 능력을 '최대한 발휘하게' 도와주어야 한다고 믿는 부모들은 자녀를 밀어붙이지 못할 때 죄책감을 느낀다. 이것은 두려움에 깊은 뿌리를 내리고 있는 생각이다. 부모란 자녀의 상상 '잠재력'을 다 발휘하게 만들어주어야 한다는 생각 말이다.

자신의 잠재력을 다 발휘한다는 개념은 재정의되어야 한다. 영어로 '퍼텐셜potential'이라고 하는 '잠재력'이라는 단어는, 자녀가 앞으로 어떤 사람이 될 것인가 하는 미래 중심적인 단어가 아닌 형태소로 나누어 근본적인 의미를 파악해야 한다. '퍼텐셜'에서 '퍼텐트potent'는 이 단어의 중심 형태소다. '퍼텐트'의 명사형인 '퍼텐시potency'는 '능력'이라는 의미다. 이것은 미래에 초점을 둔 말이 아니라 자녀가 더 나은 내일로 나아갈 수 있는 힘을 이미 갖추고 있음을 나타내는 말이다. 나중에 자녀가 무엇인가를 성취한다면 이는 부모가 자녀에게 불어넣어주려고 애썼던 특성이 아닌, 이미 자녀가 충분히 갖추고 있던 특성을 기반으로 나타난 결과다. '퍼텐시'의 유의어로 '비거vigor' '캐퍼시티capacity' '에너지energy' '마이트might' '막시moxie' 같은 단어들이 있다. 이 단어들은 현 시점에서 자녀가 가지고 있는 넘치는 활력을 나타낸다. 따라서 자녀의 잠재력을 강조하고 싶다면 자녀가 언젠가 되길 바라는 모습이 아닌, 지금 이 순간 자녀에게 내재된 힘에 초점을 두어야 한다.

현재를 사는 일이라면 어린이들이 전문가다. 어린이들, 특히 생후 몇 년 이내의 어린이들이 현실을 온전히 누릴 수 있는 이유는 아마 말을 잘 못하기 때문일지도 모른다. '~라면 어땠을까(어떨까)' 하는 두려운 생각을 야기하는 '과거'나 '미래'가 아닌 '지금 이 순간'에 온전히 존재하는 능력을 지닌 아이들은 지금 우리가 '존재하는 이 순간'을 어떻게 살아야 하는지 예리하게 일깨워주는 존재다.

잠재력을 미래의 가능성이 아니라 지금 이 순간 아이가 지닌 능력으로 정의할 때, 모든 아이가 재능을 가진 동시에 평범하다는 사실을 알게 된다. 우리는 '보통'이라거나 '평범하다'는 말을 들으면 부족하다는 느낌을 떠올린다. 특히 서양문화에서는 아이가 스스로 '특별하다'고 느끼는 것이 중시된다. 동양문화와 상당히 다른 점이다. 동양문화에서는 특이하거나 남과 다른 것을 좋아하지 않는다. 우리는 이런 양극단이 자녀에게 위험하다는 사실을 알아야 한다. 이러한 태도는 모두 에고에서 비롯된 것으로 자녀의 본모습을 고려하지 않은 것이다.

아이들은 한 가지 특성만 갖추고 있지 않으며, 재능과 평범함을 포함한 다양한 특성을 언제나 유동적으로 표현할 수 있는 존재들이다. 때문에 아이들은 부모를 기쁘게 해야 한다는 중압감 없이 자신을 자유롭게 표현할 수 있어야 한다. 나는 부모들에게 이렇게 말한다. "물론 여러분의 아이는 고유한 존재이고 부모인 여러분에게 특별대우를 받아야 합니다. 하지만 세상에 나가면 여느 평범한 사람들처럼 대우받아야 해요."

자신의 자녀가 특별대우를 받지 못할 때 분개하는 부모들이 많지만 나는 항상 이렇게 말한다. "여러분의 아이가 평범한 존재일지라도 아무 문제없습니다. 아이에게 특별하다는 꼬리표가 따라다녀야 할 이유가 있나요? 그런 생각은 여러분들이 내 아이를 부족하다고 생각하기 때문이에요. 아이들은 이런 필요성을 느끼지 못합니다. 여러분의 에고가 그렇게 느낄 뿐이지요."

지금을 중요하고 원기 넘치는 순간으로 받아들인다면 미래에 주파수를 맞출 필요가 없다. 아이를 '미래에 되어야 할 모습'으로 만들겠다는 갈망을 벗어던질 때 우리는 아이의 현재를 기분 좋게 받아들일 수 있다. 부모가 자신의 부족한 점에 연연해하지 않고, 있는 그대로의 모습을 인정해준다는 점을 아이들이 느낀다면 그들은 어떤 기분일까.

하지만 애석하게도 부모들은 자녀를 이런 식으로 바라보지 않는다. 이렇게 의식적인 접근법을 쓰려면 가족, 친구, 문화의 반대에 맞설 꿋꿋함과 커다란 용기가 필요하다. 오늘날 사회는 도달하기 쉽지 않은 외부 기준에 비추어 끊임없이 자신을 평가하고 비교하기 때문이다.

부모들이 "하지만 저 혼자 아이의 성적에 신경 쓰지 않고 아이를 재촉하지 않는 부모가 되는 건 너무 어려운 일이에요"라고 불평하면 나는 그러한 중압감을 충분히 이해한다고 말한다. 그러고는 설명한다. 참자아를 가진 사람으로 아이를 키우고 싶다면 일반적인 방식을 기꺼이 거슬러야 한다고 말이다. 부모는 아이가 어떻게 자라야 한다고 규정하는 사회적 기준에서 벗어나 아이의 마음 상태에 주의를 기울여야 한다. 모든 해답은 바로 여기에 놓여 있다.

자녀에게서 한 걸음 물러서기

나는 육아의 우선순위를 손에 빗대어 생각하는 걸 좋아한다. 여기서 각 손가락은 자녀 성장의 중요한 측면을 나타낸다. 성적, 스포츠에서 거둔 성과 같은 외적인 성취는 새끼손가락에 해당된다. 다른 네 손가락은 각각 자신, 가족, 사회, 목적과의 관계를 나타낸다. 유감스럽게도 우리는 나머지 손가락들의 중요한 역할을 무시하고 새끼손가락이 손의 전부라도 되는 양 새끼손가락만 애지중지한다.

나는 이런 현상을 이해했던 터라 딸 마이아가 여섯 살이 될 때까지 교육기관에서 하는 활동을 시키지 않았다. 내 친구들은 마이아가 또래에 비해 뒤처질 거라고 주의를 주었고, 나도 그럴 것이라고 생각했다. 하지만 나는 이렇게 대답해주었다. 너희들이 아이들을 주연으로 만들고 싶어 하는 세상의 무대에선 마이아가 뒤처질지 몰라도, 의미 있는 삶을 누리게 해줄 정서적 회복탄력성을 키우는 측면에선 마이아가 완벽한 속도로 자라고 있다고. "마이아는 이런저런 교육기관에 가기 전에 자신이 어떤 아이인지를 확고하게 인지해야 해. 나는 딸이 이런 생각을 할 때까지 기다릴 거야. 그리고 그때가 되면 그걸 바탕으로 방향을 정할 거야."

이 접근법은 내가 뉴욕에서 캘리포니아로 가는 비행기 안에서 만난 가족의 육아 방식과 매우 다르다. 내 옆자리에는 6개월된 귀여운 남자 아기와 부부가 앉아 있었다. 두 사람은 모두 경찰관이었고 일하다가 만난 사이였다. 남편은 이렇게 말했다. "아이 키우는 게 이렇게 힘들 줄 몰랐어요. 제가 워낙 통제에 익숙한 사람이라 육아에 적응하기가 정말 힘들더라고요."

"아이가 더 크면 아시겠지만 지금이 수월할 때예요." 내가 대답했다.

"이 일은 아내한테 맡겨야겠어요. 아내는 이런 애착관계를 좋아하고 즐기거든요. 전 제가 좋아하는 걸 같이할 수 있게 아들 녀석이 자라기만 기다리고 있어요."

"아버님이 좋아하는 게 뭔데요?" 내가 물었다.

"아, 야구요. 제가 형하고 주말마다 야구를 하거든요. 이걸 아들 녀석과 해보고 싶어요." 남편이 무덤덤하게 말했다.

"아드님이 야구를 좋아하면 좋겠네요. 하지만 만일 싫어한다면요?"

남편은 그런 어이없는 생각은 해본 적이 없다는 듯 입을 다물고 나를 빤히 응시했다.

"그럴 가능성도 있잖아요. 남자아이라고 해서 꼭 스포츠를 좋아하는 건 아니거든요."

"제 아들이요? 하하, 그럴 일은 없을 걸요. 우리 집안은 대대로 스포츠를 좋아합니다. 아들도 유전적으로 야구를 좋아할 거예요."

나는 아빠 무릎에서 편안히 쉬는 아기를 보면서 이 아기의 운명이 이미 정해졌다는 생각을 했다. 아직 6개월밖에 안 된 아기가 아빠 생각에 따라 이미 스포츠맨으로, 그것도 '야구 분야'로 규정된 것이다. 아들은 아버지의 기대를 충족시키고 싶어 할 테지만 혹시 그러지 못하면 분명히 스스로에게 실망할 것이다.

부모가 한걸음 물러서서 자녀의 자아가 형성되기를 기다린다면, 자기 인식을 키울 수 있게 만들어준다는 점에서 자녀에게 값진 선물을 해주는 셈이다. 이렇게 되면 자녀는 자신의 있는 그대로를 받아들인다. 자녀는 스스로 인지한 자기 자신에 대해 자신감을 가지며 인생에서 무엇을 하고 싶은지 스스로 찾는다. 이러한 자녀는 어떤 상황이 오더라도 내면에 있는 자기만의 이정표를 지침으로 삼기 때문에 주체적으로 선택을 내린다. 이는 훈육과 관련해서 특히 중요한 문제다.

전통적인 육아 방식에서는 자녀의 행동을 통제하는 온갖 기술과 기법을 옹호했다. 자녀를 일정한 기준에 맞도록 키우는 데 목적을 두기 때문이다. 부모들은 자녀가 옳고 그름을 습득하는 데 있어 두려움이나 보상에 관심을 갖는 마음이 도움이 될 거라고 믿는다. 그래서 자녀가 스스로를 다스리는 능력을 발견하도록 돕는 대신 체벌하거나 보상하는 방법을 쓴다. 나는 내 저서 『통제 불능Out of Control』에서 훈계가 자녀를 통제하는 또 다른 수단이라는 점을 강조했다. 이로써 훈계는 자녀를 가르치는 현명한 지도라는 원래 취지를 잃고 말았다.

부모들은 훈계라는 명분으로 자녀의 삶에 간섭하지 말고, 자녀가 자기 내면에 주의를 기울여 자신의 감정과 동기를 들여다볼 수 있도록 도와야 한다. 자녀가 자신의 자아에 걸맞게 자란다면 더 주체적으로 선택할줄 아는 사람이 될 것이다. 자기 주관대로 선택을 내릴 때 긍정적인 파급 효과가 발생한다. 이렇게 하도록 돕는 부모는 자녀가 타당한 한계 내에서 스스로 결정을 내릴 수 있는 바탕을 마련해주기 때문에 자녀가 스스로에 대한 주인의식을 가질 수 있게 한다. 이렇듯 외부적 통제가 아닌 내부적 통제로 옮겨갈 때, 부모의 닦달 때문에 부모 말을 듣는 아이가 아니라, 자신이 내린 선택을 통해 생각할 수 있는 아이가 된다.

이런 아이는 부모를 자신의 확고한 지지자로 보기 때문에 부모에게 친밀감을 느끼고 건전하게 의지하며, 때로는 부모가 자신의 방향판이 되어주길 바란다. 이로써 부모와 자녀의 관계는 공고해지고, 그 결과 자녀의 자신감과 자존감이 강화된다. 그 파급 효과는 외부로 확장된다. 자신의 가치에 대한 믿음이 창의력, 진취성, 자율권을 높여주기 때문이다. 이 모든 긍정적인 효과는 부모가 내리는 단 하나의 결정에서 비롯된다. 자녀가 반드시 어떤 사람이 되어야 한다는 생각을 버리고 자녀가 진짜 자아를 발견하도록 도움을 주겠다는 결정이 바로 그것이다.

또래보다 앞서야 한다는 신념에는 타인의 기준에 따라 자신의 아이가 더 잘하고 더 많이 성취해야 성공과 행복에 이른다는 생각이 담겨 있다. 하지만 그렇지 않다. 이렇게 해서는 사랑도 확신도 형성되지 못한다. 오히려 이런 육아는 자신을 잘 알고 사랑하는 사람 특유의 온전한 자신감을 상실하게 만들고 자아를 잃게 하는 확실한 길이다.

새로운 길을
다지기 위한 다짐

나는 용기를 내어 새로운 길을 다질 것이다.
첫째, 성취보다는 마음 상태에 초점을 두어 성공의 개념을 다시 정의할 것이다.
둘째, 아이가 흥미를 느끼고 동기부여가 되는 것을 스스로 찾게 도와주어 삶에 대한 주인의식을 키워줄 것이다.
셋째, 아이에게 중압감을 가능한 한 적게 주어 어린 시절을 온전히 누릴 수 있게 해줄 것이다.
넷째, 경쟁적인 활동보다 재미있고 자발적인 취미에 아이를 참여시킬 것이다.
다섯째, 아이에게 자기 내면이 가리키는 길을 따라야 한다고 가르칠 것이다.
여섯째, 평범한 아이여도 그대로를 인정할 것이다.

chapter 6

세 번째 신념: 세상에는 착한 아이와 나쁜 아이가 있다?

'착한' 아이가 있는 반면 '나쁜' 아이가 있다는 내용의 동화와 문화적 메시지는 우리 모두에게 영향을 미쳤다. 나는 여러 나라에서 워크숍을 할 때 흔히 부모들에게 '착하다'와 '나쁘다' 두 가지 용어를 정의해보라고 요청한다. 그러면 부모들은 대개 비슷하게 대답한다.

우리 사회에서는 말썽을 잘 일으키지 않고 가급적 예의 바르고 자제력 있는 아이를 '착한' 아이라 여긴다. 착한 아이는 순종적이고 공부를 잘하며 가만히 앉아 집중을 잘한다. 자세히 들여다 보면 아이의 행동이 우리의 삶에 얼마나 잘 들어맞는가에 따라 '착함'의 정도를 평가한다는 걸 알 수 있다. 마찬가지로 우리는 우리의 삶을 편하게 해주는 아이를 '순하다'고 말한다. 우리의 마음속 흐름을 잘 따른다는 이유로 칭찬한다.

우리가 고분고분한 아이를 더 편하게 느끼는 건 당연하다. 이런 이유 때문에 우리는 우리의 방식이나 뿌리 깊은 신념에 저항하지 않는 아이에게 자신도 모르게 이끌린다. 우리는 통제력을 느끼게 해준다는 이유로 '착한' 아이를 좋아한다. 이런 아이는 우리를 불편한 문제에 직면하게 만들지 않는다. 우리는 이런 아이에게 특별대우를 함으로써 아이에게 보상을 해준다.

이와 대조적으로 '나쁜' 아이는 극도로 활동적이고, 산만하고, 시끄럽고, 흔히 반항적이다. 이러한 아이가 말을 듣지 않으면 난처한 상황이 벌어질 수 있다. '말을 안 듣고' '때리고' '버릇없는' 아이는 부모에게 혼난다. 물론 폭력적인 행동은 부적절하기 때문에 부모가 그 즉시 손을 써야 한다. 하지만 이런 행동을 근절하겠다고 극단적인 방법을 쓰면 아이의 분노를 야기하고 부정적인 행동을 더 강화할 수 있다. 부모들이 이런 식으로 과잉 반응하는 이유는 자녀가 부모의 지침을 무시하거나 부모 나름의 질서에 반항하는 행동을 하기 때문이다.

부모들은 두 살밖에 안 된 아이조차도 바르게 행동하길 기대한다. 부모들은 아이가 두 살 즈음이 되면 두 살이라는 나이 자체를 문제로 여긴다. '미운' 두 살이라는 말도 있지 않은가. 부모들은 아이들이 때때로 저항하고 짜증내고 노골적으로 반항하며 표현하는 정상적인 발달 상태를 폐 끼치는 것, 따라서 수치스러워 해야 하는 행동으로 여긴다.

'착한'이나 '나쁜'은 아이들의 행동을 묘사하는 전형적인 표현이지만 우리가 아이들을 일컬을 때 쓰는 유일한 표현은 아니다. 에고는 끊임없이 분류하는 경향이 있다. 그래서 아이들에게 많은 꼬리표를 붙이는 것이다. 이런 꼬리표들은 어느 정도 아이의 행동에 근거하지만, 상당 부분은 우리가 우리 자신을 어떻게 느끼는가에 근거하여 만들어진다. '게으르다' '여리다' '숫기 없다' 같은 꼬리표는 자아에 대한 인식을 확고하게 형성하지 않은 아이에게 큰 영향을 줄 수 있다.

누구에게나 어린 시절에 자신을 올가미처럼 옭아맨 꼬리표가 있었을 것이다. 시간이 흐른 뒤에도 이 꼬리표는 수치심이 되어 당신을 숨막히게 했을지 모른다. 나와 상담했던 엘레나는 어머니 친구가 자신을 '꿀꿀 양'이라 불렀던 때를 여전히 기억한다고 했다. 아직도 그때 느꼈던 수치심에서 벗어나지 못했다고 했다. 유감스럽게도 우리는 우리에 대한 긍정적인 말들은 빨리 잊는 반면 부정적인 말들은 수십 년 동안 간직한다. 우리의 타고난 자존감이 어릴 때부터 약화되었던 터라 수치심이라는 감정을 아주 익숙하게 느껴 무의식중에 이 감정을 마음에 흡수하기 때문이다. 만일 우리가 의식적인 부모 밑에서 자랐다면 우리의 정서적 기반에 수치심이 자리 잡을 가능성은 낮다. 다른 사람이 우리에게 수치스러운 말을 했더라도 우리는 그 말을 익숙하다고 인지하지 않기 때문에 손쉽게 의식적으로 털어낼 수 있다.

언젠가 마이아는 친구들에게 놀림을 당했다고 내게 고백했는데, 최신 브랜드 바지가 아닌 요가 바지를 입고 학교에 온다는 이유에서였다고 한다. 마이아는 그런 친구들에게 이렇게 응수했다고 했다. "난 너희가 날 어떻게 생각하든 신경 쓰지 않아. 난 요가 바지가 좋거든." 만일 마이아가 자신의 외모와 패션 감각에 조금이라도 자신이 없었다면 친구들 말에 깊은 상처를 받고 자신을 부끄럽게 여겼을 것이다. 하지만 마이아는 친구들의 의견은 자신이 옷을 입고 싶은 방식과 전혀 상관 없다고 생각했다. 이렇듯 견고한 내면의 기반은 다른 사람들의 의견을 무의식적으로 받아들이지 않는 핵심 요소다.

우리는 대체로 수치심과 불확신이 마음의 틀에 자리한 채로 성장하기 때문에 다른 사람들이 갖다 붙인 꼬리표와 판단에 큰 영향을 받는다. 사회에서 자녀에게 붙이는 꼬리표는 자녀뿐만 아니라 부모에게도 큰 영향을 끼친다. 가령 학교 선생님이 자녀를 '비협조적인' 학생으로 분류하고 통제할 필요가 있다며 부모에게 쓴소리를 한다면, 부모는 자녀를 바로잡아야 한다는 중압감을 느낀다. 어쩌면 이 선생님은 자녀를 치료해보라고 충고할지도 모른다.

나와 상담했던 제이미도 이런 상황을 겪었다. 아들 아담의 선생님에게 아담이 약물 치료와 행동 치료를 받지 않으면 인생에서 성공하기 힘들 거라는 말을 들었다는 것이다. 그때 느꼈던 박탈감을 아직도 기억할 정도라고 했다. 제이미는 아들의 미래에 음울한 기분을 느끼며 자신을 무능한 엄마라며 탓했다. 제이미가 열두 살 난 아담을 치료 차 데려왔을 때 나는 아담에게서 완전히 다른 가능성을 보았다. 밝고 에너지 넘치는 아담은 움직임과 운동에 대한 신체적 욕구가 있었다. 아담은 가만히 있는 것이 힘들다고 인정했지만 곧장 이렇게 항변했다. "그래도 성적은 잘 받아요. 부모님도 그 부분은 만족하세요. 저는 지금 두 가지 스포츠팀에 가입되어 있어요. 너무 오래 앉아 있으면 지겨워질 뿐이에요. 그게 무슨 죄가 되나요?"

아담이 분개할 만한 일이었다. 아담은 선생님들이 에너지 넘치는 자신을 끊임없이 꾸짖는 데 진절머리가 나서 홈스쿨링을 생각해보기도 했다. "불공평해요. 전 친구들보다 공부도 잘하는데 집중하지 못한다거나 책에 낙서를 한다는 이유로 문제아라고 지적받는다고요." 아담은 선생님들이 무참히 갖다 붙이는 꼬리표에 분개하는 많은 남학생 가운데 한 명이다. 그들은 선생님들이 이렇듯 경멸적인 꼬리표를 붙이지 말고 자신을 있는 그대로 봐주기를 원한다.

어떤 아이는 특정한 기술이 부족해 이를 습득하는 데 도움이 필요할 수 있다. 하지만 꼬리표를 붙여 아이의 기질을 정의할 수 있다는 생각은 위험한 발상이다. 특히 그 꼬리표에 '착한'이나 '나쁜'이라는 말이 포함될 때는 더 그렇다. 만약 선생님들이 이런 류의 무의식적인 생각으로 아이를 분류한다면 부모가 아이를 옹호해야 한다. 많은 부모가 이 과정에서 자신이 학생이었을 때 학교 제도 안에서 스스로를 부족한 존재라고 여겼던 기억과 어쩔 수 없이 다시 조우한다. 아이가 교장실에 불려갈 때 비난받을까 봐 긴장하고 두려움을 느끼듯, 부모들도 이와 비슷한 감정들을 느낀다. 이러한 감정들은 부모가 선생님에게 아이에 대해 솔직하게 말해달라고 부탁할 때보다 부모를 더 무력하게 만든다.

제이미는 자기 내면에 존재하는 불확신을 들여다보기 시작하면서 선생님의 말이 왜 그렇게 비수가 되어 마음에 꽂혔는지 명확히 이해했다. 제이미는 상처받기 쉬운 자신의 일면을 걷어내고 우리를 에워싼 문화가 갖다 붙이는 꼬리표와 자신을 동일시하지 말라고 아들을 격려할 수 있게 되었다. 아담은 이미 이렇게 하려고 노력하고 있었기에 빠른 반응을 보였다. 자신감을 얻었고 자신은 남과 다를 뿐 모자란 사람은 아니라는 걸 깨달았다. 제이미는 아들이 넘치는 에너지를 좀 더 적절하게 쓰도록 천천히 도움을 주었고, 아들의 넘치는 활기를 부끄러워하고 비난하던 태도에서 벗어나 칭찬하는 것으로 태도를 바꾸었다.

모든 부모는 사회의 인정을, 특히 자녀를 가르치는 선생님에게 인정받고 싶어 한다. 부모는 선생님이 자기 자녀를 호의적으로 대하지 않으면 자신이 비난받는다고 느낀다. 아니면 자신의 육아 방식을 부끄럽게 여기거나 선생님의 눈 밖에 난 자녀에게 화를 낼 수도 있다. 어느 쪽이든 부모는 외부에서 비롯된 중압감 때문에 자녀의 있는 그대로의 모습과 소통하지 못하고, 자녀가 본연의 자아에 걸맞게 자라도록 제대로 된 도움을 주지 못한다.

반항일까 방어일까?

제멋대로 굴고 고집스럽고 반항적인 자녀를 볼 때 부모는 자신이 믿었던 신념을 재고한다. 물론 부모 입장에선 자신의 신념에 의문을 품기보다 자녀를 비난하는 편이 더 쉽다. 자녀로 말미암아 자신의 방식을 되돌아보며 자신과 대면해야 하는데 그 대신 타임아웃이나 생각하는 의자를 이용하곤 한다.

그런데 문제를 일으키는 아이들 가운데 대다수가 그렇게까지 고집 세거나 반항적이지 않다는 점은 역설적이다. 이는 그저 이 아이들의 감정 표현이 강하고 그들의 내적 힘이 부모의 내적 힘과 충돌하는 것이다. 사실 대체적인 문제는 늘 그렇듯, 부모가 주장을 굽혀야 하는 상황인데도 자신의 에고에 갇혀 그렇게 하지 않는 데 있다. 부모와 자녀의 관계에서 더 우위에 있다고 여겨지는 부모에게 권한을 부여하기 때문이다. 그러니 자녀는 나쁜 꼬리표를 붙이고 체벌받는 입장일 수밖에 없다.

활기 넘치는 열세 살 여학생 미카는 항상 '너무 시끄럽게' 굴거나 '반항적'이어서 말썽을 일으켰다. 미카의 부모는 딸에게 왈가닥 같은 행동을 자제하라고 혼을 냈는데 그럴수록 미카의 반항심은 더 심해졌다. 미카의 부모는 가정생활이 위기 국면으로 치닫자 상담을 받고자 딸과 함께 나를 찾아왔다. 미카는 학교에서 품행이 안 좋은 친구들과 어울렸고 나이에 맞지 않는 조숙한 행동을 시도했다.

나는 이 가족을 몇 개월간 상담하면서 미카가 박탈감을 느끼고 정서적으로 충족이 안 된 아이라는 점을 파악했다. 미카의 부모는 옳고 그름에 대해 엄격한 원칙을 세웠다. 이러한 원칙이 어린 아들 존에게는 효과가 있었기 때문에 자신들의 방식이 맞다고 생각했다. 반면 미카는 동생처럼 원칙을 따르지 않는다는 이유로 끊임없이 혼났다. 두 아이가 원칙에 상반된 반응을 보인 것은 동생 존이 좀 더 소심하고 고분고분한 아이였기 때문이었는데 부모는 그 생각을 하지 못했다. 어쩌면 존은 부모님이 누나를 대하는 방식을 지켜보면서 좀 더 유순해지는 법을 배웠을지도 모른다.

이 부모는 미카의 말에 귀 기울여주고 미카를 인정해줘야 한다는 걸 깨달으면서 육아 방식을 바꾸었다. 우선 딸의 행동을 바라보는 방식을 바꾸었다. 딸을 반항적인 아이로 보는 대신, 딸의 행동이 자신을 방어하는 차원이라고 받아들였다. 이렇게 관점을 조금 바꾸었더니 예전과 완전히 다른 방식으로 딸과 지낼 수 있게 되었다. 이제 그들은 모든 비난을 딸에게 쏟지 않고 그 대신 이렇게 자문한다. "딸은 왜 그렇게 방어적으로 나와야 한다고 느꼈을까? 우리가 아이를 어떻게 도울 수 있을까?" 그들은 자기 자신을 들여다봄으로써 딸에게 붙은 '반항적인 아이'라는 꼬리표를 떼어주었다.

그들이 미카의 행동을 다른 관점으로 보자 행동의 의미도 다르게 해석되었다. 정해진 기준을 지키지 않았다고 딸을 혼내는 대신 그러한 행동을 자율성에 대한 바람으로 해석할 수 있게 되었다. "그렇게 행동하지 말랬지!"라든가 "그런 못된 행동 그만 둬!"라며 딸을 꾸짖는 대신 자기 일을 알아서 하려는 딸의 바람을 인지하게 되었다. 그들은 이렇게 말했다. "엄마 아빠가 정한 원칙을 지금 네가 얼마나 숨 막히게 느끼는지 다 안다. 우리가 공통된 의견에 도달할 방법을 찾아보자. 엄마 아빠는 네가 부모에게 통제된다고 느끼는 것도 원치 않지만, 그렇다고 엄마 아빠 속마음을 말하지 못하는 것도 원치 않거든." 미카는 자신의 자율성에 대한 욕구를 부모님이 점점 수용해주자 방어적인 행동을 삼가고 마음을 열기 시작했다.

미카의 부모가 딸에 대한 요구를 줄이자 미카 역시 반발하는 행동을 줄였다. 부모가 뒤로 물러서자 미카가 부모에게 다가오기 시작했다. 나는 흔히 이러한 에너지를 한 파트너가 다른 파트너를 리드하여 완성하는 춤으로 묘사한다. 여기서 리더는 반드시 뛰어난 춤꾼일 필요가 없다. 그저 잠시 이끌어주는 사람이면 된다. 춤이 성공적으로 끝나려면 양쪽 파트너가 다 필요하지만 두 사람이 동시에 리더 역할을 할 수는 없다. 한 사람이 명확하게 이끄는 대로 다른 한 사람은 잘 따라가야 한다.

자녀가 주도권을 쥐고 싶어 한다는 걸 감지하면 부모는 한걸음 뒤로 물러나 약간 느슨해져야 한다. 자녀를 제멋대로 굴게 내버려두라는 의미가 아니다. 자녀의 에너지와 부모의 에너지가 정면으로 맞서면 상황만 더 악화되고 혼란을 일으킨다는 걸 인지해야 한다는 뜻이다.

미카의 부모는 자신들의 에너지에 작은 변화를 주었을 뿐인데 딸과의 관계에 큰 변화가 생겼다는 점에 놀랐다. 미카에게 자기 목소리를 낼 기회를 더 많이 주고 미카의 감정을 더 많이 인정해주자 미카는 위험한 방식으로 자신을 표현해야 할 필요성을 덜 느꼈다. 순응하지 않는 딸이 '나쁜' 아이였던 것이 아니라, 그저 그때가 자기 생각이 지나치게 또렷하고 에너지 넘치는 상태였다는 점을 부모가 이해한 것은 놀랄 만한 발전이었다. 이렇듯 부모가 접근법을 바꾸자 가족의 분위기는 화목하고 안정적으로 바뀌었다.

부모는 자녀가 자신들의 규칙을 따르기를 기대한다. 만일 자녀의 기질이 이에 맞다면 부모들은 그 결과에 만족하고, 그 공을 자신의 육아 방식으로 돌린다. 하지만 다수의 아이들은 기질적으로 부모가 원하는 대로 순응하지 못한다. 이런 아이들은 남에게 좌우되지 않고 자기 인생을 스스로 책임지고 싶어 하는 욕구를 지니고 있다. 하지만 대부분의 부모들이 이런 아이들에게 제대로 대응하지 못한다. 이런 아이들은 '나쁜' 행동을 한다는 꼬리표를 단 채, 자신이 문제아라고 느끼며 자란다. 이런 연유로 많은 청소년들이 불필요한 수치심과 불확신을 느끼는 것이다.

한계를 시험하고, 규칙을 어기고, 질서를 어지럽히는 아이들은 어른들이 자신의 말을 들어주지 않고, 자신의 욕구가 충족되지 않는다고 느낀다. 만약 부모들이 그러한 자녀의 행동을 더 깊은 소통에 대한 갈망으로 해석할 만큼 스스로를 단련한다면, 부모는 이제 훈육자라는 역할에서 물러나 자녀의 지지자가 될 수 있을 것이다.

이중 잣대와 꼬리표

부모가 '착함'이나 '나쁨'이라는 잣대를 기준으로 자녀의 행동을 들여다본다면 자녀에게 큰 해를 입히는 셈이다. 한 친구가 자기 생일을 잊었다는 이유로 당신을 무심하고 인색한 사람이라 비난했다고 상상해보라. 피곤해서 설거지를 하기 전에 잠깐 눈을 붙였는데 배우자가 그런 당신을 보고 못됐다거나 지저분하다고 비난하면 어떤 기분이겠는가.

부모들은 자신, 배우자, 친구에게 기대하는 것보다 더 많은 것을 자녀에게 기대한다. 이중 잣대를 적용하는 셈이다. 일부 부모들은 자녀가 실수를 하면 곧장 비난하고 때로는 아주 모멸적인 말을 한다. 부모들은 자녀가 자기 말을 안 들으면 질책하고, 자녀가 도시락이나 숙제나 부모 동의서 등을 깜빡 잊으면 세상이 끝나기라도 할 듯한 반응을 보인다. 부모 자신도 열쇠를 잃어버리고 응답 전화를 못하기도 하고 마감 시간을 지키지 못할 때가 있으면서 말이다.

이러한 이중 잣대는 자녀에게 큰 영향을 끼친다. 솔직히 말하면 우리도 늘 실수를 하고 현명하지 못한 결정을 내리면서도 10대 자녀들이 이렇게 하면 자녀들의 행동을 터무니없다고 본다. 공과금을 너무 늦게 내거나 카드 대금 납부를 잊어버리거나 속도 위반 딱지를 받으면 스트레스를 받아서 그랬다며 자신을 합리화하면서 말이다. 그러면서 우리 아이들이 숙제를 늦게 내거나 시험공부를 충분히 하지 않거나 잘못을 저질러 방과 후에 남으면 극심한 불안을 느낀다. 이러한 감정은 자녀가 '착한' 학생의 모든 기준을 충족시키지 못해 인생의 낙오자가 되는 건 아닌가 걱정하기 때문이다. 우리는 자녀가 가능한 한 '착한' 학생의 기준에 들어맞을수록 좋은 성과를 낸다고 생각한다. 이는 순전히 우리 안에서 고개를 드는 두려움일 뿐이다. 이러한 두려움 때문에 비이성적으로 행동할 뿐만 아니라 매우 불공평하게 행동하는 것이다.

의식적인 부모는 자녀와 관련한 어떤 문제에 직면하든지 "주의산만한 딸을 다스리는 데 도움을 될 수 있게 집 환경을 어떻게 바꿀까?"라든가 "아들이 집중하는 법을 배우도록 어떻게 일상에서 차분함을 드러낼 수 있을까?"처럼 나에게로 질문을 돌린다. 이러한 질문들은 그야말로 고민할 가치가 있다. 이러한 질문들에는 우리가 자녀와의 관계에서 느끼는 에너지를 완전히 변화시키는 힘이 있다.

의식적인 부모가 될수록 '착한' 아이나 '나쁜' 아이 같은 꼬리표를 붙이지 않는 것이 중요하다는 걸 깨닫는다. 이러한 부모는 자녀가 고분고분한지, 나를 어떻게 보이게 만드는지, 자녀 때문에 어떤 기분이 드는지 따위에 관심을 두지 않고 다음과 같은 문제에 초점을 맞춘다.

- 내 아이가 자신을 잘 표현했는가?
- 내 아이가 자신의 내면의 목소리에 귀를 기울였는가?
- 내 아이가 자신의 필요에 관심을 기울이고 그것을 충족시킬 방법을 찾았는가?
- 내 아이가 실수를 저질렀을 때 그것을 바로 잡을 방법을 찾았는가?
- 내 아이가 수치심을 두려워하지 않고 있는 그대로 말해도 괜찮다고 느꼈는가?
- 내 아이가 나, 혹은 다른 사람의 간섭을 받지 않고 자기 마음 가는 대로 행동했는가?

아이의 표면적인 모습에 주안점을 두고 아이를 질책하고 꾸짖는 대신, 진정한 자기표현을 독려할 때 비로소 부모와 자녀는 의미 있는 소통을 할 수 있다. 행동을 바로잡는 방법에 초점을 맞추는 대신 감정을 이해받고 표현하면 행동은 저절로 바뀐다는 확신을 가지고 아이의 행동 이면에 존재하는 감정에 유념해야 한다. 다시 말해, 부모는 '착함'과 '나쁨'의 이중 잣대와 그러한 꼬리표에 수반되는 두려움에서 벗어나야 한다. 그래야 자녀와 소중한 현재를 누리며 진정한 관계를 형성할 수 있다.

'착한' 아이가 아닌 아이의 진면모 들여다보기

나는 순응, 완벽한 행동, 겉모습에 강박관념을 갖지 않고 아이의 진면모를 격려할 것이다.
나는 아이의 고분고분한 태도가 아닌 아이가 진정한 자신을 드러낼 때 그 용기를 칭찬할 것이다.
나는 아이에게 순종을 강요하는 대신 아이의 자기표현을 독려할 것이다.
나는 아이의 성과가 아닌 마음의 힘을 근거로 아이의 미래를 그릴 것이다.

chapter 7

네 번째 신념: 좋은 부모가 될 능력은 타고난다?

부모가 되는 일이 생물학과 관련이 있어서 그런 걸까? 우리는 네 번째 신념을 자연현상으로 여긴다. 그 결과 우리는 이것을 인생의 한 측면으로 받아들였다. 하지만 무의식적으로 자녀를 기르면 가정과 사회에 부정적인 영향이 미친다는 사실을 알게 되면, 좋은 부모가 되는 능력을 타고난다는 생각이 얼마나 순진한 발상인지 깨달을 것이다.

나는 부모 되기 강좌가 왜 의무 과정이 아닌지 자주 의아하게 생각해왔다. 부부가 되려면 혼인신고를 해야 하고, 차를 운전하려면 면허시험에 통과해야 하며, 미용사가 되려면 훈련을 받아야 하고, 직장을 구하려면 면접을 봐야 한다. 그런데 왜 부모가 되는 일은 성인인 두 사람이 성관계를 맺는 것만으로도 가능해지는 것일까.

삶의 많은 측면 가운데 현재에 충실하고, 현실적이고, 감정을 조절하는 능력이 가장 많이 요구되는 일이 바로 육아다. 물론 이런 기술들을 배울 수는 있다. 하지만 어느 정도 의식적인 노력이 있어야 이런 기술들이 장기간에 걸쳐 자연스럽게 행동에 스며든다. 가령 소리치는 것을 예로 들어보자. 모든 부모는 자녀에게 소리 지르면 안 된다는 걸 안다. 이 사실을 알면서도 모든 부모는 이따금 소리를 지른 후 가책을 느낀다. 왜 일까? 무언가를 머리로 안다는 것과 그것을 실생활에 적용하는 것은 매우 다르기 때문이다. 전자는 지식이 필요하고 후자는 지혜와 실행이 필요하다. 육아를 하려면 수단과 전략에서 노하우가 필요한 한편, 이것을 효과적이고 영향력 있게 수행할 수 있게 해주는 감정적인 성숙도 필요하다. 요컨대 육아에는 매 순간 변화하고 성장하기 위해 끊임없이 노력하는 일이 포함된다.

배우자와 관련되어 있다는 이유에서인지 몰라도, 사람들은 육아를 사적인 영역, 조정이 필요 없는 영역으로 생각하곤 한다. 또는, 사람들이 머나먼 옛날부터 해온 일이라는 이유에서인지 몰라도, 누구나 육아 방법을 저절로 알고 있는 일 정도로 생각한다. 하지만 부모가 자녀에게 어떻게 말하고 어떻게 행동하고 어떻게 느껴야 하는지 항상 본능적으로 알아야 하고, 알고 있다고 생각하는 것은 잘못이다. 육아는 손쉽고 재미있으며 보상이 따른다는 것 역시 잘못된 생각이다. 물론 육아의 일부에 그런 요소들이 있긴 하지만 나는 이렇게 널리 퍼진 문화적 신념이 부모에게 상당한 스트레스를 준다고 생각한다.

육아의 환상에서 현실로 넘어가기

특히 아내들은 엄마가 되는 것을 낭만적으로 생각한다. 갓난아기에게 모유수유를 하거나 걸음마를 시작한 아이와 명작을 그리며 몇 시간씩 보내는 행복한 나날을 상상한다. 아이가 더 크면 자연히 감정 기복이 심해지고 호르몬에 의한 변화가 생길 거라며 긍정적이고 편안한 마음으로 아이의 성장을 상상한다. 남편 역시 아이에게 가르치고 싶은 모든 것을 상상하며 그 아이가 자라 자부심을 안겨줄 날을 고대한다. 아들이 나중에 야구를 좋아할 거라고 확신했던 경찰 아버지처럼 말이다.

많은 부부가 아이를 낳는 것은 가장 아름다운 삶의 경험일 뿐만 아니라 심지어 자신의 과거에서 잘못되고 실망스러운 부분을 바로잡을 수 있는 기회라고 상상한다. 자녀를 키우는 일이 얼마나 만만치 않은지 잘 알지 못한 채로 말이다. 아이를 키우다 보면 매일 이런저런 결정을 내려야 한다. 그리고 이러한 결정에는 혼란스러운 감정이 수반되는 경우가 흔하다. 걸음마를 배우는 아이에게 멍이 생기면 단순히 멍일까 아니면 팔이 삔 걸까? 10대 아이가 축구 연습에 가지 않으려는 이유가 마무리해야 할 일이 있어서일까 아니면 마음 깊은 곳에서 축구를 그만두어야 한다고 생각해서일까?

당신은 이런 의문이 생길지도 모른다. "내가 예전에 다짐했던 대로 아이를 있는 그대로 사랑해줄 수 있을까?" 특히 아이가 상상했던 모습대로 자라지 않을 때 이런 의문을 품는다. 우리가 만일 아이와 소통하는 방법을 모른다거나 아이를 이해하지 못한다면 어떻게 될까? 아이의 기질이 우리의 기질과 충돌한다면? 아이가 우리 어렸을 적 모습과 같지 않다면? 부모와 자녀가 서로를 편하게 여기는 것은 고사하고 자연스럽게 서로를 좋아한다는 것도 기정사실이 아니다. 우리의 유전자는 이를 보장해주지 못한다.

환상과 현실 사이의 거리가 너무 커져버리면 세상이 무너져 내리는 듯한 기분이 든다. 부모는 육아라는 여정에서 힘든 일에 맞닥뜨리고 여러 우여곡절에 부딪혔을 때 자신들이 얼마나 준비가 안 되어 있었는지 깨닫는다. 그럴 때면 마치 황무지에 서 있는 듯한 기분을 느낀다. 왜 아무도 미리 경고해주지 않은 걸까? 출산 후 몇 년 동안은 수면 부족을 이겨낼 만한 체력이 있어야 할 뿐만 아니라 부처님 같은 지혜가 필요하다는 사실을 왜 아무도 말해주지 않았을까? 어쩌면 이렇게 만만치 않은 일들을 해내려면 자기 삶에 엄청난 변화가 필요하다는 사실에 충격을 받고 속았다는 기분이 들 수도 있다. 환상이 하나둘 무너지면서 에고는 일생일대의 타격을 받는다.

나는 부모가 되기 전 품었던 거창한 환상을 여전히 기억한다. 나는 고고한 척하며 아이를 비범한 사람으로 키우겠다고 상상했다. 내 상상 속 아이는 많은 그림을 보고 싶다며 나를 루브르 박물관으로 이끌 터였다. 명상과 요가에 뛰어나고 내게 영적인 것에 대해 가르쳐달라고 조를 터였다. 하지만 마침내 부모가 되고 이러한 환상 가운데 그 무엇도 실현되지 못하리라는 걸 깨달았을 때, 내가 육아라는 여정을 시작하는 데 얼마나 준비가 안 되어 있는지 알게 되었다. 나는 그저 내 환상 속에서 존재하는 엄마가 될 준비만 하고 있었다. 내 눈앞에 존재하는 아이의 엄마가 될 준비는 하나도 되어 있지 않았다.

육아가 상당한 심리적, 육체적, 재정적 부담을 경험하면서 수없이 학습해나가는 과정이라는 걸 알았다면 얼마나 좋았을까. 나는 이렇게 느끼는 사람이 나뿐인 줄 알았다. 육아 과정에서 느낀 수치심 때문에 나는 내 안으로 숨으려 했고 내 경험을 숨겼다. 내가 이 막중한 책임에 완전한 부적격자는 아니어도 엄마로서 부족하기 때문에 이런 감정이 드는 것이라 여겼다. 내가 겪는 일이 정상이고 내 경험이 일반적이라는 사실을 알지 못했다.

어머니들은 자신이 부족한 부모로 보일까 봐 두려워한다. 하지만 마음속으로 상상하는 이상주의에서 벗어나야 한다. 우리는 각자의 경험을 솔직하게 공유해야 한다. 그리하여 다음 세대 부모들이 제대로 준비된 상태에서 육아라는 여정에 발을 들여놓도록 도와야 한다.

진실을 말하자면, 좋은 부모가 될 능력은 타고나지 않는다. 육아는 우리가 저절로 방법을 알게 되는 그런 일이 아니다. 육아는 도덕성과 관련된다는 생각, 즉 선한 사람이 좋은 부모가 된다는 것 또한 잘못된 생각이다. 양육이 이렇게 단순하다면 얼마나 좋을까. 좋은 부모가 되는 것은 한 인간으로서 얼마나 훌륭한 사람인가, 혹은 선한 사람인가와 관련이 없다. 몸매를 가꾸려면 음식에 대한 생각을 제대로 인지하고 꾸준히 운동하도록 자신을 훈련시켜야 하는데, 부모가 되는 일도 마찬가지다. 우리는 예비 부모들에게 이러한 전념의 깊이를 인지시켜주어야 한다. 그래야 자녀를 의식적으로 키우는 데 필요한 힘든 여정에 대한 환상을 품지 않는다.

우리는 부모가 되는 일이 간단하고 자연스러운 일이라는 말을 수없이 들어왔다. 하지만 이런 말 대신 부모가 되는 일은 언어가 통하지 않는 다른 나라에 가는 것과 같다는 조언을 들었다면 더 유익했을 것이다.

아이와 곧바로 소통하고 아이가 태어나자마자 큰 사랑을 느낄 거라고 가정하지 말아야 한다. 소통의 기반을 마련하고 사랑하는 법을 배우려면 시간이 걸리고, 골치 아플 수도 있으며, 머리를 쥐어뜯는 순간과 함께 감정 기복을 경험할 수 있다는 점을 알아야 한다. 자녀가 이 세상에 온 이유는 부모에게 좋은 감정을 느끼게 해주기 위해서가 아니라 대체로 그 반대의 역할을 하기 위해서라는 점만 알아도 많은 도움이 될 것이다.

둘째나 셋째 아이를 낳더라도 이전의 육아 경험을 바탕으로 좀 더 수월하게 아이를 키울 수 있을 거라고 단정 지으면 안 된다. 한 아이에게 맞는 방식이 다른 아이에게는 맞지 않을 수도 있기 때문이다. 뿐만 아니라 자신의 어린 시절에는 맞았던 방식이 오늘날에도 반드시 맞는 것은 아니다. 예전에 배운 육아법을 버리고 고쳐야 하는 측면이 있다는 점을 인정해야만 진면모에 맞는 아이를 키울 수 있다.

환상에서 현실로 옮겨가기

나는 육아에 재능이 있다고 믿는 대신 초보자라고 느끼는 경우가 많으리라는 점을 받아들일 것이다.
나는 나와 내 아이에게 완벽함을 바라는 대신 성장에 초점을 맞출 것이다.
나는 육아가 손쉽고 예측 가능하기를 원하는 대신 스트레스 받고 버겁고 지칠 때가 많다는 걸 당연하다고 생각할 것이다.
나는 직관적으로 모든 것을 알아야 한다는 중압감에서 벗어나 의식적인 육아란 근육을 만드는 일과 같다는 사실을 깨우칠 것이다.

chapter 8

다섯 번째 신념: 좋은 부모는 자녀를 사랑하는 부모다?

할머니가 나에게 했던 말이 아직도 기억난다. 할머니는 내가 사랑의 마음을 가졌기 때문에 나중에 좋은 엄마가 될 거라고 말씀하셨다. 할머니는 따뜻한 마음과 솔직함이 좋은 부모가 되는 데 가장 중요한 요소라고 덧붙였다. 그랬기에 나는 아이가 잘못된 행동을 한다면 이는 순전히 부모의 사랑을 받지 못했기 때문이라고 믿었다. 하지만 수년 동안 가정 상담을 하고 부모가 되고 보니 그러한 내 가정이 단순했을 뿐만 아니라 몹시 잘못되었다는 걸 깨달았다. 그 이후 나는 사랑이 무엇인지, 배려하고 헌신적인 부모가 되는 것이 무엇인지에 대해 다시 정의했다.

사랑이 사람들 사이에 유대감을 형성시키는 요소임은 분명하다. 부모가 자녀에 대한 자연스러운 감정을 억누르게 만든 어떤 사건이 발생하지 않는 이상, 부모와 자녀와의 관계에서 가장 큰 특징을 보이는 감정은 사랑일 것이다. 하지만 자녀가 부모를 충실히 따르게 만들거나 부모가 자녀에게 기꺼이 희생하게 하는 요인이 항상 이타적이고 무한한 부모의 사랑은 아니다.

부모는 자녀를 사랑하는데도 전혀 사랑하지 않는 것처럼 행동할 때가 많다. 이것이 엄연한 현실이다. 자녀는 부모가 끊임없이 자신에게 한탄하고 자신을 바로잡아주려 하고 자신에게 화를 낸다고 느낀다. 그 결과 많은 아이가 부모를 무서워하진 않더라도 실망시키지 않을까 두려워하며 산다.

부모의 내면에 있는 두려움이 자녀를 대하는 행동에서 묻어나면 자녀는 부모에게서 거리감을 느끼고 가장 두려운 대상이자, 결국에는 분노를 느끼는 대상으로 여긴다. 하지만 부모는 이를 인정하지 않는다. 바로 이런 이유 때문에 자녀는 자기 생각을 부모와 절대 나누지 않는다. 부모는 자신은 그저 자녀를 사랑할 뿐인데 자녀가 왜 그렇게 거리감을 느끼는지 의아해한다.

사랑은 시작점일 뿐

내가 아는 사람들 대부분은 자신이 적어도 가족에게만큼은 어느 정도 사랑하는 마음을 갖고 있다고 말한다. 하지만 가족들은 악착같이 싸우고, 서로 거짓말을 하고 험담을 하며, 서로를 깎아내리기도 한다. 사실 가족은 서로 사랑을 느끼지만 스트레스와 갈등도 느끼며, 그 정도가 극단적일 때도 많다.

가장 사랑한다고 말했던 사람을 때로는 가장 미워하게 되는 이유가 무엇일까? 사랑은 숭고한 감정이지만 결핍감을 느끼는 에고가 이 감정을 훼손하기 때문이다. 이러한 에고로 말미암아 두려움이 생기며, 이 두려움 때문에 상대를 통제하고 소유하려는 마음이 생긴다. 자신이 사랑을 느끼는 대상에게 집착하기 때문에 이러한 사랑의 왜곡이 생겨나는 것이다. 이런 집착 때문에 일종의 의존적인 관계가 형성된다. 그러니까 상대의 있는 모습 그대로를 인정하는 것이 아니라, 상대방이 자신에게 어떤 감정을 느끼게 하는가를 토대로 상호작용하는 것이다. 특히 부모가 자기 자신에 대해 느끼는 감정과, 자녀가 자기 자신에 대해 느끼는 감정은 서로 뒤얽힌다. 이는 부모가 자녀를 걱정하다가 이내 자녀를 통제하려 들기 때문이다. 부모는 자녀의 삶과 거리를 두지 못하기 때문에 자신의 감정들을 자녀에게 투영하며, 이렇기 때문에 자녀를 본연의 모습으로 키우지 못한다. 부모의 두려움은 자녀의 미래에 대한 걱정으로 이어지며, 이로써 자녀와 지금 이 순간을 누리지 못한다.

부모가 자녀를 충분히 사랑하면 자녀에게 필요한 것을 줄 수 있다는 생각은 사회적 신념이다. 부모가 자녀를 사랑한다고 해서 자녀와 현재를 누리고, 자녀의 내면에 주파수를 맞추며, 자녀가 자신의 진면모를 깨닫도록 도울 수는 없다. 자녀를 사랑한다고 해서 부모 자신의 불안을 다스리고, 무의식적인 반응을 통제하며, 이성적이고 객관적으로 자녀에게 도움을 줄 수는 없다.

부모의 순수한 의도에도 불구하고 부모의 사랑은 쉽게 인자함을 잃고 두려움에 물든다. 그래서 자녀를 통제하고 소유해야 한다고 생각하는 것이다. 여기서 순수한 사랑을 찾기란 어렵다. 설령 부모가 그러한 사랑을 느낀다 해도 그것은 효율적인 육아를 위한 시작점에 불과하다.

아이에게는 자신을 단순히 사랑해줄 뿐만 아니라 자신에게 주파수를 맞추어주는 부모가 필요하다. 상당히 체계적이고 일관된 접근법을 쓰고, 격한 감정이 몰려와도 평정을 유지할 수 있는 부모가 필요하다. 아이는 부모가 자신의 신체적 필요뿐만 아니라 마음 깊은 곳의 정서적, 심리적 필요까지도 애정 어린 마음으로 기꺼이 충족시켜주기를 원한다.

이러한 부모가 되려면 많은 정서적 도구가 필요한데, 사랑은 이 가운데 하나일 뿐이다. 효율적인 육아를 하는 데 필요한 또 다른 정서적 도구로는 집중력이 좋고, 쾌활하며, 상대의 감정을 잘 파악하고, 단호하되 융통성 있고, 비교적 스트레스를 덜 받는 것 등이 있다.

자녀가 필요로 하는 점을 적합하게 충족해주려면 부모 자신의 내면이 평온해야 한다. 또한 자의식이 온전해야 하며, 인지력이 예리해야 한다. 사랑은 분명 육아에서 중요한 역할을 하지만 잘되는 아이로 키우기 위한 한 측면에 지나지 않는다.

자녀가 사랑을 사랑으로 느끼지 못할 때

"아빠는 항상 절 비난해요." 열여섯 살 남학생 샘은 아버지의 손에 이끌려 나를 찾아왔을 때 이렇게 말했다. "아빠 눈에는 제가 항상 뭔가 잘 못하는 걸로 보이나 봐요. 처음엔 저보고 하키팀에 들어가라고 했어요. 그래서 들어가니까 제 포지션이 마음에 들지 않는다고 하셨어요. 다음엔 축구팀에 들어가라 해서 또 그렇게 했어요. 그런데 제가 잘 못한다면서 계속 뭐라고 꾸짖어요. 운동에 대해 할 말이 없으면 숙제를 가지고 뭐라 해요. 숙제가 아니면 제 태도를 꾸짖고요. 도저히 아빠 기준을 따라갈 수 없어요. 전 항상 뭔가를 제대로 못하는 아이거든요."

샘의 아버지 필은 아들이 하는 이야기를 듣고 자기 귀를 의심했다. 필은 아들이 그런 생각을 할 줄은 몰랐다. 그는 아들을 자기보다 더 사랑하는 사람은 없다고 맹세할 수 있을 정도였다. 또한 자신은 아들의 성공 가능성을 높이려고 수많은 시간을 할애했고 아들이 좋아할 거라고 생각하는 것들을 해주려고 돈과 열정을 쏟는다고 생각했다. 그런데도 왜 아들은 아버지의 이 모든 사랑을 괴롭다고 느꼈을까?

자녀가 부모로부터 인정받지 못하고 상처받았다고 느끼면 결국은 부모에게 분개한다. 나는 그런 가정을 무수히 상담해왔다. 나 또한 내 딸과의 관계에서 이런 경험을 하기도 했다. 나는 딸을 사랑하는 마음에서 한 행동이었는데 딸은 전혀 그렇게 받아들이지 않은 것이다.

부모는 이 사실을 알아차리지 못한다. 하지만 이런 사랑 표현은 결코 자녀를 위한 것이 아니며 부모가 무의식적으로 영향력을 행사하는 것에 가깝다. 이런 부모는 어렸을 때 자기 부모가 자신의 말을 잘 들어주지 않고 자신을 인정해주지 않았다고 느꼈을 가능성이 크다. 그래서 현재의 자신에겐 힘이 있고 자신의 말이 제대로 전달된다고 느끼고 싶은 욕구를 충족시키고자 자녀에게 영향력을 행사하는 것이다. 하지만 자녀에게도 이런 욕구가 있다. 그러니 어쩔 수 없이 서로 충돌하게 된다.

열두 살인 스카일라는 나와 첫 상담을 하는 내내 눈물을 글썽거렸다. "전 그저 엄마를 행복하게 해주기 위해 존재하는 것 같아요. 하지만 엄만 제가 뭘 해도 충분하지 못한가 봐요. 항상 제가 더 해야 할 일이 생기거든요. 제가 조금이라도 실수하면 엄마는 마치 세상이 다 끝난 것처럼 행동해요." 스카일라의 감정 상태는 내가 인터뷰하고 상담했던 수많은 아이들의 감정 상태와 비슷했다. 대부분의 아이들은 자신이 사는 이유가 부모님의 기대에 부응하기 위해서이며, 그 대가로 부모님의 사랑을 얻었으면 좋겠다고 느낀다.

부모들은 자녀에게 소리치거나 자녀를 혼내면서 "이게 다 널 사랑해서 그러는 거야"라고 말한다. 부모는 사랑하는 마음에서 한 행동일지 모르지만 자녀가 꼭 그렇게 받아들이는 것은 아니다. 오히려 부모가 사랑이라고 생각하며 한 행동을 자녀는 통제로 받아들일 때가 많다. 따라서 자신의 사랑이 어떻게 받아들여지고 있는지 세심히 살피는 능력은 육아에서 중요한 요소다.

부모의 의도와 자녀가 이를 어떻게 받아들이는가 사이에 존재하는 차이를 이해하는 것은 의식적인 육아에서 중요한 부분이다. 자녀는 부모의 의도 따위에는 무관심하며, 그런 의도로 인해 자신이 어떻게 느끼는가에만 신경을 쓴다. 충돌은 이러한 감정적인 부분에서 일어난다. 부모가 자신의 감정이 아닌 자녀의 감정 상태에 주파수를 맞춰야 시시각각 드러나는 자녀의 마음을 들여다볼 수 있다. 이렇게 되려면 자기의 틀에서 걸어 나와 의식적인 부모가 되어야 한다.

자녀를 사랑하지만 육아에 대한 의식이 없는 부모라면 이건 불충분하고 자기중심적인 사랑이다. 솔직히 말해 우리가 '사랑'이라고 부르는 감정은 흔히 상대방과 있을 때 자신에 대해 느끼는 감정이라는 걸 인정해야 한다. 이런 감정은 상대방이 자신을 얼마나 사랑스럽고 가치 있는 존재로 느끼게 만드는가와 관련이 있다. 따라서 이런 사랑은 굉장히 조건적이다.

바로 여기에 함정이 있다. 우리의 사랑은 대체로 상대방에 대한 사랑으로 위장되어 있지만 실제로 자기 자신을 위한 것이다. 이런 이유 때문에 인간관계에서 우리 대부분은 이런 '기분 좋은' 감정을 느끼고 싶어 한다. 우리는 우리 안에 있는 이러한 측면을 인지시켜주는 사람을 좋아한다. 반면 그렇지 못한 사람은 별로 좋아하지 않거나 심지어 무시한다. 가령 우리는 자녀가 아기일 때를 특히 좋아하는데, 이 시기의 자녀는 우리를 필요한 존재이자 사랑받는 존재라고 느끼게 해주기 때문이다.

예전부터 진정한 사랑이란 사랑하는 상대하고만 관련된 것으로 여겨졌다. 나는 이 생각에 이의를 제기한다. 다른 사람에 대한 사랑은 우선 자신에 대한 사랑에서 시작되어야 한다. 우리가 우리 자신을 사랑하기 전까지는 모든 관계, 심지어 자녀와의 관계조차 조건적이고 의무적이고 불만족스럽게 느껴진다. 왜냐하면 이러한 관계에서는 상대방에게 적합한 방식으로 소통하지 못하고 상대방에게 무엇인가를 원하기 때문이다.

우리는 아이를 사랑하면서도 사랑의 마음을 잘 표현하지 못한다. 그러니 이제 관점을 바꿔야 한다. 아이에 대한 사랑 표현에는 아이로 인해 자신이 어떤 기분을 느끼는지, 아이를 독립적인 개인으로서 얼마나 존중하는지 등 부모 자신의 기분 좋은 감정이 담겨 있어야 한다. 이렇게 되면 아이에게 사랑한다고, 너는 정말 소중하다고 말하는 수준을 넘어선다. 이때 아이는 부모의 존재를 통해, 부모가 자신에게 반응하는 방식을 통해 부모의 사랑을 속속들이 느낀다. 특히 자신이 사랑받을 만한 행동을 하지 않은 것 같은 순간에도 이렇게 느낀다.

부모는 처음 만난 사람을 대하듯 자녀에게 반응해야 한다. 사랑이라는 이름으로 자녀를 일정한 틀에 가두지 말고 자녀가 자신의 필요에 따라 자신을 드러낼 수 있는 여지를 마련할 수 있도록 도와주어야 한다. 자녀가 비이성적이고 예측할 수 없는 행동을 하더라도 말이다. 자녀는 있는 그대로의 자신을 표현하는 것을 허용하는 부모를 원한다. 그렇다고 제멋대로 하도록 다 받아주라는 말은 아니다. 자녀가 진짜 자아를 표현할 수 있도록 환경을 만들어주라는 뜻이다. 부모가 이러한 자유를 줄 때 자녀는 널따랗게 탁 트인 공간에 있는 듯한 경험을 한다. 이러한 경험을 통해 자녀는 자신을 발견하고, 결국에는 잘 성장할 수 있다. 이때 자녀는 부모의 사랑을 두려움에서 비롯된 통제가 아닌 사랑 그 자체로 느낀다.

자녀가 보내는 신호에 항상 주의를 기울이는 일은 부모의 신성한 임무다. 이렇게 할 때 부모는 자녀에 대한 애정을 약화시키는 자신의 두려움을 인지할 수 있다. 자녀의 있는 그대로의 모습을 진심으로 인정해줄 때 우리는 자녀와 마음 깊이 소통할 수 있다.

사랑에 대한 재고

의식적인 육아라는 여정에 들어설 때 삶과 사랑의 모든 측면을 의식적인 인지의 영역으로 끌어오는 것이 중요하다. 부모는 "내가 아이를 사랑한다고 말할 때 진짜 의도는 무엇일까?" 혹은 "나의 사랑은 무엇으로 이루어져 있을까?" 같은 진지한 질문을 스스로에게 던져야 한다. 부모는 사랑에 대해 명확하고 일관성 있게 정의해야 한다. 스스로 안심하기 위해 자신에게 필요한 것을 바탕으로 한 정의가 아니라, 자녀에게 필요한 것을 바탕으로 한 정의여야 한다. 부모는 자녀에게 영향을 끼치려는 마음으로 반응하지 말고 자녀가 진면모대로 성장하게끔 돕겠다는 마음으로 반응해야 한다.

나에게 사랑이란 다른 사람의 있는 그대로의 모습을 온전히 알아봐주고 수용해주고 존중해주는 능력이다. 누군가를 의식적으로 사랑한다는 것은 자기 안에서 걸어 나와 상대와 끊임없이 소통하는 능력을 연마하는 것이다. 상대방에게 자신을 사랑해달라고 요구하지 않는 것이며, 설령 상대방이 자신을 사랑하기로 했다고 해도 어떻게 사랑해야 하는지 조건을 정하지 않는 것이다. 한마디로 감정 자체가 순수하다.

어쩌면 내가 자기 헌신이나 자기희생을 지지하는 것처럼 들릴지도 모르겠지만 결코 그렇지 않다. 사랑에 대한 이러한 정의에는, 다른 사람을 통해 느끼지 않아도 될 만큼 스스로 충족감을 느낄 수 있도록 자신을 존중해야 한다는 의미가 담겨 있다.

극기와는 다른, 이러한 사랑의 정의를 이해할 때 우리는 온전함을 느낄 수 있는 포괄적인 자기애를 경험한다. 이럴 때 상대방 역시 그 영향을 받아 자기애를 누릴 수 있다. 자신을 이렇듯 깊이 있게 사랑할 때 우리와 관계 있는 사람들, 특히 아이에게 신뢰감과 충족감이 고스란히 전달된다.

자신을 의식적으로 사랑한다는 것은 내면에 존재하는 빛과 끊임없이 교감하는 한편, 내면의 어두운 면을 측은히 여긴다는 의미다. 자신의 단점과 한계를 속속들이 아는 가운데 끊임없이 자신을 보살피고 달랠 수 있음을 의미한다. 이렇게 될 때 자신을 온전하게 느껴 더 이상 상처받지 않고, 더이상 자신을 뭔가 결핍된 사람으로 생각하지 않는다.

부모가 이렇게 깊이 있는 통찰력으로 자신을 사랑하기 시작하면 이러한 에너지가 자연스럽게 주변 사람들, 특히 자녀에게 발산된다. 이때부터 자신이 느낀 것과 같은 수준의 친밀감과 연민으로 자녀의 단점과 장점을 사랑할 수 있게 된다. 자녀가 부족한 존재라는 생각에 불안을 느끼는 대신, 자녀를 있는 그대로의 모습으로 볼 수 있게 된다. 다시 말해, 부모가 자신을 한 인간으로 인정할 때 타인을 인정할 수 있는 것이다. 이렇게 될 때 자녀는 자신이 부모의 인정을 받을 가치가 있는 존재라는 걸 굳이 증명하려 애쓰지 않아도 된다. 자녀는 부모가 자신을 거부할지도 모른다는 두려움을 느끼는 대신 주파수를 온전히 자기 수용에 맞출 수 있다.

부모가 자신을 사랑하며 사는 능력을 일상에서 연마하지 못하면, 자녀는 부모의 사랑을 두려움에서 오는 통제와 소유욕으로 받아들일 것이다. 자신은 자녀를 엄청나게 사랑한다고 말하는 부모들에게 나는 사랑과 두려움은 동시에 존재할 수 없다는 점을 항상 상기시킨다.

이것은 받아들이기 쉬운 개념이 아니다. 그러니 열여섯 살인 션의 아버지 러셀에 대한 이야기로 이 부분을 설명해보려 한다. 러셀은 션의 대학 입학에 대해 두려움에 휩싸여 있었다. 아들이 혹여 대학을 잘못 선택하거나 낙방할까 봐 극심하게 걱정했다. 션은 대체로 평균적인 아이였지만 러셀은 아들을 낙오자라고 생각했다. 러셀은 자기 일에서 최고의 성과를 내기 위해 스스로를 몰아붙이는 사람이었기에 성공과 실패에 대해 보통사람들과는 다른 기준을 정해놓고 있었다.

상담을 받던 어느 날, 러셀은 두려움 때문에 어찌할 줄 몰라 하며 최근에 아들과 싸운 이야기를 했다. "아들 녀석은 제가 다그치는 걸 극도로 싫어해요. 제 훈계를 통제라고 생각하죠. 저는 널 너무 사랑하기 때문에 이렇게 몰아붙이는 거라고 항상 말해요."

나는 반박하듯 물었다. "만일 션이 변하지 않는다면 어떻게 하실 건가요? 만일 션이 아버님께서 원하는 인물이 되지 못한다면요? 그래도 여전히 션을 사랑하시겠어요?"

"물론이죠. 그런 바보 같은 질문이 어딨어요!" 러셀은 얼굴을 찡그리며 강하게 응수했다.

"그렇다면 왜 지금 당장은 션을 사랑하지 못하나요?" 내가 물었다.

"션은 충분히 할 수 있는 일도 하지 않아요." 러셀은 이런 말로 자신의 태도를 합리화했다.

나는 러셀의 말을 중단시키고 이렇게 말했다. "우리가 자신의 의도를 '~하기 때문에'라는 말로 설명하는 순간 사랑하는 상태에 있다고 볼 수 없어요. 이때는 어떤 조건부 상태로 들어선 거예요. 사랑은 조건이 아닙니다. 사랑은 특정한 기대가 충족되어야만 표현할 수 있는 게 아니에요. 션은 아버님의 사랑을 느끼지 못하고 있어요. 아버님에게 듣는 말이라고는 온통 자신을 못마땅해하는 말들뿐이니까요. 아버님이 션을 사랑하신다면 션의 있는 그대로의 모습을 사랑해주셔야 합니다. 아버님이 션을 진정으로 인정해주기 시작하면 션도 아버님의 말을 받아들이기 시작할 거예요. 아들의 장래 때문에 아버님이 느끼는 두려움은 션이 아닌 아버님의 몫입니다. 그 두려움을 없애려고 아버님의 기준에 션이 부응하도록 아이를 재촉하지 마세요. 아버님의 두려움은 스스로 진정시켜야 합니다. 그렇게 하지 못한다면 션과 소통할 수 없을 겁니다."

여느 부모들처럼 러셀도 이러한 개념을 수용하기 어려워했다. 러셀은 자신의 선한 의도가 어떻게 사랑이 아닌 것으로 받아들여질 수 있는지 이해하지 못했다. 상담 후 시간이 조금 흐른 뒤에야 러셀은 자신의 부모가 아주 높은 기준을 세워두고 자신을 키웠다는 사실을 인지하기 시작했다. 그러니까 그의 가정에서 인정은 성취와 동의어인 셈이었다. 러셀은 높은 성과를 내는 자신만 사랑했을 뿐 평소의 자신을 전혀 사랑하지 않았다는 사실을 깨달았다. 이러한 깨달음이 오자 상황이 변했다. 예전과 완전히 다른 태도로 아들과의 관계를 이어갈 수 있게 된 것이다. 이제 러셀은 "넌 이것도 못하냐"라든가 "넌 저것도 못하냐"라는 식으로 말하지 않고 새로운 관점으로 아들과 대화하기 시작했다. 아들의 지금 모습을 괜찮다고 생각하고, 그 모습이 어떻든지 간에 아들의 내면에 풍부한 가치가 있다는 점을 기꺼이 인정하는 관점으로 변한 것이다.

자녀에 대한 사랑은 자녀를 인정하는 데서 시작된다. 이것은 자녀의 무례한 행동이나 학습 의욕이 없는 상태 또는 나쁜 습관을 용인하라는 의미가 아니다. 자녀가 자기만의 특성을 지닌 한 개인임을 받아들여야 한다는 의미다. 부모가 해야 할 일은 자녀를 판단하는 것이 아니라 자녀가 자신의 가치에 주파수를 맞추도록 격려하는 일이다. 자신의 가치를 잘 아는 아이는 부모와의 친밀감에 방해가 되거나 자신을 제대로 표현하지 못하는 행동을 자연스럽게 피한다. 부모가 자녀를 가치 있는 존재로 여기면 자녀는 부모와 불화를 일으키는 행동을 피한다. 갈등을 빚을 수는 있어도 부모와의 깊은 연결고리는 끊어지지 않는다.

어떤 부모들은 러셀과 완전히 상반된 방식으로 자신의 사랑을 보여준다. 그들은 자녀를 통제하는 대신 자녀의 기분을 맞추려고 무진장 애를 쓴다. 그들은 명확한 허용선이나 한계선을 정해두지 않고 자녀를 키운다. "안 돼"라고 말하지 못하는 이러한 부모들은 사랑을 '친절함'이라고 생각한다. 이는 자녀에게 절대로 불편한 기분을 안겨주면 안 된다는 의미와 같다. 이런 아이들은 자라서 어떤 유형의 불편함도 견디지 못한다. 불편함을 느끼는 것은 '좋지 않다'라고 배우며 자랐기 때문에 어떤 불편한 상황도 습관적으로 피하려고 한다. 다시 말하지만, 부모가 자기 나름대로 생각한 사랑의 정의는 부모가 자녀에게 꼭 필요한 것을 제공하는 데 방해가 될 수 있다.

의식 있는 사랑으로 옮겨가기

나는 두려움이 아닌 신뢰에 근거한 사랑으로 옮겨갈 것이다.
나는 자기중심적인 사랑에서 소통하는 사랑으로 옮겨갈 것이다.
나는 자녀가 나의 사랑을 사랑으로 느끼지 못한다면 표현 방식을 바꿀 것이다.
나는 나의 필요에서 나온 사랑이 아닌 의식 있는 사랑으로 옮겨갈 것이다.

chapter 9

여섯 번째 신념: 육아의 목적은 행복한 아이를 키우는 것이다?

오늘날 부모들은 자녀를 성공한 사람으로 키우려고 부단히 애를 쓴다. 수많은 사람이 이것을 좋은 부모의 궁극적 목표로 여긴다. 그런데 이것만큼이나 잘못된 부모들의 바람이 있으니, 바로 자녀가 반드시 행복해야 한다는 믿음이다. 부모들은 행복을 좇는 것이 자녀에게 역효과를 낼 수 있다는 걸 깨닫지 못한다. 우리는 행복이란 온갖 고군분투 끝에 보상으로 발견하는, 무지개 끝의 황금 단지처럼 우리가 추구해야 할 대상이라는 생각에 사로잡혀 있다.

"나는 행복해질 필요가 있어"라든가 "내 아이는 행복해질 자격이 있어"라는 생각은 지금의 상태가 뭔가 부족하다는 느낌에서 나온다. 다시 말해, 우리는 부족함에 초점을 맞춘 렌즈로 세상을 보면서 우주가 제공해준 풍족한 방식 대신, 우리가 가지고 있지 않은 모든 것에 신경을 쓴다. 그러면서 미국의 독립선언서라도 되는 듯 '행복 추구'를 강조한다. 이런 태도가 우리를 결코 행복으로 이끌어주지 못한다는 점을 알지 못한 채 말이다. 이런 태도는 오히려 불만과 실망을 가져온다.

여행할 때를 떠올려보자. 상황이 계획대로 전개되면 우리는 만족감과 '행복'을 느낀다. 하지만 비행기가 연착되거나 여권 둔 곳을 잊어버리면 갑자기 불행한 기분이 든다. 다시 말해, 나의 상태는 삶의 다양한 변수에 따라 달라진다. 우리는 이러한 변수들이 예측할 수 없고 때로는 불가항력적이라는 점을 잘 알고 있다.

어떤 사람들은 자녀가 만족감과 편안함을 느끼도록 항상 자녀를 친절하게 대하고 자녀가 하고 싶은 대로 하게 해주는 것이 의식적인 부모라고 생각한다. 하지만 이런 태도는 두려움에 바탕을 둔, 의식적이지 못한 육아 방식이다. 의식적인 육아를 하는 부모는 자녀의 성장에 따른 불편함이라면 자녀가 그런 상황에 처하는 것을 두려워하지 않는다. 자녀가 최고의 선을 이루는 과정에서 거절의 말을 들어야 하는 상황이라면 자녀에게 "안 돼"라고 말하는 데 두려움을 느끼지 않는다. 이 방식은 부모와 자녀의 성장에 가장 적합한 방식이다. 이 방식은 자녀가 항상 행복감과 편안함을 느끼는 데 필요한 요소가 아닌, 회복탄력성과 내면의 힘이 강한 사람으로 성장하는 데 필요한 요소에 초점을 맞춘다. 여기에는 인생이 항상 즐겁고 편안하지는 않으며, 그런 것을 원해서도 안 된다는 인식이 내재되어 있다. 험난한 경험이 없으면 인간은 성장하지 못한다.

나는 부모들에게 이렇게 말한다. "인생이란 원래 예측할 수 없어요. 인생에 갑작스러운 변화가 생기지 않기를 바라는 것은 비가 내려도 물기가 없기를 바라는 것과 같아요." 우리는 이를 알면서도 안 좋은 상황에 맞닥뜨려서야 모든 일이 순조로워야 한다는 믿음에 사로잡혀 있었다는 걸 깨닫는다.

그렇다면 상황이 안 좋을 때 어떻게 해야 할까? 우리가 그토록 마주서기 싫어하는 불확실성 속에서 행복을 찾을 수 있다고 믿는다면 어떨까? 사실 영원한 행복을 느끼는 일이 불가능하지는 않다. 문제는 우리가 무의식중에 행복을 어떤 사건들의 과정이 아닌 결과와 동일시한다는 데 있다. 그러니까 어떤 사건의 최종 결과를 행복의 척도로 삼는 것이다. 인생에서 이렇게 조건을 달기 때문에 우리 내면에 항상 자리하고 있는 행복의 마음 밭을 활용하지 못하는 것이다.

우리는 행복이 무엇인지 정확히 알지 못한다. 하지만 고통스러운 경험에서 자유로운 상태, 편안한 상태를 의미한다고 생각한다. 확신하진 못해도 성공한 사람일수록 고통에서 벗어날 가능성이 크다고 믿는다. 그래서 우리는 고통에 대한 예방주사를 놓는 의미로 자녀가 어릴 때부터 성과를 내도록 그들을 몰아간다. 그러고는 어릴 때 시작해야 나중에 성공할 수 있으며, 성공하면 행복해질 가능성도 커진다고 되뇌인다.

우리는 자녀가 성공을 향해 노력하도록 그들을 길들이려는 한편, 자녀 스스로가 자신이 무엇을 잘하는 사람인지 생각하는 정체성을 갖기 원한다. 자신이 잘하는 분야를 알지 못하면 불안감을 느끼고 심지어 따돌림을 당할 수 있다고 생각하기 때문이다. 같은 맥락에서 10대 청소년들은 흔히 드라마 광, 괴짜, 운동선수, 인기녀(남) 등의 유형으로 자신들을 분류한다. 우리는 청소년들이 이러한 외적인 정체성을 통해 안도감을 느낀다고 짐작만 할 뿐, 아이들의 본모습 그대로 인정되어야 한다는 생각을 하지 못한다.

진실을 말하자면, 우리는 모두 고통을 경험한다. 어느 누구도 여기에서 결코 자유로울 수 없다. 인생의 굽이마다 상처받을 가능성은 항상 존재한다. 삶에 대한 통제력을 어느 정도 갖추고 있는 어른조차 이따금 상처받는 상황은 피할 수 없다. 친구가 배신하고, 배우자가 떠나고, 직장에서 해고되고, 토네이도가 마을을 휩쓸고, 음주 운전자의 차에 치이고, 홍수나 화재로 집이 폐허가 되는 일이 일어나지 말란 법이 없다. 고통은 인생의 피할 수 없는 측면이다.

우리는 상처받는 것을 부정적으로 생각한다. 그 상황에 맞게 대처해야 하기 때문이다. 예상치 못했고 원치 않았던 상황에 맞닥뜨렸을 때, 즉 새로운 친구를 만들거나, 이혼을 하거나, 다른 일을 찾거나, 눈앞에 닥친 현실을 헤쳐가기 위해 엄청난 수준의 회복탄력성을 길러야 한다. 하지만 이러한 현실은 너무도 힘들게 보인다. 그러다 보니 이런 상황에 부딪쳤을 때 사람들이 기대하는 대로 자신을 바로 세우지 못하고 무너져 내리지 않을까 두려움을 느낀다.

우리는 일정한 방식으로 흘러가는 인생에 익숙하기 때문에 예상치 못한 상황이 발생하면 쉽게 무기력해진다. 너무 무력감을 느낀 나머지 상황에 대처할 힘을 내지 못할 수도 있다. 이때 내면과 외부 사건을 분리해야만 자기 내면에 있는 자아가 부정적인 외적 상황에서도 잘 헤쳐나갈 수 있다는 걸 알게 된다. 이러한 깨달음에 도달해야 인생의 난관들을 만났을 때 내면의 자아가 이를 피해의식이 아닌 긍정적 사고로, 두려움이 아닌 용기로 대면한다.

인생의 파도를 피하는 것이 아니라 물결의 오르내림을 느끼며 인생의 파도와 춤추는 것이 중요하다. 의미 있는 삶의 기술은 최고점과 최저점 모두를 수용하는 데 있다. 만일 자녀가 삶에서 부딪히는 두 가지 측면의 경험들에 대응하는 방법을 부모에게 배워서, 상처받기도 하고 기쁨을 느끼기도 하는 인생의 굴곡을 받아들일 줄 알게 된다면 자녀의 삶은 엄청나게 달라질 것이다.

문제는 우리가 인생의 기쁨과 고통을 바라볼 때 그것을 기회라는 측면에서 성스럽게 볼 수 있는가이다. 만일 우리가 인생을 이러한 관점으로 대하고, 고난이 닥쳐왔을 때 어떻게 대처하는지 자녀에게 몸소 보여준다면 무분별한 행복찾기를 멈출 수 있을 것이다. 우리 앞에 어떤 일이 닥쳐도 그것에 대응하는 과정에서 큰 충족감을 느낀다는 것을 알기 때문이다.

이렇게 인식이 변하면, 아이가 C학점을 받아도 실패라고 생각하지 않고, 낮은 점수 때문에 우울해하는 아이의 기분을 방해하지 않으며, 그 경험에서 무엇인가를 배우도록 독려하는 부모가 된다. 그러면서 자문한다. "이 과목은 아이가 더 열심히 공부해야 하는 과목일까? 아이에게 도움이 필요할까? 아니면 단순히 이 과목에 소질이 없는 것이니 이 점수에 만족하되, 아이가 스스로 결정할 수 있을 때 다른 길을 선택하도록 하는 게 나을까?"

이런 상황에서 부모는 자녀가 항상 자신의 내면에 존재하는 힘을 인지하고 삶에서 어떤 일을 겪더라도 패배감에 빠지지 않도록 가르쳐야 한다. 이렇게 함으로써 자녀가 어떤 상황에 처하더라도 그것을 더 큰 용기와 모험으로 이끌어낼 수 있는 기회로 만들 능력이 스스로에게 있음을 깨닫게 해주어야 한다. 부모가 고통의 힘을 변화를 위한 관문으로 온전히 받아들여야만 자녀가 자신과 고통과의 관계를 통찰할 수 있게끔 도울 수 있다.

삶을 '있는 그대로' 받아들이기

아이들은 본능적으로 삶을 있는 그대로 받아들일 줄 안다. 아이들은 울고 짜증 부리더라도 눈앞에 일어난 일에 자신의 가치를 부여하지 않는다. 아이들은 상황이 뜻대로 안 되더라도 툭툭 털고 일어날 준비가 되어 있다. 그렇게 하지 말라고 배우지 않는 이상 말이다. 바로 이런 이유로 흔히 부모들은 어려운 시기에 이런 말을 한다. "얘들은 어리니까 다 적응할 거야." 우리는 아이들이 어떤 환경에서도 삶의 즐거움을 누릴 수 있다는 걸 알고 있다. 아이들이 이럴 수 있는 이유는 어른과 근본적으로 완전히 다르기 때문이다. 아이들은 삶을 '있는 그대로' 받아들이는 반면 어른들은 그렇게 하는 법을 잊어버렸다.

삶을 '있는 그대로' 받아들인다는 것은 어떤 의미일까? 매 순간 좋음과 나쁨, 행복과 슬픔, 고통과 기쁨의 가능성이 모두 존재한다는 걸 인지한다는 의미다. 나는 삶을 고통 아니면 행복이라는 이분법으로 보면 안 된다고 생각한다. 삶의 경험을 '행복'이나 '불행'으로 명명하는 것은 그 경험의 가치를 왜곡하는 일이기 때문이다.

아이들이 운다면 말 그대로 우는 것이다. 웃으면 말 그대로 웃는 것이다. 아이들은 그 상황에서 자신이 얼마나 행복한지, 혹은 얼마나 불행한지에 대한 각본을 만들지 않는다. 그저 자신의 기분을 느끼고 나서 다시 일상을 이어간다. 하지만 대부분의 어른들은 이렇듯 인생의 굴곡에 유연하게 대처하는 능력이 부족하다. 어른들은 범주화하는 경향이 있기 때문에 삶에서 맞닥뜨리는 일들을 있는 그대로 받아들이지 못한다.

아이들은 삶의 굴곡 앞에서 어떻게 변해야 하는지 직감적으로 알지만 어른들은 알지 못한다. 우리는 오래된 틀에 갇혀 있기 때문에 삶의 부침에 적응할 창의적 방법을 잘 생각해내지 못하고 의식 있는 반응을 보이지도 못한다. 익숙한 것을 손에서 놓아야 한다는 두려움 때문에 삶이 자신의 통제 아래에 있다는 착각에 매달린다. 하지만 삶이, 특히 아이가 이러한 착각을 뒤흔들어 놓을 때면 우리는 난관에 맞설 여력이 없다고 느끼면서 이러한 무력감을 분노나 불안의 형태로 아이에게 쏟아낸다. 만일 우리가 삶의 굴곡 앞에서 자신이 어떤 모습, 혹은 어떤 기분을 느끼는지에 연연하지 않고 삶을 있는 그대로 받아들일 줄 알았다면 삶의 예측 불가능성과 좀 더 친숙해졌을 것이다.

여기서 중요한 점은 자신이 어떤 기분인지를 근거로 삶을 판단하지 말고 명암의 순간들로 풍성하게 짜여 있는 삶을 있는 그대로 경험해야 한다는 것이다. 약물에 중독된 사람이 흔히 그렇듯 특정한 느낌을 좇는 대신, 현재의 기분과 다른 기분을 느끼고 싶다는 기대감을 버리고 매 순간을 '있는 그대로' 경험해야 한다.

자녀가 득의양양한 기분을 느낄 수 있도록 특정한 점수나 성취 같은 외적인 목표를 향해 분투하도록 독려한다고 해보자. 그건 자녀에게 삶의 과정보다 결과가 더 중요하다는 메시지를 전달하는 꼴이다. 이렇게 되면 자녀는 매 순간을 있는 그대로 누릴 때가 아니라 무엇인가를 성취할 때에만 삶이 의미 있다고 생각한다.

결과 중심으로 생각하게 하고, 특정한 경험에서 기분이 좋은지 아닌지를 관점으로 삶을 대하도록 자녀를 가르치는 것은, 어떤 활동이 만족스럽지 못할 때 그것을 저버리고 행복을 보장해줄 경험을 찾아야 한다고 교육시키는 것과 같다. 이런 방식은 자녀가 어떤 고통을 경험할지 모른다는 부모의 두려움 때문에 자녀가 겪어야 할 인생 경험을 그들에게서 박탈하는 결과를 초래하고 만다. 부모가 자녀에게서 회복탄력성을 끌어내 고통스러운 경험을 극복하도록 가르치지 않고, 자신의 두려움을 자녀에게 투영하여 어떤 수를 써서라도 그것을 피하라고 가르치는 건 정말로 애석한 일이다.

자녀가 불행한 기분을 느끼면 자녀뿐만 아니라 부모 역시 '뭔가 잘못되어가고 있다'고 판단한다. 그러면 자녀와 부모의 마음속에서 두려움과 절망이 주연으로 등장하는 드라마가 펼쳐진다. 왜 이런 일이 벌어질까? 삶은 현재이며, 의미 있는 삶을 살려면 어떤 일에도 대처할 수 있는 탄력성이 자기 내면에 있음을 믿고 경험을 있는 그대로 받아들여야 한다는 걸 깨닫지 못했기 때문이다.

나와 상담했던 6학년 여학생 라모나는 학교 친구들과의 관계에서 문제가 있었는데 라모나의 어머니 제인은 이를 못 견뎌했다. 라모나는 자신의 복잡한 감정들과 씨름하다가 이따금 울음을 터뜨렸다. 사실 이렇게 우는 것도 10대 청소년이 힘든 시기를 지나면서 겪는 값진 경험이다. 어머니 제인은 딸이 이런 감정을 더 이상 경험하지 않도록 부단히 노력했다. "당장 내일 학교에 가서 그 못된 애들이 누군지 알아내야겠다. 엄만 네가 이렇게 속상해하는 게 정말 싫어. 선생님한테 가서 당장 이 문제를 해결하라고 해야겠어."

나는 제인이 이 문제를 상의해왔을 때 이렇게 말했다. "어머님, 라모나가 지금 자기 기분을 합리화하거나 바꿔야 한다는 중압감 없이 자신의 기분을 온전히 느낄 수 있을까요? 물론 어머님은 딸이 친구들에게 거부당하는 게 마음 아프실 거예요. 딸의 가치가 거부당하는 것처럼 느껴지실 테니까요. 하지만 이 두 가지를 분리해 생각해보시는 게 어떨까요? 친구들에게 거부당한 것이 어쩔 수 없는 결과라 할지라도 한 인간으로서 라모나가 지닌 가치와는 아무 상관이 없어요. 세상 모든 사람이 나에게 친절하게 굴거나 나를 좋아하는 건 아니잖아요. 꼭 그래야 할 이유도 없고요. 사람들마다 가치관과 의견이 다르고 어떤 사람에 대해 느끼는 감정도 다를 테니까요. 이건 그 사람들의 몫이에요. 다른 사람이 우리를 어떻게 대해야 하는지 우리가 통제할 순 없어요."

"하지만 딸이 속상해하잖아요!" 제인이 반박했다.

나는 이에 동의했다. "물론 속상하죠. 그런데 지금 어머니는 왜 라모나를 도와주려 하시는 거예요? 지금 이 상황을 딸의 가치와 연관 지어 생각하기 때문이 아닐까요? 라모나가 상처받은 이유는 자신의 가치가 사회에서 어떻게 받아들여지는가와 이 경험이 관련되어 있다고 생각하기 때문이에요. 친구들에게 거부당하는 이유와 라모나가 어떤 존재인지와는 아무 관련이 없는데 말이죠."

자녀를 사회에서 잘 어울리는 사람으로 만들겠다는 목표는 바람직하지 않다. 자녀를 사회적 집단에 잘 어울리는 사람으로 만들려고 애쓰기보다 자신에게 우호적이지 않는 사람들에게 명확한 선을 긋도록 가르치는 것이 자녀에게 훨씬 이득이다. 자녀가 다른 사람들과 어울리기 위해 자기 안에 없는 특성을 거짓으로 드러내 보이는 사람으로 만들려고 애쓰지 말고 자녀와 잘 맞는 특성을 지닌 사람을 분별할 수 있도록 도와야 한다. 대부분의 어른들도 자신을 함부로 대하고 무시하는 사람들과 명확한 선을 긋고 그들을 멀리하는 일을 어려워한다. 자녀가 건전한 인간관계를 맺을 수 있도록 도움이 될 도구를 제공해주지 않은 채 사회화하도록 가르치기 때문에 이런 문제들이 발생한다.

제인은 자신 또한 딸이 괴로움을 느끼는 데 한몫했다는 사실을 믿지 못했다. 제인은 이렇게 말했다. "전 친구를 사귀고 친구들 무리에 들어가라고 딸을 밀어붙이면서 옳은 일을 하고 있다고 느꼈어요. 그렇게 해야 딸이 행복할 거라고 생각했거든요. 이렇게 친구들에게 초점을 맞추는 것이 자신의 가치가 약화되었다고 느끼는 딸의 감정과 똑같다는 사실을 알게 됐어요. 이제야 제가 그동안 우리 모녀에게 올려놓았던 무거운 짐을 걷어낼 수 있을 것 같아요."

이 모녀는 자신의 가치는 친구들이 정해주는 것이 아니며 자신이 겪는 모든 경험을 온전히 받아들일수록 더 강인해지고 용기가 생긴다는 점을, 그 결과 삶의 굴곡에 유연하게 대응하는 능력이 커진다는 점을 알게 되었다. 이제 이 모녀의 목표는 고통스러운 상황을 '바로잡는' 것이 아니라 그 경험을 온전히 '받아들이는' 것이 되었다. 라모나는 이 경험을 통해 결단력과 회복탄력성을 키웠다. 이는 라모나가 자신의 가치와 정체성을 느끼기 위해 친구들에게 의존하는 성향을 점차 없애는 데 도움이 되었다.

어린이들을 통해 배우는 행복

진정한 행복을 이해하고 싶다면 어린이들을 관찰하면 된다. 어린이들은 행복을 좇지 않으면서도 행복이 무엇인지 잘 보여준다. 어린이들은 밖에서 놀게 해주면 일상적인 자연 속에서도 이내 즐거움을 발견한다. 흙에 매료되고, 다람쥐에게 강한 호기심을 느끼며, 막대기와 도토리와 돌멩이 같은 자연물을 가지고 몇 시간이고 정신없이 논다.

어린이들은 순식간에 즐거운 상태에 도달한다. 폭우를 맞아 온몸이 흠뻑 젖어도 즐거워할 줄 안다. 덥고 습한 날에는 그 끈적거리는 느낌을 즐긴다. 어린이들은 앞으로 자신이 겪을 경험이 얼마나 '성공적'으로 마무리되어야 하는지 미리 정해놓지 않는다. 삶이 '계획'대로 되지 않더라도 못마땅해하지 않으며 삶을 있는 그대로 받아들인다. 어린이들은 태어나서 네다섯 살 때까지 진정한 행복을 경험할 수 있다. 나는 대부분의 사람들이 이 나이가 지나면 이 시기에 느꼈던 것과 똑같은 행복을 다시는 느끼지 못한다고 생각한다. 그렇기 때문에 나는 어린이들을 우리의 위대한 스승이라 부른다. 우리가 받아들일 준비만 되어 있다면 어린이들은 우리가 잃어버린 것을 다시 상기시켜줄 것이다.

어린이들은 주류 문화에 아직 오염되지 않았기 때문에 외부에서 행복을 찾지 않는다. 부유해지거나 날씬해지거나 예뻐지거나 '괜찮은' 모임에 들어갈 때까지 행복을 기다리지 않는다. 과거에 대한 자책, 두려움, 미래에 대한 환상에 얽매여 있지 않고, 자신의 경험을 분류하거나 판단하지 않으면서 삶을 '있는 그대로' 오롯이 받아들인다. 울고 싶으면 울고 노래하고 싶은 충동이 일면 노래한다. 그러다 울음이나 노래를 그만두고 싶으면 그렇게 한다.

수없이 많은 '행동하기'가 어른들의 특징이라면 '존재하기'는 어린이들의 특징이다. 어린이들은 자신을 현실에 완전히 내맡기기 때문에 자유롭고 탐험적이며 모험심이 강하다. 이러한 특성들이야말로 자녀가 성장했을 때 갖추길 바라는 특성들이 아닌가.

자녀가 이러한 특성들을 갖길 원한다면 그들이 가장 잘하는 것을 하게 해주어야 한다. 이는 자녀를 온전한 자기 자신이 되게 해주는 것과 같다. 부모가 옆으로 비켜서서 지켜봐줄 때 자녀는 자신의 꿈을 실현하고 싶은 바람을 자연스럽게 품는다. 무엇을 해야 한다는 부모의 잔소리를 듣지 않고도 말이다.

삶을 '있는 그대로' 받아들이기

나는 다짐한다.

현재의 경험을 중시할 것을.

나를 행복하게 해줄 경험이 아닌 성장하게 해줄 경험을 추구할 것을.

내가 받지 못했던 것을 생각하지 않고 내가 무엇을 주었는지 생각할 것을.

경험의 의미를 결과가 아닌 과정에 둘 것을.

인생이나 내 자신이 완벽하지 못하다고 좌절하지 않고 불완전한 모습 그대로 받아들일 것을.

chapter 10

일곱 번째 신념: 부모는 자녀를 통제해야 한다?

아이를 직접 낳았든 입양했든 간에 아기 때부터 키우다 보면 그들이 내 소유물이라는 감정이 어쩔 수 없이 생겨난다. 이런 이유 때문에 자녀와의 관계에서는 투자 심리가 생긴다. 물론 자녀에 대한 투자는 부모만이 보일 수 있는 중요한 특징이지만 여기에는 함정이 수반된다. 부모는 처음부터 이러한 함정을 인지해야 한다. 이 가운데 가장 위험한 것은 부모가 아이에 대해 통제권을 쥐어야 한다고 생각한다는 점이다.

이와 관련해 내 경험을 이야기해볼까 한다. 나는 부모가 될 준비를 하기 위해 라마즈 분만과 관련된 온갖 수업을 들었고 읽을 수 있는 관련 자료까지 모두 읽었다. 그랬기에 출산의 진통을 견딜 준비가 다 되었다고 생각했다. 하지만 내가 아무리 많이 알고 있다고 생각해도 나의 통제력은 환상에 지나지 않았다는 게 출산 과정 초기에 여실히 드러났다. 분만합병증 때문에 '자연분만'을 하겠다는 환상을 포기해야 했고, 그래서 절대로 받지 않겠다고 다짐했던 의료적 처치를 받아야만 했다. 고통으로 괴로워하면서도 마음속으로는 의료적 도움이 필요하다는 사실에 절망하고 있었다. 결국 호흡을 가다듬고 힘을 주다가 울음을 터뜨리고 말았다. 내 방식대로 아이를 낳고 싶었고 내 환상을 지키기 위해 이를 악물고 싸우려 했건만 뜻대로 되지 않으니 너무 괴로웠다.

나중에 나는 태중의 아기가 내게 또 다른 계획의 대상이었다는 점을 알게 되었다. 딸아이가 세상에 나오고 싶은 방식이 있는데 내가 준비되어 있지 않았다는 걸 깨달은 것이다. 딸아이는 진통을 불편하게 여겼고 엄마가 방법을 바꾸기를 원했던 것이다. 내가 참아낼수록 딸아이는 더 저항했고 그러다 결국 자신의 불편함을 나타내고자 자궁 안에 태변을 배설했다. 바로 그때 의사가 제왕절개수술을 해야 한다고 말했다. 나는 도무지 믿기지 않았다. '뭐라는 거야? 나 말이야?' 이런 생각이 머리를 스쳤다. "전 자연분만할 수 있어요!" 나는 상황이 바뀌기를 바라며 여러 번 애원했다. 의사는 잠시 지켜보겠다고 했지만 결국 단호하게 말했다. "지금 아기가 위험하기 때문에 수술실로 들어가야 합니다." 나의 진통을 지켜보던 남편은 내가 얼마나 실망스러워하는지 이해했다. 하지만 망연자실한 상태에 빠져 있는 내가 고집하는 출산 방식을 바꾸어야 한다고 여겼다. "당신은 이 수술을 받아들여야만 해. 아기를 생각해야지. 이건 당신과 당신의 계획과는 아무 상관없는 아기와 관련된 문제야."

그 순간 나는 아이를 낳아 키우는 일이 계획대로 되지 않는다는 걸 깨달았다. 그리고 이후에도 수없이 자주 이러한 깨달음에 직면했다. 부모는 자녀의 미래 모습을 어떤 방식, 어떤 형태로도 '창조'할 수 없다. 다만 자기만의 삶을 만들어가도록 이끌어줄 수는 있다. 자신이 자녀의 미래 모습을 책임져야 한다는 잘못된 믿음을 품고 있기 때문에 부모와 자녀 간의 동반자 관계의 본질을 알아보지 못하는 것이다.

통제의 한계 이해하기

일곱 살 미만의 올망졸망한 세 아이의 엄마인 에이미는 상담 중에 불만을 토로했다. "선생님은 제가 아이들이 하는 모든 일에 책임이 있다고 하면서도 통제권은 없다고 하시네요. 그렇다면 제가 도대체 뭘 통제해야 하는 거죠? 혼란스러워요!"

"맞아요. 어머님은 아이들을 이끌어줄 책임은 있지만 아이들을 통제해선 안 돼요. 의식적인 육아의 기술은 부모가 자녀를 통제하는 능력의 한계를 깨닫는 데 있어요. 자신에게 통제권이 있다고 믿을 때 이러한 능력이 약화된다는 점을 이해해야 합니다. 자녀의 안전과 안녕을 책임지는 것이 부모의 임무지만 여기에도 명확한 한계가 존재합니다. 부모가 이러한 한계를 인지하지 못하면 자녀의 본질적인 자아를 통제할 수 있다고 믿게 되는 실수를 저지르고 말아요."

많은 부모가 그렇듯 에이미는 자녀와의 관계에서 자신의 역할을 어떻게 정의해야 하는지 몰랐다. 아이들의 성공과 행복을 책임져야 한다고 여긴 에이미는 아이들의 감정, 행동, 선택을 통제해야 한다고 여겼다. 에이미는 부모로서 '직무 기술서job description'의 한계를 제대로 이해하고 나서야 자신이 자녀를 이끌어주는 일과 통제하는 일을 혼동했다는 걸 깨달았다.

부모로서 우리가 통제권을 발휘해야 할 영역은 자신의 감정과 반응 그리고 집안 환경이다. 문제는 우리가 우리 자신이나 집안 환경을 통제하는 법을 잘 모른다는 점이다. 바로 이런 점 때문에 자녀를 통제하는 쪽으로 방향을 틀게 되는 것이다.

아이들은 자기만의 고유한 청사진을 가지고 세상에 태어난다. 즉 아이들 자신만의 고유한 기질과, 세상과 소통하는 자기만의 방식을 가지고 태어난다. 넘치는 에너지를 갖고 태어나는 아이들도 있고 차분하고 조용한 기질을 갖고 태어나는 아이들도 있다. 까다로운 기질을 갖고 태어나는 아이들도, 부드러운 기질을 갖고 태어나는 아이들도 있다. 그렇다고 부모가 자녀의 특성 가운데 마음에 드는 부분만 취하고 싫은 부분을 버릴 수는 없다. 물론 자녀의 진면모에 맞는 특성을 발전시키도록 도움은 줄 수 있지만, 이것도 통제와 강요를 통해서 하면 안 된다. 자녀의 있는 그대로의 모습을 인정해야 한다. 부모가 이 점을 받아들여야만 자녀에게 주의를 기울일 수 있고 자녀의 감정적 필요를 충족시켜줄 수 있다. 재능과 한계를 포함해 자녀의 타고난 면모를 그대로 인정하는 것은 서로 존중하고 의미 있는 소통을 하는 부모와 자녀 관계를 만들 수 있는 기반이 된다.

부모는 자신의 통제 영역이 자기 자신과 집안 환경으로 제한되어야 한다는 점을 깨달아야 한다. 그래야 필요한 변화의 책임이 자녀가 아닌 자기 자신에게 있음을 알게 된다. 부모의 몫으로 주어진 일에 대해서는 온전히 책임을 져야 한다. 자녀가 사는 환경을 만들어낼 수 있다는 점을 받아들일 때 부모는 다음과 같은 질문을 던지게 된다.

- 나는 조화를, 아니면 불화를 촉진하는 방식으로 환경을 조성하고 있는가?
- 나는 아이가 특정한 방식으로 행동하게끔 이끌기 위해 어떤 행동을 하고 있는가? 혹은 하지 않고 있는가?

이것이 어떤 의미인지 예를 들어보자. 부모는 자녀가 이 닦기를 억지로 좋아하게끔 만들지는 못한다. 하지만 이 닦기가 일상의 중요한 측면이라는 점을 알게 해줄 환경을 만들 책임은 있다. 그러니까 부모가 길을 닦아주면 자녀는 부모와 함께 그 길을 어떻게 걸을지 선택하는 것이다. 자녀의 기질에 맞는 길을 닦는 데 계속 집중한다면 부모로서의 역할을 아주 잘 해내는 것이다.

내가 〈오프라의 라이프클래스〉에서 했던 말 가운데 많은 청중의 공감을 얻었던 말이 있다. "우리는 자녀를 통제할 수 없습니다. 우리는 그저 자녀가 향상될 수 있는 환경을 만들어줄 수 있을 뿐입니다." 이 말은 부모가 자녀의 현재와 미래의 모습을 통제하려 애쓰는 것을 그만두어야 한다는 뜻이다. 부모가 아이의 시간을 통제하는 일에 초점을 맞추는 한 승산 없는 싸움만 하게 될 것이다. 부모가 정말로 해야 할 일은 진정으로 자신의 통제 안에 있는 요소에서 눈을 떼지 않는 것이다. 그것은 바로 자기 자신과 집안 환경이다.

통제의 개념 재구성하기

우리는 축복으로 맞이한 아이가 '나의 아이'이기에 앞서 한 인간이라는 사실을 잊어버리곤 한다. 우리는 우리 식대로 아이를 만들어야 한다는 생각에 사로잡혀 아이가 이 세상에 온 이유를 떠올리지 못한다. 그들은 스스로의 길을 걸어가기 위해 이 세상에 왔다.

우리는 아이들이 우리보다 작고 어리기 때문에 우리에 비해 아는 것이 적고 미완의 존재라고 무의식적으로(때로는 꼭 그렇지도 않지만) 생각한다. 물론 어떤 부모도 자녀가 미완의 인간에 가깝다는 말은 하지 않지만, 실제로는 자녀의 고유성을 무시함으로써 이런 생각을 가진 사람처럼 행동한다.

여기서 중요한 점은 자녀가 경험할 기회를 부모가 빼앗지 말아야 한다는 점이다. 고통스러운 경험일지라도 자녀에겐 그것을 겪을 권리가 있다. 자녀가 겪은 어떤 경험 때문에 격한 감정이 생기더라도 자녀가 자신의 길을 걸어가고 있다는 사실을 잊으면 안 된다.

아이가 한 인간으로서의 특성을 어떻게 표현해야 하는지 지시할 권리가 부모에게는 없다. 오히려 부모는 자신이 가치 있게 여기는 것을 표현함으로써 자신에게 충실해지는 일이 얼마나 중요한지 보여줄 권리가 있다. 부모의 역할이란 자기 인생을 다져가는 자녀를 인정하고 축복해주는 것이다. 이렇게 할 때 자녀가 뛰어난 장점뿐만 아니라 단점도 포함된 자신의 특성을 바탕으로 사람들과 맺는 관계를 존중하게 된다.

자녀가 부끄러움을 잘 탄다고 해보자. 이런 면이 어떤 점에선 결점이 되므로 자녀가 적극적인 사람으로 변하도록 밀어붙여야 할까, 아니면 자녀가 그런 성향으로 인해 겪을 상황을 경험하도록 내버려두어야 할까? 같은 맥락에서, 만일 자녀가 시험을 못 보거나 낮은 점수를 받는다면 자녀가 정말 게을러서 그렇다고 생각해야 할까, 아니면 자녀가 특정한 과목에서 자신의 한계를 경험했다는 데 가치를 두어야 할까?

자녀에 대한 통제권을 손에서 놓는 일은 부모가 겪는 일 중 정신적으로 가장 힘든 일일지도 모른다. 다른 부모나 교사에게 자녀가 일정한 기준을 따르도록 교육해야 한다는 압력을 받을 때면 특히 더 그렇다. 부모는 자신의 자녀가 발달 단계에 맞는 기준에 부합하지 못할 때 다른 사람들, 특히 다른 부모들의 비난을 받는다고 느낀다. 이 과정에서 부모는 뭔가 결핍되어 있다고 생각하기 때문에 자녀를 통제하고 단속하려고 한다. 통제할수록 자녀를 더 변화시킬 수 있다고 믿는다. 통제함으로써 부모가 탐탁지 않게 여기는 자녀의 행동이 오히려 강화되는 역효과가 생긴다는 걸 깨닫지 못한 채 말이다.

일곱 살 난 여자아이의 엄마인 매디슨이 생각난다. 그 여자아이는 또래의 전형적인 아이들과 좀 다르게 자라고 있었다. 나는 매디슨에게 이렇게 말했다. "딸을 완전히 통제하겠다는 생각을 바꿔야 합니다. 딸이 일반적인 기준에 맞게 자라는 데 연연하지 말고 딸에 대한 통제권이 거의 없다는 사실을 받아들여야 해요. 딸 인생의 결과물을 통제하고픈 바람을 내려놓으려면 어머님 자신을 딸의 엄마라기보다 정신적 멘토라고 생각해야 해요. 이렇게 하려면 우선 딸을 정신적 존재로 봐야 합니다."

매디슨은 두렵다는 듯한 반응을 보였다. "그게 무슨 말이죠? 전 그 애의 엄마예요. 제가 어떻게 다른 존재가 되어야 하는지 모르겠어요."

나는 이렇게 설명했다. "어머니나 아버지 역할에 집착하다 보면 자녀와의 관계가 피상적 수준에만 머무를 수 있어요. 우리 문화에서는 부모의 역할을 강조하지만 이러한 역할에 집착하다 보면 결국 정신적 존재인 자녀와 온전히 소통하는 능력에 한계가 옵니다. 좀 더 넓은 관점으로 자녀와 정신적으로 소통하면, 인생엔 자녀를 성장하도록 돕는 일보다 더 큰 의미가 있다는 걸 알게 될 거예요. 그건 우리 각자의 인생 속에 주어진 특정한 과제를 끝까지 마무리해야 한다는 사실과 관련되어 있어요. 이 과제는 사람마다 다르죠. 자신에게 주어진 고유한 과제를 해내려면 사랑하는 사람들의 도움이 필요합니다. 어머니의 딸은 자신의 과제가 뭔가 잘못되었다고 느껴야 해요. 딸은 지금 자신을 있는 그대로 받아들여달라고 요구하고 있는 거예요. 어머님이 딸의 고유한 인생 과제를 그대로 받아들인다면, 그것 없이는 지금의 딸도 존재하지 않는다는 걸 깨닫게 될 거예요. 어머님은 딸의 한계를 있는 그대로 받아들여야 합니다. 그리고 이러한 인정을 바탕으로 딸이 자신의 한계 내에서 자기 자신을 최대한 표현할 수 있도록 성장하게끔 도와주어야 해요. 부모는 자녀가 이 세상에 온 이유를 알고, 이것을 자녀의 고유한 가치로 인정해줄 때 아이에게 필요한 방식으로 아이가 변화하게끔 도울 수 있어요. 이게 바로 아이의 정신적 멘토가 된다는 의미예요."

매디슨은 자녀의 한계를 통제하며 자녀를 순응하게 만들려 애쓰는 것과, 자녀에게 자신의 한계를 끌어안고 변화를 향한 여정에 오를 기회를 주는 것 사이의, 미묘하지만 심오한 차이를 천천히 이해하기 시작했다. 매디슨이 딸을 다르게 바라보는 방식에 내재된 힘을 이해하면서 두 사람의 관계는 곧 변하기 시작했다. 매디슨은 흥분해서 이렇게 알려왔다. "우린 이제 숙제로 싸우지 않아요. 예전엔 숙제 때문에 하도 불안해서 딸에게 모든 숙제를 완벽하게 하라고 강요했거든요. 그런데 이젠 할 수 있는 부분에 대해 노력하라고 말해주고 결과물에 대해 칭찬을 해줘요. 딸의 노력을 인정해주니까 아이가 자신감으로 활짝 웃더라고요. 예전보다 더 열심히 하려고 하고요. 그동안 딸의 길을 방해한 사람이 저였다는 게 믿어지지 않아요. 딸을 밀어붙이면 아이가 변하는 데 도움이 될 거라고 생각했는데 그런 방식이 딸의 능력을 얼마나 저하시켰는지 이젠 알 것 같아요."

자녀는 부모가 자신을 인정해주는지 아닌지 본능적으로 감지한다. 자녀는 부모가 자신의 기본적인 기질을 이해해준다고 느끼면 부모의 비난으로부터 자신을 보호하려고 축적해둔 에너지를 발산하기 시작한다. 이러한 에너지 발산은 자녀의 성장과 발전에 새롭게 기여한다. 자녀의 정신적 멘토라는 역할에 담긴 힘을 부모가 이해할 때, 겉으로 표출되기를 염원하며 아이의 내면에서 고동치는 정신을 존중할 줄 알게 된다.

아이의 정신적
멘토 되기

나는 아이를 단순히 어린이가 아닌 정신적 존재로 볼 것이다.
나는 나를 부모가 아닌 아이의 협력자로 여길 것이다.
나는 나의 기준에 자녀를 옭아매지 않고
아이가 자기 기준을 만들도록 도울 것이다.
나는 아이를 의존적으로 만드는 대신
아이에게 자율권을 줄 것이다.
나는 아이를 나의 '소유물'로 대하지 않고
아이 스스로 자신의 자아를 공고히 다지도록
이끌어줄 것이다.

아이의 행동이 보여주는 것

아이의 행동을 재정의하는 것은 부모의 신성한 과제이니,
부모의 통제에 대한 자녀의 공격성을 자기 방어로,
아이의 거짓말을 부모의 완고함에 대한 반응으로,
아이의 화를 부모의 불소통에 대한 저항으로,
아이의 반항을 부모의 반대에 대한 차단으로,
아이의 불안을 부모의 비판에 대한 회피로,
아이의 산만함을 부모의 마음속 혼란에 대한 반영으로 보아야 한다.

자녀의 행동이 부모를 일깨우는
자극제라고 받아들일 때
부모는 자녀에게 행동을 바로잡으라고
부담을 주지 않는다.

부모는 자녀의 행동에 자극을 받아
변화를 시도해야 한다.
그러는 사이, 감정적 문제들은 원만해지고
아이들은 자유로워진다.

3부

The Awakened Family

부모가 보이는 감정의 실체

chapter 11

진정 성장해야 할 사람

내가 만일 20대 초반에 인간의 의식을 알아가는 여정에 발을 들이지 않았더라면 나의 내면세계가 외부 현실에 어떤 영향을 끼치는지 대해 결코 알지 못했을 것이다. 수많은 사람처럼 내가 진짜 나를 알지 못한다는 사실을 깨닫지 못했으리라.

자신의 내면세계와 진면모에 주의를 기울이는 일은 오랫동안 연마해야 하는 기술과 같다. 만일 이러한 기술을 학교에서 가르친다면 이 세상은 지금과는 완전히 달라졌을 것이다. 아마 지금 사회에 만연한 역기능, 범죄, 폭력이 존재하지 않았을지도 모른다.

나는 자식을 낳고 나서야 내가 참자아를 잃어버렸다는 사실을 깨닫게 되었다. 얼마나 꺼림칙한 깨달음이었는지 모른다. 나는 부모가 되기 전 10년 동안이나 마음챙김 훈련을 해왔다. 그런데도 내 아이가 느닷없이 나의 화를 돋우는 상황들에는 준비가 되어 있지 않았다. 새롭게 시작한 운동 강좌에서 그동안 의식하지 못했던 근육을 의식하게 되듯 양육 과정에서도 수없이 이런 경험을 했다. 아무리 자신을 깨어 있는 사람이라 생각해도 자녀를 낳으면 미처 대비하지 못한 상황에 직면하면서 허물어지는 순간들을 경험한다.

이때 당신의 어린 시절 경험을 떠올려보면 자녀의 행동이 완전히 이해될 것이다. 당신에게는 이전에 만나본 적 없는 자녀라는 존재를 돌봐야 할 임무가 주어졌다. 당신은 부모가 자녀를 통제해야 한다고 알고 있지만 결코 통제할 수 없다는 사실을 곧 깨닫는다. 당신은 부모라면 으레 아이에게 변치 않는 애정을 느낀다고 알고 있다. 실제로 그럴지도 모른다. 하지만 아이가 당신의 마음에 온갖 복잡한 감정의 소용돌이를 일으키면 당신이 품었던 사랑이라는 풍선에서 공기가 훅 빠져나가버리는 걸 느낄 것이다.

사실 당신은 자녀와의 관계에서 어떻게 생각하고 느끼고 반응해야 하는지 모른다. 자녀와 함께하는 매 순간은 완전히 새로운 순간이기 때문이다. 따라서 양육에서 특히 중요한 것은 매 순간을 새로운 순간으로 생각하며 현재에 집중하는 법을 배울 수 있는 마음챙김 훈련이다. 이것은 화를 돋우는 상황에 면역력을 길러주진 않지만 적어도 침착하게 자신을 되돌아보는 데는 도움이 된다. 그리고 이런 상태야말로 자신이 화난 이유를 이해할 수 있는 가장 좋은 방법이다.

나는 아이 때문에 화난 적이 있느냐는 질문을 자주 받는다. 사람들은 육아와 관련된 글을 쓰는 내게 그런 일은 절대 일어나지 않을 거라고 생각하는 모양이다. 나는 항상 이렇게 답한다. "저라고 그런 반응을 안 보이는 건 아니에요. 저라고 남다른 사람이겠어요? 하지만 마음챙김 훈련은 예전보다 제 중심을 훨씬 빨리 되찾게 도움을 줘요. 뿐만 아니라 내가 발끈하는 건 아이 잘못이라는 착각을 벗어던지게 해주죠. 제 육아가 다른 사람들의 육아와 유일하게 다른 점은 제 시선이 저의 내면을 향해 있다는 거예요. 전 제가 화나는 이유를 딸의 행동 때문이라고 생각하지 않아요. 제가 가지고 있는 마음의 상처가 그 이유이고 딸의 행동은 그 상처를 자극할 뿐이라고 생각해요. 그래서 전 항상 저의 내면에 거울을 비추어요. 딸을 비난하는 대신 시선을 제 내면으로 돌리는 거죠."

깨달음을 얻는 과정

내 마음에 주의를 기울이기 시작하면서 마주쳤던 나 자신의 나약함에 대해 이야기해보려 한다. 부모가 된 초기에 나는 단호하게 선을 긋지 못했다. 처음에는 딸에게 강경한 태도를 보이다가도 딸이 고집을 피우면 이내 요구를 들어주었다. 아장아장 걷는 딸에겐 나를 순식간에 굴복시킬 힘이 있었던 것이다. 내 반응은 마치 "안 돼, 안 돼, 안 돼…… 알았어"라는 리듬 같았다. 하지만 곧 이런 일관성 없는 태도가 딸의 행동에 어떤 영향을 끼치는지 알게 되었다. 딸은 제 뜻대로 하고 싶을 때 심하게 고집을 피우기만 하면 엄마가 자기 요구를 들어준다는 점을 재빨리 간파했다. 이로써 우리 모녀 사이에는 바람직하지 못한 반복 과정이 형성되었다. 나는 그렇게 된 원인이 바로 나이며 유일한 해결책은 내가 일관성이 없는 이유를 알아내는 일이라는 걸 깨달았다.

그렇게 어리석은 짓을 하는 이유는 멀리 있지 않다. 나는 곧바로 나의 어린 시절을 되돌아보았다. 내 세대의 여성들 대부분이 그렇듯 나는 상대방을 기쁘게 하고 상대방에게 맞춰줄 때 더 편안함을 느끼도록 길들여졌다. 그러니 한계선을 긋고 거절하는 역할이 익숙하지 않았던 것이다. 강력히 밀고나가는 것이 불편하게 느껴졌다. 무엇이 옳고 그른지 알았지만 이것을 딸에게 전달하는 능력을 무엇인가가 계속 차단했다. 자기주장을 주저하는 근본 원인은 무엇일까? 명확한 선을 긋는 일이 그토록 두려운 이유는 무엇일까? 나는 내 과거를 파고들어가 내가 어떻게 길들여졌는지 파악하고 나서야 두려움의 근원을 알게 되었다.

그렇다고 내가 내 성장 과정이나 부모님을 탓하는 건 아니다. 무엇이 내면의 상처를 자극하는지 이해하는 일은 겉으로 드러나는 반응을 멈추게 하는 데 반드시 필요하고 중요하다. 하지만 이렇게 이해하는 과정에서 누군가를 비난하거나 탓해선 안 된다. 우리 부모님에게도 각자의 방식이 있었을 것이다. 중요한 건 그것이 우리에게 어떤 영향을 끼쳤는지 이해하는 일이다.

나는 켜켜이 쌓인 내 마음의 단층을 들추어 보면서 인정받고 싶은 강렬한 욕구가 존재함을 알게 되었다. 이것은 내가 사람들과의 관계에서 가장 중요하게 여기는 동기부여 요소였다. 사람들이 나를 좋아하는 걸까? 사람들이 나를 괜찮은 사람으로 봐주는 걸까? 나는 이렇게 인정받고 싶은 욕구가 옳은 일을 하고 싶은 의지보다 앞섰다는 걸 알게 되었다. 어린 시절의 어느 지점에서 나는 괜찮은 사람으로 보이고 싶다는 충족되지 못한 갈망을 품게 되었다. 이렇게 충족되지 못한 나의 바람이 현재 딸과의 관계에 영향을 주고 있었다. 나는 이렇듯 채워지지 못한 욕구를 충족시키고자 가짜 자아, 즉 '기쁘게 하는 사람'이라는 특징을 지닌 에고를 만들어냈다. 이러한 가짜 자아가 딸을 꼭 필요한 방식으로 양육하는 데 방해가 되었던 것이다.

내 딸이 나와 있을 때 행복해하지 않는 모습을 볼 때면 내가 자라면서 남을 기쁘게 하지 못했던 일들이 생각났다. 내 안에 남아 있는 이 오래된 실망감을 해결하지 못했기에 그러한 감정들이 떠오를 때면 참을 수 없었다. 나 스스로 '괜찮은 사람'이라는 이미지를 보존하려고 상당히 무의식적으로 딸의 요구를 들어주었던 것이다.

이러한 오래된 행동 패턴은 교활한 특성을 보인다. 자녀에게 필요한 방식으로 반응하는 능력을 매우 은밀하게 마비시키며 부정적 영향을 끼치기 때문이다. 나는 딸을 명확하고 단호하게 대해야 했다. 딸은 내가 그러지 못한다는 점을 직감적으로 알게 되자 "안 돼"라는 말을 진짜 안 된다는 메시지로 받아들이지 않고 계속 고집을 부리면 자기 마음대로 할 수 있다고 생각했다. 그 결과 딸은 수그러들 줄 몰랐고 나의 내면에 존재하는 도화선을 더욱 자극했다.

이로써 나는 딸을 '막무가내 아이'로 분류해버렸다. 이러한 패턴이 바람직하지 않고 딸에게 아무 잘못이 없다는 걸 알면서도 나에겐 이러한 패턴에서 벗어날 힘이 없었다. 내가 딸과 그런 식으로 상호작용하는 이유를 발견하기 전까지 말이다. 딸과의 관계에서 내 역할에 대한 중심을 잡지 못했던 것이 역기능의 요인이었음을 파악하고 난 뒤 중심을 잡으면서 딸과의 관계는 좋아지기 시작했다.

거짓 자아로 사는 부모 밑에서 크는 아이들은 오염된 정서적 에너지로 가득 찬 공간에서 자라는 것과 같다. 이러한 상황에서 부모의 에너지는 자녀에게 오롯이 집중되지 못한다. 더욱이 이러한 에너지는 눈앞의 자녀와는 대개 아무 상관이 없는 과거나 문화에서 비롯된 목소리, 메시지, 신념으로 탁해진다. 부모가 자신의 가치관을 따르지 않고 과거와 사회의 무의식적인 신념에 좌우되면 이것을 자녀에게도 투영한다. 이러한 부모는 자녀의 진면모를 알아보지 못한 채 과거의 관습대로 무의식적인 반응을 보이며, 자신이 그렇게 한다는 사실도 인지하지 못한다.

나는 딸에게 단호하게 선을 긋지 못하고 일관성 없는 태도를 보였고, 그리하여 딸은 자기 뜻대로 되는 게 당연하다고 여기게 되었다. 이는 딸의 자연스러운 선택이 아니라 나의 일관성 없는 태도에 대한 반응이었다. 딸은 자기가 큰소리를 내며 요구하지 않으면 엄마가 들어주지 않는다는 걸 알고 있었다. 하지만 막상 딸이 그렇게 하면 나는 순간적으로 혼을 냈고 이에 딸은 혼란스러워했다. 이렇듯 부모들은 무의식적으로 자녀의 '나쁜' 행동을 이끌어내고 그 뒤에는 그 행동에 대해 혼을 낸다. 나의 경우, 내가 해결하지 못한 인정에 대한 욕구가 문제의 근원임을 파악하고 나서야 딸과의 이러한 패턴을 성공적으로 깨뜨릴 수 있었다.

자녀의 자아가 진정한 형태로, 마땅히 되어야 할 형태로 발전하지 못할 때 자녀의 마음에는 허전함이 싹튼다. 바로 이런 허전함 때문에 모든 문제가 발생한다. 자녀는 본능적으로 허전한 감정을 채우려 한다. 그것도 힘들게 말이다. 허전함을 채우기 위해 관심을 끌려고 하는 에고의 역기능적인 행동은 진짜 자아에 주의를 기울이지 못해서 일어나는 바람직하지 못한 행동이다. 어린 시절 내면의 진정한 목소리에 주의를 기울이지 못하면 자신의 진정한 자아를 무시하게 된다. 자신의 진면모가 파묻히면서 내면과의 단절을 경험하기 시작하며, 그 결과 불만족을 느끼고, 여러 면에서 인생이 혼란스럽게 느껴진다. 진짜 자신을 알지 못하기에 인생이 끔찍하게 느껴지는 것이다. 이럴 때 우리는 무엇이 잘못되었고 어쩌다 그렇게 되었는지 정확히 알진 못해도 인생에서 무엇인가가 빠져 있다는 점을 인지한다.

이런 느낌이 들 때 우리는 본능적으로 다른 사람이나 환경을 탓하기 시작한다. 우리 부모님들도 무의식적으로 그렇게 했겠지만, 우리는 이러한 기분을 주변 사람들에게 투사한다. 마치 이런 주문을 외는 것과 같은 상태다. "내 기분이 나쁜 건 다른 누군가의 잘못이니까 내 기분을 다른 사람에게 분출하겠어." 그리하여 자신의 분노를 주변 사람에게 터뜨리고 우울함을 느끼면서 진정한 자아에서 등을 돌린다.

이러한 현상의 이면을 들여다보면, 자녀가 부모를 당황하게 만드는 이유는 부모 역시 자신의 진짜 자아와 소통하지 않아서라는 걸 알 수 있다. 부모는 잃어버린 자아 때문에 비롯된 상실감의 영향을 받으며 행동한다. 진짜 자아가 상실된 부모는 자신의 정체성을 에고에 의존한다. 물론 이러한 에고는 어린 시절에 습득한 것들로 구성되어 있다. 부모가 자신의 진짜 자아를 중심에 두지 않는다면 자녀는 부모의 불안정한 마음을 자극할 수밖에 없다. 자녀는 부모의 잃어버린 자아를 인식하게 만드는 존재이기 때문이다. 부모는 이를 괴로워하며 어떤 식으로든 피하려 한다. 자녀의 행동에 대한 부모의 감정적 반응은 결핍감에서 비롯된 것이기에 이미 이 가족은 불화에 길들여져 있다.

부모가 자녀에게 폭풍 같이 반응할 때마다 마음속 깊은 곳에 있는 진짜 자아와는 점점 멀어진다. 이때 자녀는 폭풍 같은 모습을 부모에게 되비쳐 보여준다. 부모가 폭풍 같은 반응을 보이면 보일수록 자녀는 더 요란하게 그것을 되비쳐 보여주며, 이로써 부모가 마음의 중심이 없는 상태로 자녀를 대한다는 사실을 증명한다.

하지만 오해하지 말기 바란다. 폭풍 같은 반응이 반드시 분노나 폭력을 의미하진 않는다. 때로 폭풍 같은 반응은 아주 조용한 방식으로 이루어지기도 한다. 항상 서로에게 고함을 치거나 모욕적인 말을 하는 것만이 불화는 아니니다. 때때로 불화는 미묘한 방식으로 발생한다. 따라서 불화가 발생하는지 파악하려면 상당한 주의가 필요하다.

그동안 나는 수많은 가족과 상담 치료를 하면서 이렇듯 미묘한 에너지 변화를 예의주시해왔다. 엄마가 무의식적으로 얼굴을 찡그리면 아들은 그에 대한 반응으로 곧장 어깨를 축 늘어뜨린다. 아빠가 주먹을 꽉 쥐면 아이는 하던 일을 곧바로 멈춘다. 때로는 뉘앙스를 강하게 풍기는 반응이 사랑하는 사람에게 가장 큰 영향을 끼친다. 이 상황을 완벽하게 설명했던 한 10대 여학생이 생각난다. 그 학생은 "엄마가 조용해지면 그건 고함을 지르는 것보다 더 큰소리로 느껴지고, 때리는 것보다 더 무섭게 느껴져요"라고 말했다. 부모는 자신에게 일어나는 이러한 에너지 변화를 제대로 감지하고 그것이 자녀에게 끼치는 연쇄 반응 효과를 파악해야 좀 더 의식적인 육아 상태에 들어설 수 있다.

나는 자녀와 깊은 애착 관계를 형성하면 인생에서 상당한 수준의 깨달음을 얻을 수 있다고 확고하게 믿는다. 우리의 아이들이 우리 내면을 성찰할 수 있는 기회를 만들어주니 얼마나 고마운 일인가. 고통스럽지만 말이다. 우리는 친밀감과 거리감이 양립하는 독특한 관계(자녀는 어떤 의미에선 부모에게 속한 존재이면서 그렇지 않은 존재이기도 하다) 속에서 '내려놓음'이라 일컫는 상태를 경험하게 된다. 여기에는 미래에 조건을 달거나 미래를 통제하려는 시도 없이 현재에 자신을 온전히 내맡기는 것이 포함된다. 과거와 미래 사이에 놓인 현재라는 시간에 집중할 때 지금 이 순간 발생하는 일들을 열린 마음으로 수용하며 용기 있게 사는 법을 배울 수 있다.

현재를 제대로 살 줄 아는 우리의 아이들은 과거에 얽매이지 않고 사는 법을 보여준다. 우리의 아이들은 인생이 계획대로 되지 않더라도 인생의 도전들에 맞설 준비를 할 수 있다는 점을 보여준다. 우리가 이러한 변화를 이룬다면 삶은 그 어느 때보다 만족스럽게 변한다. 완고한 이상과 미래의 목표에 대한 집착에서 자유로워질 때 자연스럽고 즐겁고 가벼운 마음으로 자기 자신 그리고 가족과 소통할 수 있다.

잃어버린 자아의 부름을 듣는다는 것

어린 두 자녀를 둔 마흔한 살의 레일라는 주체할 수 없는 불안에 시달렸다. 이러한 불안은 아이들을 돌보미에게 맡기고 집을 나오는 것에 대한 극심한 편집증의 형태로 나타났다. "비정상적이고 심하다는 거 알아요." 레일라는 이렇게 시인했다. "하지만 다섯 살짜리와 두 살짜리 애들을 낯선 사람에게 맡기고 나온다는 생각만 하면 공황 상태에 빠져요." 레일라는 돌보미에게 아이들을 맡기지 못하는 탓에 자신뿐만 아니라 아이들도 잘 지내지 못하는 상황이 되자 내게 도움을 청해왔다.

레일라의 경우 억눌린 자아가 스트레스의 형태로 나타났다. 레일라는 신경이 쇠약해질 정도로 긴장하고 기진맥진해 있었다. 이런 상태를 만든 근본 원인을 찾는 과정에서 레일라는 자신이 겪었던 충격적인 사건을 말해주었다. 레일라의 부모님이 일 때문에 해외를 돌아다녀야 해서 레일라를 4개월 이상 돌보미에게 맡겼던 것이다. 레일라는 그 이야기를 하면서 과거의 일이 현재 상황과 비슷하다는 사실에 놀라워했다. 그 당시 레일라는 지금 자녀의 나이와 똑같은 다섯 살이었고 어머니는 현재 레일라의 나이보다 몇 살 젊었다. 그러고 보면 역사는 참 묘하게도 반복된다.

나는 이렇게 말해주었다. "어머님이 돌보미에게 아이들을 맡기는 것에 극단적인 반응을 보이는 이유는 어렸을 때 겪은 일 때문이에요. 그때의 두려운 기분이 아직 해결되지 않았기 때문에 현재 상황에서 쉽게 자극을 받는 거죠. 그런 과거를 감안하면 어머님이 지금 돌보미를 신뢰하지 못하는 건 아주 자연스러운 일이에요. 어머님 마음속에 부모님에 대한 뿌리 깊은 불신이 남아 있어서 생긴 일입니다."

사람들은 흔히 내게 이런 질문을 한다. "제가 어떻게 잃어버린 자아를 다시 찾을 수 있나요?" 우리는 레일라의 사례를 통해 그 방법을 알 수 있다. 레일라는 어린 시절에 일어났던 일을 되짚어보면서 잃어버린 자아(억눌린 자아)가 자신의 주의를 끌려고 애쓴다는 점을 알게 되었다. 결국 레일라는 자신이 마음 깊은 곳에서 일어나는 일에 주의를 기울이고 바람직한 방법으로 자신의 욕구를 채워주지 못하면 자신이 계속 역기능적인 반응을 보이리라는 점을 차츰 이해했다.

우리가 기분 나쁠 때 자녀에게 보이는 반응 속에는 우리의 잃어버린 자아가 존재한다. 만일 자신의 감정적 반응을 잃어버린 자아가 슬쩍 끼어드는 신호라고 알아챈다면 자신의 문제를 타인이 해결해주리라 기대지 않고 스스로 해결할 수 있다. 자신을 감정적으로 격하게 만든 사람을 비난하지 말고 자신의 진짜 자아가 스스로 모습을 드러낼 수 있게 해준 상황에 감사해야 한다. 그러한 상황은 그동안 관심을 기울이지 못한 자기 내면으로 들어갈 절호의 기회이기 때문이다.

이때, 자신의 표면층에 해당하는 에고가 성장 과정에서 위협적인 상황에 대처할 수 있도록 도움을 주며 중요한 역할을 했다는 점을 깨닫는 것이 중요하다. 그러니 자신의 불충분한 측면을 원망하면 안 된다. 그러한 일시적인 방어 반응이 고착화될 때 진짜 자아와 멀어져 결과적으로 감정적 반응에서 벗어나지 못한다는 사실을 아는 것이 중요하다.

자신에게 존재하는 여러 측면을 살펴보는 일은 점진적으로 이루어져야 한다. 우선 문화에서 습득한 좀 더 일반적인 가치와, 어떻게 살아야 하고 어떻게 양육해야 하는가에 대해 배운 신념들을 살펴봐야 한다. 그런 후에 가족 안에서 형성된 자신의 여러 측면들을 깊이 있게 들여다봐야 한다. 그렇게 해야 이러한 측면들 밑에 묻혀 있는, 가장 순수하고 가치 있는 진짜 자아를 찾을 수 있다.

잃어버린 자아와 친구 되기

우리가 잃어버린 자아의 여러 측면들은 우리가 관심을 기울여줄 때까지 항상 우리를 따라다닌다. 우리가 이러한 측면들에 더 주의를 기울일수록 불화를 일으키는 방식으로 행동할 가능성이 낮아진다. 이는 우리 아이들도 마찬가지다.

여기서 잃어버린 자아를 인지하는 일은 왜곡된 자아가 보이는 반응과 근본적으로 다르다는 점을 인지해야 한다. 이러한 차이를 살펴보기 위해 친구에게 거절당했다고 느끼는 상황을 예로 들어보자. 이렇게 거절당한 느낌에 대한 전형적인 무의식적 반응은 다음과 같다.

- 그 문제에 대해 친구에게 전화를 걸어 이야기를 나눈다.
- 기분이 나빠지거나 자신을 불쌍하게 여긴다.
- 친구와 더 이상 말하지 않는다.
- 친구에 대해 나쁜 말을 한다.

이러한 반응들은 의식적인 인지와 거리가 멀며 감정적 반응이 단계적으로 확대된 것에 불과하다. 그 일에 대해 이야기를 한다고 해서 진실을 간파할 수 있는 것은 아니다. 그렇다면 이 경우에 의식적인 인지란 무엇일까? 만일 우리가 마음속에서 거절당했다는 느낌이 들면 이것은 우리의 잃어버린 자아가 고개를 들어 우리가 느끼는 공허감을 통해 자신을 표현하고 있다는 신호다. 이 시점에서 우리는 외부를 보느냐 내면을 보느냐 하는 중요한 선택을 하게 된다. 우리는 이러한 기분을 불러일으킨 상대를 비난하거나 그 상대에게 감정적으로 반응하는 대신 내면을 들여다보며 현재의 공허함을 인지해야 한다. 그래야 진정한 자신을 찾을 수 있다. "안녕, 잃어버린 자아!" 이렇게 말해보면 어떨까. "환영한다. 너에 대해 말해줘. 넌 지금 이 순간 나 자신에 대한 무언가를 알려주려고 여기 왔잖아. 난 궁금해. 난 네 존재를 통해 배울 준비가 되어 있어." 이렇게 배울 준비가 되어 있다는 건 실제로 의식적인 인지 상태인지, 자신이 그렇다고 생각만 하는 것인지를 가르는 중요한 차이점이다.

중요한 점은 감정에 북받쳐 이야기하지 말고 의식적인 인지 상태에서 자신의 감정을 '있는 그대로' 관찰해야 한다는 점이다. 따라서 나는 레일라가 "그러면 이 두려움을 어떻게 없애야 하죠?"라고 물었을 때 이렇게 말해주었다. "두려움을 없애겠다는 의지만으론 그렇게 할 수 없어요. 두려움이 자연스럽게 사라지게 만들 유일한 방법은 그것을 그대로 인지하는 거예요. 이것은 두려움 안에 빠져드는 것도, 그것을 행동으로 표출하는 것도, 그것을 억누르는 것도 아니에요."

나는 어떻게 해야 하는지 방법을 알려주었다. "자신에게 병적으로 두려워하지 말라고 말하는 대신 그 감정이 내면에서 일어나도록 그냥 내버려두세요. 그 감정을 인지하고 그것이 옆에 존재하도록 내버려두는 거죠. 그리고 그 감정이 현재의 어머님을 규정하지 않는다는 점을 이해해야 해요. 그 감정은 과거에서 왔기 때문에 현재 경험의 전면에서 뒤로 물러나도록 부드럽게 이끌어줘야 해요. 모든 감정적 반응이 과거에서 비롯되었다는 사실을 인지하지 못하면 항상 누군가가, 혹은 무엇인가가 그러한 감정을 일으켰다는 착각에서 벗어나지 못해요."

우리는 자신의 잃어버린 자아를 인지해야 할 뿐만 아니라 성년의 삶이 그러한 자아의 경험을 바탕으로 구축된다는 점을 반드시 알아야 한다. 본질적으로 우리는 어린 시절의 경험과 비슷한 상황을 재현한다. 이는 마치 길가에 버려진 것에 다시 눈길을 돌릴 기회를 얻는 것과 같다.

내가 하는 말을 정확히 이해한 레일라는 이렇게 인정했다. "전 깊은 불신을 계속 품으면서 제가 버려졌다는 느낌을 계속 재현해왔어요. 불신할수록 불신할거리들이 더 생겨나더군요. 그 결과 계속해서 배신감을 느꼈고요. 그리고 배신감을 느낄수록 더 두려워졌어요."

나는 레일라에게 우리가 충족되지 않은 욕구와 해결하지 못한 과거의 고통을 바탕으로 인생의 각본을 만들어낸다고 설명해주었다. 진정한 자아가 부재하여 만들어진 결핍감을 바탕으로 행동할수록 이러한 사실을 되비쳐 보여주는 상황들을 더 만들어낸다.

전통적인 육아 방식에서는 이러한 점이 전혀 고려되지 않았다. 그런 이유로 전통적인 육아 방식에선 통제를 중시한다. 앞서 언급했듯 '부모의 쿨에이드' 같은 이런 방식은 자신의 불안을 인지하고 그것을 받아들이는 법을 가르치는 대신, 자신을 기분 나쁘게 만든 사람을 어떻게든 통제함으로써 그러한 불안을 없애라고 가르친다. 레일라의 경우, 그녀는 오랜 세월 동안 자기 집에 들어오는 모든 돌보미를 비난해왔다. 레일라는 아무도 마음에 들어하지 않았다. 자신의 두려움 때문에 돌보미들에 대한 비현실적인 기대감이 생겼고, 이 때문에 항상 그들의 결점을 잡아냈다는 사실을 그동안 깨닫지 못한 것이다.

우리는 전통적인 육아 방식에서 벗어나 내면에 가지고 있던 공허함을 성장하기 위한 하나의 과정으로 받아들여야 한다. 그렇게 할 때 진정한 자아의 다양한 측면을 인지하고 이를 삶에 끌어들일 수 있다. 자신을 측은하게 여겨서도, 우월하게 느껴서도 안 되며, 그저 성장의 과정 속에 있는 한 사람으로 받아들여야 한다. 그러면서 인생에서 배울 수 있는, 내면에서부터 성장하는 많은 방법을 받아들여야 한다.

가족의 감정적 청사진

어린아이들은 자신의 참자아를 보존하고 있지만 부모의 무의식적인 반응 앞에서도 그것을 보호할 수 있을 정도로 노련하지는 않다. 어린 아이들은 오래전에 부모의 마음에 형성된 틀에서 나온 부모의 말, 행동, 반응을 제대로 이해하지 못한다. 어린아이들은 엄마가 화내는 이유가 엄마 스스로 부족하다고 느끼기 때문이라는 점을 이해하지 못한다. 엄마가 이렇게 행동하는 이유는 참자아와 접촉하지 못했기 때문이다. 아빠가 자신에게 창피를 주는 이유가 아빠 스스로 직장에서 불안감을 느끼기 때문이라는 점 또한 이해하지 못한다. 그저 부모가 자신에게 화를 냈다는 점만 보기 때문에 그 이유를 자신 때문이라고 생각한다.

아이들은 엄마나 아빠가 자신과 시간을 보내거나 함께 놀아주지 않는 이유도 이해하지 못한다. 그저 부모가 무관심하거나 다른 데 신경 쓰는 모습만 보기 때문에 자신이 부모 마음에 안 들거나 재미없기 때문이라고 생각한다. 아이들은 부모가 보이는 감정의 실체를 정확하게 판단하지 못하기 때문에 무의식적으로 이러한 감정을 흡수한다. 이러한 감정은 진짜 감정을 천천히 대체하면서 삶에 대처하는 방법의 청사진이 되어간다. 문화적 신념이 우리의 사고에 영향을 주듯 이러한 가족의 감정적 청사진은 본래의 감정을 대체하면서 우리의 감정 표현 방식에 영향을 주기 시작한다. 우리가 만일 이런 감정을 해독하는 방법을 배우지 못한다면 이것은 자동적으로 자녀에게 되물림된다. 한마디로 우리도 인지하지 못하는 사이에 자녀에게 짐을 지우는 것이다.

내 고객인 빅터의 사례를 통해서 이러한 해독 방법에 대해 짚어보고자 한다. 평소에 과묵한 아버지였던 빅터는 아들이 티볼Tee-ball(야구를 변형시킨 스포츠-옮긴이)에서 지고 나서 울거나, 딸들이 아들을 놀릴 때마다 심하게 화를 낸다는 사실을 알아차렸다. 아들이 나약하다는 생각이 들면 분노가 치밀었고 그럴 때마다 아들을 심하게 혼냈다. "남자가 강인해야지, 약해 빠져가지고. 뭘 그걸 갖고 울어, 이 바보 같은 녀석아!" 빅터는 아들에게 이런 말을 수없이 했다.

자녀가, 특히 아들이 울 때 이런 태도를 보이는 아버지들은 많지만 빅터는 이따금 너무 극단적이고 무자비한 반응을 보였다. 빅터의 아내는 인정도 없고 참을성도 부족한 남편에게 진저리를 느꼈다. 그러다 문제가 심각해지자 아내는 빅터에게 선전포고를 했다. 성질을 누그러뜨리지 않으면 이혼을 하겠다고 으름장을 놓은 것이다. 이런 연유로 두 사람은 내게 상담을 받으러왔다.

빅터는 자신이 뉴욕 브루클린에 소재한 가난한 동네에서 범죄 조직과 길거리 폭력을 일상적으로 접하며 자랐다고 말했다. 빅터는 마약, 총알, 그 밖의 위험 요소들을 항상 피해 다녀야 했다. 싱글맘이었던 빅터의 어머니는 밤에 일을 나갔기에 빅터는 자신과 여동생을 돌봐야 했다. 그 결과 빅터는 투쟁-도피 반응fight or flight response(생존이 위태로운 상황에서 자동적으로 나타나는 생리적 각성 상태-옮긴이) 상태를 유지하기 위해 감정을 억눌러야 한다는 감정적 청사진을 수용했다. 위험한 세상에서 방어 태세를 낮추면 살아남지 못한다는 점을 일찍이 배운 것이다.

성인이 된 빅터는 자신의 과거를 지워버리기로 결심했다. 그러기 위해 변호사가 되었고 맨해튼에서 성공적인 삶을 꾸려갔다. 하지만 과거에서 벗어나려고 그토록 의식적인 노력을 했지만, 실제로는 겁 많은 '강인한 소년'이었던 어린 시절에서 결코 자유로워지지 못했다. 빅터는 감정을 억누르면서 겉으로는 강인하게 보일 수 있었지만 아무리 강한 척을 해도 마음 깊숙이 자리한 불안, 버려질지 모른다는 두려움, 살해될지 모른다는 공포는 결코 사라지지 않았다. 그리하여 빅터는 아들이 우는 모습을 볼 때마다 자신이 없애려 애를 썼지만 여전히 내면에 남아 있는 두려움이 상기되었다.

빅터는 아들이 힘들어 보이는 문제로 불평을 할 때면 그 상황을 사실 그대로 받아들이지 못하고 항상 자신의 어린 시절과 견주어 생각했다. 가령 이런 식으로 자신에게 말했다. '야구 경기에서 졌다고 저렇게 울면 브루클린 거리에선 어떻게 살아남으려고 저래?' 이런 생각 때문에 빅터는 마치 어렸을 적의 자신에게 반응하듯 아들을 이런 말로 다그쳤다. "울음 뚝 그치라고! 안 그러면 진짜로 울 일이 생긴단 말야!"

상담을 통해 문제의 연결고리를 찾은 빅터는 감정을 주체하지 못하고 온몸을 떨었다. 눈물이 두 볼을 타고 흘러내렸다. 스스로 인정하지 못했던 자신의 어린 시절과, 아들을 나약한 아이로 만들지 않으려고 자신이 썼던 방식들이 떠올라 흘러내린 눈물이었다.

우리들 대부분은 이런저런 이유로 어린 시절의 고통을 보상받을 방법을 찾는다. 그러다가 사람을 신뢰하지 못하고 쉽게 분노한다. 이런 과정에서 타고난 자존감은 수치감으로 바뀐다. 그러면서 참자아가 묻히고 그 위에 단단한 에고가 생겨난다.

러시아 중첩 인형을 본 적이 있는가? 나무 인형 안에 여러 개의 작은 나무 인형들이 포개져 있는 인형 말이다. 이 인형처럼 우리는 자신의 진면모를 덮고자 점점 더 깊게 마음의 여러 층을 만든다. 해가 갈수록 우리는 더 많은 삶의 영역에서 거짓 자아를 만들어내는 법을 배운다. 이런 식으로 자신에게 보상하면 힘들고 불안한 어린 시절을 견디어낼 수 있을지는 모르지만 진정한 성장을 이루지는 못한다.

부모가 되려면 자신이 얼마나 미성숙한 존재인지 발견하는 과정을 거쳐야 한다. 이 과정에서 우리는 우리 내면에 격한 감정, 자신을 제약하는 감정, 해결되지 못한 감정이 가득 담겨 있다는 걸 깨닫는다. 이러한 감정의 층들이 밝혀질 때에야 비로소 우리를 두렵게 하는 요소에서 우리 자신을 보호해야 할 필요성을 더 이상 느끼지 않는다. 자신을 보호하려는 욕구가 자녀를 통제하려는 요소이기도 하다.

앨버트는 이 사실을 아주 힘들게 깨달았다. 그의 아들 토마스는 미적분 숙제를 마친 뒤 아버지에게 검토해달라고 부탁했다. 앨버트는 숙제를 검토하다가 아들이 문제를 풀기 위해 이리저리 계산한 흔적이 없다는 걸 알아차렸다. 마치 아무 노력 없이 정답을 타이핑한 것처럼 보였다. 앨버트는 곧장 아들에게 물었다. "정답을 베껴 썼니?" 토마스는 아버지가 그렇게 말해서 너무 놀랐고 그런 반응이 믿기지 않았다. "아뇨, 제가 왜 베껴요? 정답을 다 아는데."

앨버트는 내게 그 이야기를 전하면서 상당한 수치심을 느꼈다. 그는 이어서 말했다. "뒤이어 제가 어떻게 행동했는지 아세요? 아마 믿지 못하실 겁니다. 전 아들에게 베끼지 않았다는 걸 증명해보라며 새로운 문제들을 내주었어요. 아들은 제가 불공평하다면서 항의하며 소리쳤지만 전 귀담아 듣지 않았어요. 전 아들이 답을 베꼈다고 확신했고 아들이 그게 아니라는 걸 증명해주길 바랐어요. 아들은 새로운 문제들을 잘 풀더군요. 종이에다 계산도 별로 안 했는데 말예요. 전 왜 아들을 칭찬하지 않고 의심부터 했을까요? 그 이유를 정말 모르겠어요."

나는 그러한 순간들이 부모가 성장할 수 있는 소중한 기회라고 생각한다. 나는 불편한 대립 상황을 즐기지는 않지만 흔히 감정이 격해지는 이러한 순간이 자신의 성장을 위한 최고의 기회가 되는 건 사실이다.

나는 부모들이 그렇게 무의식적으로 행동할 때 절대로 어떤 판단을 내리지 말고 그런 순간들을 어린 시절부터 자신의 내면에 남아 있는 고통을 들여다볼 수 있는 소중한 기회로 생각할 수 있도록 이끈다. 참자아를 잃어버린 데서 오는 고통이 바로 이런 상황들로 표출되는 것이다.

나는 앨버트에게 어렸을 때 숙제를 어떻게 했는지 떠올려보라고 요청했다. 그러자 앨버트는 즉시 이렇게 시인했다. "제가 워낙 게을러서 최대한 잔꾀를 부렸어요. 친구 녀석과 저는 항상 서로 상부상조했죠. 숙제를 한 사람만 하기로 약속을 정한 거예요. 남은 한 사람은 그걸 베끼기로 했고요. 아버진 그런 절 항상 조롱하고 혼냈어요. 아버지 때문에 전 열심히 노력하지 않는 제 자신을 수치스럽게 여기게 되었고 그래서 아버지한테 거짓말을 자주 했어요."

앨버트는 자신의 노력 부족에 대한 수치심과 부정직함을 떠올리면서 이러한 감정들을 아들에게 투사해왔다는 사실을 깨달았다. 그제야 앨버트는 자신이 왜 그렇게 아들에게 발끈했는지 이해했다. 자신이 과거에 했던 행동을 한 번도 직시한 적이 없었기 때문에 아들이 자신을 본받을까 봐 두려웠던 것이다. 과거의 감정적 문제가 해결되지 못하면 이러한 감정은 마치 찔리면 팡 하고 터질 준비가 된 풍선처럼 우리 내면에서 둥둥 떠다닌다. 우리는 우리의 부모님이 무의식적으로 안겨준 고통의 짐에서 풀려날 때 자신만의 자유를 향한 발걸음을 내디딜 수 있다.

정말 감사하게도 이러한 접근법이 자녀가 부모를 이해하는 데 도움이 된 사연을 종종 접한다. 최근에 나는 열네 살짜리 여학생이 보낸 편지를 받았다. 그 학생은 내가 출연한 오프라 윈프리의 〈슈퍼솔 선데이Super Soul Sunday〉를 보고 나서 나를 만나고 싶은 바람이 생겼다고 했다. 그 학생은 오랜 시간 불안과 우울증에 시달렸고 목숨을 끊으려는 시도도 여러 차례 했다. 그 학생은 엄마와의 관계를 지극히 고통스럽게 묘사했다. 그런데 그 방송을 보면서 엄마의 고통과 고뇌를 생각하게 되었다고 설명했다. 그러면서 처음으로 자신의 고통을 엄마의 고통과 분리할 수 있게 되었다고 했다. 그 학생은 편지에 이렇게 썼다. "마침내 자유롭게 제 자신을 발견할 수 있게 되었어요. 전 더 이상 엄마가 느끼는 감정에 책임질 필요가 없다고 생각해요."

진정한 자신을 발견하는 일. 이것은 충족감을 느끼는 삶을 위한 가장 중요한 요소다. 부모가 과거의 왜곡된 감정적 청사진을 자녀에게 물려주지 않고 자녀가 충족감을 온전히 누릴 수 있게 해주는 것이 바로 의식적 육아의 특징이다.

자신의 가치는 다른 사람이나 외부적 요소에 있지 않고 오로지 본질적 자아에 있다고 깨달으면 내면의 참자아와 친한 친구가 되고, 그것을 자신의 레이더로 여겨 의존하게 된다. 앞서 언급한 여학생이 준 편지의 마지막 문장에는 이러한 진실이 완벽하게 담겨 있었다.

"이제 저는 수년 동안 마음 깊숙이 묻어둔 죄책감과 불안에서 벗어나 진짜 저를 찾을 수 있게 되었어요. 이제 저는 온전한 제 자신이 될 때가 되었어요."

chapter 12

부모의 반응 이면에 실제로 존재하는 것

우리의 믿음은 우리의 문화와 가족에서 비롯되었다. 누구나 마음속에 지닌 보편적이고 근원적인 감정이 한 가지씩 있다. 배우자나 자신이나 자녀에 대한 감정적 반응을 불러일으키는 요소는 두려움이다. 두려움 때문에 우리 내면에서 분열이 일어난다. 그 결과 우리는 진짜 자아에서 떨어져 나와 자기기만과 에고의 거짓으로 참자아를 가려버린다.

당신이 우울하거나 불안하거나 혼란스러웠던 때를 떠올려보라. 무엇인가를, 혹은 누군가를 대면하는 일이 겁났을 수도 있고, 어떤 상황의 결과가 무서웠을 수도 있으며, 당신이 존중하는 사람의 인정이나 칭찬을 받지 못해 두려웠을지도 모른다. 우리는 두려움을 느낄 때 본능적으로 여러 가지 반응을 드러내어 그런 감정을 덮으려 한다. 이러한 반응은 자기회의에서 타인에 대한 보복에 이르기까지 다양한 형태로 나타난다. 일반적으로 사람들은 두려움을 느낄 때 자신과 타인에 대해 잘못된 생각을 품는다. 가령 '난 못난 사람이야' '내 자식은 실패작이야' '난 내 삶에서 변화를 이룰 수 없어' 같은 생각을 하는 것이다. 자신과 타인을 비판적으로 판단하는 건 두려움 때문이다.

처음엔 우리가 보이는 여러 반응의 동인이 두려움이라는 걸 이해하기 어렵다. 두려움은 변장의 귀재이기 때문이다. 두려움은 분노, 좌절, 가식, 통제, 슬픔 같은 많은 가면을 쓴다. 우리가 특정한 상황에서 이런 식으로 반응하는 것이 정당하게 느껴질지라도 이 모든 반응의 근원에는 두려움이 자리한다는 걸 이해하는 것이 중요하다. 두려움은 때로 부정적인 영향 아래에서 우리 자신을 보호할 수 있게 이끌어주기도 하고, 때로는 부정적인 반복 과정에 고착되게 만들기도 한다.

두려움이 다양한 가면 뒤에 숨어 있을 때 우리는 이러한 감정을 비난, 분노, 질투, 통제를 통해 타인에게 드러낸다. 아니면 자기 태만, 우울증, 자해를 통해 자신에게 드러낸다. 어느 쪽이든 자신이 상당한 두려움을 느낀다는 사실 자체를 두려워한다는 걸 감추려는 시도다. 실제로 자신이 두려움을 느낀다는 생각만으로도 공황 상태에 빠질 수 있다.

두려움을 느끼지 않으면 감정적 반응을 보이지 않는다. 그 대신 지금 이 순간에 대해 의식적으로 대응한다. 반응reacting과 대응responding 사이에는 큰 차이점이 존재한다. 전자는 외부 상황에 대처하는 반사적이고 무의식적이고 매우 감정적이며 습관적인 방식인 반면 후자는 사려 깊고 차분하고 감정적 반발이 수반되지 않는 방식이다. 두려움은 지금까지 언급된 모든 문화적 신념을 뒷받침하며 우리가 자라면서 가정에서 습득한 모든 감정적 패턴의 밑바탕을 이룬다.

자녀는 부모의 두려움을 일깨워주는 완벽한 촉매제다. 부모와 긴밀한 관계에 놓여 있는 아이들은 자녀를 보호해야 한다는 부모의 원시적 욕구를 수시로 자극한다. 부모는 항상 자녀의 안전, 행복, 안녕을 걱정하기 때문에 자녀에게 끊임없이 반응한다. 부모는 자녀가 자라서 실패자가 되지 않을까, 또는 무례하거나 몰인정한 사람이 되지 않을까 걱정한다. 만일 아이에게 무슨 일이 생겨 아이가 갑자기 사라져버리면 어쩌나, 혹은 자녀가 정신적 충격을 받으면 어쩌나 하는 걱정도 한다. 이유가 무엇이든지 두려움은 자녀에 대한 부모의 반응 곳곳에 스며들어 있다. 이 두려움 때문에 부모는 자녀에게 호통을 치고 고함을 지르고 자녀를 때리고 야단친다. 또한 이 두려움 때문에 자녀에게 수치스러움, 굴욕감, 죄책감을 심어준다.

두려움을 표현하는 전형적인 방법

자녀의 행동과 그에 따른 부모의 감정적 반응을 조사해보면 부모의 감정적 청사진이 자녀에게 어떤 영향을 끼쳤는지 드러난다. 다음 예시를 보자.

자녀의 행동 : 부모의 말에 주의를 기울이지 않는다.

부모의 반응 : 분노, 협박, 처벌

부모에게 내재된 두려움 : 난 자녀에 대한 통제력이 전혀 없다.

내 아이가 자라서 사람답지 못한 사람이 될 것 같다.

난 부모로서 영향력이 없다.

내 말이 전달되지 않는다.

내 말에 영향력이 없다.

자녀의 행동 : 귀가 시간을 어긴다.

부모의 반응 : 화가 나지만 허용선을 정하지 못한다.

부모에게 내재된 두려움 : 내 아이는 이기적이고 철이 없다.

내 아이는 제한을 두면 화를 낼 것이다.

내 말이 전달되지 않는다.

내 말에 영향력이 없다.

자녀의 행동 : 친구들이 끼어주지 않아 속상해한다.

부모의 반응 : 자녀의 사회 생활에 지나치게 관여하고 간섭한다.

부모에게 내재된 두려움 : 내 아이는 그룹에 속하지 못하면 불안감을 느낄 것이다.

내 아이는 외로워하고 따돌림당한다고 느낄 것이다.

내 아이는 또래 집단에 속하지 못해 마음의 갈피를 잡지 못할 것이다.

사람들이 내 아이를 좋아하지 않을 것이다.

자녀의 행동 : 시험을 망쳐서 속상해한다.

부모의 반응 : 화를 내고 혼내준다.

부모에게 내재된 두려움 : 내 아이는 명문대에 가지 못할 것이다.

내 아이는 성공을 거두지 못하거나 행복하지 못할 것이다.

내 아이의 자존감이 무너질 것이다.

내 아이는 뒤처지고 별 볼 일 없는 사람이 될 것이다.

이 예시들은 부모의 감정적 청사진이 자녀가 불러일으키는 두려움에 반응하여 즉각 표면화된다는 사실을 보여준다. 이는 마치 두려움이라는 감정이 경보기를 울려서 곧장 부모의 감정적 청사진을 자극하는 것과 같다. 이때 부모는 자기방어적인 말이나 행동을 보임으로써 그 두려움에서 일시적으로 벗어난다.

하지만 두려움이라는 감정을 오래 품고 있을수록 자기방어층은 더 두꺼워진다. 이러한 자기방어층은 자신에게 진실해지는 것이 허용되지 못할 때 생겨나는 거짓 자아, 즉 에고와 함께 형성되며 감정적 고통에 대한 장벽을 만든다. 우리는 러시아 중첩 인형 가운데 가장 안쪽에 있는 제일 작은 인형을 찾을 때까지 이러한 층을 걷어내야 한다. 물론 다행히도 우리의 부모님이 우리가 자라는 동안 우리의 감정을 잘 들여다보고 감정적 문제를 해결하도록 도움을 주었다면 애초에 이러한 방어층이 생겨나지 않았을 것이다. 이러한 마음의 짐이 없다면 얼마나 자유로운 기분을 느낄지 상상해보라.

부모가 두려움 때문에 몹시 자기방어적인 언행과 감정적인 반응을 보이면 자녀와 의미 있는 소통을 하지 못한다. 눈앞에 있는 자녀의 진면모를 보지 못하기 때문이다. 이러한 부모는 격한 감정에 휩싸이고 어찌할지 모르는 상태에 빠질 때가 많아 자녀에게 감정적인 반응을 하며 자신의 괴로움을 누그러뜨리려 한다. 자녀에 대해 왜곡된 생각을 하면서 말이다. 자신의 해결되지 못한 감정으로 괴로워하는 부모는 자신의 감정에 포위당해 있기 때문에 자녀의 감정에 주의를 기울이지 못한다.

감정적 반응과 두려움 사이의 상관관계를 알게 되면 이 모든 것의 밑바탕에 깔린 좀 더 강력한 감정을 이해할 수 있다. 이 감정은 자신의 가치에 대한 인식과 관련이 있다. 더 깊게 들어가면, 이러한 인식에는 자신이 우주의 한 일원이라는 이해가 수반된다. 다시 말해, 각 개인이 느끼는 두려움은 인간이 한 종으로서 괴롭게 느끼는 보편적 자기 회의의 축소판인 셈이다.

자기 내면에서 일어나는 일을 명확히 알려면 핵심적인 두려움의 여러 측면을 살펴보는 것이 도움이 된다.

사랑받지 못한다는 두려움

누구나 사랑받고 싶은 욕구를 마음 깊은 곳에 품고 있다. 어린 시절에 이러한 욕구가 충족되지 못하면 어른이 되어 충족시킬 방법들을 찾거나 진정으로 사랑받을 수 있는 모든 가능성에서 자신을 차단해버린다. 감정 표현이 이루어지지 않는 가정이 많은 이유가 바로 후자와 같은 이유 때문이다. 이러한 부모들은 어떤 감정을 느끼든 그것을 드러내지 않는다. 이러한 금욕주의로 발생되는 감정적 거리감 때문에 자녀는 의지할 곳이 없다는 기분을 느낀다.

일부 사람들은 이렇듯 사랑받고 싶고 이해받고 싶고 인정받고 싶은 욕구가 충족되지 않을 때 잘못된 방법으로 만족감을 찾는다. 이러한 갈망이 극심할 때 내면의 공허함을 채우려고 마약, 담배, 알코올 같은 물질에 의존하는 것이다. 이러한 물질들의 화학적 효과로 공허함이라는 고통을 일시적으로 누그러뜨릴 수 있기 때문이다.

내면의 공허함과 사랑에 대해 갈망을 느끼는 부모는 자녀를 고유한 존재로 여기면서 보살펴주지 못하고, 자신의 결핍감을 바탕으로 자녀와 상호작용한다. 사랑받고 싶은 바람이 충족되지 못한 부모는 자녀에게 가장 좋은 선택이 아닌, 자신의 결핍감을 완화시켜줄 선택을 내리는 경향이 있다.

진실로 사랑받지 못한다는 해결되지 못한 두려움은 육아의 모든 측면에 악영향을 준다. 이러한 두려움은 다음과 같은 방식으로 드러나는 경향이 있다.

- 자녀의 사랑을 얻고자 자녀의 기분을 지나치게 맞춰준다.
- 자녀에게 허용선을 정하는 것을 어려워한다.
- 일관성 있고 단호한 태도를 보이지 못한다.
- 자녀가 자연스럽게 맞받아치는 것을 거부라고 받아들인다.
- 자녀의 반응을 자신에 대한 개인적 공격으로 받아들인다.
- 자녀가 하는 모든 일을 불충분하다고 생각한다. 여기에는 부모 내면의 결핍감이 반영되어 있다.
- 자녀의 정체성을 부모 자신의 정체성과 분리해서 생각하지 못한다. 이는 부모의 정체성이 불안정하기 때문이다.
- 참자아라는 무한한 자원에 닿지 못하고 공허감을 느끼기 때문에 자녀에게 발끈 화를 낸다.

내 고객이었던 애나벨은 두려움에서 기인한 여러 가지 반응을 보였다. 애나벨은 감정 표현을 안 하는 부모님 밑에서 자랐다. 부모님은 자주 싸웠고 결혼 생활은 갈등으로 얼룩졌다. 자연스럽게 애나벨은 부모님의 해결되지 못한 고통을 고스란히 받아들였고 항상 혼란스러운 감정을 느꼈다. 그 결과 불안하고 초조해하며 사람들이 자신을 좋아하는지 여부에 집착하며 자랐다. 그러다 마침내 모든 것을 자신에게 맡기는 소극적인 남자를 만나 결혼했다. 인정에 목말랐던 애나벨은 모든 것을 통제하며 가정을 지배했다.

애나벨은 막내아들이 학습장애 진단을 받자 그 아들에게 신경 쓰느라 힘든 시간을 보냈다. 막내아들은 어머니로서 뿌듯함을 느끼게 해줄 내세울 만한 점이 없었다. 막내아들이 학교에서 헤맬수록 애나벨의 억장은 무너졌다. 막내아들이 주의력결핍과잉행동장애ADHD를 보이기 시작하면서 여러 가지 행동상의 문제들이 발생했다. 애나벨은 그 상황에 대처할 여력이 없었다. 인생이 자신을 부당하게 괴롭힌다고 생각하며 점점 우울증에 빠지고 위축되었다. 아들의 난제를 완전히 자신의 것으로 만들어버렸기에 자신의 힘으로 아들을 돕지 못하고 스스로 허물어져 버린 것이다.

애나벨은 자신이 아는 유일한 방법으로 상황에 대처했다. 막내아들을 기숙학교에 입학시켜 전문가들에게 맡긴 것이다. 이는 결국 막내아들을 완전히 거부하는 결과로 나타났다. 애나벨은 상담 치료를 받고 나서야 자신이 느끼는 불행한 기분과 자신이 아들에게 한 행동과의 관련성을 이해했다. 그러니까 자신의 부모에게 거부당했다는 느낌이 아들을 거부하게 만든 요인이 되었다는 점을 인지한 것이다.

공격적이거나 태만한 부모들은 불안에서 비롯된 행동을 한다. 그들은 자녀가 약간의 결점이나 한계를 보이면 자녀를 거부한다. 아마 당신은 이런 부모들에게 공감하지 못할 것이다. 하지만 이런 부모들이 매일 씨름하는 내면의 깊은 갈망 때문에 이런 태도를 보인다는 사실을 알면 그들을 이해할지도 모른다.

애나벨의 사례는 우리 모두에게 무언가를 시사한다. 지속적인 사랑의 상태에 내면이 정박해 있지 못하면 그 불안이 도처에서 표출된다는 점 말이다. 이러한 부모는 자녀가 하는 일 또는 못하는 일을 기분 나쁘게 받아들이고 최악의 상황을 상상한다. 자녀는 이러한 부모의 불안을 감지하기 때문에 자신이 부모 앞에서 온전한 자신이 될 수 없다는 걸 알아차린다. 이렇게 되면 자녀는 부모 앞에서 조심스러워진다.

자신의 내면이 얼마나 공허한가를 직시하려면 용기, 인내, 노력이 필요하다. 어린 시절에 사랑받고 싶은 욕구가 충족되지 못하면 공허함을 느낀다. 그리고 이러한 공허함 때문에 다른 사람을 소중히 여기는 것은 고사하고 신뢰하지도 못한다. 이러한 이유에서 부모가 의식적인 육아를 통해 자녀가 사랑받는다고 느끼고 스스로 사랑받을 만한 존재라고 느끼도록 돕는 일은 아주 중요하다. 지금 당장 자녀를 있는 그대로 온전히 받아들여야 이렇게 할 수 있다. 우리가 이렇게 할 때 자녀의 참자아가 꽃을 피우고, 그 결과 많은 문제를 일으키는 공허함이 자녀의 내면에 자리하지 않는다.

갈등에 대한 두려움

앞서 언급했듯, 많은 사람이 가정에서 습득한 감정적 청사진 때문에 불화와 갈등을 두려워한다. 이는 자라면서 부모와 갈등을 겪을 때마다 수치심을 느끼거나 처벌을 받거나 심지어 무시당했기 때문이다. 이런 식으로 부모의 인정을 받지 못하는 경험을 하면 어떤 수를 써서라도 갈등을 피해야 한다고 결심하게 된다. 이로 말미암은 감정적 고통을 감당하기가 너무 버겁기 때문이다. 그래서 이러한 사람들은 감정적 충돌을 피하고 자신에게 기대되는 수준에 자신을 맞춘다.

어쩌면 당신은 이와 다른 어린 시절을 보냈고 부모님이 싸우는 모습을 한 번도 본 적이 없을지도 모른다. 그 결과 부모님이 의견 차이를 건전하게 해결하는 방식을 보고 습득할 기회가 전혀 없었을지도 모른다. 이는 갈등을 통해 자신의 방식을 찾아가는 데 필요한 기술을 발전시킬 기회가 없었다는 의미이기도 하다. 이런 이유로 당신은 조금의 갈등도 바람직하지 않다는 결론을 내렸을지도 모른다.

특히 여자아이들은 자신의 요구를 강하게 내세우지 않음으로써 갈등을 피하라고 배운다. 이런 연유로 여자아이들 중 상당수가 나중에 엄마가 되었을 때 자신의 요구를 드러내고 자신이 정한 한계를 명확히 밝히는 일을 힘들어 한다. 그 결과 배우자와의 사이에서 뿐만 아니라 자녀와의 사이에서도 오해가 발생한다.

갈등은 인간의 상호작용에서 자연스럽게 발생하는 하나의 측면이다. 그러므로 갈등을 피해야 한다는 감정적 청사진을 가진 부모들은 자녀가 갈등을 현명하게 해결하도록 도울 준비가 되어 있지 않다. 그들은 갈등에 너무 민감하기 때문에 허용선을 지키고, 형제 간 경쟁을 해결하고, 인생의 굴곡에 대처하는 등 어린 시절의 중요한 요소들을 자녀가 현명하게 다루도록 돕는 데 능숙하지 않다. 이러한 두려움은 육아 과정에서 다음과 같은 방식으로 드러나기도 한다.

- 자녀에게 일관된 태도로 "안 돼"라고 말하지 못한다.
- 자녀가 힘든 상황에 맞닥뜨리지 않도록 미리 손을 쓴다.
- 형제 간 경쟁을 참지 못해 끊임없이 개입한다.
- "안 돼"라고 말한 데 죄책감을 느껴 바람직하지 못한 방식으로 과잉 보상을 해준다.
- 자녀에게 허용선을 단호하게 정하지 못한다.
- 자녀의 기분을 지나치게 맞춰주며, 자녀가 기분 나쁘게 해도 참는다.
- 필요 이상으로 많이 사주며 지나치게 자녀의 요구를 들어준다.
- 자녀의 뜻대로 다 해주고는 자녀에게 분함을 느낀다.
- 자녀의 격한 감정을 두려워한다.
- 자녀가 고통스런 기분을 경험할 때 자녀를 지나치게 보호하려 든다.
- 자녀를 고통에서 지켜주기 위해 자녀 곁을 맴돌며 자녀를 통제한다.
- 단순히 "안 돼"라고 말하지 않고 말을 지나치게 많이 하며 합리화하고 훈계를 한다.
- 배우자나 친구 사이에 바람직한 허용선을 정하지 못한다.
- 거절을 못하기 때문에 다른 사람들을 위한 일을 해주느라 피로해진다.
- 인정받지 못할까 봐, 혹은 '까다로운 사람'이라는 꼬리표가 붙을까 봐 항상 두려워한다.

다이애나의 아버지는 쉽게 폭발하는 사람이었다. 다이애나는 아버지의 혼란스러운 감정과 그에 따른 충돌을 두려워하며 자랐다. 다이애나는 아버지가 불같이 화내는 모습을 목격하는 동시에 어머니의 무력감을 습득했다. 말할 필요도 없이 어린 시절의 감정적 청사진은 어른이 되어서도 마음에 남았다. 이로 말미암아 그녀는 아버지 같은 사람, 즉 성공했지만 감정적으로 불안한 남자와 결혼했다. 다행히 남편은 업무상 장거리 여행을 자주 해야 했기에 집에 있는 날이 거의 없었다.

어느덧 다이애나도 부모가 되었다. 그러다 문득 대부분의 시간 동안 자기 혼자 아이들을 키우고 있다는 생각이 들었다. 이러한 생각에 사로잡히면서 다이애나는 좌절감에서 비롯된 분노와 소극적인 무력감 사이를 오락가락했다. 다이애나가 아이들에게 명확한 허용선을 정하기 꺼려했기 때문에 아이들은 그것이 필요하다는 걸 알리기 위한 행동들을 저질렀다. 원래 아이들이란 부모를 일깨우기 위한 행동을 하기 마련이다. 다이애나는 아이들이 학교에서 도를 넘는 행동을 하거나 문제를 일으키면 아이들을 매섭게 혼냈다. 어린 세 자녀의 삶은 체계성 부족과 엄중한 제재 사이를 시계추처럼 왔다 갔다 했다.

다이애나 같은 어머니들은 흔히 비이성적이고 미온적이라는 오해를 받는다. 사회는 이러한 아이들이 권리의식이나 불안감을 느끼며 성장한다고 개탄한다. 어머니가 이렇게 되는 이유는 본인이 어렸을 적에 자신의 중심 자아와 멀어졌기 때문이다. 물론 사람은 에고를 통해 '강인한 척'할 수 있다. 하지만 이러한 사람이 보이는 '강인함'은 공고한 참자아에서 나오는 차분한 확고함과 다르다. 힘이 본질적 자아에서 흘러나와야 진정한 영향력을 갖는 것이다.

다이애나는 상담 치료에 들어가면서 갈등에 대한 자신의 두려움을 깨닫기 시작했다. 다이애나는 자신이 자녀에게 단호한 허용선을 긋는 일을 조심스러워 하는 이유가 어린 시절에 경험한 거부에 대한 두려움 때문이라는 사실을 알게 되었다. 그러면서 자신이 결국, 자신을 옹호하거나 자신의 바람을 당당히 말하지 못하고 무기력했던 친정엄마 같은 사람이 되었다는 걸 깨달았다. 자신에 대한 인식이 점차 생겨나면서 그녀는 아이들이 지켜야 할 허용선을 정할 수 있게 되었다. 아이들도 원하던 바였다.

당신이 만일 단호한 허용선을 정하는 데 주저하고 갈등을 두려워한다면, 아이에게 자신의 필요를 존중하는 일과 타인의 필요를 존중하는 일 사이에서 균형 잡을 기회를 주지 않는 것이나 마찬가지다. 아이가 자신의 한계를 이해하고, 살면서 다른 사람들과 협력할 방법을 찾을 수 있도록 만들려면 명확하고 분명한 허용선은 중요하다. 아이는 부모가 자신을 제대로 이끌어주지 못할 때 방향타를 잃은 기분을 느끼며 행동을 제어하지 못한다.

부모가 허용선을 정하는 일에 불안감을 느낀다면 자녀는 부모의 불안을 느낄 수밖에 없다. 그러면 자녀는 더 고삐 풀린 망아지처럼 행동하는데, 이러한 행동은 사실 부모에게 허용선을 정해달라는 요구와 같다. 어릴 때 위험한 행동을 하는 아이들에게서 이런 경우를 찾아볼 수 있다. 이런 아이들은 자신의 혼란스러운 생각을 멈추게 해줄 사람이 없기 때문에 불안에 휩싸이기 쉽다.

아이는 통제가 아닌 제지해주길 바란다. 아이의 참자아는 자신에게 이러한 제지가 필요하다는 것을 안다. 따라서 제지는 행동과 감정 두 가지 측면에서 이루어져야 한다. 아이는 자신의 행동이 도를 넘을 때 부모가 제지해줄 거라는 생각에 안심해야 하며, 실제로 그러한 제지를 원한다. 부모는 갈등과 허용선을 긋는 것에 대한 두려움을 해결해야만 아이에게 이렇게 해줄 수 있다.

아이를 효과적으로 제지하려면 인간이 지닌 음양의 특성을 모두 갖추는 것이 중요하다. 일반적으로 인간을 남성과 여성으로 나누지만 누구든지 내면의 자아에는 남성적 특성과 여성적 특성이 모두 있다. 우리는 내면의 자아와 연결되어 있을 때에야 비로소 완벽한 인간이 된다. 그러므로 내면의 여성적 특성(음)과 남성적 특성(양)의 조화로운 관계에 들어가는 일은 각자에게 달려 있다.

많은 부모가 아이를 키울 때 남성과 여성의 전형적인 역할을 따른다. 아버지들은 대체로 내면의 자아 가운데 남성적 측면이 과도하게 발달되어 있는 반면 여성적 측면은 거의 발달되어 있지 않다. 어머니들은 대체로 이와 상반된 경향을 보인다. 그 결과, 일반적으로 아버지는 훈계를 담당하고 어머니는 아이를 돌보고 보살피는 역할을 맡는다. 물론 이러한 문화적 기준을 따르지 않는 사람들도 많지만 사회적 기대와 감정적 청사진은 자녀를 그런 식으로 길러야 한다고 압력을 가한다.

내가 상담한 많은 어머니들이 아들에게 자신의 지휘력과 리더십을 드러내는 것을, 심지어 자기주장을 하는 것도 힘들어했다. 그들은 가정에서 명확한 허용선을 정하는 것을 어려워했고 안 된다고 말해야 할 때면 죄책감을 느꼈다. 그들은 부모로서의 권한을 행사하고 자신의 진짜 목소리를 내는 대신 호락호락한 사람으로 여겨지는 것에 익숙해져서 자녀가 제멋대로 굴어도 내버려둔다. 이러한 관계는 자신뿐만 아니라 아들과 딸에게도 바람직하지 않다. 뿐만 아니다. 나는 아이나 배우자와 감정적으로 소통하지 못하는 아버지들을 많이 상담했다. 그들이 이렇게 소통하지 못하는 이유는 감정을 드러내면 자신의 권위가 떨어질 거라고 생각하기 때문이다.

많은 어머니와 아버지가 내면의 남성적 측면과 여성적 측면을 받아들여 통합하지 못하기 때문에 중요한 경험을 놓친다. 나는 어머니들에게 이런 말을 자주 한다. "여성적 측면을 덜 강조하고 좀 더 남성적인 면을 보여주세요." 아버지들에겐 이와 반대로 말한다. 남성적인 단호함과 여성적인 보살핌 사이에 균형을 유지하는 일은 육아라는 여정에서 아주 중요하다.

자기주장을 두려워하는 여성은 적정한 한도 이상으로 자신을 양보한다. 자신의 필요를 충족시키고 자신의 기준을 존중해달라고 요구하는 방법을 모른다. 이러다 보면 어쩔 수 없이 분함을 느낀다. 한편 대체로 남성은 자신이 정한 기준을 유지하고 자신의 공간과 시간에 대한 존중을 얻어내는 데는 뛰어나지만, 타인과 감정적으로 소통하는 일에는 능숙하지 않다. 자녀는 흔히 어머니에겐 무례하게 굴고 아버지는 두려워한다. 즉 두드러진 두 가지 유형에 반응을 하는 것이다. 물론 과도한 일반화일 수 있지만 나는 자녀를 온전한 개인으로 키우는 일에서 이러한 현상이 얼마나 유해한지 자주 목격한다.

아이들은 자신에게 음양의 특성이 모두 있다는 점을 배워야 한다. 이러한 원리는 지금까지 살펴본 모든 원리의 밑바탕이 된다. 이것이 모든 것을 아우르는 화합과 관련 있기 때문이다. 이것은 우리의 초점을 개별성에 대한 환상에서 모든 사람과 모든 만물의 조화로 이동시킨다. 이렇게 함으로써 우리는 유형의 외부를 초월하여 무형의 내면으로 들어갈 수 있다.

자녀가 음양의 두 가지 능력을 기르려면 부모가 이러한 두 가지 에너지를 발전시키도록 도와주어야 한다. 가령 자기주장이 강한 딸에게 창피를 주거나 "좀 나긋나긋해져 봐"라고 말하는 대신, 이러한 힘을 현명하게 활용할 수 있게 도와주어야 한다. 딸에게 지휘력과 리더십 기질이 보이면 이러한 특성을 억누르지 말고 격려해주어야 한다. 딸이 "난 결혼 안 할 거야!"라든가 "난 내 사업체를 운영할 거야"라고 말하면 편견이나 우려를 나타내면서 끼어들지 말고 딸이 그런 꿈을 꾸도록 허용해주어야 한다. 딸들이 제한 없이 원대한 꿈을 꾸고, 대담하고 강인하며, 노력을 통해 자신이 바라는 영역에 도달할 수 있게 지지해주어야 한다.

아들도 마찬가지다. 아들이 울 때 자신의 마음을 들여다보도록 도와주어야 한다. 아들이 느끼는 기분에 공감해주고 그 기분을 지지해주어야 한다. 부모는 아들이 온화하고 가정적인 특성을 보일 때 이러한 특성을 억누르지 말고 격려해주어야 한다. 남자아이들도 다정하고 배려하고 공감하고 연민을 느끼고 베푸는 능력을 가지고 있다. 남자아이들은 자신의 마음을 잘 들여다볼수록 실제로 더 용기 있고 남자다워진다는 점을 알아야 한다.

부모는 자녀와 시간을 보낼 때 이렇게 자문해봐야 한다. "지금은 어떤 균형이 필요하지? 내 아이는 여성적인 면이 더 강한가, 아니면 남성적인 면이 더 강한가? 상대적인 성향을 길러주려면 어떤 도움을 주어야 할까?" 이러한 의식적인 접근법은 아이의 타고난 성향을 꺾는 것이 아니라 균형을 이루기 위해 정신을 확장하는 방식이다.

이제 남성들도 여성적인 면을 갖추어야 할 때다. 사색적이고 다정하고, 부드러운 측면과 감수성을 갖추어야 한다. 이렇게 되면 지금까지와는 다르게 갈등에 접근할 테고 그러면 평온이 실현될 것이다. 물론 여성들도 남성적인 면을 갖추어야 한다. 그리하여 좀 더 강하게 자기주장을 할 수 있어야 하며, 거리낌 없이 말하고 반대하고 전진하는 능력이 자신에게 있음을 받아들여야 한다.

자녀는 부모가 이렇게 상호보완적인 모습을 보일 때 이러한 측면을 자연스럽게 갖출 수 있다. 자녀는 어머니에게서 남성적 특성이 자연스럽게 배어나오고 아버지에게서 여성적 특성이 자연스럽게 배어나오는 모습을 볼 수 있어야 한다.

마음이 이런 식으로 조화를 이룰 때 균형 잡힌 에너지가 밖으로 흘러나와 외부세계에서 화합을 이룬다. 우리는 남성적 특성에 따라 전진하고 번영하되 여성적 특성에 따라 대지와 그 피조물을 보살피는 세상을 만들 수 있다. 두 가지 가운데 어떤 특성도 다른 특성을 능가하지 못한다. 정중앙으로 끌어당기는 자연스러운 힘은 항상 존재할 것이다. 그리고 그 시작은 우리가 의식적으로 변하는 데 있다.

'예스'라고 말하는 것의 두려움

감정을 겉으로 표현하지 않고 사랑이나 인정의 말을 잘 하지 않는 가정에서 자란 사람들은 대담하고 자유롭게 베푸는 일을 두려워한다. 그들은 감정적 측면에서 많은 것이 요구될 때 수용하고 실행하는 것을 어려워한다. 자신에게 사랑이라는 감정이 거의 없다고 생각하기 때문이다. 자기 안에 남에게 줄 만큼의 사랑이 없다고 믿기 때문에 사랑을 낭비하는 일에서 자신을 보호하려 한다.

이러한 상태가 된 근본 원인은 부모가 자신에게 너그럽고 관대하게 베풀지 않았다고 인식하기 때문이다. 예스라고 말하는 것에 대한 두려움은 사랑받지 못하는 두려움과는 다소 다른 것으로, 결핍감보다는 자신에 대해 몰두하기 때문에 일어난다. 이런 사람들은 다른 사람에게 시간과 애정을 주는 것을 포함하여 베푸는 일에 야박하다.

이들은 부모가 되었을 때 끊임없이 애정을 요구하는 자녀를 보며 어리벙벙한 기분이 들 수도 있다. 본인이 그러한 애정을 경험한 적이 없으니 말이다. 이러한 부모는 수그러들 줄 모르고 관심을 원하는 아이 앞에서 마음이 짓눌리는 기분을 느낀다. 아이가 너무 많은 것을 원한다는 사실을, 무한한 관심을 쏟아주길 바란다는 사실을 받아들이는 게 어렵기만 한다. 아기의 요구는 특히 압도적이다. 부모들은 이런 이유로 생후 6~7주밖에 안 된 아기들에게 수면 훈련을 시키고, 어떤 부모들은 도피를 선택하기도 한다. 그들은 직장 일과 사회 활동과 개인적인 문제에 이르는 모든 일에 몰두함으로써 자녀와 감정적으로 소통하지 못하며, 이로써 자신의 어린 시절 경험을 재현한다.

애착 관계에 대한 두려움은 다음과 같은 방식으로 자녀와의 관계에 영향을 끼친다.

- 말참견을 할 때 외에는 자녀의 기분에 좀처럼 관심을 기울이지 못한다.
- 온전한 관심을 기울이는 것을 어려워한다.
- 자녀와 놀아주고 자녀의 수준에 맞춰주는 것을 어려워한다.

- 자녀와 거리낌 없이 지내는 것을 어려워한다.
- 자녀의 요구를 부담스러운 짐이 아닌 자연스러운 현상으로 생각하지 못한다.
- 조건을 달지 않으면 자녀에게 베푸는 것을 어렵게 생각한다.
- 자신의 바람을 제쳐두고 자녀에게 진정으로 베푸는 것을 어렵게 생각한다.

사례를 하나 들어보려 한다. 케이스는 방송국 일에만 몰두하는 어머니 밑에서 자랐다. 케이스는 남동생과 함께 돌보미에게 자주 맡겨졌는데, 케이스의 아버지 역시 일중독자여서 집에 거의 없었다. 케이스는 주 양육자와 애착이 형성되지 못했기에 자의식이 정착되지 못한 채 어린 시절을 보냈다. 집안이 부유했기에 케이스의 물질적인 요구는 마음껏 충족되었지만 케이스는 자신에게 정말 필요한 애정과 보살핌을 받지 못했고, 그 결과 내면의 감정적 욕구가 전혀 충족되지 못했다.

어렸을 때 누구로부터도 마음 깊은 애정을 느껴본 적이 없는 케이스는 서서히 마음의 문을 닫기 시작했다. 마치 쓰지 않는 근육이 약해지는 것처럼 말이다. 정서적 소통은 케이스의 삶과는 거리가 멀었다. 그는 소유물과 신분의 상징물에 기대어 사는 법을 배우면서 사람과의 관계가 아닌 이런 물건들을 중시하게 되었다. 온정과 애정을 기반으로 한 진정한 관계에 익숙하지 못한 터라 여성들도 이런 식으로 다루었다. 아버지가 되었을 때는 물질 제공자 이상의 역할을 하지 못했다. 그 결과 아이들은 아버지에 대해 잘 몰랐고, 아버지가 자신들을 낳은 것을 후회할 거라고 생각했다.

어쩌면 우리 가운데 많은 이가 자신을 진정으로 알지 못하는 부모 밑에서 자랐을지도 모른다. 그래서 부모에게 왠지 거리감을 느꼈을 수도 있다. 이러한 사람들은 감정적 친밀감을 숨 막히는 것으로 생각해 그런 감정을 위험하다고 여긴다. 그러다 부모가 되면 자녀의 요구가 낯설고 거슬린다. 그리하여 자녀에게 관심을 기울이지 못하고 자녀를 거부한다. 자녀의 애정 표현과 자녀에게 자신이 필요하다는 사실을 기쁘게 받아들이지 못하고 자녀를 외면하는 것이다. 그러면 자녀는 자신이 부모의 관심을 받을 가치가 없다고 느낀다. 이런 부모는 자녀의 상처를 자신의 파묻힌 고통이 투영된 것으로 볼 수 있어야 비로소 자신의 과거를 직시하고 마침내 성숙한 부모로 성장할 수 있다.

자주성에 대한 두려움

많은 가정에서 부모와 자녀 사이에 위계질서가 존재한다. 이는 전통적인 가족에서 특히 그렇다. 이러한 가정에서 자녀는 부모의 지시를 따르고 부모에게 순종해야 한다고 배운다. 이렇게 되면 위험한 수준의 밀착이 형성되고, 그 결과 상호의존성이 형성될 가능성이 있다.

자녀는 자신의 목소리를 내고 리더십을 발휘하는 것이 좌절될 때 부모의 권위에 의존하며 자란다. 이러한 자녀는 일을 추진할 때 부모의 허락을 받으려 하기 때문에 좀처럼 자주성을 발휘하지 못한다. 이따금 자주성을 발휘한다 해도 흔히 창피함이나 두려움을 느끼기 때문에 다시 예전처럼 소극적이고 소심하게 행동한다. 이러한 아이는 자라서 부모가 되어도 수동성과 의존성을 버리지 못하고 명확한 통솔력을 발휘하지 못한다. 이러한 성향을 가진 사람들은 삶과 가정에서 다음과 같은 방식을 드러내 보이기도 한다.

- 가족을 위해 명확한 계획을 세우지 못한다.
- 자녀에게 자신이 원하는 삶을 살도록 허용하지 않는다.
- 자녀를 통제하고 자녀에게 자유를 주지 않는다.
- 자녀가 부모인 자신에게 지나치게 의존하도록 만든다.
- 의견이나 관심의 차이를 배반으로 받아들인다.
- 자녀가 부모의 계획과 다른 길을 선택하면 죄책감을 느끼도록 만든다.
- 자기만의 생각을 하는 자녀에게 수치심을 준다.
- 자녀와 명확한 선을 긋는 것보다 밀착을 선호하기 때문에 자녀에게 집착한다.

베티는 조용하고 조심하고 순응하라고 가르치는 가정에서 자랐다. 사람들은 베티를 '아주 착한 학생'으로 생각했다. 베티도 대학을 졸업할 때까지 자신에게 자부심을 느꼈다. 그렇게 살다 보니 자신이 원하는 일을 해볼 생각조차 한 번 안 해보고 부모가 원하는 의사가 되었고, 엄마도 되었다. 베티는 자라면서 지녔던 감정적 청사진에 따라 자신의 딸도 그렇게 키웠다.

이 가족은 겉으로 보기엔 텔레비전에 나오는 단란한 가족처럼 보였다. 아무도 베티가 남편에게 정서적 학대를 당한다는 사실을 감지하지 못했다. 베티는 다른 사람들이, 특히 딸이 그 사실을 알까 봐 두려웠기에 모든 기색을 감추었다. 남편이 바람을 피웠을 때는 그 사실을 모르는 척,

혹은 신경 안 쓰는 척했다. 남편이 부부의 통장과 신용카드를 관리하기 시작하자 베티는 모든 관리를 남편에게 맡겼다.

하지만 딸이 대학 입학을 위해 집을 떠나면서 베티는 무너지기 시작했고 극심한 우울증에 빠졌다. 딸은 엄마가 허물어지는 모습을 보면서 심한 죄책감에 시달렸다. 엄마가 마음을 추스르도록 한 학기 동안 휴학을 하고 집에서 보낸 적도 있었다. 하지만 베티는 파탄에 이른 결혼 생활과 빈둥지증후군의 괴로움에서 헤어 나오지 못했다. 그저 음식에서 위안을 찾았다. 체중이 급격하게 증가하고 건강이 악화되기 시작하자 베티는 마침내 도움을 청했다.

베티가 참자아를 발견하고 자신의 목소리를 낼 때까지 수년이 걸렸다. 50대 후반이 되어서야 남편과 이혼할 용기를 낼 수 있었다. 하지만 그때도 혼자가 된다는 생각으로 두려움에 사로잡혀 있었다. 이제 60대 중반이 된 베티는 여전히 상담 치료를 받으며 자주성을 갖추기 위해 노력하고, 잃어버린 자아를 찾으려 애쓰고 있다.

결혼 생활을 포기하지 않고 그렇게 오래 유지한 것이 얼핏 보면 존경스럽게 여겨질지도 모른다. 사람들 눈에는 베티가 가족을 굉장히 중시하고, 배우자와 자녀에게 헌신적인 사람으로 보일 수도 있다. 어찌 보면 상당히 훌륭한 측면이기도 하다. 하지만 좀 더 자세히 들여다보면, 가족과의 관계로만 자신을 정의하고, 자신의 행복을 희생해서라도 가족이나 결혼의 '이상'을 유지하려 했다는 사실이 너무도 분명하게 드러난다. 그런 사람은 결국 자립하지 못한다.

그런 부모 밑에서 자란 자녀는 부모의 감정적 청사진을 거부하고 달아나더라도, 베티의 딸이 그랬듯, 나중에는 죄책감을 느낀다. 이렇듯 자주성이 떨어지면 결국 동기부여, 열정, 목표 의식이 미묘하지만 감지할 수 있을 만큼 사라진다. 부모가 자신의 정체성을 다른 사람에게 의존하지 않고 자주적으로 바로 설 힘을 낼 때, 자녀는 자신의 한계를 탐험하며 자유롭게 날 수 있다.

행복하지 않음에 대한 두려움

대부분의 사람들은 행복하지 않으면 상당히 불안해하는 가정에서 자란다. 그들은 행복하지 못한 시간을 삶의 자연스러운 측면으로 생각하지 않고 울적하게 받아들이고 죄책감을 느낀다. 그리하여 불행한 기분을 야기하는 모든 것을 가능한 한 피하려고 한다. 그들은 인생이란 불행해선 안 된다고 생각한다.

기분 나쁘게 만드는 경험들을 부모가 거부한다면, 자녀에게 인간의 자연스러운 감정뿐만 아니라 인생의 굴곡도 두려워하도록 가르치는 셈이다. 이렇게 되면 자녀는 불행한 감정은 무슨 수를 써서라도 피해야 한다고 믿으며 자란다.

나는 아이에게 "네가 지금 슬픈가보구나. 쿠키 하나 주면 괜찮아지겠니?"라고 말하는 부모를 수도 없이 봐왔다. 내가 이러한 부모들에게 어떻게 슬픔과 음식을 연결시킬 수 있느냐고 물어보면 그들은 이렇게 답한다. "슬픔과 음식과의 관계는 명확하지 않나요?"

고통을 다스리기 위해 음식을 이용하듯, 우리는 슬픔을 완화하기 위해 흡연, 음주, 약물, 텔레비전, 운동을 이용한다. 만일 아이가 행복하지 않은 시기도 소중하다는 걸 배우지 못한다면, 삶의 실제적인 경험과

거리를 두려는 성향으로 발전한다. 부모는 자녀를 고통에서 보호해준다고 믿지만 실제로는 회복력의 근육을 키울 기회를 빼앗는 것이다.

조그마한 불행의 기운도 두려워하면 자녀가 성장하는 데 어떤 식으로 방해가 되는지 살펴보자.

- 자녀가 슬퍼 보일 때 자녀의 기분을 좋게 해주려 애쓰고 자녀의 고통을 해결해주려고 나선다.
- 쉽게 상처받는 성향이라며 자녀를 과소평가한다.
- 자녀가 부모를 불편하게 만드는 생각을 할 때, 그들에게 공감하지 못한다.
- 자녀에게 고통을 대처하는 방법이 아닌 피하는 방법만 알려준다.

가브리엘은 아홉 살 때 학교에서 괴롭힘을 당하고 울면서 집에 갔던 일을 떠올렸다. 자신을 위로해주고 안심시켜주는 말을 고대하며 집으로 달려가 엄마를 찾았지만, 집에는 카드를 치는 아버지와 할아버지만 있었다. 그들은 가브리엘이 어떤 심정인지 들어주고 그 감정에 공감해주지는 않고 '나약하다'며 꾸짖었다. 뿐만 아니라 가브리엘의 여동생과 비교하며 그 아이라면 괴롭히는 애들을 흠씬 패주었을 거라면서 여동생만도 못하다고 놀렸다.

가브리엘은 수치심에 고개를 떨궜다. 그리고 다시는 아버지 앞에서 눈물을 보이지 않겠노라고 다짐했다. 감정을 드러내는 것은 남자답지 못하다고 받아들인 가브리엘은 그날 밤 침대로 들어가 베개를 치며 그토록 나약한 자신이 정말 '어리석다'는 말을 반복했다.

가브리엘은 지금도 자신이든 타인이든 누군가의 눈물에 잘 공감하지 못한다. 가브리엘의 아내는 자신이 울거나 기분이 안 좋을 때 남편이 자신의 기분 따위는 무시한다며 자주 불평한다. 그녀는 남편이 어쩌면 그렇게 모질 수 있는지 전혀 이해하지 못한다. 가브리엘은 울거나 힘들어하는 아이들에게 소리를 지르거나 으름장을 놓는다. 스스로 자신의 진짜 기분을 인정한 적이 없었던 터라 자녀의 힘든 기분에 공감하지 못하기 때문이다.

항상 불행을 두려워하고, 그 결과 실패를 두려워하는 가브리엘 같은 사람이 가장 불행한 사람이다. 이런 사람들은 겉으로는 그런 감정들을 잘 숨기고 있지만 늘 불안해하며 자신이 참자아와 멀어져 있다는 사실에 대한 고통과 직면하지 않기 위해 온갖 활동을 하며 시간을 보낸다. 하지만 평생 피해온 그 상황과 어쩔 수 없이 맞닥뜨려야 할 때가 오면 무너져버린다.

그러한 부모 밑에서 자란 아이는 부모를 행복하게 해주기 위해 자신의 슬픔을 재빨리 마음에 묻어버리고 아무렇지 않은 척한다. 이런 아이들은 종종 편두통, 위경련, 귀 통증 같은 신체 통증의 형태로 자신의 진짜 기분을 표현한다. 혹은 학교 시험에서 형편없는 점수를 받기 시작한다. 역설적이게도, 고통을 표현하는 이런 바람직하지 못한 방법 때문에 불안이 증가한다.

가치 없는 존재라는 두려움

많은 사람이 자신은 부족한 존재라는 감정적 청사진이 있는 가정에서 자란다. 그러한 사람들은 자라면서 끊임없이 다른 사람과 비교된다. 그래서 어떤 기준에 부합하지 못하면 침울해진다. 부모에게서 돈, 미모, 지위가 얼마나 중요한지 보고 자라기 때문에 그러한 것들을 성공의 기준으로 받아들인다. 그들은 어릴 때부터 지금 그대로의 자신에 머무르는 건 충분치 않다고 배운다.

자신이 부족한 존재라는 인식은 부모가 자녀를 대하는 방식에서 다음과 같은 영향을 끼친다.

- 자신을 가치 있게 여기려면 좋은 성적을 받아야 한다고 자녀에게 가르친다.
- 자녀의 외모에 집착하며 자녀에게 외모를 중시하라고 가르친다.
- 자녀의 친구 관계를 관리하려고 하며 인기를 중요하게 여긴다.
- 다른 사람들 앞에서 자신을 깎아내리며 낮은 자존감을 보인다.
- 자신의 몸매와 사회적 지위에 과도하게 신경 쓴다.

메리의 아버지는 자주 이런 말을 했다. 자신은 직장에서 문제를 일으켜 상사들을 화나게 만드는 일은 절대 하지 않는다고. 메리의 아버지는 한 상사가 계속 굴욕감을 주었지만 그의 권위에 실례가 되는 행동은 결코 하지 않았다. 아버지의 이야기를 들으며 자란 메리는 자기주장을 내세우는 것을 두려워했다. 이리하여 메리는 자신이 다른 사람들, 특히 권위 있는 자리에 있는 사람들보다 덜 중요한 존재라고 믿게 되었다. 어른이 되어 비방당하거나 홀대당하는 상황에서도 자신을 제대로 방어하지 못했다. 메리는 가장 친한 친구가 자신의 돈을 훔쳐 신뢰를 저버리자 마침내 현실을 직시하고 자신에게 전문적인 도움이 필요하다고 느꼈다. 메리는 상담 치료를 받으면서 그동안 자신을 이용하거나 동등하게 대하지 않았던 사람들에게 휘둘려왔다는 사실을 깨달았다. 메리는 이러한 성향이 생긴 원인을 어린 시절에서 찾았다. 그 시절에 자신이 보살핌을 받거나 존중받을 가치가 있는 존재라고 느끼지 못했던 것이다.

메리 같은 사람을 부모로 둔 아이들은 자신감이 없다. 현실을 피하려 하고 자신의 진면모를 내세우지 못하는 자신감 없는 부모를 보며 자신이 다른 사람들보다 부족한 존재라는 인식을 습득하기 때문이다.

통제력 상실에 대한 두려움

기존의 육아법에서는 좋은 부모가 되려면 통제력이 있어야 한다고 강조한다. 통제력이 있다는 것은 부모가 항상 자녀의 삶을 통제해야 한다는 걸 의미한다. 하지만 부모가 통제해야 하는 것은 부모 자신의 감정적 반응이다.

주로 불안감에 기인해서 행동하는 부모들은 자녀에게 한 발짝 물러나 자녀가 실수하고 그 실수를 통해 성장할 기회를 제공하지 못한다. 온전히 자녀를 위하는 헌신적인 부모가 되는 것과, 불안과 집착으로 세부사항까지 통제하고 잔소리하는 것 사이의 엄청난 차이를 인지하는 것은 중요하다.

통제력 상실에 대한 두려움은 자녀와의 관계에서 다음과 같은 방식으로 드러날 수 있다.

- 자녀가 실수를 저지르는 것을 허용하지 못한다.
- 자녀에게 자율권을 주면 자녀가 제멋대로 할 거라고 생각한다.
- 부모인 자신이 항상 간섭하지 않으면 자녀가 힘없이 무너질 거라고 생각한다.
- 부모인 자신이 곁에 있어 주지 않으면 자녀가 잘되지 못할 거라고 생각한다.
- 자녀의 모든 필요를 충족시키기 위해 스스로에게 지나친 부담을 지운다.
- 자녀의 온갖 결정과 활동을 통제하느라 지칠 대로 지친다.
- 자녀가 하는 모든 것을 자신의 잣대로 판단하고 자녀의 실수를 용납하지 않는다.
- 자녀를 자신의 성공에 중요한 부분으로 여기며, 부모로서의 역할에 자부심을 느낀다.

캐시는 음식을 통제하고 완벽성을 추구하며 자랐다. 캐시는 훗날 자녀를 낳자 그들을 프로젝트의 대상으로 삼았다. 유명한 각종 활동 기관에 아이들을 등록시켰고 아이들이 모든 분야에서 성공하도록 부추겼다. 하지만 막내딸 캐린은 엄마의 엄격한 방식에 반대했고, 반항을 통해 자신의 진짜 목소리를 내려 애썼다. 두 사람은 결국 심한 갈등을 겪었고 상담 치료까지 받으러 왔다.

대화를 나눠보니 캐시는 캐린을 느슨하게 풀어주는 것에 극심한 우려를 보였다. 하지만 딸이 워낙 막무가내였기에 딸을 풀어줄 수밖에 없었다. 캐시는 그동안 자신이 본의 아니게 두려움에 기인한 육아 방식을 고수했다는 사실을 이해하기 시작했다. 사실을 점점 직시하면서 그동안 캐런을 얼마나 밀어붙였는지 깨닫고는 스스로 깜짝 놀랐다. 이런 부모들은 자신을 헌신적인 부모로 내세우면서 내면의 두려움을 감춘다. 자녀가 반항을 해야 비로소 자신의 행동을 멈추고 자신의 두려움에 주의를 기울인다.

이런 부모 밑에서 자라는 자녀들은 불안과 실패에 대한 두려움에 사로잡힌다. 자신의 인생에 대해 자기 목소리를 내고 싶은 바람이 있기에 자기 비난이나 자기 태만 또는 반항이나 반대의 형태로 반응하곤 한다. 하지만 어느 쪽이든 그들은 항상 자신이 뭔가 잘못하고 있다고 느끼기 때문에 죄책감과 수치심에 사로잡힌다. 그들은 부모의 통제가 지나치다고 생각하지만 그런 생각은 대개 무시된다. 그러다 결국엔 불화가 발생할 만큼 극한 상황으로 치닫고 만다.

평범함에 대한 두려움

우리는 지나치게 완벽주의를 강조하는 문화에서 자랐기에 어떤 면에서든 특별하지 않으면 자신이 '다른 사람들보다 부족하다'고 느끼기 쉽다. 나는 부모들이 "하지만 우리 애는 잘하는 게 하나도 없어요"라고 불평하는 소리를 얼마나 자주 들었는지 모른다. 혹은 아이들이 "전 운동에선 보통 수준밖에 안 돼요"라며 자책하는 소리도 수없이 들었다. 의식적으로 깨어 있지 못한 부모들은 완벽주의, 특별함, 비범함에 근거하여 자신의 가치를 규정하며, 자녀도 그렇게 만든다. 그래서 기준에 도달하지 못한 자녀는 스스로 가치 없다고 생각하며, 그 결과 자신감이 떨어진다. 자신이 평범하다는 생각에 불안감을 느끼며 어떻게 해서든 이런 점을 벌충하려고 지나치게 애를 쓴다.

이러한 부모들은 자녀의 완벽하지 못한 모습에 불안감을 느낀 나머지 다음과 같은 행동을 보이곤 한다.

- 자녀가 무엇인가에 뛰어나도록 가차 없이 몰아붙인다.
- 자녀가 무엇인가에 뛰어나지 못하면 자녀를 부끄럽게 여긴다.
- 자녀가 하는 일을 세세하게 관리하며 실패를 두려워한다.
- 자녀에게 지나치게 경쟁을 강조하며, 이기는 것이 인생에서 가장 중요하다고 가르친다.

모든 과목에 뛰어난, 학구적이고 성실한 열세 살 여학생 캐롤라인이 떠오른다. 말을 잘 듣고 예의 바른 캐롤라인은 모든 부모가 이상적으로 생각하는 아이였다. 캐롤라인의 어머니는 딸이 시험을 앞두고 항상 편두통에 시달리자 딸과 함께 나를 찾아왔다. 캐롤라인은 편두통이 너무 극심했기에 종종 다른 아이들과 동떨어져 시험을 보곤 했다. 캐롤라인은 반에서 공부를 가장 잘한 아이였기에 아무도 캐롤라인이 왜 시험 때문에 편두통을 겪는지 이해하지 못했다.

캐롤라인의 부모는 온갖 진통제만 먹였다. 그렇게 하는 것 말고는 그 상황을 해결할 방법을 몰랐으니까. 처방전 없이 살 수 있는 약으로는 더 이상 증상이 완화되지 않자, 부모는 딸의 불안을 진정시킬 만큼 강한 약을 처방해줄 정신과의사에게 딸을 데리고 갔다.

얼마 뒤 캐롤라인은 학업과 관계 없는 일에도 편두통을 느꼈다. 가령 피아노 연주회를 앞두었거나 파티에 초대받았을 때도 편두통에 시달렸다. 캐롤라인의 부모는 혼란스러웠다. 딸은 기대 이상의 성과를 내고 있는데 왜 성공을 두려워하는 걸까? 실패한 적이 한 번도 없는데 이 두려움은 어디서 오는 걸까?

이 가족은 약물로는 문제가 해결되지 않는다는 점이 분명해지자 나를 찾아왔다. 나는 캐롤라인이 완벽주의라는 부담에 시달리고 있다는 사실을 곧바로 알아차렸다. 캐롤라인은 뛰어나야 한다는 중압감을 너무 심하게 느낀 나머지 허물어지고 있었다. 때로는 평범해지거나 속도를 늦추는 일을 스스로 허용하지 못했기에 자신을 항상 몰아붙였고 그러다 보니 신체에서 쉬라는 신호를 보내고 있었던 것이다.

캐롤라인의 부모가 딸의 불안에 자신들이 한몫하고 있다는 점을 인정하지 않는다면 아무것도 변하지 않을 상황이었다. 딸의 성공에 익숙해진 그들은 자신들이 딸에게 실패에 대한 두려움을 심어주었다는 걸 부인했다. "이 애는 실패한 적이 없는데 어떻게 우리가 실패의 두려움을 심어줬다는 거죠? 성적이 나빠서 혼낸 적이 단 한 번도 없었어요. 어떻게 우리가 이런 상황을 만들었다는 건지 도무지 이해할 수 없네요." 캐롤라인의 어머니가 항변했다. 나는 캐롤라인이 어떤 일에 실패해 혼난 적이 없어도 자신의 성공이 부모님에게 얼마나 중요한지 직관적으로 안다고 설명했다.

"물론 성공은 중요하죠. 우린 항상 딸아이의 성공을 딸과 함께 축하했어요. 부모라면 다들 그렇게 하지 않나요?" 캐롤라인의 어머니가 맞받아쳤다.

"물론 축하할 수 있지요." 나는 동의한 뒤 이어서 말했다. "하지만 부모가 자신의 성공에 집착하고, 자신이 성공을 중요하게 여기는 정도보다 더 중요하게 성공을 바란다는 걸 알아차리면 이 사실을 불안의 형태로 내면화해요. 부모가 아이의 성공을 아이 본인보다 더 좋아하고 축하하는 건 바람직하지 않습니다. 아이의 성공은 아이 자신이 좋아하고 축하할 일이에요. 만일 부모가 아이보다 성공을 더 중요하게 여긴다면 부모가 성공에 연연해한다는 메시지를 보내는 것과 같아요. 이걸 아이가 알게 되면 '착한' 아이 심리가 발동하죠. 계속 성공해서 부모를 기쁘게 해주려 노력하는 거예요. 캐롤라인의 편두통은 부모님을 기쁘게 해드리려는 부담을 짊어진 대가입니다."

캐롤라인의 부모는 온 가족의 자존감과 행복이 캐롤라인의 뛰어난 성과에 달렸다고 여겨왔다는 걸 깨달았다. 나는 여러 차례 상담을 통해 부모의 완벽주의가 딸에게 나쁜 영향을 끼쳤다는 점을 이해시키고, 딸에 대한 기대 수준을 다시 조정하도록 도움을 주었다. 그들은 그 후에야 비로소 자신들의 꿈을 이루어주어야 한다는 부담에서 딸을 해방시켜주었다. 역설적이게도 딸이 완벽한 성과를 내기 바라는 그들의 열망은 본인들이 부족하다는 기분에서 비롯된 것이었다.

부모가 자녀의 성공을 축하하는 것은 자연스러운 일이다. 하지만 그렇게 함으로써 실패는 용납되지 않는다는 메시지가 자녀에게 너무 손쉽게 전달된다. 에고는 만족할 줄 모른다. 부모가 에고를 그냥 내버려두면 자녀의 마음에 불안을 키우고, 결국 자녀는 부모를 기쁘게 하려고 애쓰게 된다.

결핍의 두려움

만약 모든 두려움에 어머니가 있다면 그건 결핍의 두려움일 것이다. 우리의 감정적 DNA에는 우주의 자원이 풍족하지 못하여, 미덕·부·아름다움·사랑 또한 충분하지 않다는 믿음이 내재되어 있다. 이러한 믿음 때문에 우리는 나이 들수록 더 포괄적인 시야를 갖지 못하고, 미덕·부·아름다움·사랑을 더 편협하게 정의한다. 우리가 이 세상을 근시안적 관점으로 볼수록 우리는 더 결핍감을 느낀다.

만일 우리가 부富를 돈의 관점으로만 본다면 부자만이 충분한 부를 갖추었다고 생각할 것이다. 부에 대한 이러한 편협한 정의 때문에 돈이 많지 않으면 축복받지 못했다고 느끼는 것이다. 하지만 우주가 풍족하다는 관점으로 세상을 보면 부를 다른 방식으로 이해할 수 있다. 가령 멋진 가족, 건강, 깊은 우정을 부로 받아들일 수 있는 것이다.

마찬가지로 아름다움을 결핍의 관점으로 보면, 이것을 전통적인 방식으로 정의하여 도달 불가능한 기준을 정해놓고 자신과 비교한다. 이렇게 하면 항상 어떤 면에서든 부족함을 느낀다. 하지만 풍족함의 관점으로 아름다움을 본다면, 미인선발대회에서 규정한 편협한 범위가 아닌 다양성으로 아름다움에 접근할 수 있다. 이렇게 보면 작은 코가 거슬리기보다 예쁘다고 생각할 수 있으며, 주근깨를 보기 흉하다고 보는 대신 귀엽다고 볼 수 있으며, 통통한 몸을 심란하게 여기는 대신 만족스럽다고 느낄 수 있다.

당신은 자신과 자녀를 풍족함의 관점으로 보는가, 결핍의 관점으로 보는가? 어떤 상황에 처했을 때 긍정적인 면을 발견하는가, 부정적인 면만 발견하는가? 여기에 대한 대답은 육아 방식에 엄청난 영향을 끼친다. 뿐만 아니라 이 대답에는 내면의 공허함이 어느 정도인지가 반영되어 있다. 이러한 공허함이 자리할 때 참자아는 성장하지 못한다. 만일 이미 내면에서 공허함을 느낀다면 외부세계에서도 부족한 면만 보일 수밖에 없다.

어린아이들은 결핍이라는 개념을 전혀 알지 못한다. 어린아이들은 도처에서 풍족함을 느끼기 때문에 이 세상을 놀이터로 생각한다. 또한 자신의 다양한 흥미, 장점, 재능을 탐험하기를 좋아한다. 따라서 자신의 한계도 받아들인다. 자신이 어떤 것을 잘하지 못해도 즐길 수 있는 것이 수없이 많다는 걸 알고 있다. 사실 어린아이들은 자신이 무엇인가를 잘하지 못한다는 사실을 인정하는 걸 부끄럽게 여기지 않는다. 부끄럽게 여겨야 한다고 부모에게 배우기 전까지는 말이다. 마찬가지로 자신이 남과 비교해 얼마나 잘생겼는지와 같은 의식은 형성되지 않는다. 사회에서 자신을 분류하기 전까지는 말이다. 어린아이들은 사회의 의견들과 맞닥뜨리기 전까지는 자신의 몸매나 의견을 부끄럽게 여기지 않는다.

풍족함은 호화롭게 살고 돈을 많이 쓰는 것을 의미하지 않는다. 풍족함은 마음의 상태다. 여기에는 우주의 자연스러운 흐름과 이 세상에서 자신이 차지하는 위치에 대한 신뢰가 담겨 있다. 사건, 사람, 자기 자신을 한 단면이 아닌 포괄적으로 보는 방식이다. 그래서 약점과 한계 모두 전체의 한 측면으로 인정한다.

당신은 풍족함이라는 개념에 한계, 상실, 고통, 심지어 죽음도 포함되어 있다는 생각을 해본 적이 있는가? 도처에서 풍족함을 발견하는 태도를 가지면 삶의 자연스러운 과정을 결핍이나 상실의 관점으로 바라보지 않는다. 만물이 돌고 도는 삶의 순환에 자신이 기여한다고 생각한다. 또한 만물을 인간이라는 존재에 다양한 특성과 귀중하고 미묘한 차이를 가미해주는 것으로 이해한다. 그리고 자신이 인지하는 것보다 더 많은 다른 요소들이 전체 내에서 작동하고 있다는 걸 이해한다. 어떤 상황에서 긍정적인 측면을 발견하지 못한다고 해서 그런 측면이 존재하지 않는 것은 아니다. 이런 관점으로 삶을 경험할 때 모든 경험을 '있는 그대로' 환영할 수 있다. 뿐만 아니라 어떤 일이 일어나도 자신의 지혜를 늘리고, 그 결과 성장할 수 있는 가능성이 그 상황 속에 내제되어 있다고 믿는다.

부모가 결핍에 대한 두려움을 내재하고 있을 때 자녀와의 일상적인 관계에서 다음과 같은 반응을 보인다.

- 자녀가 학교에서 안 좋은 점수를 받으면 몹시 당황한다.
- 자녀의 체중이 늘면 자녀에게 다이어트를 시킨다.
- 자녀가 아둔하게 느껴져 온갖 과외를 시킨다.
- 선생님이나 친구가 자녀를 좋아하지 않으면 몹시 화를 낸다.
- 자녀가 학교에 숙제를 안 가져가거나 휴대전화를 잃어버리면 자녀에게 고함을 친다.
- 자녀가 약물을 하다가 들키면 한동안 외출 금지령을 내린다.

자크는 늘 결핍감을 느끼는 사람이었다. 유복한 가정에서 자랐지만 그의 부모는 이민 1세대로 자존감이 낮았다. 그들은 자신의 가치를 제대로 인식하지 못했기에 모든 것에서 결핍을 느꼈다. 따라서 자크는 세상이란 안전하지 못한 곳이며, 죽기 아니면 살기의 정신력이 없으면 인생이라는 게임에서 진다고 믿으며 자랐다. 이 때문에 자크는 지나치게 열성적이고, 극심하게 경쟁적인 사람이 되었다.

투자상담사라는 자크의 직업은 더 많은 돈과 더 높은 위치에 대한 내면의 갈망을 감추어주었다. 자크는 40대 초반에 백만장자가 되었지만 결핍감에서 자유로워지지 못했다. 주위 사람들이 아무리 자신에게 칭찬을 늘어놓아도 자크는 그 말을 진정으로 받아들이지 못했다.

자크는 아이들이 태어나자 그들이 참여하는 모든 일에서 뛰어나야 한다며 아이들을 몰아붙였다. 그러다 막내아들이 중압감을 이기지 못하고 불안 증세를 보이기 시작했다. 이를 세상 최악의 일로 여긴 자크는 아들을 데리고 나를 찾아왔다. 자크는 자신이 심한 결핍감에 포위당한 채 살아왔다는 점을 천천히 이해하기 시작했다. 그는 명상과 마음챙김 훈련을 통해 마침내 삶의 일상적인 일들에서도 감사를 경험할 수 있게 되었다. 자신의 불안을 발견하면서 자녀들을 있는 그대로의 모습으로 인정하게 되었고, 이로써 자녀들은 안정감을 느끼게 되었다.

모든 것을 부족함과 결핍의 관점으로 보는 자녀는 두려움에 무기력해진다. 이렇게 되면 확신이 줄어들고 자신의 내면에 있는 힘을 느끼지 못한다. 이런 자녀는 성장의 기회를 열어주는 삶의 고통스러운 측면을 신뢰하지 못하며, 힘든 경험을 극복할 힘이 자신에게 있다는 걸 믿지 못한다. 항상 자기방어적인 태도를 취하기에 주어진 상황의 흐름에 자신을 맡기지 못하고 상황에 맞서 싸우면서 앞으로 나아간다.

풍족함과 내면의 힘을 믿는다는 것

부모는 자신이 자녀에게 보이는 대부분의 반응이 두려움 때문이란 걸 깨달아야 그 두려움을 해결할 새로운 방법을 배울 수 있다. 여기서 목표는 두려움과 완전히 이별하는 일이라기보다 두려움의 물살이 자신을 덮치려 할 때 그 물살을 타고 앞으로 나아가는 일이다. 자신이 직면한 상황에서 느끼는 두려움을 해결할 자력이 자신에게 있다는 점을 인지한 상태에서, 두려움과 거리가 먼 경험들만 추구하지 말고 맞닥뜨리는 모든 상황을 대담하게 받아들여야 한다. 이렇게 될 때 우주는 더 이상 즐거움과 즐겁지 않음, 두려움과 두렵지 않음으로 양분되지 않고 전체적 경험으로 통합된다. 이러한 전체적 경험은 자신을 얼마나 깊이 있게 아는가, 얼마나 성장했는가, 자신의 마음과 얼마나 소통하는가로 측정된다.

chapter 13

두려움을 의식적 인지로 바꾼다는 것

자녀에게 보이는 부정적인 반응에 내재된 두려움을 알게 된다는 건 사고하고 세상과 소통하는 오래된 방식을 분석할 기회가 주어지는 것과 같다. 이로써 상황에 반응하는 지금의 낡은 방식을 좀 더 발전된 방식으로 바꿀 수 있다.

어린 시절에 부모로부터 습득한 감정적 청사진은 다음과 같은 영역을 포함한 거의 모든 영역에서 감정적 반응에 영향을 끼친다.

- 돈을 다루는 방식
- 스트레스, 변화, 지루함, 거절, 배신에 대처하는 방식
- 자신과 타인의 몸을 바라보는 관점

- 힘든 일, 성공, 실패를 바라보는 관점
- 음식을 바라보는 관점
- 갈등, 한계, 위험, 도전을 다루는 방식
- 우정과 친밀감을 형성하는 방식
- 자주성을 발휘하는 정도
- 남을 이끄는 정도, 혹은 남을 따라가는 정도

나는 내 삶의 주요 영역에 영향을 끼치는 감정적 '칩'이 내면에 심어져 있다는 사실을 처음 깨달았을 때 많이 놀랐다. 나와 타인에 대한 모든 생각, 의견, 판단이 가족과 문화의 영향을 받았다는 사실을 알았을 때 충격적이었다. 이것은 한편으론, 내가 열 살 즈음에 가족과 문화의 조건화에 이미 스며들어 있었다는 걸 의미했다. 내 안에 각인된 영향력을 없애려면 많은 시간이 걸릴지도 모른다는 생각이 들었지만 다른 한편으론, 그 가운데 내게 이롭지 않은 것을 정말 없앨 수 있다는 사실을 알게 되니 자유로운 기분이 들었다. 이것은 겁이 나면서도 기운이 솟구치는 깨달음이었다!

나는 내가 부모님과 문화 또는 이전에 나를 규정했던 요소들을 기준으로 정의될 수 없다는 사실을 처음 깨달았던 순간을 아직도 기억한다. 이는 내 삶에 끼치는 그런 요소들의 영향력을 피했다는 의미가 아니다. 내 자신에 대한 인식은 다른 사람들에 의해 좌지우지되지 않으며, 그들의 의견에 따라 규정되지 않는다는 점을 이해했다는 뜻이다.

나는 굉장히 진보적 기관인 캘리포니아 통합심리대학교California Institute of Integral Studies에서 연극 치료로 석사 학위를 받기 1년 전에 고향 인도에서 샌프란시스코로 이사했다. 그때 내 나이가 스물두 살이었다. 나는 그 즈음에 비파사나Vipassana 명상을 공식적으로 시작했고, 일상에서 마음챙김 훈련을 진지하게 시행했다. 나는 여느 유학생들처럼 다른 나라에서 보내는 첫해를 낯선 문화에 깊이 몰두하면서 새로운 생각과 삶의 방식을 흡수하면서 보내는 한편, 옛 방식을 적극적으로 해체하고 새로운 방식을 만들었다.

그러던 어느 날, 버스를 타고 가던 도중 깨달음의 순간을 경험했다. 내 앞에 앉은 사랑에 빠진 레즈비언 두 명을 지켜보면서 내가 살았던 문화에서는 왜 이런 것이 결코 허용되지 않을까 하는 생각이 든 것이다. 갑자기 나를 지배하던 세상이 마구 흔들리는 기분이 들었다. 한 가지 질문이 내 의식을 심하게 자극했다. '왜 나는 내 문화의 기준으로 나를 규정하는 거지?' 나는 이 질문에 몰두함으로써 내 의식적 동의 없이 나를 구속해온 어린 시절의 족쇄로부터 자유로워질 기회를 얻었다.

나의 마음은 크게 동요되었다. 만일 내가 속한 문화가 누구를 어떻게 사랑해야 하는가 하는 문제에 올바르지 못한 관점을 보인다면 그 밖의 많은 영역에서도 올바르지 못한 관점을 보일 거라는 생각이 들었다. 어쩌면 내가 그동안 올바르다고 생각했던 모든 것이 사실은 잘못된 것일 수도 있었다!

그런 생각이 든 순간부터 여성, 성공, 심리학자, 딸, 인도 여성처럼 그동안 나를 규정해온 것들에 대한 집착을 벗어던지기 시작했다. 상상할 수 있겠지만, 이전의 정체성에서 탈피하는 일은 매우 자유로우면서도 몹시 겁나는 일이었다. 이런 역할과 정체성이 사라진 나는 과연 누구란 말인가. 내 가족이 나를 거부한다면 어떻게 될까? 가족의 반감을 어떻게 견뎌낼 것인가? 나는 과연 대담하게 새로운 자의식을 만들어낼 수 있을까?

고맙게도 나는 자녀들에게 아주 적절히 반응해주는 부모님 밑에서 자랐다. 부모님은 열린 분들이었지만 그럼에도 나의 어린 시절은 근원적인 문화적 요구의 지배를 받았다. 이러한 문화적 요구에 따라 나의 무의식적인 신념 체계가 형성되었다. 이러한 신념 체계 안에는 인도로 돌아가 가급적 인도 남자와 결혼해서 내가 자란 사회의 기준에 맞추어 살아가는 일도 포함되어 있었다. 이렇게 살 계획이 없다는 걸 부모님께 말할 때가 되자 나는 부모님의 반응이 두려웠다. 하지만 마침내 아버지를 마주하고 용기를 냈다. "아빤 절 미국으로 보내면서 제가 변화되고 성장하길 바라셨죠? 제가 인도를 떠날 때와 똑같은 상태로 돌아오는 걸 원치 않으셨죠? 전 이제 변했어요. 전 이제 인도로 돌아가 아빠가 원하시는 '인도인다운 좋은 아내'가 될 수 없어요. 그럴 수 없어요. 제발 절 용서해주세요."

내가 눈물을 흘리자 아버지도 목이 멘 듯했다. 잠시 뒤 아버지가 말씀하셨다. "네 말이 전적으로 맞다. 널 미국에 보내놓고 변하지 않길 바란다면 내가 이기적이고 편협한 거지. 네가 얼마나 멋지게 배우고 성장 중인지 아빠 눈에는 다 보인다. 그걸 어떻게 아빠가 단념시키겠니? 아빤 네가 더 이상 우리 문화의 전통에 신경 쓰지 않기를 바란다. 네 마음의 방향을 따라 네가 옳다고 생각되는 일을 하렴."

나중에 나는 아버지께 그때를 떠올리며 이렇게 말했다. "그 순간 아빠가 제게 자유의 열쇠를 건네주셨단 걸 아세요?" 그 순간부터 나의 새로운 삶이 시작되었다. 더 이상 내가 과거에 방해받지 않고 자유롭게 내 자신을 디자인할 수 있는 삶이. 그 순간 내 삶의 혁신이 시작되었고 그 결과 이런 글도 쓸 수 있게 되었다.

아이들을 자유롭게 해주어야 한다는 내 생각은 확고하다. 나는 부모가 자녀를 거미줄 치듯 무의식적으로 구속하는 바람에 원대한 존재가 될 가능성이 있는 자녀를 그에 비해 미미한 존재로 만들어버리는 사례를 자주 접했다. 그래서 자녀를 자유롭게 해주어야 한다고 이렇게 열정적으로 말하는 것이다. 이제 아버지는 이렇게 말씀하신다.

"널 기존의 정체성에서 자유롭게 해줬을 때 실제론 내 자신을 자유롭게 한 거였단다. 네 자유로 우리 모두가 변했으니까. 네가 네 정체성대로 살고 있으니 우리도 우리의 정체성대로 살 용기를 갖게 되었어. 넌 네 엄마, 친구들, 네가 만나는 모든 사람을 변화시켰어. 그 순간의 결정이 시간이 지나면서 이렇게 지대한 영향을 끼칠 줄은 몰랐지만, 어쨌든 아빠는 그때 네 뜻을 따르고 네 길에서 비켜설 만큼의 지혜가 있었음을 기쁘게 생각한단다."

얼마나 단순 명료한 행동인가! 모든 부모가 이렇게 해야 한다는 걸 기억해주면 좋겠다. 부모는 자녀의 길에서 비켜서줌으로써 자녀가 자기 목소리를 찾고 자기표현을 할 수 있게 길을 터주어야 한다. 자녀는 이 과정에서 자아를 발견하면서 세상을 자유롭게 하고 변화시킨다. 물론 모든 자녀가 나처럼 이해심 많은 부모를 둔 것은 아니다. 하지만 모든 자녀는 자신에게 부여된 그 어떤 정체성보다(심지어 아들이나 딸이라는 정체성보다) 훨씬 위대한 존재라는 점을 깨달아야 한다. 설령 그들의 부모님들이 절대 변하지 않을지라도 스스로 이렇게 심오한 깨달음을 얻는다면 내면에 엄청난 변화가 생기기 마련이다.

부모의 간섭 여부와 관계없이 살다 보면 자기 인생의 지배권을 자기가 쥐고 나아가야 할 때가 오기 마련이다. 물론 그 첫 단계는 가족의 감정적 청사진을 제대로 알고 이것이 어떻게 지속적으로 자신에게 영향을 끼쳤는지 파악하는 일이다.

우리에게 내재된 감정적 청사진은 우리가 외부세계에서 느끼는 중압감이나 두려움에 자극받은 채, 친밀한 사람들과 상호작용하는 과정에서 자연스럽게 배어나온다. 이때 이것을 억제하거나 자기방어적으로 대하지 말고 기회로 여겨야 한다. 같은 맥락에서 부모는 자녀가 부모의 원만하지 못한 측면을 거울처럼 보여주었다고 해서 자녀를 꾸짖지 말아야 한다. 오랜 시간이 지났지만 마침내 과거의 유물을 청산하고 진정한 자아를 찾을 수 있는 기회가 생겼음에 감사해야 한다.

감정적 패턴은 쉽게 사라지지 않는다. 하지만 연습하면 자신이 이런 패턴에 빠져드는 순간을 포착할 수 있으며, 이를 기회로 삼아 감정적인 반응이 아닌 의식적인 반응을 보일 수 있다. 이렇게 할 때 실제로 우리는 과거로 돌아가 바닥에 깨진 채로 버려두고 왔던 자아의 부서진 파편들을 주워 담을 수 있다. 여기저기 흩어진 조각들을 천천히 끼워 맞추다 보면 잃어버린 아이, 그러니까 자신의 참자아가 모습을 나타낸다. 이렇게 될 때 우리는 실제 나이에서 뿐만이 아니라 감정적 성숙도에서도 어른이 된다.

두려움을 삶의 운전석에서 부드럽게 끌어내어 두려움과 친구가 되도록 해야 한다. 그래야 두려움을 맹목적으로 따르거나 두려움이 존재하지 않는 척하지 않고 그것을 삶의 일부분으로 받아들이는 법을 배운다. 두려움이 우리 의식에 들어오는 것을 허용할 때, 두려움은 자연스럽게 잠잠해진다. '그래, 하지만' 접근법을 쓴다면 두려움을 인정하면서도 그것이 자신의 길을 완전히 막지 못하게 만들 수 있다. 가령 자신에게 다음과 같이 말해보는 것이다.

- "그래, 새로운 장소에 가는 건 두렵지만 안정감을 느낄 방법을 찾을 수 있을 거야."
- "그래, 모임에서 말하는 건 두렵지만 준비할 방법을 찾을 수 있을 거야."
- "그래, 친구와 대면하는 건 두렵지만 소통할 방법을 찾을 수 있을 거야."

두려움을 창의적인 해결안을 찾기 위한 디딤돌로 여기면 두려움의 존재를 못마땅하게 여기거나 그 힘에 넘어가지 않는다. 두려움을 인생의 본질적인 한 측면으로 볼 때 두려움을 과장해서 생각하지 않게 된다. 두려움이 지배력을 갖지 않는다면 이는 삶에 자연스럽게 통합되어 우리의 능력을 확장시킨다.

두려움은 의식적인 인식으로 바뀔 수 있다. 이렇게 되려면 대담하게 두려움을 탐험할 의지가 있어야 한다. 두려움은 인간 경험의 자연스러운 한 측면이라는 점을 받아들일 때 두려움에 꼼짝 못하는 일을 피할 수 있다. 그렇게 되면 두려움은 자신과 타인을 좀 더 온정적인 자세로 대하는 발판이 될 수 있다.

과거의 그늘에서 벗어나기

두려움의 근원을 파악하기 위해 어린 시절까지 거슬러 올라가지 않아도 된다는 말을 들으면 반가울 것이다. 현재 발생하는 두려움만 주시하면 된다. 이렇듯 두려움에 기인한 행동 패턴이 어떻게 반복되는지 인지할 때 자신을 자유롭게 하는 과정이 시작된다. 자신의 감정적 패턴을 행동으로 드러낼 때 마음에서 어떤 일이 일어나는지 발견하면 방어적인 태도가 수그러든다. 이때 마음에 융화가 일어나며 이 기운은 우리의 핵심, 그러니까 러시아 중첩 인형의 가장 작은 인형에 가닿는다. 과거가 현재에 어떻게 영향을 미치는지 명확하게 인지하면 존재와 반응의 정형화된 방식에서 벗어나 지금 이 순간의 삶에 주파수를 제대로 맞춘 반응이 나타난다. 오래된 패턴을 버리고 현재에 맞는 자연스럽고 독창적인 반응을 보이는 것이다. 감정적 패턴은 몇 세대에 걸쳐 습득된 것이며, 현재에 주파수를 맞춘 의식적 인지를 통해서만 이것을 깨뜨릴 수 있다.

삶과 육아에 대한 이러한 접근법에서 과거의 기억을 인위적으로 인식의 영역으로 끄집어낼 필요는 없다. 그저 현재 일어나는 일만 관찰하면 된다. 만일 자신이 감정적으로 반응하고 격한 감정에 휩싸인다면 과거의 어떤 측면이 현재에 개입했기 때문일 가능성이 높다. 아직 해결되지 않고 남아 있는 감정이나 자기 안에 뿌리 내린, 두려움에 기인한 신념은 자주적으로 행동하는 능력을 마비시킨다.

내 고객인 토니의 상황을 보면 세대에 걸친 감정적 패턴이 가족 내에서 반복된다는 걸 알 수 있다. 제멋대로 굴고 단정치 못하며 어수선한 10대 두 명과 같이 사는 어머니 토니는 하루 종일 아이들에게 어지른 것 좀 치우라고 잔소리와 애원을 한다. 토니는 집이 돼지우리 같아서 손님이라도 오면 너무 당황스럽다고 불평을 늘어놓았다. 나는 이렇게 말했다. "불평하는 게 마치 조치를 취하는 행동인 것처럼 계속 불평만 하시네요. 불평하는 것과 조치를 취하는 것 사이엔 엄청난 차이가 있어요. 불평은 소극적인 거고 조치는 적극적인 거죠. 혹시 행동을 취하는 데 두려움을 느끼시나요?"

처음에 토니는 어리둥절하다는 반응을 보였다. "제가 어떤 행동을 취해야 하죠?"

나는 이렇게 대답했다. "만일 거실에서 어머니 물건이 아닌 물건을 발견하면 어떻게 하세요?"

토니는 곧장 대답했다. "만일 친구 물건이면 곧바로 돌려주죠. 누구 물건인지 모르면 버리고요." 토니는 이 말을 한 순간 내가 하려던 제안을 알아차리고는 곧바로 뒤이어 말했다. "그러니까 애들 물건을 애들 방에 갖다놓거나 버리라는 말씀이죠?"

나는 토니가 그런 행동을 불안해한다는 걸 감지하고 이렇게 말했다. "불안해보이세요. 그렇게 해야 한다는 생각에 왜 불안감을 느끼는지 말씀해주시겠어요? 어쨌든 지금 상황에선 그렇게 하는 것이 가장 논리적인 방법처럼 보이는데요."

토니는 대답했다. "단순히 물건뿐만이 아니에요. 애들은 냉장고에도 음식을 며칠씩 그대로 둬요. 애들을 존중하려 애쓰지만 그러다 보면 제가 괴로워요."

토니는 존중과 두려움을 혼동하고 있었다. 내가 말했다. "그건 존중이 아닌 두려움에서 오는 행동이에요. 가정이 행복해지기 위한 공간으로 만들려고 노력해야 하는데, 그 일을 '좋은' 엄마가 되는 일보다 더 중요하게 여기지 않는다면 지금 같은 상황은 계속 반복될 겁니다."

토니는 잠시 가만히 있다가 고개를 천천히 흔들며 말했다. "전 약해 빠졌어요. 제 의견을 옹호할 줄도 몰라요. 애들이 절 거부할까 봐 너무 두려워요. 전 애들을 괴물로 만들면서 제 자신을 애들의 노예로 만들고 있어요. 이 상황에 종지부를 찍어야 해요. 제 불평이 현상을 유지하기 위한 방법이었다는 걸 이제는 알 것 같아요."

토니는 상담을 마치고 집으로 돌아가 아이들이 온 집 안에 어질러 놓은 물건들을 모아서 쓰레기봉투에 담았다. 그리고 아이들이 집에 오자 물건을 제자리에 갖다 놓든가, 아니면 기부하는 두 가지 선택안을 주었다. 아이들은 엄마가 지저분한 집에서 사는 것을 더 이상 참지 않겠다는 메시지를 보낸다는 걸 제대로 받아들였다. 그러고는 자기 물건들을 방치하지 않으려고 많은 신경을 썼다. 물론 이 한 가지 조치로 아이들의 습관이 마법처럼 바뀌진 않았지만 토니가 자신의 영향력을 되찾는 길은 열렸다.

토니는 다음 상담 때 놀랍게도 또렷한 말투로 이렇게 말했다. "그동안 제 두려움 때문에 아이들을 무능하게 만들었더라고요. 아이들에게 인정과 사랑을 받고 싶은 갈망 때문에 돼지우리에서 살아도 괜찮다고 가르친 셈이죠. 아이들이 배운 것 중 가장 위험한 건 다른 사람의 공간과 사생활을 침해해도 괜찮다는 거였어요. 제가 아이들의 사랑과 인정을 받고 싶은 바람 때문에 부모로서의 의무를 무시해버린 결과였죠."

나는 토니가 삶을 변화시킬 능력이 있음을 스스로 깨닫고 난 뒤 토니의 심리를 더 깊이 파고들었다. 그러면서 그런 두려움이 어디에서 시작되었는지 실마리를 푸는 데 도움을 주었다. 토니는 과거를 되짚어보다가 부모님이 이혼하고 아버지가 집을 떠나면서 자신의 불안감이 시작되었다는 걸 발견했다. 그때 자신을 가치 없는 존재로 여겼고 이혼에 대한 책임이 자신에게 있다고 생각했던 것이다. "집이 더 이상 집처럼 느껴지지 않았어요. 제가 엄마 곁에 남기로 한 선택에 죄책감을 느꼈고, 아빠가 그런 선택을 한 저를 비난할 것 같은 느낌이 들었어요."

내가 부모님의 이혼에 대해 더 자세히 물어보자 토니는 이렇게 설명했다. "엄마는 통제가 무척 심하고 비판적인 아버지 밑에서 자랐어요. 그래서 그와 정반대되는 아빠한테 끌렸죠. 아빤 태평하고 수더분하고 예술가 기질이 있는 분이었어요. 엄마는 정반대로 완벽주의자에다 소심하고 걱정이 많은 사람이었고요. 엄마는 결혼 생활을 하면서 갈수록 피해망상증이 심해졌고 자신을 더 옥죄었어요. 아빠가 친구들을 만나러 다니고 인생을 즐길수록 엄마는 점점 불안해했죠. 결국 엄마의 질투심과 사사건건 통제하려 드는 태도가 아빠를 미치게 만들었고 끝내 이혼에 이르렀어요."

나는 이 이야기를 듣고서야 모든 것을 완벽히 이해했다. 아버지가 집을 떠난 사건 때문에 토니는 집에서 분란을 일으키는 것을 두려워하게 된 것이다. 토니는 부모님이 이혼한 뒤 집이 예전처럼 느껴지지 않았다고 했다. 이것은 자신의 아이들이 개인 공간까지 장악하는 것을 허용함으로써 이러한 이질감을 계속 유지하는 형태로 이어졌다. 토니는 자존감이 낮았기에 자신을 존중하고 자신의 개인 공간을 요구할 자격이 없다고 믿었다.

토니는 지금 자신이 자녀와의 사이에서 겪는 문제의 근원이 단순히 자신의 어린 시절이 아닌 몇 세대 전으로 거슬러 올라간다는 걸 알게 되면서 이 순간 깨어 있는 것의 힘을 점차 이해했다. 현재의 상황에 감정적으로 격해지는 이유를 대담하게 자문하면 현재가 변화를 위한 강력한 시발점이 된다는 걸 알게 되었다. 우리가 두려움을 느끼는 이유는 현재 상황이나 자녀의 행동에서 오기보다는 대개 선조 때부터 이어져온 감정적 패턴에서 기인한다. 두려움에 기인한 패턴이 세대에 걸쳐 이어져온다는 걸 이해한다면 그것이 과거에서 왔을 뿐, 현재 우리가 직면해 있는 상황과 관련이 없다는 걸 깨닫게 된다. 현재의 상황은 우리로 하여금 그러한 패턴에 주의를 기울이게 만들 뿐이다.

우리가 느끼는 두려움은 아주 오래전에 시작되었다. 우리는 우리가 느끼는 두려움의 관점으로 자녀의 행동을 해석하지만, 사실 이 두 가지 사이에는 관련성이 없다. 자녀의 행동을 자신의 두려움과 완전히 별개의 요소로 생각해야 자녀에게 필요한 도움을 줄 수 있고, 자녀에게 감정적으로 반응하는 대신 이끌어줄 수 있으며, 으름장을 놓는 대신 가르쳐줄 수 있다. 삶에서 대부분의 감정적 요소들이 그렇듯 용기를 내어 두려움을 더 빨리 직시할수록 그것은 자연스럽게 약해진다. 반면 두려움을 피하거나 부정할수록 두려움의 유해성은 더 커지면서 우리의 삶을 부정적인 에너지로 오염시킨다. 마음속에서 본능적으로 일어나는 두려움을 신속하게 감지할수록 두려움은 더 빨리 잠잠해진다. 우리가 두려움을 감추려고 애쓰면 그것은 분노나 슬픔으로 변하며, 그 결과 두려움은 더 크게 느껴진다.

부모가 두려움에 기인한 자신의 감정적 패턴을 자녀의 행동과 별개로 생각할 때, 그동안 익숙해진 각본에 의존하지 않고 직접 나서서 구체적인 행동을 취할 수 있게 된다. 아주 간단히 말하자면, 부모는 모든 불안, 감정, 두려움을 배제한 상태에서 자녀의 행동에 걸맞는 방식으로 대응해주어야 한다.

자존감이 높아야 의식적인 상태가 되며, 그 결과 자녀에게 효과적으로 대응한다. 부모가 감정적인 반응에서 벗어나야 각각의 상황을 차분하고 균형 잡힌 태도로 대하면서 자녀의 행동에 걸맞게 대응한다. 그렇게 되면 부모 자신을 가두는 환경을 효과적으로 변화시킬 수 있다.

부모에 대한 의존성 내려놓기

자녀에게 필요한, 깨어 있고 성숙한 부모가 되는 일은 우리 안에 내재된 부모에 대한 집착, 필요성, 의존성을 내려놓는 일과 상당히 관계가 깊다. 자녀가 독립적이고 자유로운 존재가 되는 것을 억누를수록 우리는 같은 방식으로 우리 자신을 구속한다. 이는 인정, 허용, 소속감, 사랑을 느끼고자 자신을 부모와 계속 결속시킨다는 의미인데, 이렇게 되면 계속 어린아이 같은 상태에 머물고 만다. 이렇게 두 개의 자아가 공생하면 결국 자아가 성장할 여지가 사라진다. 이는 자녀에게도 영향을 끼쳐 자녀를 바람직하지 못한 방식으로 우리 자신에게 종속시킨다.

자녀를 의존성에서 벗어나도록 만드는 유일한 방법은 우리가 우리의 부모에게서 자유로워지는 것이다. 이는 부모와 충만하고 힘을 얻는 관계를, 그러니까 연대감과 친밀한 우정에 가까운 관계를 유지하지 말라는 의미가 아니라, 더 이상 부모가 우리를 보살펴주기를 바라서는 안 된다는 의미다. 우리 부모님들은 부모라는 직함에 걸맞는 존중을 받아야 한다는 점에서 영원한 우리의 부모님들이지만, 우리를 보살피는 시간(항상 우리 곁에 있어주고, 우리에게 재정적인 도움을 주며 뒷받침해주는 시간)은 이제 끝내야 한다. 만일 우리가 스스로 해결해야 할 삶의 측면들을 여전히 부모님께 의존하여 그들을 '이용'하고, 부모님 역시 이를 허락한다면 이는 부모님을 우리에게 구속시키는 일일 뿐만 아니라 우리 자신이 성장하는 멋진 과정을 저해하는 일이다.

나와 상담한 마흔일곱 살의 수는 도움이 필요할 때 부모님이 더 이상 옆에 있어 주지 않는다고 끊임없이 불평했다. "제 어머닌 굉장히 이기적이에요. 우리 애들한테 할머니 역할도 안 해주려 한다니까요. 항상 친구를 만나거나 여행을 해요. 아버진 항상 일을 하거나 골프를 치고요. 전 부모님이 그립고, 젊었을 때처럼 제 삶의 일부가 되었으면 좋겠어요."

수는 부모님에게서 자립하는 것을 몹시 힘들어했다. 부모님이 돌보는 역할에서 발을 떼면서 자신이 적정선 이상으로 부모님에게 의존하려는 욕구를 어쩔 수 없이 조절해야만 했기 때문이다. 나는 이렇게 설명해주었다. "물론 부모님을 사랑하는 건 아주 좋은 일이지만, 그 이유가 스스로 어떤 일을 할 능력이 안 되기 때문은 아닌지 자문해봐야 합니다. 부모님은 당신을 사랑하고 지금까지 항상 곁에 있어 주셨어요. 다만 이제 당신들의 삶을 살기로 선택하신 거고 마땅히 그래야 해요. 부모님이 당신을 돌봐줘야 할 책임의 유효 기간은 이미 지났어요. 그분들은 인생을 계획할 자유가 있고 이것은 마땅히 누려야 할 권리입니다."

수는 자신이 그런 관점에서 생각해본 적이 한 번도 없다는 걸 인정했다. 부모님이 항상 자신을 보살펴줄 것이고 자신이 실패하거나 좌절하면 일으켜줄 것이라고 무의식적으로 생각해왔다. 나는 수가 자신을 스스로 돌보고 자신의 가장 좋은 지원자가 되어야 할 때라는 점을 이해시켜주었다. 그러자 수는 주저하는 목소리로 이렇게 말했다. "제가 그렇게 할 수 있다는 확신이 없어서 두려워요. 제 자신을 좀 더 믿는 법을 배워야할 것 같아요."

수는 대부분의 사람들과 다르지 않다. 사람들은 대개 부모가 이끄는 대로, 부모를 믿고 의지하며 자라기 때문에 부모가 곁에 없으면 상실감을 느낀다. 적어도 수는 부모님이 분별 있는 분이고 아직 살아 계시다는 점에서 복 받은 사람이다. 이후 수는 비교적 빨리 회복탄력성을 끌어냈고 자기 내면의 어른에게 주의를 기울였다. 수는 어린 시절에 부모가 자신을 달래주고 보호해주고 소중히 여겨준 아름다운 기억을 지니고 있었기에 스스로가 자신에게 그렇게 해줄 수 있었다.

수처럼 복 받지 못한 사람들도 많고 어린 시절에 부모님이 곁에 없었던 사람들도 많다. 부모가 자신의 어린 시절에 그랬던 것처럼 자신을 보살펴주기를 기다리며 갈피를 못 잡는 이른바 어른아이도 무수히 많다.

조시가 생각난다. 쉰한 살의 조시는 네 자녀를 둔 아버지인데 아직도 어머니의 인정을 갈구하고 있었다. 조시는 여전히 어머니에게 집착하며 마치 열다섯 살 청소년처럼 어머니와 싸웠다. 모든 결정마다 어머니 의견을 구하려고 하는 조시에게 내가 이의를 제기하자 그가 말했다. "있잖아요, 전 계속 노력하고 있어요. 오늘이 바로 어머니가 저를 많이 사랑한다고 말해주는 날이 되기를 기다리고 있다고요." 그는 어머니의 무조건적인 사랑에 대한 갈망에 휩싸인 채 삶의 모든 측면에 어머니를 끌어들였다. 이는 의식적으로 어머니의 의견을 구하기 위해서가 아니라 어린 시절의 어머니에 대한 의존성에서 벗어나지 못했기 때문이다.

나는 조시가 이러한 패턴의 역기능을 직시하도록 도움을 주었다. 그렇게 어머니에게 얽매여 있을 때 일어나는 부정적인 측면을 인지하기 시작하자 조시는 이렇게 물었다. "그럼 전 여느 어머니들 같은 어머니를 둘 수 없단 의미인가요? 절 응원해주고 무조건적으로 지지해주는 그런 어머니 말이에요. 전 그런 어머니를 둘 자격이 없는 건가요?" 조시의 애원은 마음 깊은 곳에서 흘러나온 것이었다.

나는 조시에게 아무리 자신의 감정이 타당하다 해도 피해의식에서 벗어나 현실을 냉정하게 판단하라고 조언하며 이렇게 설명했다. "어머니에게 이상적인 모습을 원하는 상태에서 벗어나지 못하면 이 패턴은 결코 끝나지 않고, 조시 씨도 결코 자유로워지지 못해요. 나의 어머니는 그런 어머니가 되지 못한다는 점을 인정해야 해요. 어머니는 이상적인 어머니가 아니라 지금 그대로의 어머니일 뿐이에요. 이상적인 어머니에 대한 환상에서 빨리 벗어날수록 지금 있는 그대로의 어머니에게 고마워하는 법을 더 빨리 배울 수 있어요. 조시 씨가 원하는 그런 어머니가 아니더라도 말이에요. 아이를 우리의 기대감에서 자유롭게 해줘야 하듯이 일정 나이를 넘어서면 부모님도 자유롭게 해드려야 해요."

다른 사람에 대한 환상을 내려놓고 그 사람을 있는 그대로 받아들일 때에야 비로소 자유가 찾아온다. 물론 여기에는 우리의 부모도 포함된다. 특히 성인이 된 후에는 과거 우리가 제공받지 못한 것에 대해 더 이상 부모를 원망해서는 안 된다. 자신을 일으켜 높은 수준의 성숙함에 도달해야 할 책임은 자기 자신에게 있다. 그동안 자신의 삶과 함께했던 존재가 없는 상태에서 이런 과정을 겪어야 한다는 점이 고통스럽고 때론 비참하게 느껴지는가? 물론 그럴 것이다. 하지만 그렇다고 해서 어른으로서 성장해야 하는 과제에서 면제되는 것은 아니다. 우리는 우리의 부모가 육아에 대해 잘 모른 채 무의식적인 육아를 했다는 걸 사실 그대로 받아들이고, 우리를 바로잡아주어야 한다는 의무에서 부모를 놓아주어야 한다. 부모가 우리를 바로잡아줄 시간과 기회는 이미 오래전에 지나갔다. 이제 이런 책임은 우리 스스로가 져야 한다. 이것은 자신에게 주는 선물이기도 하다.

조시는 이 문제로 힘들어했다. 나라도 그랬을 것이다. 하지만 조시는 어머니가 더 이상 자신에게 어떤 의무도 지고 있지 않으며, 자신이 그걸 계속 요구한다면 상처만 깊어진다는 걸 천천히 깨달았다. 그러면서 어머니가 자신의 바람을 이루어주기 바라는 갈망에서 자유로워졌다. 이 과정에서 조시는 어느새 자신을 더 사랑하게 되었고 그 결과 어머니에 대한 의존성이 줄어들었다. 얼마 후 조시는 그동안 어머니와의 관계에서 무의식적으로 요구했던 것을 더 이상 요구하지 않게 되었다. 이런 상태가 되자 두 사람은 서로를 한 사람의 어른으로서 편안하게 대했고, 결코 돌아오지 않을 과거의 약속에서 서로를 자유롭게 놓아주었다.

진실에 눈을 뜨면 우리는 우리의 부모들이 무의식적인 육아를 하면서 스스로를 구속했다는 사실을 알게 된다. 부모들이 과거에 우리를 그렇게 대했던 이유는 두려움과 결핍감에 얽매여 있었기 때문이다. 일부러 악의적으로 대하거나 분별없는 반응을 보인 것이 아니다. 다만 그러한 방식을 당신들의 부모와 어린 시절의 영향을 통해 배웠기 때문이다. 이런 통찰력을 얻을 때 우리는 부모를 자유롭게 놓아줄 수 있다. 그들이 필요한 길을 따라 걸을 수 있게 말이다.

자신의 내면에 자리한 공허함을 타인이 채워주기를 기대하는 마음을 내려놓아야 깨달음을 얻는다. 고통스럽더라도 우리는 부모에게 이렇게 해야 한다. 부모를 한 인간으로 이해해야만 부모인 우리 또한 의식을 일깨우는 여정에 발을 들여놓을 수 있고, 그 결과 자유를 얻게 된다.

사랑과 두려움 구분하기

부모와 자녀 관계의 근원에는 사랑뿐만 아니라 두려움도 존재한다. 부모는 자녀에게 마음을 열어놓기 때문에 자녀가 잘못될 수 있는 모든 가능성에 더 민감한지도 모른다. 부모는 자녀를 너무 사랑하기 때문에 자신의 행복이 여러 면에서 자녀의 행복과 연결되어 있다고 생각한다. 사랑과 두려움은 한 가지가 다른 한 가지와 섞이면서 각각의 순수한 특성을 손상시키며 서로 얽히는 경우가 많다. "이건 두려움이고 이건 사랑이다"라고 단순하게 말할 수 있다면 육아는 훨씬 수월할 것이다. 하지만 부모들은 이런 식의 감정을 느낄 때가 많다. "난 내 아들을 너무 사랑하니까 아들의 사회 생활을 돕고 노는 날짜를 정해놓는 거야." 혹은 이런 식이다. "나는 딸을 너무 사랑해. 그러니 성공하길 바라는 거고, 그래서 딸아이가 공부를 잘하는 거야." 물론 나는 제삼자 입장이라 부모들에게 그들의 두려움이 과거에서 비롯되었다고 말해줄 수 있다. 하지만 부모인 당사자는 그렇게 느끼지 못할 것이다.

격한 감정이 올라온다는 느낌이 들 때마다 행동을 멈춰보는 건 유용한 훈련법이다. 그런 순간에 자신의 감정과 생각을 적는 것은 쉽지 않지만 나는 부모들에게 이렇게 해보라고 권한다. 그런 뒤에 내면에서 발생하는 모든 두려움을 죽 적어보라고 권한다.

프란체스카와 그녀의 열한 살짜리 아들 네이트는 아주 사소한 일로도 신경전을 벌였다. 가장 최근의 갈등은 아들이 시험공부는 하지 않고 아이패드만 들여다보면서 시작되었다. 프란체스카는 아들에게 몹시 화를 내며 주말 동안 외출 금지령을 내렸다. 네이트 역시 주말에 예정된,

가장 친한 친구의 생일 파티에 못 가게 되자 극도로 화를 냈다. 네이트는 엄마를 밀치며 방에서 나가라고 소리쳤다. 프란체스카는 실랑이를 벌이다 균형을 잃으면서 옷장에 부딪혔고, 그 바람에 어깨를 다치고 말았다. 그녀는 어깨뼈 위에 난 멍을 보면서 이렇게 극단적인 상황으로 치닫는 현실에 대해 도움을 청해야겠다고 생각했다.

나를 찾아온 프란체스카에게 자신의 두려움을 죽 적어보라고 하자 그녀는 아들에 대해 이런 단어들을 적었다. '실패, 나약함, 루저, 산만함, 부진아, 목표 부재, 방랑벽.' 두려움이 우리를 얼마나 압도하는지 다시 한 번 알 수 있는 사례다. 그녀가 네이트에게 과도한 반응을 보일 만도 했다. 내면이 이러한 두려움으로 휩싸여 있는 사람이라면 이성을 잃을 만하지 않은가.

나는 뒤이어 네이트에 대한 사랑을 써보라고 요청했다. 그러자 그녀는 이렇게 썼다. '아들에게 가장 좋은 것을 해주고 싶다, 아들이 성공했으면 좋겠다, 아들은 그럴 자격이 있기 때문이다, 아들은 밝고 영리하며 친절하고 사랑스럽다, 나는 그저 아들에게 최고의 것을 주기만을 바란다.' 이 글을 쓰면서 프란체스카의 태도는 전반적으로 바뀌어 있었다. 얼굴 표정이 부드러워지고 어깨의 긴장이 풀어졌다. 그녀가 걱정과 두려움의 마음 상태에서 빠져나와 관대함과 자유로움의 마음 상태로 들어간 것이 분명했다.

나는 프란체스카에게 둘이서 극심하게 대립했던 그때 그 상황을 다시 한 번 상상해보라고 요청했다. 이번에는 네이트에게 두려움에서 기인한 반응을 보이지 말고 아까 종이에 썼던 내용대로 행동해보라고 요청했다. 프란체스카는 그 상황을 다시 상상하면서 만일 자신이 그러한 접근법을 썼다면 결과가 확연히 달라졌을 것이라는 점을 곧바로 알아챘다. 그녀는 이렇게 말했다. "그랬다면 네이트가 그렇게 궁지에 몰린 기분이 안 들었겠죠. 그렇게 공격적으로 나오지도 않았을 테고요. 그래요. 네이트는 당연히 제가 방에서 나가길 바랐을 거예요! 제가 네이트를 너무 비난하고 못되게 굴었으니까요. 네이트는 제 부정적 에너지를 방에서 몰아내고 싶었던 거였어요."

프란체스카는 두려움의 에너지가 사랑의 에너지와 얼마나 다른지 이해하기 시작했다. 이 두 가지 감정은 각자 나름대로 선의가 있어 보이지만 단 한 가지만 우리가 추구하는 목표를 달성한다. 두려움은 감정적 상흔을 남기지만 사랑은 현재에 초점을 맞추어 서로의 관계를 볼 수 있게 돕는다.

의식적인 인지 상태에 있어야 마음 상태가 사랑에서 두려움으로 넘어가는 순간을 좀 더 신속하게 인식한다. 튀어나오려던 감정적 반응을 멈추기 시작하면 두려움의 기세를 약화시킬 수 있다. 이렇게 될 때 부모와 아이 사이가 애정, 조율, 수용 그리고 무엇보다 진정한 연대감으로 채워진다.

두려움이 어떻게 사랑을 방해하는지 다른 사례를 더 살펴보자. 마가렛은 열네 살 난 딸 데비가 여성스럽지 못하고 사내 같다며 속상해했다. 데비는 치마를 전혀 입지 않았고 머리 손질도 안 했으며 보통 여자아이들이 하는 활동을 전혀 하지 않았다. 마가렛은 이렇게 한탄했다. "데비가 계속 이렇게 자랄까 봐 너무 걱정돼요. 어떤 남자가 제 딸한테 관심이 있겠어요? 그리고 제 딸은 언제 남자한테 관심을 보일까요?"

마가렛은 딸의 뛰어난 특성을 알아보지 못했다. 데비가 가진 특성이 여자아이는 어떻게 행동해야 한다는 자신의 생각과 맞지 않았기 때문이다. 그녀는 여자아이란 어떠해야 한다는, 완고하고 편협한 이미지를 품고 있었기에 딸의 참자아를 반기지 못했다.

하지만 실제로 만나본 데비는 사랑스러웠을 뿐만 아니라 상당히 특별한 아이였다. 마가렛은 데비를 지난 14년 동안 어떤 틀에 맞게 바꾸려 애썼지만 데비는 그것을 받아들이지 않았다. 그 대신 자신이 자라서 되고 싶은 여성상을 계속 유지했다. 데비는 자신의 참자아를 지킨 대가로 어머니에게 결함 있는 딸로 규정되었지만 자신의 모습 그대로를 인정받고 싶어 했다.

우리는 모두 고유한 존재다. 누구나 고유한 특성을 지니고 이 세상에 태어난다. 효과적인 육아란 아이의 별스러운 점을 포함해서 그들의 고유성을 존중해주는 것이다. 아이가 어떤 인위적인 기준에 맞지 않는다고 해서 아이 스스로 자신에게 결함이 있다고 느끼게 만들지 않아야 한다.

마가렛은 나쁜 엄마가 아니다. 오히려 딸에 대한 사랑이 깊고 딸을 많이 염려한다. 다만 그녀는 자신의 염려 이면에 불안이 깊이 뿌리 내리고 있다는 사실을 인지하지 못했다. 데비가 사회적 기준에 맞는 여성적인 모습의 어른이 되지 못할지도 모른다는 점을 견디지 못할 것 같은 불안 말이다.

사실 마가렛이 데비를 상담 치료에 데려온 것은 딸을 돕고 싶은 마음보다 자신의 불안감을 해결하고 싶은 마음에서였다. 데비에게는 아무 문제가 없었다. 문제라면, 마가렛이 딸의 특이함 때문에 엄청난 불안을 느꼈고 이 때문에 딸에 대한 사랑이 무색하게 되었다는 점이었다.

두려움 쪽으로 감정의 비율이 기울면 부모가 원래 바라던 것과 정반대 효과를 낸다. 부모들은 왜 이런 결과가 나타나는지 의아해한다. 프란체스카의 사례에서 살펴보았듯, 자녀는 부모의 불안이 깃든 통제에 저항하는 반응을 보이고, 이런 반응에 부딪힌 부모는 자신을 피해자라고 생각한다. 이렇듯 관계를 악화시키고, 온화한 상황을 불안으로 가득 찬 시궁창으로 만들어버리는 것이 바로 두려움의 힘이다. 이런 시궁창 같은 상황에선 서로의 의도를 오해하고 감정이 상할 수밖에 없다.

나는 마가렛이 느끼는 불안의 핵심을 파악하는 과정에서 그녀가 어렸을 때 과체중으로 심한 놀림을 받았다는 사실을 발견했다. 온갖 괴롭힘에 시달린 마가렛은 '뚱뚱한 여자애'라는 오명으로 정신적 충격을 받았고 좌절했다. 마가렛의 어머니는 딸이 잘 견딜 수 있도록 도움을 주지 못했다. 오히려 운동기구를 사주고 최신 다이어트 프로그램에 등록시켜 딸의 불안을 가중시켰다. 마가렛은 수년 동안 낙오자라는 불안을 안고 살다가 끝없는 다이어트와 성형수술 등 엄격한 관리를 하면서 불안을 마음에 묻어두었다.

마가렛은 자신의 문제를 해결했다고 생각했다. 내가 마가렛에게 그동안 자신의 불안을 감추어온 것뿐이라는 사실을 인지시켜주었을 때에야 비로소 그녀는 자신이 자기 내면의 불안을 딸에게 투사하고 있었다는 사실을 깨달았다. 나는 이렇게 설명했다. "데비에겐 문제가 없어요. 지금 그대로의 모습으로 흠 잡을 데 없는 아이예요. 문제는 자신이 사회적 기준에 맞지 않을지도 모른다는 어머님의 두려움이 아직 해결되지 않았다는 점입니다. 어머님은 어린 시절의 중압감에 얽매여 있어요. 그래서 딸이 어머님이 했던 것보다 현명하게 대처하지 못할까 봐 두려운 거예요."

나는 마가렛에게 자신이 느끼는 두려움을 죽 적어보라고 했다. 마가렛은 이렇게 딱 한 문장을 썼다. "난 딸이 내가 겪은 고통을 겪지 않기를 바란다." 내가 딸에 대한 사랑을 적어보라고 하자 그녀는 이렇게 썼다. "내 딸은 강인하고 용감하다. 딸은 나보다 더 확신이 강하다. 나는 딸이 나처럼 중압감에 시달리지 않기를 바란다."

마가렛은 딸의 현재 모습이 자신의 과거를 생각나게 할 뿐, 자신의 두려움과 관련이 없다는 점을 인지하면서 그 두려움 때문에 자신이 딸에게 얼마나 악영향을 끼치고 있는지 알게 되었다. 그녀는 이렇게 말했다. "전 딸이 친구들에게 거부당하는 일을 겪지 않도록 돕는다고 생각했어요. 하지만 그렇게 관여하면서 실제론 제가 딸을 가장 거부했던 거였네요." 그녀는 자신의 모순적인 행동을 인지하고 스스로가 악몽을 만들어내고 있었다는 사실을 알게 되었다. 그녀는 곧 그동안 해온 방식을 멈추고 자신의 두려움을 해결하기 시작했다.

이 글을 읽는 당신도 프란체스카와 마가렛에게 공감할 것이다. 누구나 공황 상태 같은 순간을, 그러니까 이해하고 소통하지 못하고 순전히 두려움에서 비롯된 통제로 반응했던 순간을 경험한 적이 있을 것이다. 자녀는 밤잠을 못 자고 숙제를 하는데 부모는 자녀가 충분히 못 잔다는 두려움 때문에 자녀를 이해하지 못하고 야단치거나 소리를 지른다. 배변 훈련을 제때 마치지 못한 자녀에게 인내심을 발휘하여 계속 훈련시킬 생각은 하지 않고 자녀가 유치원에서 친구도 없이 위축되지 않을까 하는 두려움에 휩싸이기도 한다. 어쩌면 학교 친구들이 아이를 무리에 끼워주지 않을 수도 있다. 이는 모든 부모에게 아주 중요한 문제다. 이때 부모는 이러한 일을 자녀가 경험하게 내버려두지 못하고 자녀의 사회생활에 사사건건 관여한다. 이렇게 함으로써 네가 지금과 달랐다면 친구들이 너를 거부하는 일은 없었을 거라는 메시지를 아이에게 전달한다.

부모는 자녀에 대한 사랑이 자신의 두려움 때문에 무색해진다는 사실을 알아야 한다. 부모는 매 순간 의식적으로 깨어 있어야 이러한 경향을 인지하며 자신을 에워싼 두려움에서 뒤로 물러나 열린 마음의 상태로 들어갈 수 있다. 이렇게 해야 자신의 아킬레스건을 인지하고, 자신의 고통을 자녀에게 무심코 투사하지 않는다.

자유롭게 깨어 있는 자아

부모는 세대에 걸쳐 전해진 두려움의 족쇄에서 벗어나 이 오래된 흔적을 새롭고 현명한 패턴으로 바꾸어야 한다. 그래야만 자신뿐만 아니라 자녀를 자유롭게 한다. 부모가 이 일을 성공적으로 해내야 자녀와 자신을 무한한 가능성의 존재로 받아들인다.

자유롭고 깨어 있는 자아가 되기 위한 길은 결코 순탄하거나 일직선으로 된 길이 아니다. 이 길에는 움푹 팬 곳도 있고 바위도 있으며 무너져 내린 토사도 있다. 화가가 내면의 창조력을 발휘하고, 인내심 있게 붓놀림을 하는 데 필요한 훈련을 해가며 걸작을 완성하기까지는 몇 달, 심지어 몇 년이 걸리듯 의식을 깨우는 과정도 긴 시간이 걸린다. 자유로운 자아는 하룻밤 사이에 만들어지지 않는다. 에고의 갈피갈피가 떨어져나가고 마음챙김으로 지혜가 생겨날 때 자유로운 자아가 만들어진다.

자신의 모든 두려움을 직시해야 한다는 점에서 깨어 있는 자아가 되기 위해 치러야 할 대가가 커 보일 수도 있다. 하지만 한 번에 한 발자국씩 내딛으며 계속 전진한다면 이러한 노력에 대한 보상은 머지않아 나타난다. 일상에서 넘치는 기쁨과 목적의식을 느끼기 시작하며, 지금 이 순간에 의식적으로 깨어 있게 된다.

선물

이러한 자녀를 두었음에 감사하길…….

반항하는 자녀를 두면
부모는 통제를 내려놓는 법을 배우고,
말을 안 듣는 자녀를 두면
부모는 자녀에게 주의를 기울이는 법을 배우고,
꾸물거리는 자녀를 두면
부모는 느림의 미덕을 배우고,
잘 잊어버리는 자녀를 두면
부모는 집착을 내려놓는 법을 배우고,
감수성이 예민한 자녀를 두면
부모는 현실적으로 되는 법을 배우고,

부주의한 자녀를 두면
부모는 초점을 맞추는 법을 배우고,
부모에게 반대하는 자녀를 두면
부모는 다른 관점에서 생각하는 법을 배우고,
두려움을 느끼는 자녀를 두면
부모는 우주를 신뢰하는 법을 배운다.

이러한 자녀를 두었음에 감사하길…….

부모 자신에 대해
부모에게
가르침을 주는 자녀를.

4부

The Awakened Family

변화를 이끄는
육아의 기술

chapter 14

기대하지 말고 현재에 충실하도록 돕기

모든 감정적 반응의 근원이 되는 두려움은 대개 기대가 충족되지 않을 거라는 우려와 관련이 있다. 부모는 특정한 방식으로 대우받기를 기대하거나 자녀가 특정한 방식으로 행동하기를 기대한다.

'기대'라는 단어는 대개 현재가 아닌 미래에 초점이 맞추어져 있다. 우리는 상황이 현재보다 더 나아지길 기대한다. 지금 눈에 보이는 것보다 더 나은 결과를 기대한다. 현재 상태보다 더 나은 발전과 성장을 기대한다. 현재가 어떤 면에선 부족하고 미래에 더 나아질 수 있다는 생각이 담겨 있기에 기대하는 것이다. 하지만 현재의 자녀 모습에서 부모가 바라는 자녀 모습으로 옮겨가길 바라는 부모의 기대 때문에 자녀와 부모 사이에 장벽이 생긴다.

가만히 생각해보면 누군가에게, 특히 자녀에게 무언가를 기대한다는 것은 사실 터무니없는 개념이다. 만약 부모가 마땅히 자녀에 대해 '명확한 기대'를 걸어야 한다고 믿는다면 이렇게 단호한 특권 의식 이면에 숨은 의미를 인지하지 못하는 것이다. 나는 우리가 명확한 기대를 걸어야 할 유일한 사람은 우리 자신이라고 믿는다. 자녀는 우리가 가정에서 명확하고 일관된 허용선을 정해놓기만 하면 별다른 괴로움 없이 그것을 자연스럽게 따르기 때문이다.

하지만 육아법과 관련된 문화적 신념은 독재적인 접근법을 허용하기 때문에 부모 스스로가 자녀보다 자신이 우월하다고 믿도록 고무시키는 경향이 있다. 그 결과 부모들은 자기 마음대로, 자유롭게 자녀에 대해 기대를 품는다. 부모들은 자녀에 대한 모든 것이 자신의 소관이라고 믿는다. 부모들은 자녀의 모든 생각을 낱낱이 알고 모든 행동을 세세히 통제하고 싶어 하는 듯 보인다. 마치 자녀를 돌보고 보살피는 일과 자녀를 자기 소유물로 대하는 일이 완전히 다르다는 점을 깨닫지 못한 것처럼 말이다.

부모가 자녀를 자신의 소유물처럼 대하면 자녀에게 기대를 품는다. 그러다 그 이상에 자녀가 부응하지 못하면 분노하고 실망한다. 자녀의 관심 밖에 있는 것, 심지어 타고난 능력과 거리가 먼 일일지라도 자녀에게 기대를 품을 권리가 있다고 믿기 때문에 자녀는 실제 자신이 아닌 무엇인가가 되어야 한다는 부담감에 시달린다. 그 결과 자녀는 어쩔 수 없이 참자아를 버리게 된다. 이것은 아이가 경험할 수 있는 가장 심한 정신적 외상이다. 자기 배신이 수반되기 때문이다. 아무리 선의에서 나온 행동이라 해도 부모의 기대가 얼마나 부정적인 영향을 끼칠 수 있는지

에밀리의 사례로 살펴보려 한다.

에밀리는 여섯 살에서 열 살에 이르는 세 아들을 데리고 처음으로 뉴욕에서 로스앤젤레스로 여행을 갔다. 에밀리는 아이들에게 신나는 시간을 만들어주고자 다양한 활동들로 여행 일정을 채웠다. 하지만 아이들은 들뜨기는커녕 가는 곳마다 엄마에게 저항했다. 그런 일정보다는 로스앤젤레스의 구석구석을 보고 싶었기 때문이다. 아이들이 야단법석을 떨고 짜증을 부리는 바람에 에밀리는 정신이 하나도 없었다. 그래서 여행 내내 아이들한테 소리를 질렀다가 죄책감을 느꼈다가 하면서 보냈다. 에밀리는 자신이 계획한 멋진 기회들을 아이들이 누리길 바랐지만 아이들은 그저 자기 나이에 맞는 활동만 재미있게 하길 원했다. 에밀리와 아이들은 심하게 충돌했다. 그리하여 여행은 모두에게 비참한 시간이 되고 말았다.

에밀리는 나와 상담 치료를 하며 자신의 화를 돋우는 요소를 찾는 과정에서 이런 말을 했다. "전 애들이 제가 해주는 것들에 대해 고마워하지 않고 인정도 해주지 않는다는 걸 도무지 이해할 수가 없어요. 애들이 그렇게 자기 생각만 해서 너무 실망했어요. 다른 집 애들이라면 좋아서 난리 났을 거예요." 에밀리는 감사할 줄 모르는 '녀석들' 때문에 자신이 피해자가 된 것처럼 말했다. 다른 많은 부모들처럼 말이다.

에밀리가 아이들에게 넌더리를 느끼는 감정의 근원에는 아이들에게 세상 최고의 것을 제공해주고 싶은 바람이 담겨 있다. 그리고 이런 바람은 자신의 어린 시절 경험에서 비롯되었다. 그녀는 이렇게 말했다. "전 애들에게 즐거운 여행을 시켜주려고 최선을 다했어요. 최소한 애들이 저만큼은 좋아할 거라 기대했어요. 전 어렸을 때 디즈니랜드에 가서 온갖 기구를 타보고 싶었지만 그렇게 하지 못했어요. 그래서 저는 그것보다 훨씬 더 많은 것을 제공하고 있다고요! 그런데 왜 우리 애들은 고마워할 줄 모르는 걸까요?"

나는 에밀리의 생각을 좀 더 깊이 파고들었다. 에밀리는 점차 아이들이 '마땅히' 어떻게 느끼고 행동해야 한다는 자신의 기대 때문에 아이들이 자유롭지 못했다는 점을 이해하기 시작했다. 나는 이렇게 물었다. "아이들에게 무얼 하고 싶은지 물어보셨나요? 계획을 세울 때 아이들을 참여시켰나요? 계획한 활동들이 아이들의 체력, 흥미, 성장 단계에 맞았나요? 애들은 그저 수영장을 드나들며 편하게 놀길 원했는데 어머님이 너무 많은 것을 기대한 게 아닐까요?"

자신의 태도를 바꾸어 아이들의 감정에 주파수를 맞추는 일은 에밀리에게 쉽지 않았다. 에밀리는 자신의 기대에 너무 몰두했기에 아이들이 어떤 경험을 하고 싶어 했는지 헤아리지 못했다. 자신이 아이들을 위한 계획에 얼마나 심하게 집착했는지 깨닫기 시작하면서 그녀는 마침내 자신이 빠져 있던 최면 상태에서 빠져나올 수 있었다.

"제가 애들에게 뭘 하라고 얼마나 밀어붙였는지 알 것 같아요. 애들은 그저 바닷가와 수영장이면 너무 행복했는데 전 제가 계획한 것들을 억지로 하도록 시켰어요. 그냥 집에 있으면서 일주일 동안 동네 수영장에 데리고 다닐 걸 그랬어요. 애들은 그걸 더 좋아했을 것 같아요. 애들을 무작정 끌고 가지 말고 애들이 디즈니랜드 같은 곳을 간절하게 원할 때까지 기다려야 했어요."

에밀리는 '더 많이' '더 비싼' 것을 아이들에게 제공하며 즐거운 시간을 보내는 것이 행복이라고 생각했다. 휴가란 으레 어떠해야 한다는 자신의 생각에 너무 집착한 나머지 아이들이 무엇을 원하는지 물어보지 못했다. 그러다 아이들이 저항하자 아이들을 닦달했다. 하지만 아이들의 저항은 그녀가 자초한 일이었다. 여기서 알아야 할 사실은 부모를 화나게 만드는 모든 상황의 원인은, 자녀가 감당할 수 있는지 생각하지도 않고 오로지 부모 자신만 생각하고 품은 '기대'에 있다.

자녀를 포함한 다른 사람의 인생은 말할 것도 없고, 자기 인생에도 이런저런 기대를 하면 나중에 실망과 분노를 느낄 가능성이 크다. 본래 삶은 우리가 기대하는 것을 이루어주지 않을 때가 많은데, 하물며 변덕이 심하고 혼란을 잘 느끼는 사람은 더 그렇지 않겠는가. 자신의 중심을 단단히 잡지 않으면 사람들에게 무엇인가를 기대하고, 그 결과 실망하는 일은 반복될 것이다.

자녀의 세세한 부분까지 관리하고 자녀를 자신의 통제권에 두려고 애쓰는 일은 어리석은 노력이다. 부모가 자녀에게 건 기대에 집착할수록 자녀가 부모를 실망시킬 가능성은 더 커진다. 누군가의 인정을 받으려면 그 사람의 기대를 충족시켜야 한다는 말을 좋아할 사람은 없다. 누구나 외부의 영향 없이 자신의 삶을 설계하고 관리하고픈 바람이 있기 때문에 이런 말에는 반발심만 생길 뿐이다. 부모들은 자녀가 어른이 되어 자주성을 갖추면 좋겠다고 말하지만 자녀가 막상 부모 자신과의 관계에서 그런 특성을 보이면 자신의 통제력에 위협을 느낀다. 부모들은 자녀가 자주적인 사고를 하고, 개척자가 되기를 원하지만 자신과 같이 사는 동안은 예외로 친다. 자녀는 이러한 측면을 위선이라 생각하며, 결과적으로 부모에게 분개하고 종국에는 부모를 신뢰하지 못한다.

자녀에 대한 인정과 애정이 상당히 조건적이라는 점, 그러니까 자녀가 자신의 기대를 충족시키는가 아닌가에 따라 자녀에 대한 감정이 달라진다는 점을 스스로 인정하려면 용기가 필요하다. 어떤 부모도 자신이 굉장히 교묘하고 통제적이라는 사실을 인정하고 싶지 않을 것이다. 하지만 자신의 어두운 측면을 솔직하게 직시해야만 좋은 부모가 될 수 있다. 이렇게 해야만 자녀를 부모의 기대에서 놓아주고 자녀 스스로 자신에게 기대를 품도록 허용해주기 때문이다.

선의로 품은 기대의 문제점

자녀에게 기대를 거는 건 자녀의 이익을 위해서라고 확신하는 부모들이 많다. 하지만 좀 더 엄밀하게 따져보면 정말 누구의 '이익'을 위한 일인가 하는 점에 문제의 소지가 있다.

재키는 일곱 살짜리 딸 파올라의 헌신적인 어머니다. 재키는 나를 찾아와 아침 식사 시간이 두 모녀에게 끔찍한 시간이라며 불평을 늘어놓았다. 그녀는 자신을 화나게 하는 요소에 대해 다음과 같이 말했다.
"전 아침 식사가 가장 중요한 식사라고 생각하거든요. 그래서 파올라를 위해 신경 써서 식탁을 차려요. 파올라에겐 시리얼이나 오믈렛, 녹즙이나 과일 스무디 중 고르라며 선택권을 주고요. 하지만 파올라는 모두 거부하고 한 입도 안 먹는 날이 많아요. 제가 왜 열 받는지 이제 아시겠어요? 전 파올라가 굶은 상태로 학교에 가는 게 정말 싫어요."

재키도 처음엔 여느 부모들처럼 좋은 의도로 아침 식사를 권유했다. 그 의도란 아이를 잘 먹이고 싶다는 진정한 바람이었다. 하지만 이는 순식간에 매우 감정적인 상황으로 악화되었고 재키는 거의 매일 아침

화를 냈다. 이러한 광경은 사실 수많은 가정에서 반복되는 일이다.

나는 재키에게 물었다. "딸에게 무엇을 기대하는 건가요?"

"딸애가 하루를 활기차게 시작했으면 좋겠어요. 건강했으면 좋겠어요. 이런 제 마음을 이해하고 따라줬으면 좋겠어요."

나는 재키의 말을 듣는 동안 그녀의 기대가 더 확장되는 것을 감지했고 이렇게 설명해주었다. "어머님은 파올라의 미각과 배 고픈 수준이 어머님과 같기를 원하세요. 어머님이 아침을 하루 중 가장 중요한 식사로 믿으니 파올라도 그렇게 믿어야 한다고 생각하는 거죠. 파올라의 신진대사의 특성상 이른 아침에 그런 음식을 모두 먹지 못할 수도 있다는 생각을 해보신 적이 있나요? 음식이 체내에서 처리되는 과정은 아이마다 달라요. 음식 맛도 사람마다 다르게 느끼고요. 어머님은 아침을 잘 차려주는 게 좋은 부모로서 해야 할 일이라고 생각하고 파올라가 그걸 무조건 따라야 한다고 믿고 있어요. 만일 어머님이 파올라의 음식 선호도에 본인을 맞추어야 한다면 어떻겠어요?"

처음에 재키는 내 말에 반발했다. "아침은 꼭 먹어야 해요." 나는 "누가 그런 말을 하던가요?"라고 되묻고는 이렇게 말했다. "어머님은 좋은 부모가 되려면 자녀에게 아침을 먹여야 한다는 신념에 얽매여 있어요. 이 신념에 너무 집착해서 독재적인 모습을 보이고 있어요. 하지만 딸과의 관계에 미치는 영향은 논외로 하고, 건강이라는 측면에서 보더라도 딸이 아침을 먹는 게 기분 좋게 등교하는 것보다 더 중요할까요?"

재키는 어쩔 수 없이 다시 고민하더니 이런 결론을 내렸다. "엄마가 자신을 응원해주고 이해해준다고 느끼는 게 더 중요하겠죠." 딸에게 '완벽한 아침 식사'를 제공한다는 환상을 내려놓을 필요가 있다는 걸 알게 된 것이다.

부모로서의 환상을 내려놓는 것이 부모에게는 죽음처럼 여겨질 수도 있다. 자신이 뭔가를 포기한다는 생각이 드는 것도 당연하다. 부모가 중요하다고 여기는 습관을 포기하는 것은 심한 상실감을 불러일으킬 뿐만 아니라 자녀를 통제해야 한다는 문화적 신념에도 위배된다. 부모들은 고삐를 놓으면 아이들이 제멋대로 날뛸 거라고 두려워한다. 하지만 실제로 부모가 포기하는 것은 '삶이란 ~해야 한다'는 자신의 이상, 즉 심리적 개념이다. 부모가 일단 자신의 이상을 내려놓기만 하면 '죽음'으로 느껴지던 일이 곧 영혼의 깨우침의 형태로 돌아온다는 걸 알게 된다. 그러면서 상당한 수준의 자유가 따라온다. 이렇게 되면 부모는 감정이 격해지는 여부를 스스로 선택할 힘이 있다는 것을, 격해지는 감정은 순전히 자기 내면에서 일어나는 일이라는 것을 처음으로 깨닫게 된다.

내가 부모들에게 자녀가 먹는 음식 때문에 전전긍긍하지 않아도 된다고 말하면 그들은 놀라면서도 안도감을 느낀다. 아이들이 먹는 것을 세세하게 관리하지 않으면 부모 생활이 한결 수월해진다. "하지만 그렇게 하면 어떻게 아이들에게 건강한 음식을 먹일 수 있죠?" 부모들은 이렇게 묻는다. 그러면 나는 자녀에게 음식을 강제로 먹일 수 없다는 걸 상기시켜준다. 부모는 자녀가 건강한 음식을 먹을 만한 환경을 만들어줄 수는 있다. 하지만 식사 시간을 신경전 벌이는 시간으로 만들면 안 된다. 음식을 두고 벌이는 신경전은 대체로 부모의 기대가 충족되지 않고 '식사 시간은 어때야 한다'는 환상을 부모가 버리지 못해서 발생한다는 걸 이해해야 한다.

"잠자는 습관은요?" 당신은 이렇게 물을지도 모른다. 이것 역시 스트레스를 일으키는 감정적 문제다. 아이를 재우는 일로 발생하는 문제는 대개 부모가 그 일을 싸움으로 만들어버리기 때문에 일어난다. 부모가 아이의 취침 시간과 수면 습관을 세세하게 관리해야 할 필요성을 내려놓아야 아이가 한결 수월하게 잠자리에 든다. 아이는 부모가 정한 정확한 시간이 아니어도 피곤하면 자연스럽게 잠자리에 들 것이다.

학교 공부, 자녀가 사귀는 친구, 자녀의 체중 같은 문제에도 이와 같은 원리가 적용된다. 감정을 격하게 하는 요소들을 목록으로 만들고 아이와 함께 하나씩 살펴보면 이 모든 것을 내려놓는 일이 생각보다 수월하다는 걸 알게 된다.

이런 방식이 태만한 육아처럼 보이는가? 결코 그렇지 않다. 나는 현 상황에서 부모가 느끼는 육아에 대한 부담과 불안을 벗어던질 때 자녀가 자기 길을 찾을 수 있는 토대를 만들어준다는 점을 이야기하고 있다. 부모와 자녀의 건강한 관계를 위해 작은 조치를 취했는데 큰 수확으로 나타나는 결과를 누구나 기대할 것이다. 어렵지 않다. 누구나 변화를 이끌 수 있다.

충족되지 못한 기대

일곱 살짜리 막스와 아홉 살짜리 안젤리크의 헌신적인 어머니 사라는 아이들을 위해 멋진 놀이방을 만들었다. 사라는 놀이방을 수많은 장난감과 수많은 미술 용품, 마음을 자극하는 교구로 가득 채웠다. 사라는 놀이방의 각 벽면을 선반으로 채우고 그 선반 위에 모든 물건의 자리를 만들었고, 그 상태를 자랑스러워했다.

자, 그 방에서 아이들이 하루 종일 놀고 나면 어떤 상태가 될지 상상이 되는가? 처참한 광경이 펼쳐졌다. 가지고 놀 장난감과 게임기가 너무 많았기에 아이들은 닥치는 대로 이것저것 끄집어냈고 그러니 바닥에는 놀이방의 모든 물건이 산더미처럼 쌓였다. 사라는 원래 정리를 굉장히 중시하는 사람이어서 이 광경을 보고는 화가 치밀어 올랐고, 매일 놀이방을 상대로 전쟁 아닌 전쟁을 벌였다. 날마다 벌어지는 똑같은 상황에 감정이 격해지고 매일 똑같은 반응이 이어졌다.

사라의 이야기를 듣고 나는 놀이방 사진을 보내달라고 부탁했다. 사라는 자신의 좌절감을 정당하게 여겨줄 것이라 생각한 놀이방 전후 사진을 찍어 보냈다. 무례한 아이들을 바로잡을 현명한 방법을 생각해 달라는 부탁과 함께. 나는 아이들이 놀기 '전' 사진을 보고 나서 놀기 '후' 사진은 보여주지 않아도 된다고 말했다. 그러자 사라는 이렇게 물었다. "왜요? 제가 매일 깨끗이 치우라고 말해도 우리 애들이 허구한 날 기막히게 만들어놓는 그 난장판을 보고 싶지 않으세요?"

나는 '전' 사진을 보면 '후' 사진은 충분히 상상할 수 있다고 말한 뒤, 사라가 감정을 격하게 만드는 상황을 스스로 만들어냈고, 스스로 지속하고 있다고 설명해주었다. 아이들의 나이를 고려할 때 그렇게 난장판이 벌어지는 데 아이들의 책임은 없었다.

사라는 나의 평가에 충격을 받았고, 심지어 끔찍하게 여기는 듯했다. 나는 사라의 이런 반응에 놀라지 않았다. "놀이방에 있는 장난감, 게임기, 교구의 75퍼센트를 치우세요. 그리고 선반에 라벨을 붙이는 방법 말고 장난감을 담을 수 있는 큰 통 몇 개를 준비하세요. 장난감 칼, 축구공, 위험을 야기할 가능성이 있는 날카로운 물건은 모두 버리세요. 비싼 나무 바닥에는 값싼 놀이 매트를 까시고요. 아이들만의 네버랜드 목장Neverland Ranch(마이클 잭슨이 소유했던 대목장으로 놀이시설과 동물원 등을 갖추고 있다-옮긴이)을 제공하겠다는 환상을 버리세요. 아이들이 텅 빈 공간에서 판지와 상상력을 가지고 놀게 해주세요. 2주만 그렇게 해도 아이들의 나쁜 습관은 사라질 겁니다."

사라는 신중하게 고른 장난감과 교구들을 치우는 걸 힘들어했지만 어쩔 수 없는 일이었다. 며칠 뒤 아이들은 방해받지 않는 공간으로 변신한 놀이방을 보고 환호성을 질렀을 뿐만 아니라, 그저 물건을 집어 자기 마음대로 통에 넣기만 하면 청소가 된다는 사실에 무척 기뻐했다.

나는 사라의 숨겨진 의도를 발견하면서 아이들의 숨겨진 의도도 알게 되었다. 아이들은 그저 어질러진 상황과 난장판 만드는 일을 즐기고 있었다. 그래서 물건을 선반 제자리에 정리하는 일에 저항했던 것이다. 사라는 아이들이 자신이 생각한 방식대로 정리하는 일에 저항하자 그것을 자신에 대한 모욕이라고 생각했다. 이렇듯 각자의 의도가 상충되었기에 사라가 감정적인 반응을 보인 것이다.

아이들은 자신들만의 방식을 원했다는 이유로 그러한 방식을 즐기지도 못하고 겸연쩍은 기분을 느껴야 했다. 사실 아이들은 엄마를 무서워했고 엄마가 놀이방에 들어오면 물건을 숨기기 바빴다. 사라가 상담을 받으러 왔을 즈음에는 아이들이 더 이상 놀이방에서 놀고 싶어 하지 않을 정도로 상황이 악화되어 있었다.

사라는 아이를 성공적으로 키우는 일과 관련한 자신의 기대가 충족되지 않았기에 그 또래 아이들은 어지르며 논다는 사실을 인지하지 못했다. 사라는 자신의 욕구가 화를 촉발하는 요인이라는 점을 알고 나서야 비로소 감정적인 반응을 하지 않게 되었다.

사라의 감정적인 반응은 아이가 '행복'해야 하며 또래보다 앞서가야 한다는 기대에서 비롯된 것이었다. 사라는 이러한 기대를 실현하기 위해 아이들에게 온갖 최신 장난감, 게임기, 교구를 사주었다. 사라의 사례는 '마땅히 ~해야 한다'는 부모의 기대가 부모의 삶에 알게 모르게 스며들어 일종의 믿음이 되며, 이러한 믿음이 아이와 진정으로 소통하는 방식을 저해한다는 점을 분명하게 보여준다.

사라는 이제 자신이 어떻게 자신만의 괴물을 만들어냈는지 이해하게 되었다. 사라는 성공하는 자녀로 키우는 것이 주제가 된 자신의 마음속 영화(영화 제목은 〈토이저러스의 모든 장난감에 노출된 아이〉 정도 되겠다)에 흠뻑 빠져 있던 터라 자신의 믿음과 의도를 자녀에게 투영시켰다. 자녀가 인생에서 성공하기 위한 모든 기회를 포착하도록 온갖 수많은 물건을 제공해야 한다는 생각은 사라 자신이 자라온 문화 속에서 습득한 망상이었다.

앞에서도 살펴보았지만 더 깊이 들어가 보면 부모의 감정적 드라마의 근본 원인은 두려움이다. 사라는 자신이 충분하지 못하다는 두려움 때문에 자녀를 통제하려고 했다. 자신이 어린 시절부터 느껴온 결핍감을 보상해주리라 생각했다. 충분하지 못하다는 생각은 항상 부모가 자녀에게 기대를 걸게 만드는 요인이다. 스스로 충분하다 느끼는 매 순간에 충실하면 뭔가를 벌충해야 할 필요성을 느끼지 못한다. 이럴 때는 죄책감도, 수치심도, 지속되는 두려움도 존재하지 않는다. 우리는 이럴 때 진실해지고 자연스럽고 자유로워지며, 매 순간 자녀의 진정한 필요에 주의를 기울인다.

이는 부모가 결핍감을 느낄 때의 모습과 전혀 다르다. 결핍감을 느낄 때 부모는 자신의 마음 상태에 주의를 기울이지 못하며 비싼 장난감과 교구, 엄청난 선물 같은 에고의 필요에 집중한다. 의식적인 육아를 하면서 얻는 선물은 이러한 것들이 자녀의 자존감 발달에 도움되지 않을뿐더러 부모 자신의 내면에 자리한 상처를 치유해주지도 않는다는 사실이다. 부모가 의식적으로 깨어 있으면 자존감은 내면으로 경험하는 것이라는 사실을 깨닫는다.

머리에서 마음으로

우리의 기대감은 지나친 판단에서 나온다. 이럴 때 우리는 의식적으로 인지하지 못하고 상황이 마땅히 어떠해야 한다는 이미지를 만들어낸다. '마땅히 어떠해야 한다'는 판단으로 행동하면 자신은 옳고 자신에게 반대하는 사람은 그르다는 생각의 에너지를 무심코 발산하게 된다. 자신도 모르게 완고함, 거만함, 편협함을 보이기 때문에 이내 다른 사람의 반감을 산다. 알다시피 양쪽이 이러한 관계에 갇히기 시작하면 거기서 나오기가 쉽지 않다.

불안을 달고 사는 열세 살짜리 남학생 브래드의 어머니 수잔이 생각난다. 브래드는 머리가 아프다, 배가 아프다, 귀가 가렵다, 다리에 힘이 없다 등 끊임없이 몸과 관련해 불평하는 습관이 있었다. 브래드는 매일 불평거리를 찾아냈다. 수잔은 미칠 지경이었다. "어떻게 도와주면 되냐고 물어봐도 브래드는 늘 투덜대기만 해요. 넌 괜찮다고, 네 몸엔 아무 이상 없다고 아무리 말해줘도 더 비이성적으로 굴어요. 전 제가 뭘 잘못하고 있는지 모르겠어요. 브래드한테 아무 문제가 없다는 걸 아는데 그 애가 너무 걱정을 하니까 제가 미치겠어요."

변호사인 수잔은 사무적이고 논리적인 사람이다. 그래서인지 아들이 비이성적으로 행동하는 모습을 볼 때면 감정이 매우 격해졌다. "전 아들 녀석이 저한테 올 때마다 이를 갈아요. 또 어떤 불평을 늘어놓을까 생각하며 마음을 다잡아요. 아들 녀석이 그러는 게 정말 싫어요."

나는 이렇게 말했다. "브래드가 다가올 때마다 어머님은 그 애는 그르고 자신은 옳다는 생각을 이미 하고 있어요. 이렇게 가정하면 자동적으로 브래드가 자신의 방식을 바꾸어야 한다고 믿게 되죠. 어머님은 브래드가 어머님의 조언을 따르고 지금 느끼는 기분을 멈추어야 한다고 생각하고 있어요. 브래드가 바뀌어야 한다고 생각할수록 브래드는 더 저항해요. 사실 어머님은 아드님만큼이나 비이성적이세요."

내가 예상했던 대로 수잔은 비참한 상황을 스스로 만들어내고 있다는 내 말에 당혹스러워했다. 나는 이렇게 설명했다. "브래드가 다가올 때 어머님은 마음이 아닌 머리로만 생각해요. 브래드의 불평을 이성적으로 분석한 뒤 브래드가 어떻게 느껴야 하는지 어머님의 전문 지식을 바탕으로 논리적으로 설득하죠. 브래드는 변호사가 아닌 엄마가 필요한 거예요. 자신의 감정에 공감해주고 인정해주는 사람이 필요한 거예요. 브래드는 어머님이 자기 말을 들어주고 달래주기를 원하고 있어요. 어머님께 닿고 어머님과 소통하기 위한 한 방법으로 불평을 이용하고 있는 거죠. 그런데 브래드가 그 방법을 쓸수록 어머님은 더욱더 머리로만 생각하려 해요. 그렇기 때문에 악순환이 반복되는 겁니다."

아들이 자신처럼 절제심이 강하고 현실적이어야 한다는 기대가 브래드와 소통하는 데 방해가 되었다는 점을 수잔이 이해하기까지는 시간이 좀 걸렸다. 수잔은 자신에게 적용하는 지침을 아들에게도 똑같이 적용했다. 수잔은 자신의 기분에 지배되지 않는 사람이었기에 아들이 느끼는 기분에 불쾌감을 느꼈다. 수잔이 아들을 바꾸려 할수록 아들은 이러한 노력을 상쇄시키는 행동을 했다.

하지만 수잔은 자기 생각을 쉽게 굽히지 않았다. "하지만 전 제가 옳다는 걸 알고 있어요. 브래드한텐 아무 문제가 없어요. 쓸데없는 걱정을 하는데 제가 어떻게 공감해주죠?" 수잔은 단호하게 자신이 옳다고 생각했으며 이 때문에 아들과 소통하지 못했다. 자신이 옳다는 생각을 내려놓지 못하는 한 아들과의 관계는 험난할 터였다.

나는 이렇게 설명했다. "어머님은 자신의 신념에 근거해 만사가 어떠해야 한다는 생각에 붙들려 있어요. 물론 어머님의 생각이 맞을 수도 있어요. 하지만 그렇다고 해서 브래드와 원활하게 소통할 수 있는 건 아니에요. 사실 자신이 '옳다'는 믿음은 인간관계에서 가장 많이 하는 착각이에요. 브래드는 그저 자기 엄마가 자신의 감정에 공감해주고 자기 말을 들어주길 원하는 거예요. 그저 엄마가 자기 눈을 응시하면서 자신의 고통을 이해해주길 원하는 겁니다. 어머니가 보기에 아이의 그 고통이 진짜인지, 합당한지는 중요하지 않아요. 고통은 어머니가 아닌 브래드의 것이니까요. 브래드는 어머니가 머리로만 생각하지 말고 자신의 마음을 들여다보기를 원하고 있어요."

수잔은 한숨을 쉬더니 이렇게 말했다. "브래드의 눈을 들여다보았던 때가, 뭐가 잘못됐는지 말하지 않고 그저 공감해주던 때가 마지막으로 언제였는지 기억도 나지 않네요. 앞으로 제가 많은 노력을 해야 할 것 같아요. 마음으로 소통하는 방법을 잊어버렸어요."

상황이 어떻게 되어야 한다는 기대는 실제 전개되는 상황에 방해가 된다. 영어로 방해하다는 뜻을 지닌 'interfere'는 'interfear'로 바뀌었어야 했다. 현재 소통하지 못하게 만드는 것은 바로 우리의 두려움fear이기 때문이다. 우리는 마음속 기대에 얽매여 있어 우리 앞에 펼쳐지는 매 순간의 삶에 제대로 반응하지 못한다.

머리가 아닌 마음으로 산다는 것은 삶에서 어떤 상황을 접해도 마음을 열어놓는다는 의미다. 만일 자녀가 디즈니랜드에서 행복하기를 기대했는데 막상 가서는 징징거리기만 했다면 그러한 현실을 거부하지 않고 받아들여야 한다. 만일 자녀가 시험을 잘 보기를 기대했다 해도 막상 망쳤다면 주저 없이 그 사실을 받아들여야 한다. 다시 말해, 마음을 연다는 것은 우리가 인생에 관여하려고 하는 것만큼 인생이 우리에게 관여하도록 허락하는 것이다. 그러니까 우리가 인생을 관리하려고 하는 것만큼, 인생이 우리에게 끼치는 영향을 받아들이는 것이다. 우리가 순탄한 길을 바라는 만큼 우여곡절도 받아들이는 것이다.

많은 기대를 내려놓아야 열린 마음으로 현재를 살 수 있으며, 매 순간이 새로운 현실에서 즐거움을 찾게 해주는 호기심과 활기로 가득 찬다. 완벽주의를 내려놓아야 현실과 기대가 다르다는 사실에 괴로워하지 않는다. 이럴 때 우리는 결과에 대한 통제를 내려놓으며, 마음을 비우고 편안하게 현재를 누린다.

매 순간은 새로운 순간이다. 어떤 상황이든 순조롭게 처리하는 가장 좋은 방법은 매 순간에 담긴 메시지에 귀를 기울이는 것이다. 물론 우리에게는 목표가 있고 우리는 계획을 세운다. 하지만 아이가 자신만의 색깔로 우리의 생각에 색을 입혀줄 수 있고, 서로의 방식을 아우르는 새로움을 창출할 수도 있다는 점을 알아야 한다. 그리하여 이러한 인생의 모험과 묘미를 소중히 여겨야 한다는 점 또한 항상 인지해야 한다.

흑백논리에서 벗어나기

상황의 한 측면만(일반적으로 자신의 안건만) 보면 현명한 판단을 내리기가 불가능하다. 자연의 세계와 온전한 현실을 반영하려면 흑백사고를 초월해야 한다. 당신이 살고 있는 이 세상을 한번 둘러보라. 얼마나 많은 부분이 흑색이고 얼마나 많은 부분이 백색일까? 그리고 어느 정도의 흑과 어느 정도의 백이 '순수한' 검정색이나 '순수한' 흰색으로 불릴 자격이 있을까? 우주의 가장 어두운 공간도 사실은 우리가 볼 수 없는 빛으로 가득 차 있다는 걸 우리는 알고 있다.

자연은 흑백으로 나뉘어 있지 않다. 자연은 극명하게 대립되는 색이 아닌 무수한 색조를 띠는 광범위한 색깔들을 제공한다. 우주는 무한한 형태, 색깔, 냄새, 풍미, 소리 등으로 발현된 것이다. 가령 금속을 자를 수 있는 다이아몬드에서 비누 거품에 이르는, 단단함과 부드러움의 광범위한 스펙트럼을 생각해보자. 아니면 우리가 음식을 즐기는 데 아주 중요한 역할을 하는 달콤한 맛과 쓴맛의 다양한 스펙트럼을 생각해보자. 뜨거움과 차가움을 생각해본다면 눈이 녹을 때 온도, 물이 끓을 때 온도, 태양이 수소를 헬륨으로 전환시킬 때의 온도 사이에 셀 수 없이 많은 온도가 존재한다. 이러한 다양성의 정도는 상반된 위치가 아닌 연속선상에서 존재한다. 실제로 자연에는 양극성이 거의 존재하지 않으며,

우주를 형성하는 네 가지 기본 힘(중력, 전자기력, 강한 핵력, 약한 핵력—옮긴이)조차도 궁극적으로 하나의 현실이 다르게 표현된 것이다.

이것을 아이의 행동에 적용해보자. 당신이 아이와 겪었던 갈등을 떠올려본다면 당신이 그 상황에 대해 편파적인 시각을 지녔던 탓에 아이와 부정적인 악순환에 빠졌다는 걸 알게 될 것이다.

10대 자녀가 과제 서류철을 안 가지고 온 행동을 '나쁜' 행동으로 규정한다고 해보자. 이 아이는 부모가 자신을 꾸짖고 체벌할 때 그 이유를 이해할까? 부모의 행동을 바람직하게, 혹은 긍정적으로 여길까? 부모가 서류철을 가져올 기회를 내일 한 번 더 주었다는 사실에 열정적이고 흥분된 반응을 보이지는 않을까?

부모가 한쪽으로 치우친 시야로 상황을 보지 않고 시야를 좀 더 넓혀서 본다면 자녀를 대하는 방식은 극적으로 변한다. 이럴 때 초점은 나쁘다고 여겨지는 자녀의 행동이 아니라, 그렇게 된 정황과 그런 일이 반복되지 않기 위해 유용한 방법을 찾는 일에 맞추어진다. 어쩌면 자녀는 친구들과 이야기하다 서류철을 잊어버렸는지도 모른다(부모들은 자녀가 친구들과 사이좋게 지내길 원하므로 이것은 괜찮은 경우다). 이때 부모는 가져오지 않은 서류철에 초점을 맞출 것인가, 아니면 자녀가 친구들과 잘 어울리는 능력을 반길 것인가? 어쩌면 누군가를 도와주다가 한참 후 교실에서 급하게 뛰어나왔고 뒤늦게야 서류철을 두고 왔다는 사실을 알게 되었을지도 모른다.

내 딸은 뭔가를 잊어버리면 항상 내게 이렇게 말한다. "엄마, 그래도 그걸 잊어버렸단 건 떠올렸잖아요!" 뭔가를 잊어버리면 도덕적 판단이 아닌 실제적인 해결책이 필요하다. 건망증이 '착한' 행동인가 '나쁜' 행동인가와 관련이 없다는 걸 깨달으면 자녀가 잘 잊어버리는 성향을 고치도록 도움을 줄 수 있다. 소지품의 목록을 만든 뒤 그것을 자녀에게 상기시켜주거나 알람을 설정하는 방법을 가르쳐줄 수 있는 기회가 될 수 있다. 특히 휴대전화나 아이패드가 있는 요즘 같은 시대에는 더 없이 쉽고 좋은 기회다.

이러한 육아 방법이 아이들에게 큰 효과를 일으키는 이유는 무엇일까? 부모가 이런 육아 방법을 쓰면 아이는 실패에 대한 두려움 없이 생활할 수 있고, 그 결과 심리적으로 안정된다. 부모가 어떤 상황에서든 다양한 측면을 볼 거라는 점을 알고 있기 때문이다. 이러한 상황에 놓인 아이는 위험을 감수하는 걸 두려워하지 않는다. 결과가 어떻든지 부모가 자신의 행동을 용기 있게 봐줄 거라고 믿기 때문이다. 부모가 인정해주고 용기를 북돋아줄 때 아이는 잘 성장한다. 반면 부모가 비난하고 체벌하면 아이는 풀이 죽고, 자기 관리 능력을 키우지 못하고, 실수를 더 자주 저지른다.

부모가 이렇듯 자유로운 접근법을 쓰면 아이는 자신이 편안함을 느끼는 영역을 확장하면서 혼날 거라는 두려움 없이 다양한 방식을 시도한다. 이러한 환경에서 자란 아이는 자신은 이해받고 인정받을 가치가 있다고 생각하기 때문에 회복탄력성을 보이며, 두려움 없이 미래를 향해 전진한다.

지금 이 순간에 충실하기

지금까지 내가 제시한 이 접근법은 자녀나 사랑하는 사람에게 기대를 걸면 안 된다는 의미일까? 부모가 품은 의도는 어떻게 봐야 할까? 의도조차도 나쁜 것일까?

나는 부모들이 적절한 의도를 품는다 해도 그것이 순수하지 못한 점이 문제라는 말을 자주 한다. 자신을 좀 더 자세히 들여다본다면 자신이 의도를 정하는 것이 아니라, 실제로 기대를 만들어낸다는 사실을 알게 될 것이다. 가장 순수한 의미의 의도는 다른 사람에 대한 기대와 관련이 없으며 자신을 위한 비전을 수용하는 일과 관련이 있다. 사실을 말하자면, 자신과 타인과 인생에 대한 판단, 조건, 기대 없이 의도를 정하는 사람은 거의 없다.

우리가 이 세상에 대한 판단 없이 유일하게 품을 수 있는 의도는 지금 있는 그대로의 이 순간에 충실하겠다는 것이다. 지금의 현실과 어떻게 되면 좋겠다는 바람 사이의 차이를 적극적으로 인정하며 지금 이 순간에 충실해야 변화의 문이 열린다. 자신과 지금 이 순간과의 관계가 완전히 엉망이면 미래에 어떤 의도를 품는 것은 무의미하다. 그 대신 지금 이 순간에 깨어 있겠다는 의도를 품고 매 순간 의식적으로 온전히 깨어 있으면 미래는 바람직한 방향으로 전개되기 마련이다.

10대 자녀 두 명을 위해 강아지를 사준 마사의 사례를 살펴보자. 마사는 강아지를 사달라고 조르는 두 아이의 요구를 들어주면서 자신의 의도는 아이들의 행복이라고 생각했다. 하지만 사실을 말하자면, 마사가 아이들에게 강아지를 사준 의도는 아이들이 강아지 때문에 친구들과 약속을 잡지 않고 집에 머물면서 공부에 더 신경 쓰는 데 있었다. 하지만 몇 달 뒤, 아이들은 여전히 집에 없고 마사 혼자 강아지를 돌보는 상황이 되어버렸다. 마사는 아이들에게 속은 기분이 들었다. "정말 순수한 의도로 강아지를 사줬는데 결국 골치만 아프게 됐어요."

나는 마사의 말을 자르며 분명히 말했다. "어머님의 의도는 순수하지 않았어요. 어머님의 행동엔 기대가 담겨 있었어요. 어머니 스스로가 강아지를 사겠다고 결정한 건 아니니까요. 아이들의 기쁨과 즐거움을 위해 사주는 척했지만 사실 마음속에 기대가 있지 않았나요?" 마사는 자기 내면에 또 다른 생각이 있었다는 사실을 인지하면서 자신을 스스로 궁지에 몰아넣었다는 걸 이해했다. 의도와 기대를 혼동함으로써 자신과 아이들과 이 불쌍한 강아지에게 안 좋은 결과가 발생한 것이다!

자녀가 현재에 충실하도록 돕는 일은, 머리로 하는 기대나 과도한 목표가 담긴 의도보다 훨씬 숭고하다. 흔히 공허한 약속으로 가득 찬 미래에 대한 비전을 세우기보다 현재를 최대한 충실하게 보내는 것이 진정한 존재 방식이며, 몸과 마음과 정신이 자연스럽게 조화를 이루는 삶의 방식이다.

한편, 충실하다는 행위는 현재에 초점이 맞추어져 있다. 명확하고 조화롭고 일관성 있게 현재를 사는 능력이야말로 미래의 목표에 이르는 유일하게 분명한 길이다. 이렇게 할 때 미래를 향한 길이 수월하게 펼쳐진다. 대부분의 사람들은 현재에 초점을 맞추지 않고 미래를 상상하는 데 너무 많은 에너지를 쓴다. 지금의 자신과 관련 있는 것은 바로 현재다. 아무리 원대한 의도를 품고 있어도 현재가 엉망이라면 미래 역시 그럴 가능성이 크다.

마사가 현재에 초점을 맞추어 아이들에게 책임감이 있는지 따져봤다면 아이들이 강아지를 제대로 돌보지 않을 것이고, 그 일이 자신의 차지가 될 거라는 사실을 알아차렸을 것이다. 자신의 진짜 목적을 발견하고, 자신이 아이들에게 바라는 기대를 강아지가 충족시키지 못할 것임을 알아차렸을 것이다. 사실 이 여린 동물에게 그러한 기대를 하는 것은 부당하다. 이렇듯 부모가 원하는 모습이 아닌 자녀의 있는 그대로의 모습을 인정하면 자신과 자녀에게 진실해야 간결하고 조화로운 삶을 꾸려나가는 데 도움이 된다.

나는 새 책을 써야겠다고 마음먹었을 때 내 책을 베스트셀러로 만들겠다는 의도를 품지 않았다. 그저 현재에 집중하며 글을 쓰겠다는 의도만 있었다. 내 의도는 의식적으로 현재에 깨어 있기로 한정되었기에 순수하고 단순했다. 만일 내가 앞으로 이 책이 어떠해야 한다는 의도를 품었다면 의구심, 걱정, 스트레스를 느꼈을 것이다. 그렇기에 나는 단순히 미래의 꿈과 환상에 중점을 둔 의도가 아닌 현재에 충실하겠다는 의도를 품었다.

아이들은 결과에 대한 강박관념 없이 창의적인 과정에 충실할 수 있을 때 모험을 감수하는 법을 배운다. 그 과정에서 매 순간의 다양한 현실 모습을 수용하는 것이 그 비결이다. 만일 아이가 현재 무엇을 하든 그 일에 온전히 충실하다면 그것은 성장 과정의 현 단계에서 필요한 일이자 아이가 중압감과 스트레스 없이 완성할 수 있는 일이다. 우리는 부모로서 미래의 비전을 세우기보다 아이가 현재 자신을 어떻게 표현하는지 주시하고, 그 부분에 충실하도록 도와주어야 한다.

결과보다 몰두하는 과정이 더 중요하다고 믿고, 세세한 사항까지 관리해야 한다는 책임감에서 자유로워지는 것은 멋진 일이다. 부모가 이러한 관점을 지닐 때, 점수와 관련해 자녀에게 이런 말을 해줄 수 있다. "네가 A를 받든 B나 C를 받든 엄마(아빠)한텐 중요하지 않아. 중요한 건 네가 네 자신에게 진실해지는 거고, 네가 정한 기준을 따르는 거고, 네 스스로 최대한 필요성을 느끼며 공부에 충실하는 거야."

현재에 충실해지는 법을 배운 아이는 무엇보다 현재 드러나는 자신의 모습이 중요하다는 걸 이해하기 시작한다. 이렇게 될 때 아이는 미래에 대한 걱정을 덜어내며 현재에 주의를 기울인다. 아이는 결과가 자신의 가치를 결정하지 않으며 자신의 노력과 호기심이 훨씬 더 중요하다는 메시지를 받을 때 곧바로 안도감을 느낀다.

내 딸 마이아는 처음으로 승마 대회에 나갔을 때 다양한 감정을 경험했다. 마이아는 처음에 불안해했다. 그러다 1회전에서 잘 못하자 곧바로 실망했다. 마이아는 눈물이 그렁그렁한 채로 "그만두고 싶어"라고 말했다. 내가 경기에 다시 임하라고 격려하자 마이아는 또 불안감을 느꼈다. 그러나 2회전 결과가 좋자 곧장 안도감을 느꼈다. 그리곤 몇 분 만에 웃음을 되찾았다. 하지만 3회전에서 예상만큼 잘하지 못했다. 마이아의 말이 뛰기를 거부한 것이다. 마이아는 말을 꾸짖으며 다시 울음을 터뜨렸다. 나는 마이아에게 말해주었다. 불안을 잘 견뎌내고 여러 과정을 잘 극복했으니 내 눈에는 마이아가 승자라고. "네 스스로 말을 타고 싶다면 전 코스를 완주할 수 있어. 상은 중요하지 않아."

마이아는 다시 경기장으로 돌아갔고, 마지막 회전을 성공하자 엄청 기뻐했다. 마이아는 자신이 이룬 성취에 의기양양했다. 마이아는 나 또한 결과에 반색하며 자신이 받은 멋진 리본을 자랑스러워할 거라고 기대했다. 하지만 내 태도에 변함이 없자 마이아는 의아해했다. "엄마, 기쁘지 않아요?" 나는 이렇게 말했다. "기쁘지도 슬프지도 않아. 리본을 받았다고 해서 네가 거둔 성과에 대한 엄마의 감정이 변하는 건 아니야."

마이아가 어리둥절한 표정을 짓기에 나는 이렇게 설명했다. "네가 경기에 참가한 이유는 모험을 감수하고 미지의 세계에 뛰어드는 법을 배우기 위해서야. 네가 말에 올라탄 순간 그렇게 한 거야. 임무를 완수한 거야. 그 외에 모든 것은 부수적인 거란다. 네 리본은 네가 어떤 아이인지 조금도 바꿔놓지 못하거든. 네가 꼴등을 했든 일등을 했든 넌 똑같이 너야. 엄만 네가 그 모든 감정을 고스란히 느끼며 계속 전진했다는 점에서 네가 자랑스러워. 네 감정이나 불안에 지배당하지 않았잖아."

나는 딸과 관련해 다음과 같은 질문에 관심이 많다.

- 마이아는 모험을 감수했나?
- 마이아는 무엇인가를 배웠나?
- 마이아는 시도했나?
- 마이아는 자신의 감정을 고스란히 느꼈나?
- 마이아는 자신을 분명하게 표현했나?
- 마이아는 현재에 최대한 충실했나?

이는 '마이아가 이겼나?'만 알고 싶어 하는 일차원적 기대와는 상당히 다르다. 어떤 일을 충실하게 해내는 데 중점을 두면 자녀뿐만 아니라 부모도 좋은 결과를 내야 한다는 부담에서 자유로워진다. 결과에 대한 부담에서 벗어난 자녀는 중요한 것은 지금 이 순간에 충실한 것이라는 점을 배우게 된다. 기대에서 충실함으로 초점을 옮기는 건 단순하지만 심오한 변화이며 진정한 자유를 얻기 위한 관문이다.

기대하는 부모에서 진실하게 관여하는 부모로

두려움과 충족되지 못한 내면의 욕구가 다른 형태로 나타난 것이 '기대'다. 이런 두려움들이 부모를 어떻게 몰아가는지 깨닫지 못한다면 바람직하지 못한 '나 vs 너'의 역학 관계 속에서 자녀를 계속 몰아붙인다. 자신의 문제가 어떻게 자녀에게 투영되는지 부모가 깨닫지 못한다면 자녀를 자신이 초래한 역기능 속에 저당물처럼 붙잡아둔다.

진실한 관여는 기대와 근본적으로 다르다. 기대는 굉장히 에고 중심적인 계획에서 나오지만 진실한 관여는 이것과 아주 다른 곳, 즉 마음에서 나온다. 부모가 자녀와 소통하는 방식에서 관점의 차이를 보여주는 다음의 사례를 살펴보자.

> 기대 : 나는 너를 내 자녀로서 자랑스럽게 여기고 싶고, 네가 성공했으면 좋겠으니 넌 반드시 A학점을 받아야 한다.
>
> 진실한 관여 : 나는 네가 배우는 것을 보는 과정을 즐길 것이고, 네가 어떻게 되어야 한다는 계획을 마음에서 지울 것이다. 네 가치를 점수와 연관 짓지 않을 것이고, 네 무한한 가능성을 네가 알도록 해줄 것이다. 네가 마음속 바람을 달성하도록 도울 것이고, 네가 네 일에 집중할 수 있는 환경을 만드는 데 일조할 것이며, 힘든 일을 헤쳐가도록 이끌어줄 것이다. 네 불안을 완화해주고, 네가 쓰러지면 일으켜줄 것이며, 네가 미지의 영역에 발을 내디딜 때 도전 의식을 북돋워주고 편안하게 해줄 것이다. 또한 나를 기쁘게 해야 한다는 부담을 덜어줄 것이고, 네가 현재 하는 일에 충실하도록 일깨워줄 것이다.

기대 : 나는 네가 부모에 대해 감사해하기를 바란다.

진실한 관여 : 나는 네가 자존감을 굳건히 지키기를 원한다. 너는 나를 기쁘게 하거나 내 욕구를 충족시킬 필요가 없다. 나는 네가 특권의식보다 감사를 더 느끼도록 도울 것이고, 무엇인가를 얻되 거기에 탐닉하지 못하게 할 것이다. 너의 타고난 재능을 알아차리도록 도울 것이고, 받은 만큼 돌려줄 수 있도록 베푸는 연습을 하게 도울 것이다.

기대 : 나는 네가 나를 존중하고, 나에게 순종하도록 할 것이다.

진실한 관여 : 나는 너를 통제하려는 욕구를 버릴 것이고, 너보다 우월하거나 위대하다는 망상을 버릴 것이다. 네가 너를 표현할 수 있는 안전한 공간을 만들 것이고, 네가 말할 기회와 네가 귀를 기울일 기회를 제공할 것이다. 네가 존중하는 만큼 존중받는 관계를 키울 것이고, 우리가 자연스럽게 서로의 삶을 풍요롭게 할 수 있는 관계를 촉진할 것이다. 또한 네가 안전하지 못한 선택을 할 때 바로잡아줄 것이고, 네가 시험해보고, 적당한 한계 내에서 저항하는 것을 허용할 것이다.

보다시피, 기대는 관계를 맺는 데 있어 완고하고 이분법적인 방식을 보인다. 부모는 우월한 위치에서 자녀에게 기대를 건다. 당연히 자녀는 이에 반대한다. 어떤 자녀가 안 그렇겠는가. 부모는 자녀에게 기대를 걸면서 자신이 변해야 할 필요성에서 자신을 면제시킨다. 이렇게 되면 자연스럽게 자녀는 부모에게 분개한다. 나쁜 녀석으로 여겨지길 바라는 사람은 아무도 없다. 항상 책임지고 싶어 하는 사람은 아무도 없다. 하지만 우리의 자녀들은 이 노골적인 불공평에 항의하고 반항하면 체벌당하고 크게 혼나고 망신당한다.

부모가 자녀에게 기대하지 않고 진실하게 관여하면 자녀에게 자신의 행복을 책임 지우지 않는다. 이렇게 해야 자녀의 내적 자아가 자기만의 방식으로 성장할 수 있는 여지를 만들어줄 수 있다. 인생의 모든 경험이 더 깊은 자기 인식, 자기 발견, 자아 연결을 향한 여정이라는 이해가 깔려 있어야 이러한 접근법이 가능하다. 그리고 이러한 접근법을 쓸 때 자녀의 내적 자유에 대한 재량권과 표현은 활기를 띠고, 그 외 모든 것은 점차 배경으로 사라진다.

기대를 걸지 않기 위한 새로운 약속

나는 너에 대한 기대와 계획을 버리겠다.
이는 내 편협한 머리에서 나온다는 걸 알기 때문이다.
그 대신 나는 넓은 마음으로
내 욕구를 충족시키는 일에서 너를 해방시킬 것이고,
오로지 나 스스로 이 일을 할 것이다.

내 두려움, 불안, 갈망, 꿈을
더 이상 너에게 투영하지 않을 것이다.
그 대신 나는 너의 진정한 빛을 가리는
내 머릿속 복잡한 생각들을 걷어내어
너의 귀한 가치를 보여주는 거울이 될 것이다.

나의 계획들을 내려놓으니
나의 공허함은 사라지고
오롯이 온전함만 남는다.

chapter 15

매 순간에 충실하기

"현존이 정확히 무슨 뜻인가요?" 나는 이런 질문을 자주 받는다. 그럴 때마다 내 대답이 만족스럽지 못하다는 느낌이 든다. 내가 말하는 '현존'은 이론적으로 설명되거나 이해되는 것이 아니기 때문이다. 이것은 오직 경험할 수 있는 것이다. 알다시피 경험을 설명한다고 해서 경험의 내용이 온전히 전달되지는 않는다. 이는 마치 일몰을 본 적이 없는 사람에게 그 색깔의 다양함을 설명하는 것과 같다. 대회전 관람차를 처음 탔을 때의 짜릿함이나 잔잔한 바다 위를 둥둥 떠갈 때의 느낌을 설명하는 것과 같다. 인생에는 경험을 통해서만 이해될 수 있는 요소들이 있다(어쩌면 전부일지 모르지만).

나에게 현존은 현재를 온전히 인식하는 것을 의미한다. 이렇게 하려면 생각, 아이디어, 의견, 신념을 유보해야 한다. 그저 자신이 존재하는 것이다. 이러한 '존재'의 상태에서 자신이 누구이고 어디에 있는지 의식하지 않고 살아 있는 과정 그 자체에 온전히 몰두해야 한다. 앞서 언급했듯, 어린아이들이 방해받지 않고 산다면 현존의 모습을 가장 잘 보여줄 것이다. 그들은 어떠한 생각도 개입시키지 않고 매 순간을 새로운 순간처럼 대할 것이다.

현재의 순간을 온전히 인식할 때 자신의 생각과 계획에 대한 집착이 사라진다. 그 대신 매 순간 발생하는 일에 주파수를 맞추게 된다. 목격하고 관여하고 행동하며 놓아준다. 다시 말해, 해안을 주의 깊게 지켜보면서도 인생의 조류를 따라 흘러가는 것이다. 이 상태에 있는 우리의 일부는 세상 속에서 활동해도 내면은 편히 쉬는 상태가 된다. 삶에 최대한 충실하게 임하면서도 내면과의 연결을 놓치지 않는 상태가 된다.

현재를 살면 주변에서 일어나는 일에 관여하면서도 균형 있고 침착한 상태를 유지할 수 있다. 머릿속 생각으로 행동하지 않고 머릿속에 만들어진 각본에만 집착하지 않기 때문에 인생의 부침을 현실적이고 열린 마음으로 대응할 수 있다. 또한 다른 사람이 자신의 방식을 따르도록 만드는 데 관심이 없기 때문에 다른 사람을 비난하는 대신 그들과 조화롭게 사는 법을 배운다. 다른 사람이 발산하는 에너지가 적절하면 거기에 합류하고, 아니다 싶으면 아주 자연스럽게 빠져나올 수 있다. 어느 쪽이든 자신의 계획에 연연하지 않으며 미지의 매 순간마다 느껴지는 새로움을 누린다. 현재를 사는 능력은 우리가 마주치는 모든 사람, 특히 우리 아이와 깊이 있고 지속적인 관계를 형성하는 데 도움이 된다.

현재로 진입하는 일

자녀와의 관계에서 변화를 일으킬 수 있는 유일한 방법은 현재로 진입하는 법을 배우는 일이다. 앞서 언급했듯 초점을 둔 시간대의 불일치(부모는 대개 과거나 미래에 초점을 맞추고 사는 반면 자녀는 현재에 초점을 맞추고 사는 현상)는 부모와 자녀 사이에 불화를 일으키는 원인이다.

현재로 진입하는 일은 지금 그대로의 상황을 거부하지 않고 받아들이는 것을 의미한다. '왜 내 뜻대로 되지 않을까?'라는 생각에 휩싸이지 않고 현재로 진입하면 자녀와의 상호작용에서 자주 수반되는 감정적인 반응을 보이지 않게 된다.

최근에 나는 딸과의 대화에서 현재에 집중하는 일이 만만치 않다는 걸 깨달았다. 마이아가 패션과 미용에 대한 이야기를 하면서 패션모델이 되면 정말 재미있겠다고 말한 때였다. 마이아는 잡지에서 본 멋진 옷들에 대한 이야기를 늘어놓으며 즐거워했다. 나는 순간적으로 '정말 깊이 없고 거슬리구나. 딸애가 이런 걸 가치 있게 여기도록 내버려두다니 난 참 엄마 노릇을 제대로 못하고 있네'라는 생각이 들었다. 이러한 생각은 내면에서 죄책감과 중압감을 일으키기 마련이다. 이때 우리는 이런 불편한 감정을 통제할 방법을 찾는다.

나는 마이아에게 말했다. "마이아, 정말 얄팍한 생각을 하는구나! 그런 건 인생에서 아주 하찮은 것들이야. 엄마는 네가 패션모델이 최고라고 생각하며 자라길 원치 않아. 엄만 네가 삶의 목적이라든가, 타인에게 어떻게 베풀지 같은, 좀 더 중요한 가치에 대해 생각했으면 좋겠어."

마이아는 곧장 실망하는 표정을 짓더니 잠잠해졌다. 나는 여기서 멈추지 않고 딸에 대한 나의 의도와 딸의 마음을 상하게 할 만한 말을 꺼냈다. "넌 미용과 패션 같은 하찮은 것에 흥미를 보이는 어리석은 사람으로 자라면 안 돼. 빈곤 퇴치에 도움을 주면서 좋은 일에 관심을 갖는 세계 시민으로 성장해야지."

누군가 자신의 인격을 폄하하는 것을 허용하지 않는 마이아는 그 순간 이렇게 반박했다. "엄마, 난 그냥 옷에 대해 이야기한 것뿐이에요. 내 미래에 대한 이야기를 한 게 아니라고요. 난 그저 열두 살이고 내 또래 애들은 모두 이런 이야기를 해요. 왜 엄마는 내가 나쁜 행동을 저지른 것처럼 말하는 거예요?"

마이아의 말이 맞았다. 마이아는 전혀 나쁜 행동을 하지 않았다. 마이아가 한 행동이라면 내가 나에 대해 품고 있는, 의식적인 부모라는 성스러운 이미지를 훼손했다는 점뿐이었다. 빈곤을 퇴치하거나 암 치료제를 개발하는 일에 관심이 많은 아이로 키우겠다는 내 에고의 계획이 현재 딸의 경험에 공감하는 걸 방해했다.

마이아는 뒤이어 내 거대한 에고의 심장에 비수를 꽂았다. 사실 이는 아주 영리한 아이라야 할 수 있는 일인데 말이다. "지금부터 내 생각을 엄마한테 말하지 않을 거예요!" 내가 상황을 엉망으로 만들었다는 생각이 들었다. 나 스스로 단절을 야기하고 말았다. 나는 열두 살이라는 나이는 불완전하며, 특히 비난과 질책을 감수하지 못한다면 부모에게 마음을 터놓는 일은 불안전하다고 가르친 셈이었다.

이 순간에 어떻게 반응해서 딸과 다시 소통해야 할까? 나는 이렇게 말했다. "네 말이 전적으로 옳아. 엄마가 좀 지나쳤어. 너에겐 엄마를 신뢰하지 않을 권리가 있어. 엄마는 미래에 대한 걱정으로 그렇게 행동했어. 네가 단지 열두 살이고 그 또래에 맞는 적절한 생각을 하고 그 시기에 어울리는 기분을 느낀다는 걸 잊어버렸네. 엄만 그저 네가 인생에서 정말로 중요한 걸 잊어버릴까 봐 두려웠어."

마이아는 이렇게 말했다. "엄만 엄마 자신을 신뢰해야 해요. 엄마는 나한테 무엇이 중요하고 중요하지 않은지 가르쳐줬어요. 하지만 무엇보다 난 엄마가 아니고, 내가 만일 패션을 좋아한다면 그게 바로 내 모습인 거예요."

자녀는 부모의 자존감과 자기 신뢰가 흔들리는 것을 인지하고, 이런 식으로 부모를 원래 속했던 제자리로 돌려놓는다. 만일 내가 나의 육아 방식을 전적으로 신뢰했다면 마이아의 말을 조금도 걱정하지 않았을 것이다. 딸이 화려함에 현혹되지 말아야 한다고 느꼈던 이유는 내 육아 방식을 확신하지 못했고, 동시에 패션과 미용에 대한 내 감정이 양면적이었기 때문이다. 나는 이번에도 내 상상의 두려움 때문에 현재의 내 아이에게 주파수를 맞추지 못했다.

그때 내가 의식적인 인지 상태였다면 나의 감정을 격하게 만든 요인이 무엇인지 알았을 것이다. 그랬다면 그 감정에 휩싸이는 대신 그것을 무시하고 마이아에게 이렇게 말했을 것이다. "음, 네 말을 들으니 나처럼 고지식하고 패션 혐오증이 있는 사람은 반감이 생기는구나. 하지만 네가 무엇을 좋아하는지 알겠어. 다만 엄마가 부모로서 느끼는 두려움이라면 네가 그러한 것들의 피상적인 측면을 알아차리지 못하면 어쩌나 하는 점이야. 하지만 엄만 네가 이미 그런 것을 알고 있으리라 믿어." 이런 식으로 말해야 부모의 두려움을 진정으로 인정하면서도 자녀와의 소통을 저해하지 않는다.

당신은 이런 질문을 할지도 모른다. "그럼 우리는 자녀를 절대 바로잡아주면 안 되나요? 항상 현재 그대로의 자녀를 수용해야 하나요? 만일 자녀가 잘못된 행동을 하면 어떡하죠?" 이는 타당한 질문이다. 하지만 이러한 우려 역시 결핍감과 관련된 두려움에서 나온 것이다. 통제하고 바로잡고 관리하고 싶은 바람에서 나온 것이다.

나는 부모들에게 이렇게 말한다. "현재를 수용한다는 것은 수동적이 된다거나 상황에 내맡긴다는 의미가 아닙니다. 주어진 상황에서 격한 감정을 배제한다는 의미입니다. 당연히 자녀를 바로잡아주고 필요하다면 단호하게 허용선을 그을 수도 있어요. 하지만 두려움, 당황, 수치심, 죄책감 같은 격한 감정 없이 이 모든 대화가 이루어져야 해요."

자녀를 수용하는 일과, 이렇게 수용하는 태도로 말미암아 자녀의 요구를 한없이 들어주는 일 사이에는 엄청난 차이가 있다. 얼마 전 마이아가 피자가 맛없다며 불평했을 때 나는 딸의 실망감을 이해하면서도 '그 불만을 해결하고 그만 털어내도록' 가르쳤다. 만일 마이아가 계속 투덜대거나 불평했더라도 나는 그러한 접근법을 썼을 것이다. 여전히 이렇게 말했을 것이다. "피자는 이미 샀어. 근데 이걸 먹지 않겠다면 집에 있는 다른 음식을 줄게. 다른 피자는 안 살 거야." 피자가 맛없다고 투덜대는 딸에게 나는 화를 내거나, 더 심하게는 그래도 먹으라고 강요하지 않았다. 대신 선택안을 주고 스스로 선택하라고 했다.

부모의 수용은 한없는 허용이나 제 멋대로 하게 내버려두는 수동적인 상태가 아니다. 같은 맥락에서 아이가 식사 모임 자리나 음식점에서 무례하고 거슬린 행동을 한다면 아이에게 비난의 말을 하거나 소리치지 않는 것도 중요하지만 부적절한 행동에 일정한 선을 긋는 일도 중요하다. 아이가 진정되고 적절한 행동이 무엇인지 이해할 때까지 그 자리를 떠나 있는 것도 괜찮고, 아이를 한쪽으로 불러서 그런 행동이 타인에게 끼치는 영향을 분명하고 직설적으로 말해주는 것도 좋다. 어쨌든 가만히 앉아서 아무런 관여도 안 한다면 의식적인 부모가 아니다.

부모라면 이런 질문을 할 수도 있다. "그런데 아이가 정말 유해한 행동을 하면 어떻게 하나요? 예를 들어, 다음 날 중요한 시험이 있어 공부를 해야 하는데 핸드폰 게임만 한다면요?"

의식적인 부모는 매 순간 자녀가 현 시점에서 보여주는 모습에 상응하는 대응을 한다. 자녀가 얼마나 반항적으로 나올지 머릿속으로 드라마를 만들면서 거친 발걸음으로 자녀의 방으로 들어가는 대신, 휴대전화를 한쪽으로 치워둘 자제심이 없으면 시험에도 영향을 끼친다고 설명하면서 전화기를 자신에게 맡기라고 요청한다. 말다툼을 하거나 잔소리하지 말고 그저 전화기 사용과 관련된 허용선을 말해주고 휴대전화를 눈에 보이지 않는 곳에 두라고 요구하면 된다. 설령 자녀가 기분 나쁜 말을 하거나 짜증을 내더라도 그 순간 부모의 임무는 머릿속으로 드라마를 더 만들지 말고 집중을 방해하는 물건을 자녀에게서 떼어내는 일이다. 상상하는 드라마가 장황하거나 자녀에 대한 반감이 클수록 부모와 자녀 사이에 더 깊은 단절이 생긴다는 걸 알아야 한다. 나는 부모들에게 이런 말을 자주 한다. "만일 자녀가 부모의 견해를 이해하지 못하고 부모가 정한 허용선을 지키지 못한다면 여기에는 뭔가 다른 것이, 부모와 자녀의 관계를 방해하는 다른 뭔가가 작용하고 있다는 의미입니다." 이런 극단적인 상황에서 무엇보다 중요한 문제는 전화기가 아니라 부모와 자녀 사이의 관계다.

영원한 것은 없다

우리는 영원한 것은 없다는 사실을 잊고 산다. 모든 것은 처음에 시작되어 발전을 거듭하다가 결국 새로운 것으로 바뀐다. 이러한 과정은 우리를 둘러싼 세상과 우리의 내면에서 항상 발생한다. 늘 똑같은 상태로 머무르는 것은 없다. 하물며 오늘 아침의 자신과 지금 이 순간의 자신도 똑같지 않다. 우리가 인지하지 못할지라도 몸속 세포는 변하며 우리의 의식도 변한다. 따라서 자녀가 보인 어느 한순간의 모습에 연연한다면 자녀가 변화하고 성장할 가능성을 무시하는 셈이다.

부모가 자녀의 특성 가운데 어떤 측면에 유난히 더 감정적인 반응을 보이면 자녀의 그런 측면은 더욱 강화된다. 부모가 그런 측면을 거부할수록 그것은 더 두드러진다. 앞서 내가 마이아와 나누었던 패션 관련 대화를 예로 들어보자. 만일 내가 "음, 네가 왜 패션모델이 재미있게 살거라 생각하는지 알 것 같아. 하지만 항상 옷을 차려 입고 화장을 해야 하니까 피곤하긴 하겠다"라고 말한 뒤 그냥 내버려두었더라면 패션모델에 대한 딸의 관심이 조금은 누그러졌을지도 모른다. 그런데 내가 감정적인 반응을 보임으로써 딸이 갖고 있는 패션모델의 영향력을 필요 이상으로 크게 만들어버렸다. 우리는 이런 식으로 자신의 괴로움을 영속시킨다!

매 순간은 다음에는 더 이상 존재하지 않는 새로운 순간이다. 지금 이 순간은 이전 순간의 도움으로 만들어졌지만 그 자체로 완전히 새로운 순간이다. 그러므로 특정한 순간에 자녀가 보인 행동에 꼬리표를 붙이고 그것을 범주화하는 것은 잘못이다. 부모가 과거 속 자녀의 이미지를 붙들고 있으면 지금 이 순간의 자녀 모습을 존중하지 못한다. 과거에 매달려 있으면 지금 이 순간의 자녀 모습을 놓쳐버린다.

어린아이들은 이러한 문제를 겪지 않는다. 그들은 어제 일어난 일에 집착하지 않는다. 어른들처럼 며칠 전, 몇 주 전, 심지어 몇 년 전의 짐을 끌고 다니지 않는다. 자신의 불만을 용서할 수 있고 잊어버릴 수 있으므로 자유롭게 다음 경험에 열중한다. 다시 말해, 어린아이들은 직관적으로 현실의 비영구적인 특성에 따라 행동한다.

자녀가 한 상태에서 다른 상태로 유유히 옮겨가는 비범한 능력을 보일 때 부모들은 격노한다. 어른들은 포옹이나 장난, 친절한 말이 자녀의 기분을 얼마나 빨리 바꾸는지 이해하지 못한다. 부모는 곰곰이 생각하고, 의아해하고, 진단하고, 합리화하다가 자녀의 행동을 설명할 방법을 찾지 못하면 좌절한다. 그래서 나는 부모들이 자신의 자녀가 비논리적으로 행동하는 이유를 끈질기게 알고 싶어 할 때 의아하다는 표정을 지으며 이렇게 말한다. "아이들은 원래 그래요. 아이들은 현재를 사는 존재거든요. 우리 어른들은 아이의 기분이 한 상태에서 다른 상태로 금방 옮겨가는 걸 결코 이해하지 못합니다."

현재를 산다는 것은 활기차고 수용적인 자세로 매 순간에 임한다는 의미다. 이렇게 살아야 삶이 끊임없이 새로운 교훈으로 새로운 경험을 제공한다는 걸 받아들일 수 있다. 감정적인 반응으로 우리의 마음이 흐려지거나 좁아질 때, 영원한 것은 없다는 사실을 인식한다면 숨을 크게 내쉬며 이렇게 말할 수 있다. "지금은 새로운 순간이다. 나는 새롭게 시작할 수 있다."

부모가 자녀의 실수들을 엄청난 문제인 양 말하는 걸 좋아할 아이는 없다. 실제로 자녀에게 도움이 되지도 않는다. "제가 실수를 저지를 때마다 부모님은 제가 두 살 때부터 저질렀던 모든 실수를 들먹이세요. 전 그중 절반도 기억하지 못하는데 부모님은 다 기억하시나 봐요." 아마 많은 아이가 이렇게 느낄 것이다. 한 아이는 이런 말을 했다. "만일 제가 어느 날 저녁에 피곤해서 숙제를 못하겠다고 하잖아요? 그러면 부모님은 그렇게 했다간 좋은 대학에 못 간다고 설교를 하세요. 그날 저녁만 그런 건데 부모님은 항상 미래에 대한 이야기만 해요."

'있는 그대로'의 현재에는 무한한 풍족함이 담겨 있다. 우리가 우리 앞에 주어진 매 순간의 풍족한 측면을 활용하지 못하는 이유는 바로 우리의 두려움 때문이다. 과거의 기억이 의식에 선명하게 남아 있다면 포용력 있는 관점을 유지하기 힘들다.

나는 "그때는 그때고 지금은 지금이다"라는 말을 자주 읊조린다. 이 말은 내 현실이 어떠해야 한다는 생각에 붙들려 있지 말아야 한다는 점을 상기시켜준다. 그리하여 나는 현재에 무슨 일이 수반되어 있든지 자유롭게 임한다. 가령 내 딸이 나와 함께 즐거운 여행에서 돌아와 피곤하다거나 해야 할 일에 대한 걱정으로 축 가라앉는다면 나는 기분 좋은 하루를 망친다며 소리를 지르는 대신 이렇게 말한다. "우리 둘 다 조금 전까지는 기분이 엄청 좋았는데, 마이아 네 기분은 변한 모양이구나. 그래, 이제 현실로 들어가자."

아이와의 관계를 돈독히 하는 가장 효과적인 방법은 지금 아이의 상태에 응해주는 것이다. 아이가 하교 후 집에 오면 학교에서 어떻게 지냈는지 바로 캐묻거나 숙제하라고 몰아붙이지 말고 그저 반갑게 맞아주라는 의미다. 아이가 원하는 방식으로 부모와 마주할 수 있게 허용해주는 것이다. 마찬가지로 잠자는 시간이 되면 그 순간 아이의 기분 상태를 그대로 받아들이면 된다. 이렇게 마음으로 소통하면 아이는 부모가 정한 허용선을 훨씬 수월하게 지킨다.

부모가 자녀에게 "그때는 그때고 지금은 지금이다"라고 말한다면 숙제든 취침이든 자녀가 현실에 임하도록 도울 수 있다. 새로운 순간에 의식적으로 임한다면 자녀와의 관계에 명확성이 형성되며, 자녀가 과거에서 나와 새로운 현실로 들어가는 데 도움이 된다.

'지금 그대로'의 풍족함

한 어머니가 이렇게 물었다. "어떻게 해야 제 방식을 좀 더 의식적인 접근법으로 바꿀 수 있나요? 제 아이는 계속 C학점을 받아 와요. 그런 아이를 볼 때마다 정말 소리를 지르고 싶은데 어떻게 침착하게 굴 수 있을까요?" 나는 이렇게 말했다. "거짓으로 의식적인 척을 할 순 없어요. 침착한 척을 하는 것보다 소리를 지르고 싶다고 말하는 게 나아요. 자신의 감정을 아이에게 쏟아내면 안 되지만 이따금 감정을 표현하고 싶은 욕구가 너무 강해지면 그렇게 하는 것도 중요합니다. 만일 침착한 척하는 것이 패턴이 된다면 자신의 감정을 스스로 정화해야 하기 때문에 쉽지 않을 겁니다. 하지만 C학점이 실패를 의미한다는 생각 자체를 바꾼다면 화나지 않은 척하거나 격하게 소리 지를 필요가 없어지겠죠. 진정으로 C학점이 알려주는 지혜를 본다면 모든 것이 변해요. C학점을 가능성의 소멸로 생각하지 말고 아이에게 자기 인식을 일깨우는 기회, 두 사람이 더 깊이 소통할 수 있는 기회라고 여긴다면 그 점수에서 결핍이 아닌 풍족함을 보게 될 거예요."

"선생님이 말씀하신 접근법으로 아이를 대하려면 어떤 식으로 말해야 하나요?" 그 어머니가 진지하게 되물었다. 나는 이렇게 대답했다. "이렇게 말해보세요. '지금 이 점수는 중요하지 않아. 이 점수로 네 강점과 네게 도움이 필요한 영역이 무엇인지 파악해보자. 우리 나름의 방법을 찾을 수 있을 거야. 모든 과목은 강화되어야 하는 근육과 같아. 그러한 근육을 키우겠다는 바람을 갖는 게 이미 다 아는 체하며 안주하는 것보다 훨씬 중요해.'"

성공의 척도를 자기 성장에 맞춘다면 외부적인 성과는 덜 중요하게 여겨진다. 타인의 시선에서 자유로워지면 매 순간이 자신에게 좀 더 진실해지는 기회가 되며 허세와는 거리가 멀어진다. 결핍이 아닌 풍족함의 관점을 유지할 때 우리는 모든 실수, 실패, 잘못될 가능성을 무릅쓴 모험에서 빛나는 기회를 발견한다.

이는 경솔하게 행동한다는 의미가 아니다. 이는 우리가 참자아의 성장이라는 정말 중요한 일을 계속 붙든다는 의미다. 만일 우리가 현재 자기 자신을 잘 아는 상태에서 결정을 내린다면 어떻게 '실수'를 하거나 '어리석은 결정'을 하겠는가. 자녀가 현재 자신을 가장 잘 아는 상태로 행동한다면 부모가 앞으로 자녀가 경험하게 될 실패를 상상하며 자녀를 판단할 필요가 있을까? 부모가 초점을 옮기면, 매 경험을 통해 성장하는 방식을 가치 있게 여기도록 자녀를 가르칠 수 있다.

나는 많은 사람들이 '끌어당김의 법칙'에 대해 이야기하는 것을 들었다. 그들은 부와 성공의 약속에 이끌려 이 '법칙'이 자신에게도 효과가 있도록 노력하지만 대개 실망하고 만다. 꿈과 소망을 써놓은 비전보드vision board는 도움이 될 수도 있지만, 미래에 집착하여 매 순간에 충실하지 않으면 이 또한 도움이 되지 않는다.

생각은 그 자체로 중립적이긴 하지만 많은 신념을 불러일으키는 힘이 있다. 이러한 신념들은 우리의 내면에 자석처럼 기능하는 감정을 일으키며, 이로써 우리는 이러한 감정을 반영하는 상황들에 이끌린다. 만일 우리가 부정적인 신념과 감정을 야기하는 생각에만 빠져 있다면 어느새 불안과 부정적인 사람과 상황에 둘러싸일 가능성이 크다. 우리 자신에게 부정성을 끌어들이는 것과 같다. 옛말에도 '불행은 친구를 좋아한다'는 말이 있지 않은가.

아이의 체중이 심각하게 증가한 상황을 예로 들어보자. 당신은 이런 말을 할지도 모른다. "내 아이는 과체중이야." 이 생각 자체는 중립적이지만 실제로는 그렇지 않다. 당신은 이 생각 때문에 불안하며, 이로써 생각 은행에 이러한 종류의 믿음을 더 만들어내라는 신호를 보낸다. 이제 당신은 '내 아이는 반에서 인기가 없을 거다'라고 믿는다. 이러한 믿음은 다시 이와 유사한 다른 믿음을 만들어내라는 신호를 보낸다. '난 아이의 식습관을 통제하지 못하는 나쁜 부모야.' 같은 믿음이 그것이다. 이러한 생각과 믿음의 연결고리는 계속 이어진다. 이렇듯 당신의 과도한 걱정은 곧이어 아이에게 전달되고, 아이는 그 감정을 습득한다. 그리고 그 영향은 계속 이어진다.

생각은 현실을 끌어당기지 못해도 믿음은 현실을 끌어당길 수 있다. 믿음은 내면에서 우리가 어떤 사람인지 만들어내기 때문이다. 우주는 우리가 내면에 품은 믿음 체계에 반응한다. 그렇기 때문에 불안과 상반된 엄청난 자유를 형성해줄 믿음을 품는 일은 매우 중요하다. 비슷한 것을 끌어당긴다는 관점으로 볼 때, 우리가 흔히 보이는 두려움에 기인한 부정적인 반응과는 다른 반응을 자녀에게 보여야 한다.

자녀의 체중이 늘었다면 불안해하며 머릿속으로 드라마를 만들거나 판단하지 말고 현실을 '있는 그대로' 받아들여야 한다. 감정적으로 격해지는 대신 단순히 행동을 취함으로써 그 상황에 대응할 수 있다. 집에서 가공식품을 전부 퇴출하기로 결정을 내리거나 자녀와 함께 요가 교실이나 헬스장에 다닐 수도 있다. 자신이 먹는 음식에 주의를 기울일 수도 있다. 상황에 대처할 때 음식을 이용하는 방법에 주의를 기울일 수 있다는 점에서도 좋은 기회다.

이러한 상황이 자신을 일깨우는 기회라고 생각하면 자녀를 '바로잡아야' 한다는 부담에서 벗어날 수 있다. 부모가 두려움이 아닌 건강이라는 비전을 붙든다면 그동안의 방식을 바꿀 수 있는 기회가 왔다는 점에 감사하게 된다. 그 상황에 분개하는 대신 자녀와 더 깊이 소통하고 자녀에게 더 충실할 수 있는 계기가 된 것에 감사한다. 이렇듯 현재에 충실한 에너지 상태일 때 부모는 자녀에게 이렇게 말할 수 있다. "네가 체중 때문에 얼마나 기분이 안 좋을지, 다른 애들과 달라서 얼마나 스트레스를 받을지 알 것 같아. 우리 이 부분에 대해서 이야기 나눠볼까?" 아니면 이런 제안을 할 수도 있다. "우리 가족의 식습관을 한번 살펴보자. 이건 엄마한테도 해당되는 얘기야. 좀 더 주의해서, 균형을 맞추어서 음식 먹는 방법을 강구해보자."

지금 '있는 그대로'의 상황에 들어가는 일이 훨씬 수월한 경우도 있지만 그렇지 못한 경우도 있다. 대부분의 부모들이 참기 어려워하고 대처하기 힘들어하는 흔한 상황을 예로 들어보자. 바로 자녀가 무례하게 구는 상황이다.

이때 부모가 평정을 유지하기란 힘들다. 대부분의 부모들은 무례한 태도에 몹시 화를 내며 이를 굉장히 기분 나쁘게 받아들인다. 하지만 아이가 정말 무례하다는 믿음의 연결 고리를 만들기 위한 시동을 걸지 말고(이는 모두 두려움에서 기인한다) 부정적인 행동에 에너지를 쏟지 않기로 선택하는 것이 낫다. 그러면 아이의 무례한 행동도 점차 사라지기 시작한다. 부정적인 행동은 부모의 부정적인 에너지를 자양분으로 삼아 자라기 때문이다.

부정적인 말을 하지 않고 스스로 이렇게 자문한다면 다른 에너지 상태로 들어가게 된다. "왜 내 아이는 나를 이렇게 대하고 싶은 걸까? 내가 주의를 기울이지 못한 부분이 있나? 내가 너무 통제적인가? 내가 정한 원칙에 일관성이 없나? 왜 내 아이는 내게 이런 식으로 말하면서 자기 가치를 깎아내리는 걸까?"

침착함을 유지하지 못할 것 같으면 그 자리를 뜨는 게 낫다. 하지만 씩씩거리면서 자리를 뜨면 안 된다. 부드러운 태도로 자리를 뜰 수 있다면 자녀에게 지금 자신의 참자아에 맞게 행동하고 있는지 자문할 수 있는 기회를 주는 셈이다. 일단 자리를 뜨고 나서 나중에 감정을 온전히 조절할 수 있게 되었을 때 자녀에게 그 상황에 대해 물어보면 좋다. 나는 딸에게 이렇게 말한다. "저번에 네가 무례하게 말했을 때 너한테 무슨 일이 있는 것 같다는 생각이 들었어. 맞니? 무슨 일이 있었는지 말해줄래?" 나는 그 상황에서 내 감정을 배제함으로써 딸이 자신을 돌아볼 수 있는 여지를 주었다. 그러면 딸은 대개 "나하고 친구 사이에 일어난 일 때문에 너무 화가 나서 엄마한테 화풀이했어요." "학교에서 일어난

일 때문에 너무 스트레스를 받았어요." "피곤해서 그랬어요." 같은 식으로 말한다.

나는 상담 치료를 할 때, 부모들이 감정적으로 반응하는 순간 모두를 집어삼키는 부정적인 에너지의 회오리바람이 발생한다는 점을 이해시키려 한다. 어떤 일에 대한 자신의 생각을 버릴 필요는 없지만 그 생각과 관련해 감정적인 반응은 보이지 말아야 한다고 말한다. 씩씩거리며 화내거나 감언이설로 재촉하거나 소리치고 고함지르지 말고(이 모든 반응은 부모가 없애고 싶은 자녀의 행동을 강화할 뿐이다) 부모 자신이 원하는 변화를 이끌어낼 수 있는 반응을 보여야 한다. 물론 진심 어린 마음으로 말이다. 자녀의 장점에 대해 거짓 칭찬을 하는 것은 좋지 않다. 진심 없는 칭찬은 전혀 도움이 되지 않기 때문이다.

부모가 아이를 존중하고 이해하고 공감하는 상태로 들어설 때, 아이들은 좋은 성과를 내고 싶고 부모와 존중하는 관계를 맺고 싶다는 바람을 갖는다. 이런 식으로 말하면 좋다. "네가 좋은 성과를 내고 최선을 다하고 싶어 하는 건 엄마(아빠)도 알아. 그러니 이 문제에 대해 함께 노력해보자." 그런 뒤 자녀가 하지 않는 부분이 아닌, 하고 있는 부분에 초점을 맞추어 자녀가 하고 있는 이 부분을 더 하도록 바라는 것이 좋다. 이렇게 하면 에너지가 올바른 방향으로 흐른다.

아이는 부모가 자신의 장점을 끌어내고 활용하며, 부모와 소통할 수 있다고 느끼면 자신의 참자아에 맞게 행동할 줄 안다. 아이는 수치심을 느끼지 않고 비난받지 않고 죄책감을 느끼지 않을 때 자유롭게 자신이 이루고 싶은 변화에 초점을 맞춘다. 부모가 부정적인 생각과 말에서 벗어나야 아이에게 긍정적인 에너지가 흐를 수 있는 공간을 더 많이 만들어줄 수 있다.

아이가 무례하다면 그러한 행동 이면에 담긴 감정을 파악해야 한다. 그러고 나서 아이의 무례함이 가족의 삶에 어떤 식으로 부정적인 영향을 끼치는지 알려줘야 한다. "엄마(아빠)는 네가 뭔가를 표현하려 할 때 좌절감을 느낀다는 걸 알고 있어. 그런데 엄마(아빠)는 그런 너를 보면 더 큰 좌절감을 느껴. 네 필요가 충족되도록 너 자신을 표현할 다른 방법이 없을까? 우리가 서로를 어떻게 화나게 만드는지 얘기해볼까? 우리 같이 서로를 어떻게 도울 수 있을지 생각해보자."

여기서 중요한 것은 자녀의 행동에 대한 부모의 감정에 초점을 맞추면 안 된다는 점이다. 가령 부모 자신이 이 상황을 얼마나 모욕적으로 느끼는지, 얼마나 실망하고, 얼마나 상처받는지 등에 초점을 맞추어 이야기하면 안 된다. 이렇게 하면 자녀는 결국 자신의 에너지에 초점을 맞추는 대신 부모의 에너지에 반응한다.

수용하면 부정적인 기운이 사라진다. 상황을 '있는 그대로' 수용하면 관용, 양보 그리고 무엇보다 감사하는 마음이 생긴다. 이 모든 요소들은 마음의 은행에 긍정적인 에너지를 형성하며, 이러한 에너지는 외부로 큰 물결을 일으키는 힘이 있다.

수용에는 수동적인 측면이 없다. 수용은 체념과 완전히 다른 개념이다. 수용은 현재 상황이 만들어진 데 자신도 일조했다는 점과 이 상황을 통해 배워야할 점을 정확히 이해하는 적극적인 과정이다. 만일 삶에서 조금의 변화라도 이루고 싶다면 지금 '있는 그대로'의 현실에 대해 부정적인 생각을 하지 말아야 한다.

수용의 측면 가운데 흔히 간과되는 것이 있다. 모든 것은 연속선상에 존재하기 때문에 우리가 신경 쓰는 부분과는 상반된 부분에 초점을 맞춤으로써 변화를 이룰 수 있다는 점이다. 이 부분은 앞에서도 다뤘다. 하지만 여기서 다시 강조하는 이유는 이렇듯 반대 지점에 있는 에너지야말로 부모가 받아들여야 할 에너지이기 때문이다. 가령 부모가 느끼기에 자녀가 무례하고 반항적인 에너지를 발산한다면 평소처럼 이러한 행동에 초점을 맞추는 대신(이렇게 하면 부정적인 행동을 더 강화할 뿐이다) 연속선상에서 정반대 지점에 초점을 맞추는 것이다. 이는 바람직하지 못한 행동을 인정하지 않아도 자녀를 수용할 수 있는 방법이다.

즉 자녀가 무례하거나 반항적이지 않은 행동을 했을 때를 활용해 집중적으로 언급하는 것이다. 가령 내 딸이 조용히 점심 식사를 하면 나는 그 순간을 이용해 이런 식으로 말한다. "지금 네가 아주 평온해 보여서 좋구나. 이렇게 서로의 존재를 느끼는 것만으로도 엄만 너와 깊이 연결돼 있는 기분이 들어." 이런 순간에 절대 하지 말아야 할 일은 아이의 평온한 모습과 논쟁적이고 까다로울 때의 모습을 비교하는 것이다. 부모들은 이러한 함정에 쉽게 빠진다. 이렇게 비교하는 순간 칭찬은 에두른 잔소리로 돌변한다.

자녀가 보인 존중하는 태도와 친절함을 칭찬할수록 자녀는 공손하고 친절한 사람으로 자랄 가능성이 높아진다. 부모는 자녀의 부정적인 행동에 초점을 맞추던 태도에서(이는 부모 자신의 부정성을 키우기만 한다) 벗어나야만 자녀에게 존중과 친절을 충분히 보여줄 수 있다.

부모의 반응이 자녀의 화를 돋운다

자녀는 부모의 어조, 에너지, 비언어적 신호를 끊임없이 포착한다. 지금쯤 당신은 당신의 화를 돋우는 요소를 이전보다 잘 이해하게 되었을 것이다. 그런데 아이들도 우리 부모들 때문에 화가 날 수 있다는 걸 알고 있는가? 자녀가 특정한 방식으로 당신에게 반응하는 이유가 당신이 자녀를 대하는, 미묘하거나 그다지 미묘하지 않은 어떤 방식 때문이라는 사실을 알고 있는가?

우리는 아이가 우리를 밀어붙이는 것보다 훨씬 더 많이 아이를 밀어붙인다. 아이들은 해야 할 일의 목록과 일정을 우리에게 상기시키며 하루를 시작하지 않는다. 아이는 우리를 위해 수많은 계획을 세우지 않으며, 우리가 원하지 않는 곳을 가라고 재촉하지 않고, 자신이 좋아하는 음식을 우리가 먹지 않거나 자신이 고른 옷을 우리가 입지 않을 때 으름장을 놓지도 않는다. 아이에게 우리의 기준을 따르도록 강요하며 이러한 역학 관계를 만든 사람은 바로 우리 자신이다. 우리는 왜 이렇게 할까? 아이에게 기회를 주고, 아이의 건강을 증진하고, 아이를 인생의 여러 가능성에 노출시키고, 아이에 대한 지지를 보여주기 위해서라고 말하지만 솔직해져 보자. 이 모든 것은 자녀를 우리 생각대로 만들기 위한 교묘한 방식이다.

다른 사람들은 우리의 에너지와 존재 방식이 내뿜는 기운을 알아차리기 마련이다. 부모라는 우리의 존재가 자녀의 행동에 영향을 끼친다는 점을 깨달아야 한다. 이 점을 염두에 두고 항상 이렇게 자문해야 한다. "이런 상황이 발생하는 데 나는 어떤 역할을 했지? 내 에너지나 행동이 어떤 점에서 아이가 이렇게 반응하도록 부추겼을까?" 매 상황이 발생하는 데 우리 자신이 일조했다는 점을 이해해야 더 이상 다른 사람을 비난하지 않는다.

모든 일이 상호의존적인 상태에서 발생한다는 점을 인정해야 아이의 행동을 혼내는 일이 얼마나 단순한 발상인지 알게 된다. 어떤 행동도 진공 상태에서 발생되지 않는다. 부모의 행동을 자극하는 요인이 있듯 아이의 행동을 자극하는 요인도 존재한다. 그 요인은 외부적인 것일 수도 있고 부모에게서 나온 것일 수도 있다. 아니면 아이가 인지하지 못하는, 내면 깊은 곳에서 나온 것일 수도 있다. 아이가 어떤 행동을 했을 때 인정어린 눈으로 봐주지 않고, 그 이유를 알려고 하지 않은 채 책임만 묻는 것은 매정하고 비생산적인 처사다.

부모는 자녀의 바람직하지 못한 행동이 무언가 다른 문제의 신호라는 점을 이해해야 한다. 그래야 자녀와 더 의미 있는 방식으로 소통해야 한다는 사실을 인지한다. 자녀의 성격을 성급하게 판단하는 대신, 원인과 결과의 렌즈로 자녀의 행동을 봐야 그들의 감정과 경험에 대해 궁금증이 생긴다. 이런 접근법을 쓰면 놀랍게도 자녀와 부모 사이에 신뢰가 구축되고, 그 결과 자녀와 더 가까워진다.

쉰일곱 살 아버지인 콘래드는 심장마비가 발생한 뒤 외상후스트레스장애PTSD 같은 증상을 겪어왔던 터라 나를 찾아왔다. 심장 기능이 멈춘 사건에 대한 충격 때문에 콘래드는 감정적으로 무척 힘들어했다. 그 정도가 너무 심해서 아무 도움도 받지 못하는 곳에서 다시 심장마비를 일으킬까 봐 두려워 집 밖을 거의 나가지 못하는 정도였다. 그가 불안을 다스리는 유일한 방법은 집에 있는 것이었다. 그러다 보니 하루의 너무 많은 시간을 침대에서 보내게 되었다. 그러자 아버지가 회복되지 못하는 모습을 지켜본 아이들에게도 증상이 나타나기 시작했다.

콘래드의 여덟 살짜리 딸 브렌다는 학교 성적이 떨어지기 시작했을 뿐만 아니라 집 밖으로 나가는 것을 거부하기 시작했다. 콘래드의 여섯 살짜리 아들 다니엘은 학교에서(미국은 만 6세에 초등학교에 입학한다-옮긴이) 돌출 행동을 하기 시작했고 갈수록 공격적으로 변했다. 처음에 콘래드와 그의 아내는 콘래드가 자신의 고통을 극복하지 못하는 현실과 아이들의 문제를 연관 지어 생각하지 못했다. 애초에 이 부부는 아이들의 문제가 악화되는 것을 막을 수 있는 현명한 방법을 찾고 싶어 나를 찾아왔다. 내가 콘래드의 스트레스를 중점적으로 다루며 대화를 나눈 뒤에야 그들은 비로소 콘래드의 스트레스가 아이들에게 어떤 영향을 끼치고 있는지 깨달았다.

콘래드는 자신의 심장 문제에 적극적으로 대책을 강구하지 않고 세상과 단절하는 쪽으로 해결책을 찾았다. 그 결과 움츠러들기만 하면서 불안한 상태에 빠졌는데, 콘래드의 아이들이 아버지의 이러한 무력감을 습득했고 이를 생활 속에서 드러낸 것이다. 만일 콘래드가 자신의 불안감을 해결하지 못한다면 아이들 역시 자신들은 삶에 대처할 능력이 없다고 믿으며 자랄 것이 분명했다.

콘래드의 문제는 삶이 그의 생활 방식을 바꾸도록 경고를 보내주었다는 사실을 이해하지 못한다는 점이었다. 콘래드는 자신의 심장 문제를 매우 부정적인 사건으로 보았기에 그동안의 일들을 비극적이고 고약한 경험으로 생각했다. 나는 콘래드에게 말했다. 만일 삶이 당신에게 성장할 기회를 주었다는 사실을 받아들이지 못한다면 아이들의 삶을 망치게 될 거라고. 심장마비를 일으킨 적이 있기 때문에 다시는 인생을 온전히 누리지 못하리라는 두려움은 자신의 회복력을 믿지 못하기 때문에 생겨난 것이다. 그는 자신이 허약하다고 상상했기에 몸을 전혀 움직이지 않아야만 안전하다고 믿고 말았다.

나는 콘래드에게 심장 질환이 있어도 제대로 살 수 있다고 말해주었다. 심장 질환 때문에 자신을 파괴해서는 안 되며 그것을 더 인간적이고 온정 많은 사람이 되기 위한 자극제로 삼아야 한다고 말해주었다. 그러자 콘래드는 자신이 굉장히 통제적인 부모 밑에서 자랐고, 삶을 통제할수록 더 안전해진다는 믿음을 부모님에게서 습득했다고 말했다. 그는 심장마비라는 경험 때문에 자신의 세계가 해체되면서 기반이 파괴되었고, 그 결과 태아처럼 웅크리게 되었다. 그러면 이제 콘래드는 어떻게 새로운 관점을 형성할 수 있을까?

자신이 변화되어야 할 필요성을 아는 것만으로 변화되는 사람은 거의 없다. 일반적으로 사람들은 바닥까지 떨어져봐야 비로소 변하곤 한다. 결혼 생활이 파국으로 치닫고, 직장을 잃을 위기에 처하고, 건강이 악화되고, 자녀가 곤경에 처하는 등의 위기 말이다. 많은 경우, 사람은 위기를 겪어야 변하는 것 같다.

하지만 너무 완고해서 위기를 겪어도 변하지 못하는 사람들이 있다. 콘래드가 바로 이런 경우였다. 콘래드가 자신은 무능력하다는 믿음을 버리는 데는 오랜 시간이 걸렸다. 사실 전혀 무능력하지 않았는데도 말이다. 그는 자신의 불안을 직시하고, 불안에 압도되지 않으면서 그 감정을 자연스럽게 느끼는 것을 허용함으로써 마침내 자신의 참자아는 결코 심장마비를 겪지 않았다는 사실을 받아들였다.

불안을 느끼되 그 감정에 압도되지 않는 사람이 인생에서 성공을 거둔다. 인간은 불안을 느끼면 안 된다는 어리석은 생각을 버리는 일은 부모가 가르쳐주어야 할 신성한 과제다. 매일 해만 뜨고 비가 내리거나 천둥이 치면 절대 안 된다고 말할 수는 없는 노릇이다. 이런 비현실적인 믿음은 콘래드가 표현했던 분노와 비슷하다. "아직 이렇게 젊은데 심장 마비라뇨!"

변화가 어떻게 일어나는지 살펴보자. 내면의 에너지가 변화하면 이 변화가 외부적으로도 반영된다. 처음에는 이런 변화가 눈에 띄게 드러나지 않는다. 지층이 조금씩 깎이며 그랜드캐니언이 형성된 것처럼 모든 변화는 이전의 변화들을 기반으로 이루어진다. 우주의 풍족한 에너지를 활용할수록 우리는 우리가 원하는 변화를 이룰 힘을 더 많이 얻는다. 결핍에 초점을 맞추지 말고 풍족함을 느낄수록 삶에서도 풍족함이 반영되어 나타난다.

자녀를 변화시키려고 애쓰지 말고 풍족함을 마음껏 누릴 수 있다는 인식을 기반으로 한 권능의 상태로 자신의 에너지를 바꾸려고 노력해보자. "나는 내가 아이에게 바라는 모습이 될 수 있는가?" 자문하면서, 자녀가 습득하기 바라는 특성을 직접 구현하는 일을 시작해야 한다.

이것은 비단 육아에만 적용되지 않는다. 인생의 모든 측면을 변화시킬 힘 있는 원리다. 우리는 원하는 변화를 스스로 이룰 수 있다. 중요한 점은 스스로 힘을 부여하는 일이다. 에너지는 우리 안에 놓여 있으며 우리는 그 에너지를 활용하는 데 도전할 수 있다. 이때 이렇게 자문해야 한다. "나는 충분히 그럴 수 있다고 나 자신을 믿는가?"

삶이 우리에게 제공하는 것을 거부하지 않으면 우리에게 일어나는 상황뿐만 아니라 그 상황에 대한 기분도 수용하게 된다. 나는 콘래드에게 이런 말을 해주었다. "물론 아버님은 좌절감을 느끼고 몹시 무서울 수 있어요. 그건 자연스러운 현상이죠. 하지만 그런 기분을 느끼는 것 자체가 너무 두려워서 전혀 다른 감정을 느끼고 싶어 하는 바람 때문에 현재를 살지 못하는 건 문제입니다. 그러지 말고 좌절하는 순간들이 있다는 사실을 당연하게 받아들이세요. 그러면 이따금 낙담하더라도 그런 일 때문에 내면까지 쓰러지면 안 된다는 사실을 아이들에게 가르쳐줄 수 있어요."

삶이 단순히 자신에게 펼쳐진다고 생각하지 말고 삶이 자신을 위해 펼쳐진다고 믿으며 삶에 임할 때, 우리는 모든 경험에서 소중한 것을 발견한다. 이럴 때 우리는 자신의 영역을 온전히 인정하며, 진정한 참여자로서 삶에 임하고 항상 상황에 맞게 성장하고 적응한다. 자신이 특정한 결과를 얻을 자격이 있다는 생각을 내려놓을 때, 그런 결과가 실현되지 않는 이유를 깨닫는다. 그 결과, 우리가 바라는 목표는 변화를 겪을 준비가 되어야만 이루어진다는 사실을 알게 된다.

매 순간은 우리가 따라갈 수 있는 끝없는 길을 제공하며, 의식적이거나 무의식적인 선택들을 스스로 인지할 것을 요구한다. 그래야 우리가 결실을 맺고 싶어 하는 소망에 맞게 에너지를 쓸 수 있기 때문이다. 자신이 선택할 수 있는 힘을 이해할 때 인생에 대한 주인의식을 가질 수 있다. 이렇게 될 때 다르게 살기 위한 투지, 회복력, 용기, 창조력이 생겨난다.

있는 그대로의 감정 표현

자녀의 행동이 부모를 격분하게 만들 때 감정적인 반응 아닌 다른 반응은 없다고 생각하는 부모들이 많다. 비난은 본능이다. 누군가 기분을 거슬리게 하면 우리는 두 번 생각하지 않고 "이봐요, 도대체 왜 그래요? 그만 좀 할래요?"라는 식의 감정적 반응을 보이곤 한다. 이렇게 자문하려는 생각은 하지 않는다. "지금 이 상황이 왜 이렇게 거슬리지? 상대방이 나쁜 의도로 그러지 않았다면 정중하게 내 뜻을 말할 수 있을까? 견디기 어렵다면 이 상황에서 벗어날 수 있을까?"

자신이 처한 외부세계에는 여러모로 자신의 내면세계가 반영되어 있다. 대부분의 사람들은 내면의 갈피를 잘 잡지 못하는 부모 밑에서 자랐을 것이다. 그 결과 성장 과정에서 이러한 성향을 습득했고, 이를 다시 자녀에게 물려주고 있을 가능성이 높다. 이렇게 혼란스러운 마음의 거울과 무의식적인 유산은 한 세대에서 다음 세대로 전해진다. 대부분의 사람들은 이 사실을 모르기 때문에 외부세계에서 어떤 상황에 직면했을 때, 그 상황이 자신의 어떤 측면을 거울처럼 보여주는지 알아차리지 못하고 누군가를 탓하는 경향이 있다.

특히 아이는 우리 자신을 잘 보여주는 거울이다. 배우자와 이혼하고 친구가 떠난다 해도 아이는 우리 곁에 남아 있기 때문에, 부모는 무엇보다 아이와의 관계에서 평소에 부인하거나 회피했던 자신의 측면을 들여다봐야 한다. 아이가 보여주는 거울을 들여다보며 자신의 문제를 해결할 수 있을 때 자신의 시야를 가리던 안개를 걷어낼 수 있을 뿐만 아니라, 아이의 참모습을 보게 된다. 이렇게 되면 부모는 아이의 참자아를 비추는 거울이 될 수 있다.

감정적인 반응을 보이지 말라고 말하면 대부분의 부모들은 답답하고 억울하고 진심을 숨겨야 하냐며 두려워한다. 하지만 감정적인 반응과 아주 다르게 반응하는 방법이 있다. 감정이 격해지지 않으면서 자기 뜻을 전달하는 방법을 잘 모르는 사람들이 많다. 대부분의 사람들은 자신의 감정을 느끼되 압도되지 않고, 적극적으로 의견을 피력하되 공격적으로 변하지 않는 것에 익숙하지 않다. 솔직한 언어로 진심을 말하는 법을 배운 사람이 거의 없기 때문이다.

만일 어린이들처럼 자기 감정을 '있는 그대로' 말하는 것이 허용된다면 교묘한 처리, 통제, 온갖 감정적 반응에 의존하지 않고 우리 자신의 진짜 목소리를 직접 끄집어낼 수 있을 것이다. 진심을 말하는 것이 세상에서 가장 쉬운 일이 되어야 하는데, 우리의 부모들이 그랬던 것처럼, 지금의 우리도 이 일을 참으로 어려워한다. 자녀에게 솔직하게 표현하는 일은 우리가 자녀에게 줄 수 있는 값진 선물이다. 이렇게 하면 자녀도 솔직해질 수 있는 길이 열리기 때문이다.

감정적인 반응을 솔직한 의사표현으로 바꾼다면 부모와 자녀 사이에 엄청난 변화가 일어난다. 어떤 변화가 생기는지 실생활의 사례를 통해 살펴보자.

감정적 반응 : "엄마(아빠)가 말할 때 핸드폰 좀 그만 만지작거려! 시험 보는데도 공부를 안 했다니 안 되겠어. 지금 당장 핸드폰 치우지 않으면 완전히 압수할 거야."

솔직한 표현 : "네가 지금 산만하다는 걸 네 스스로 알지 못하는 것 같구

나. 네가 시험을 무의식적으로 회피하는 건 아니니? 네가 최선을 다할 수 있게 계획 세우는 걸 도와줄까?"

"지금 이 순간 네 선택이 어떤 결과를 가져올지 네가 모르는 것 같아 걱정이야. 지금 네 선택이 어떤 영향을 끼칠지 알려주고 싶은데 그러려면 네가 좀 도와줘야 해. 네가 왜 공부를 안 하기로 했는지, 어떻게 하면 이런 생각을 바꿀 수 있을지 얘기해보자."

"핸드폰에서 손을 떼지 못하는구나. 네가 해야 할 일을 스스로 시작할 수 있을 때까지 5분을 줄게. 만일 그 시간이 지나도 할 일을 안 한다면 할 일을 마칠 때까지 핸드폰 압수할 거야. 이렇게까지 하고 싶진 않지만 네가 자신을 스스로 통제하는 모습을 봐야 할 것 같다."

감정적 반응 : "넌 반항적이고 버릇이 없어. 엄마(아빠)한테 그 따위로 말하지 마! 이번 주말에 외출 금지야!"

솔직한 표현 : "엄마(아빠)한테 그런 부정적인 어투로 말해야 한다고 느끼는 것 같구나. 화가 단단히 난 것 같네. 안 그러면 그렇게 말하지 않았겠지. 엄마(아빠)가 5분만 숨 좀 돌릴게. 너도 네가 원하는 것을 어떻게 충족하고 싶은지 잠시 생각해봐."

"넌 지금 감정이 격해져 있어. 엄마(아빠)는 네가 지금 어떤 기분인지 듣고 싶지만 계속 이런 식으로 말하면 엄마(아빠)뿐만 아니라 너도 네 마음속 목소리를 듣지 못해. 네가 무례하지 않게 네 감정을 이야기하고 싶다면 지금 엄마(아빠)가 들어줄게."

"엄마(아빠)한테 버릇없이 말하는 걸 들어주는 게 정말 힘들구나. 엄마(아빠)도 감정이 있고, 네가 그런 식으로 말하면 상처받아. 엄마(아빠)는 방에서 나가 있을 테니까 네가 이 문제를 차분하게 논의할 마음의 준비가 되면 그때 다시 얘기해보자."

자신을 솔직하게 표현하는 것은 온전함, 의식적 인지, 주체성을 아우르는 모습이다. 부모의 솔직한 표현은 자녀가 현명하고 능력 있다는 것을, 자신이 순간적으로 감정이 격해졌다는 사실을 알고 있다는 것을 자녀에게 알려주는 효과가 있다. 뿐만 아니라, 부모와 자녀 사이의 소통 방식에 변화를 이룰 의지가 있다는 점을 알려주는 효과도 있다. 자녀는 부모가 진심을 다해 말하고, 부모가 자신을 나쁜 아이로 몰아세우지 않는다는 점을 알면 방어적인 태도를 버리고 부모와 자신 모두에게 유익한 해결안을 찾는 일에 동참하려고 한다.

모든 아이들은 부모가 자기를 관심 있게 봐주고 이해해주며, 자기 말을 잘 들어주길 바라는 강한 욕구를 지니고 있다. 이런 태도를 보이는 것은 부모의 신성한 책무다. 앞에서도 언급했지만 자녀는 다음과 같은 질문의 답을 정말 알고 싶어 한다. "나는 좋은 아이, 괜찮은 아이, 가치 있는 아이일까?" 아이들은 자신의 세계관, 관점, 감정을 이해받고 싶어 하며, 그리하여 스스로 중요한 존재라고 느끼고 싶어 한다. 아이들은 자신의 목소리와 의견이 중요하게 여겨지고 자신의 노력이 소중하게 받아들여지길 원한다.

아이들은 자신의 기분에 굉장히 충실하기 때문에 느껴지는 기분을 그대로 느끼며 그것을 표현하는 데 두려움이 없다. 하지만 부모는 아이의 기분, 특히 달갑지 않은 기분과 마주하면 그 기분에 주의를 기울이는 대신 무시해버리곤 한다. "조용히 해!"라고 말해버리거나 아이가 그런 기분을 느꼈던 사실에 난처함을 느끼도록, 심지어 아이들이 스스로를 이상하다고 느끼도록 만든다. 그 결과 아이는 자신이 뭔가 잘못되었다고 믿어버리게 된다. 물론 이것은 자신의 기분을 제대로 느끼지 못하고 진짜 기분을 인정하지 못하는 부모의 모습이 곧바로 반영된 결과다.

부모가 자신의 밝은 측면과 어두운 측면을 다 수용할 때 자녀에게도 그렇게 하도록 허용해줄 수 있다. 그리고 진정한 용기는 솔직함과 진정성에서 나온다는 사실을 자녀에게 알려줄 수 있다.

과거에서 벗어나기 위한 새로운 약속

나는 반드시 해야 할 일을 하고
마땅한 삶의 방식을 따르고 싶지만,
어쩐지 거부감이 든다.
두려움 때문이다.
이 두려움 때문에 현재의 소중함을 보지 못한다.

통제해야 할 필요성을 내려놓는다면
나는 미지의 세계로 들어갈 수 있다.
투지, 회복력, 내면의 힘을 발휘하며,
내가 원하는 변화를 이룰
주체가 될 수 있다.

이제 그 무엇도 거부하지 않고,
깨어 있는 의식과 즐거움으로
현재를 맞이하리라.

chapter 16

번잡함에서 벗어나 고요함 찾기

인간의 호흡에서 계절의 흐름에 이르기까지 자연은 리듬을 따른다. 표면상으로는 모든 것이 변하지만 이 모든 것은 표면 아래 존재하는 변치 않는 기반과 연결되어 있다. 삶은 매 순간 손쉽게 변하지만 사실 '현재'에만 치중하며 조용한 정적을 기반으로 흘러간다.

내가 어렸을 때, 인도 뭄바이에 있는 집 근처 바닷가를 걸으며 어머니께 이렇게 물었던 기억이 난다. "저 파도는 어디로 가는 거예요?" 어머니는 이렇게 대답하셨다. "바다로 다시 돌아가지. 만나서 반갑다는 인사를 하고 다시 작별 인사를 하는 거야. 한 파도가 지나가면 다른 파도가 밀려온단다. 차례차례로. 수많은 파도가 지나갔지만, 보렴. 바다는 여전히 저렇게 넓잖니!" 어린 딸을 위한 간결한 대답이었지만 아직까지 기억에 선명히 남아 있다. 어머니는 당신도 모르는 사이에 인생의 모든 것에는 부침이 있다는 사실을 내게 가르쳐주셨다. 인생의 부침에 현혹되지 않고 모든 현실의 밑바닥에 존재하는 고요함에 다가서는 사람이 현명한 사람이다. 이렇게 할 때 인생의 굴곡을 모두 초월한다.

직장에서 봉급이 오르거나 친구의 칭찬을 받을 때 몹시 기뻐하는 부모의 모습을 보면 자녀는 외부적인 사건에 영향받는 방식을 습득한다. 마찬가지로 부모가 직장을 잃었다고, 혹은 이보다 하찮은 경우이긴 하지만 체중이 0.5~1킬로그램 늘었다고 절망에 빠지는 모습을 보면 외부적인 사건에 감정이 쉽게 지배되는 방식을 습득한다. 이와 대조적으로 부모가 어려운 상황에 직면해도 변함없고 굳건하고 회복탄력성 있는 모습을 보이면 자녀는 인생에 맞서 싸우는 대신 인생의 흐름을 따라 사는 법을 배운다. 그러면서 자신의 일이 잘 안 풀리고 다른 사람들의 일이 잘 풀리는 날들과 같은 인생의 굴곡에도 자신의 참자아에는 아무런 영향도 없다는 사실을 배운다. 우리가 이런저런 기분을 느껴도 그것은 우리 자신을 규정하지 못한다. 참자아만이 우리를 정의한다.

삶이 리듬을 탄다는 사실을 이해하면 아이와 문제가 생겼을 때 마음을 다잡는 데 도움이 된다. 아이의 현재 기분이 계속 지속되지 않고 부모의 기분이 그들을 규정하지 않듯, 아이의 기분이 아이를 규정하지 않는다는 걸 이해한다. 기분이 좋으면 좋은 대로, 나쁘면 나쁜 대로 내버려두면 기분은 자연스럽게 지나간다. 기분이 우리 자신의 본질을 규정하지 못하는 것이다.

어떤 물결은 높고 어떤 물결은 낮다고 해서 바다의 본질적인 특성이 변하지는 않는다. 우리의 참자아도 마찬가지다. 참자아는 기분, 성공,

겉모습에 동요되지 않고 시간이 흘러도 변치 않는다. 부모 또한 자신의 에고를 내려놓고 자신의 참자아로 들어간다면 수많은 혼란과 역기능을 떠나보낼 수 있을 것이다. 이렇게 되면 자신과 사랑하는 사람의 겉모습이 아닌 더 깊이 있고 변치 않는 참자아를 보게 된다.

침묵의 힘

인생의 최고 협력자 가운데 우리가 제대로 활용하지 못하는 것이 '침묵'이다. 대부분의 사람들은 침묵을 두려워한다. 침묵에 어떤 형태의 행동도 수반되지 않기에 무가치하다고 믿기 때문이다. 대부분의 사람들은 침묵 속의 정적을 불편하게 여긴다. 정적은 항상 바쁘게 움직이고 성과를 내야 한다고 배워온 상식과 어긋날 뿐만 아니라, 참자아가 자리하는 텅 빈 공간 같은 내면을 고통스럽게 들여다보게 만들기 때문이다.

사람들은 온전한 침묵이 흐르는 정적 속에서 자신과 마주하는 일을 거북하게 여긴다. 그래서 단순히 정적을 피하고 싶은 바람 때문에 과식이나 과음을 하고, 무분별하게 사람들과 어울리거나 수많은 활동에 참여한다. 이렇게 마음이 끊임없이 윙윙거리며 움직이면 마음의 부조화와 불균형이 생겨난다. 끊임없이 밀려드는 수많은 의견, 비판, 아이디어에 시달리면 마음은 최고의 기능을 하지 못한다.

하루 중 잠시만이라도 고요하게 있는 시간이 있다면 자신의 참자아를 인지하며 자신을 충전할 수 있다. 잠시 가만히 앉아 자신의 호흡에 주의를 기울이면 끊임없이 처리해야 하는 각종 정보 세례에서 벗어나 마음이 휴식을 취할 수 있다. 이렇게 잠시 마음을 가다듬는 시간을 마련하면 삶에서 정말 중요한 것이 떠오른다. 그것은 바로 자신과 타인과의 소통이다. 아무리 외적인 성과를 많이 거둔다 해도 진정으로 소통하지 못하면 근본적으로 그 무엇도 갖지 못한 셈이다. 한바탕 소나기로 공기가 청명해지듯 10분 동안 호흡에 주의를 기울이며 고요히 앉아 있으면 마음이 청명해진다. 이럴 때 자녀도 부모의 달라진 에너지를 곧바로 느낀다. 하루를 보내며 자기 마음을 자주 확인하면 말을 하기 전에도 잠시 멈추고 자신이 소통하는 방식에 초점을 맞출 수 있다. 이렇듯 주의를 집중하는 것은 의식적인 육아에서 반드시 필요한 부분이다.

고요하다는 것은 겉으로든 속으로든 말하지 않는다는 의미다. 마음의 잡음을 관찰하되 거기에 동참하지 않는다는 의미다. 매일 이런 연습을 하면 마음의 잡음은 점점 사라진다. 마음의 잡음은 우리가 그것과 상호작용해야만 지속된다. 그렇게 하지 않고 그냥 내버려두면 그것은 점차 사라진다.

나는 부모들에게 고요함 속에 앉아 있는 연습을 하기 위해 일정 시간 동안 아이에게 말을 걸지 않는 연습을 해보라고 권한다. 물론 아이가 어떤 식으로든 부모를 필요로 할 때를 제외하고 말이다. 이는 아이를 무시하거나 혼자 남겨둔다는 의미가 아니다. 이는 아이를 어떤 모습으로 만들겠다거나 변화시키겠다는 바람 없이 아이의 존재를 오롯이 느낀다는 의미다. 나는 부모들에게, 말하는 데 쓰는 에너지를 아이를 관찰하는 데 쓰라고 요구한다. 그러면서 아이의 앉아 있는 자세를 관찰해보라고 제안한다. 내 아이는 어깨가 구부정한가? 그런 뒤에 아이의 눈, 미소, 말투를 관찰해보라고 제안한다. 부모가 충분한 시간 동안 침묵하면 아이에게 반응하는 방식이 상당히 달라진다.

한 어머니는 내게 "만일 아이가 치약 뚜껑을 닫지 않고 내버려두면 어떻게 해야 하나요?"라며 구체적이고 현실적인 질문을 했다. 나는 이렇게 답했다. "5분 동안 아무 말도 하지 마세요."

"애들이 방에 불을 켜놓고 나가면요?"

"5분 동안 아무 말도 하지 마세요."

"애들이 시험을 망치면요?"

"5분 동안 아무 말도 하지 마세요."

"애들이 저나 다른 사람에게 무례하거나 심술궂게 굴면요?"

"5분 동안 아무 말도 하지 마세요."

"애들이 저나 형제자매를 때리면요?"

"5분 동안 아무 말도 하지 마세요."

이쯤 되면 당신은 뭔가 잘못되었다고 생각할 것이다. '너무 어이없는 방법이잖아?' 하고 생각할 것이다. 평소의 습관을 멈추라고 하면 당연히 염려스럽다. 어쩌면 내가 부모의 권리를 빼앗고, 아이의 부정적인 행동을 방치하게 만든다고 느낄지도 모르겠다. 아니면 내가 지나치게 관대하다고 생각할지도 모른다. 혹은 당신의 아이가 보이는 나쁜 행동을 너무 쉽게 용인한다는 생각들 수도 있다.

5분 동안 아무 말도 하지 않는다는 것은 이런 의미가 아니다. 이것은 조치를 취하지 않는다는 의미가 아니라 가장 현명한 조치가 떠오를 때까지 잠시 기다리라는 의미다. 현 상황에서 한 발짝 뒤로 물러서서 마음을 차분하게 가라앉힐 때 지혜가 떠오르기 때문이다. 그러므로 5분 동안 아무 말도 하지 않는 것은 자신의 판단이 명확하다고 여겨지는 순간에도 성급하게 판단을 내리지 않는다는 걸 의미한다. 이런 접근법이 자신과 아이를 어떻게 변화시키는지 그 힘을 알게 된다면 가장 바람직한 조치가 떠오를 때까지 잠시 침묵하는 방법을 기꺼이 택할 것이다.

내 고객 올리비아는 부모님을 모시고 네 살짜리 아들 트리스탄과 외식했을 때 벌어진 일에 대해 말해주었다. 어린 트리스탄은 몸을 가만두지 못했다. 올리비아는 아들에게 "이제 그만. 가만히 있지 않으면 여길 나갈 거야"라고 경고했다. 그러자 트리스탄은 이렇게 말했다. "난 지금 나가고 싶어. 나가자!"

난처해진 올리비아는 화가 잔뜩 났다. "지금 당장 가만히 있지 않으면 할머니 댁에서 자고 오지 않을 거야." 올리비아는 아들이 소리를 지르자 아들을 붙잡아 음식점을 나온 뒤 할머니 댁 방문도 취소하고 집으로 돌아갔다. 그녀는 말했다. "트리스탄은 할머니 집에 못 가서 충격을 받았어요. 그래서 전 아들이 그 일로 뭔가 깨달았겠거니 생각했죠. 하지만 다음 날이 되자 아들은 다시 버릇없고 미운 짓을 하더라고요. 어찌해야 할지 모르겠어요."

내가 아들에게 너무 빨리 반응했다고 말하자 올리비아는 놀란 표정을 지었다. "그 순간 곧바로 무슨 말을 해야 한다고 생각했어요. 선생님도 부모들이 그렇게 해야 한다고 말하지 않나요?"

나는 이렇게 설명했다. "아이에게 무엇이 필요한지 의식적으로 주의를 기울이는 것과 부모의 불쾌함 때문에 분별없는 반응을 보이는 건 달라요. 트리스탄은 가만히 있지 못했으니 진정하는 데 도움이 필요했어요. 어머님은 도울 방법을 찾는 대신 으름장과 징계로 무모하게 반응했고요. 트리스탄은 당연히 반발했을 거예요. 그리고 반발할수록 자신만 더 불리해졌을 테고요. 처음에 어머님이 감정적인 말을 하지 않았더라면 어땠을까요? 아들을 무릎에 올려놓거나 말없이 가만히 안아주며 잠시 관심을 기울여줬다면 어땠을까요? 그랬다면 소리를 질러서 발생한 결과보다 더 나은 결과가 일어나지 않았을까요?"

올리비아는 그날 직장에서 스트레스를 많이 받았던 터라 누구든 자신의 뜻대로 하지 않으면 곧장 맹렬하게 비난할 상태였다는 점을 인정했다. 그녀는 자신의 분노 때문에 아들을 문제아로 만들었다는 점을 인지하며 이렇게 말했다. "그렇게 마음으로부터 우러나서 멈추는 법을 어떻게 배워야 할까요? 그 방법을 배워야 할 것 같아요."

나는 이렇게 답했다. "이건 우리가 키워야 하는 근육과 같아요. 침묵이 묵인이나 소극적인 태도를 의미하진 않아요. 그건 지금 일어난 일을 받아들이고 적절한 반응을 찾아낼 시간을 확보한다는 의미예요."

우리는 침묵의 시간을 통해 내면으로 들어가 자신의 바람을 전달할 다른 방법을 찾을 수 있다. 자녀와 서로 맞받아치는 싸움을 무모하게 시작하는 대신, 이러한 무반응의 시간을 통해 자녀에게 닿을 수 있다. 단 몇 분이라도 침묵의 시간을 보내면 어떤 문제에 대한 처음의 반감이 수그러들 수 있으며 상황을 다르게 보는 방법이 떠오르기 시작한다.

부모는 침묵을 통해 자신과 자녀를 완전히 새로운 방식으로 보게 된다. 자녀를 관찰하면서 자녀의 비언어적 에너지와 자녀가 보내는 신호에 주의를 기울이게 된다. 또한 삶과 부모를 대하는 자녀의 방식을 세심하게 헤아리게 된다. 그러는 가운데 인생에서 점차 '무엇이' 아닌 '방식'에 중심을 두게 된다. 그 과정에서 어떤 상황에 대해 마음이 산만하거나 혼란스러울 때는 생각하지 못했던 질문을 스스로 하게 된다. 스스로 자문해볼 만한 질문으로는 다음과 같은 것들이 있다.

- 이것은 사활이 걸린 상황인가?
- 이 상황을 좀 더 폭넓은 관점으로 본다면 어떻게 생각할 수 있을까?
- 아이에게 이 문제를 끄집어내기에 지금이 가장 적절한 때인가?
- 나의 바람이 받아들여지도록 이를 다르게 표현할 방법이 있을까?
- 상황이 이렇게 되는 데 나는 어떤 역할을 했는가?
- 이 상황에서 내가 취할 수 있는 가장 도리에 맞는 방법은 무엇인가?

우리는 짧지만 중요한 침묵의 시간을 통해 편협함에서 벗어나 마음의 지혜에 가닿는다. 마음에 닿는 여정이 항상 5분이나 10분 정도 걸리는 것은 아니고 때로는 더 긴 시간이 걸릴 수도 있다. 시간이 얼마나 걸리든 그 과정에서 우리는 명료성, 연민, 용기를 키우게 된다. 이렇기 때문에 이 여정은 자녀의 마음으로 직진하는 길이기도 하다.

경청의 가치

흔히 있는 일이지만, 자녀에 대해 세운 계획대로 상황이 흘러가지 않을 때 부모는 자녀와 대화를 나누어야 한다고 생각한다. 물론 이것은 대화의 계기가 되지만, 때로 모든 것을 세세하게 이야기하려는 본능은 진정한 소통 의지가 아니라 내면의 불안과 단절에서 나오기도 한다. 자녀와 이야기할 때 해결책에 도달한다고 생각하기 때문에 편안함을 느끼는 것이다. 서양문화에서는 신경 쓰이는 모든 문제에 대해 감정을 터뜨리고 표현하고 이야기하라고 권한다. 논의에 대한 집착은 진정한 동반자 관계를 만들기 위한 진심 어린 노력보다는 내면의 불편한 기분을 나타내는 신호에 가깝다. 흔히 논의는 승인받고 인정받고 이해받고 싶은 욕구에서 생겨나기 때문에 결핍감에서 비롯된 행동이라고 볼 수 있다. 부모가 이런 식으로 내면의 결핍감에서 비롯된 행동을 하면 자녀는 혼란스러워지고 결국 부모에게서 멀어진다.

그렇다고 감정의 금욕주의가 더 현명한 방법이라는 뜻은 아니다. 말을 하든지 자제하든지 간에, 그것이 현재 일어난 일에 대한 진심 어린 반응이 아니라 불편한 기분을 피하기 위한 행동이라면 두 가지 모두 의식적이지 못한 방법이다. 부모가 이렇듯 의식적이지 못한 행동을 하면 자녀는 자신을 보호하기 위해 매우 감정적인 반응을 보인다.

자녀가 방에 틀어박혀 나오지 않으려 할 때 당황하는 부모들이 굉장히 많다. 그들은 "난 이렇게 마음을 열어놓았고 이야기할 준비가 되었는데 왜 내 아이는 나와 말하려고 하지 않을까?"라며 의아해한다. 자녀가 부모를 외면하는 이유는 부모가 순전히 부모 자신을 위해서 대화하려 한다는 점을 감지하기 때문이다. 다시 말해, 부모가 대화를 통해 자신의 불안을 해결하고 통제하려 한다는 점을 자녀가 감지한다는 뜻이다.

폴라는 열네 살짜리 아들 톰을 놓아주는 일이 너무 힘들었다. 톰은 어렸을 적에 부모와 맺었던 친밀한 관계에서 도망치고 있었다. 그 또래 남자아이들이 그렇듯 톰은 어머니와 시간을 보내는 것보다 친구들과 게임하는 것을 더 좋아하기 시작했다. 불안감을 느낀 폴라는 아들과 있을 때마다 대화를 시도하며 자신의 불안한 심리를 보상받으려 했다. 폴라는 톰이 조용하거나 기분이 안 좋아 보이면 잔뜩 긴장하며 이렇게 말했다. "톰, 무슨 일 있니? 화났어? 엄마가 들어줄 테니까 무슨 일인지 말해 봐. 네가 엄마하고 대화하는 걸 정말 편안하게 여겼으면 좋겠어. 그러니까 무슨 일이 있는지 말해 봐." 톰이 아무 말 없이 별일 아니라는 표정을 지으면 폴라는 이를 자신에 대한 거부의 신호로 받아들였다.

어떻게 해야 할지 몰랐던 폴라는 나를 찾아와 이렇게 불평했다. "톰이 저한테서 도망치려는 것 같아요. 전 정말 톰과 친밀하게 지내면서 서로 어떤 얘기든 나누고 싶거든요. 마치 아들을 잃어버린 기분이에요." 폴라가 이렇게 느낀 이유는 아들과 소통하는 방법은 대화밖에 없다고 믿었기 때문이다.

아홉 살 난 테레사의 어머니 로잘리도 이와 비슷한 감정을 느꼈다. 로잘리는 딸 테레사가 학교생활이나 친구 문제 등으로 스트레스를 받으면 장황하게 말을 늘어놓았다. "우리 딸, 엄만 네 기분이 지금 얼마나 나쁜지 알아. 엄만 네 기분을 완전히 이해해. 엄마가 다 들어줄 테니 왜 기분이 안 좋은지 말해 봐. 그래야 엄마가 도와줄 수 있지." 로잘리의 말은 겉으로는 위로가 되고 딸의 기분을 잘 맞춰주는 것처럼 보인다. 하지만 테레사는 점점 더 말을 하지 않았다. 좌절감을 느낀 로잘리는 더 시끄럽게 말을 늘어놓았다. 결국 테레사는 이렇게 소리 질렀다. "엄마, 말 좀 그만해! 엄마는 내 말은 귀담아 듣지 않아. 엄마는 항상 내가 뭘 해야 하고 어떻게 생각해야 한다는 말만 하잖아. 난 그게 정말 싫어!"

로잘리의 말이 딸에게 받아들여지지 않았으므로 우리는 로잘리의 말이 진정 딸의 필요에 맞는 것인지, 아니면 자신의 필요를 위한 것인지 알아봐야 한다. 테레사는 톰과 마찬가지로 자신은 설교하는 사람이 아닌 자기 말을 들어줄 사람이 필요하다는 메시지를 어머니에게 보내고 있었다. 두 어머니의 대화 시도는 선의이긴 했지만 자녀를 '바로잡아주려는' 의도였고, 아이들은 이를 감지했다.

부모가 자녀와 진정으로 소통하기 위해서가 아니라 자신의 필요를 충족시키기 위해 대화하려 할 때 자녀는 부모가 자신을 통제하려 한다는 걸 알아차리고 마음을 닫아버린다. 나는 항상 부모들에게, 부모 자신의 말이 소통하려는 마음에서 나왔는지 통제하려는 마음에서 나왔는지 보여주는 확실한 신호는 자녀가 반응하는 방식이라고 말한다. 자녀가 마음을 열고 말하는지, 아니면 갈수록 불안해하고 말을 잘 안 하다가 결국 입을 완전히 닫아버리는지 봐야 한다. 정적을 소리로 채우기 위해 말을 하면 소통이 아닌 그 반대 효과가 나타난다. 나는 폴라와 로잘리에게도 똑같이 말했다.

"어머님은 아이와 소통하고 싶다고 생각할지 모르지만 정말 솔직한 심정으로 마음을 들여다보세요. 실제로는 아이가 어머님의 생각을 따르거나 아이의 행동 방식을 바꾸게 만들고 싶어 하는 마음이 클 거예요. 아이들은 이런 걸 감지하고 곧바로 방어막을 쳐요. 만일 어머님이 왜 아이와 대화하고 싶은지 그 솔직한 이유를 살펴보고 그 의도를 인정하지 않는다면 아이는 계속 어머님을 외면할 거예요."

나는 부모들에게 자녀가 특히 10대에 접어들면 필요할 때만 말하라고 권한다. 자녀는 열 살 정도가 되면 부모가 말하는 방식과 내용에 아주 익숙해진다. 그러면서 부모의 충고나 훈계를 듣고 싶어 하지 않으며, 그저 부모가 자기 말을 들어주고 자기에게 관심을 기울여주기를 바란다. 그러니 부모는 자녀가 자발적으로 다가올 수 있는 여지를 만들어야 한다. 이렇게 하려면 말없이 소통을 이끌어낼 줄 알아야 한다.

우리는 부모로서 자녀에게 캐묻고, 낱낱이 따지고, 질문하고, 자신의 의견을 고집하고, 설교하고, 이론화하고, 추정하고, 결론짓고, 비난하고, 판단하고, 꾸짖는 등의 일반적인 실수를 그만 저질러야 한다. 이렇게 하면 자녀와 멀어지기만 한다. 이렇게 하는 대신 대체로 말을 줄이고 마음을 열고, 판단하지 않으며, 비난하지 말고, 상관하지 말아야 할 일에 간섭하지 않도록 주의해야 한다.

머리가 아닌 마음으로 말한다는 것은 말을 적게 한다는 의미다. 의사소통하는 데는 말이 필요하지 않으며, 수용하고 온기를 전하기 위해 마음이 열려 있기만 하면 된다. 이 모든 것은 영향력을 발휘한다. 이 모든 것은 상대방에게 느껴지며 말없이 서로를 깊이 존중하게 만든다. 말로 의사소통해야 한다는 집착을 내려놓고 자녀의 손을 잡아주거나 눈을 들여다보기만 해도 큰 효과가 나타난다. 만일 자녀가 자신의 이야기를 한다면 부모는 자녀가 하는 말을 경청하면서 말로 표현되거나 표현되지 않은 감정과 바람을 헤아리면 된다. 그리고 이렇게 깊이 경청한 뒤에 자기 말을 하면 된다.

나는 자녀와의 관계에서 좌절감을 경험하는 부모들에게 "아이의 말에 진정으로 귀를 기울이지 않기 때문에 그렇게 된 겁니다"라고 말해준다. 부모들은 이 말을 자녀가 원하는 것은 무엇이든 해주어야 한다는 의미로 받아들인다. 그러면 나는 분명하게 말한다. "아이의 요구에 굴하라는 의미가 아니에요. 깊은 경청은 자녀가 하고 싶은 대로 해주는 것과 관련이 없어요. 이는 부모가 주의를 기울이고 있고 도움을 줄 준비가 되어 있고 의식적으로 깨어 있다는 걸 아이에게 전해준다는 뜻입니다."

자녀의 말을 경청하면 대화의 주파수가 변한다. 불안감을 느끼고 마음이 심란하고 대화를 통제해야 할 필요를 느끼는 대신, 자녀의 마음과 감정에 주의를 기울이게 된다. 내가 최근에 딸 마이아와 나누었던 대화에 대해 말해보려 한다. 열두 살인 마이아는 몸을 청결하게 하는 일처럼 매일 해야 하는 일을 알아서 하기 때문에 그런 부분에서 나에게 도움이나 조언을 청하지 않는다. 그런데 어느 날 밤, 마이아가 이를 닦으려다 말고 나를 욕실로 불렀다. "내가 어렸을 때 엄마가 내 이를 닦아주던 거 생각나요? 옛날 생각해서 한 번만 닦아줄래요?"

나는 처음에 이렇게 말했다. "그건 너무 유치한데. 너 스스로 잘 닦을 수 있잖아." 아무 말도 하지 말았어야 했다. 마이아는 내 어깨에 힘이 들어가고 찌푸려진 얼굴을 본 순간 나의 주파수를 감지했다. 딸의 입술이 살짝 떨리고 얼굴에 실망감이 깃들었다. 딸의 주파수 역시 나와 맞게 변해버린 것이다.

그 모습을 보며 나는 생각했다. '나는 왜 딸의 기분 좋은 요구를 무시하는 거지?' 딸의 마음을 들여다봐야 했다. 마이아는 그런 요구를 통해 아름답게 기억되는 어린 시절로 되돌아가보고 싶었던 것이다. 자신이 소중히 여겼던 방식을 재현하며 나와 공감대를 형성해보고 싶었던 것이다. 생각이 거기에 미치자 내 마음은 누그러들었다. 나는 아까 한 말을 철회했다. "물론, 기꺼이 닦아줘야지. 엄마도 그 시절이 그립거든." 마이아 얼굴에 다시 생기가 돌았다. 우리는 마이아가 다시 네 살로 돌아간 것처럼 굴며 유대감을 느꼈다.

평소의 통제적인 주파수에서 소통에 초점을 둔 주파수로 옮겨가는 것은 자녀에게 마음을 여는 데 중요한 일이다. 부모와 자녀 사이에 발생하는 불화의 원인은 대개 부모가 자신이나 자녀의 의사소통 주파수를 알지 못하는 데 있다. 가령 부모들은 자신이 편안하거나 안심시키는 말을 하면 자녀가 부모의 내면에 자리한 불안을 감지하지 못할 거라고 믿지만, 사실 자녀는 부모의 말에서 불안만을 감지한다. 마음을 열고 자녀의 말을 깊이 경청하면 자녀를 끊임없이 바로잡아주고 도와주어야 한다는 생각에서 자유로워진다.

다시 한번 말하지만, 자녀의 말을 경청한다는 것은 자녀가 하고 싶은 대로 다 들어준다거나 자녀의 요구에 굴한다는 의미가 아니다. 이는 자녀가 가장 바람직하게 성장하는 데 가장 적합한 방식으로 반응하는 것을 의미한다. 이렇게 경청할 때 부모는 의식적인 부모의 핵심적인 역할을 완수한다. 자녀의 관찰자가 되는 것 말이다. 감정에 치우치지 않는 관찰자 역할은 의식적인 육아에서 중요한 부분이다. 부모가 이러한 역할에 충실해야 자녀가 시시각각 경험하는 것과 부모에게 원하는 것을 온전히 파악할 수 있다.

존재의 힘에 대한 발견

내 고객인 페기는 말없이 존재의 힘을 발휘하는 법을 배운 뒤 아이들과의 관계에 변화를 주는 일이 매우 쉽다는 사실을 알게 되었다. 그전까지 페기가 아이들에게 영향력을 행사하는 방법은 아이들의 물건을 압수하거나 외출 금지를 내리는 것이었다. 주기적으로 아이들에게 벌을 주기도 했다. 그 결과 사소한 대화도 금방 힘겨루기로 악화되었다.

페기의 가족이 함께 상담을 받으러 내 사무실에 왔을 때 나는 페기가 두 아들에게 어떻게 행동하는지 보았다. 페기는 아이들에게 보고 있는 전자기기들을 치우라고 말했는데, 아이들은 들은 척도 하지 않고 계속 화면만 보고 있었다. 그러자 페기는 아이들의 기기를 낚아채며 온갖 벌을 주겠다며 아이들을 협박했다. 아이들은 엄마를 미친 사람 보듯 쳐다보았다. 그러다가 한 아이는 부루퉁한 표정을 지었고 다른 아이는 엄마의 정강이를 발로 차고 밖으로 나가버렸다. 페기는 절망스러운 표정으로 나를 보며 말했다. "늘 이런 식이에요. 전 애들한테 사소한 것을 하라고 말했을 뿐인데 어느 순간 집은 전쟁터가 되어버려요."

페기는 자신의 접근법이 불합리하다는 점을 인지하지 못했다. 자신은 부모이기 때문에 아이들을 마음대로 할 수 있는 전권이 주어진다고 생각하는 듯했다. 나는 페기가 그 상황에서 아이들을 다룬 방식은, 약속 시간보다 늦게 도착했다고 친구의 귀를 잡아당기거나 생일 선물을 잊었다고 친구의 뺨을 때리는 것과 비슷하다고 말했다. 우리 중 누가 친구들에게 감히 그렇게 행동하겠는가.

두려움에서 온 부모의 반응들이 자녀에게 얼마나 부정적인 영향을 끼치는지 부모들은 깨닫지 못한다. 나는 페기에게 말했다. "아이들에 대한 요청이 순식간에 협박으로 바뀌었어요. 다른 방법들도 많이 있었는데 왜 다른 방법을 쓸 생각을 못하셨어요?"

페기는 내가 하는 말을 이해하지 못하고 이렇게 물었다. " 어떤 방법을 말씀하시는 거죠?" 나는 이렇게 설명했다. "어머님이 반응하신 양상을 보면, 아이들에게 무언가를 요청했는데 아이들이 말을 듣지 않은 순간, 어머님의 마음에서 어떤 요인이 작동했음을 알 수 있어요. 그게 무엇인지 알아야 해요. 아이들에게 기기를 치우라고 했을 때 어떤 기분이었어요?" 페기가 대답했다. "물론 창피함이었죠. 애들이 선생님 앞에서 그러고 있으니 너무 당황스러웠어요. 기기를 치우라고 말하려는 순간 애들이 말을 듣지 않을 거라는 건 알고 있었어요. 아이들의 반응이 두려웠고 아이들이 제게 화를 낼 거라고 예상도 했어요."

"맞아요, 어머님은 아이들의 저항을 예상했어요. 그래서 아이들이 기기를 즉시 치우지 않자 곧바로 이를 저항으로 해석했지요. 이렇게 해석했기 때문에 요청을 협박으로 바꾼 거고요." 페기는 아까 일어난 일을 생각하는 표정으로 이렇게 말했다. "그야 그랬죠." 나는 일깨우듯 물었다. "만일 아이들이 말을 들을 거라고 기대했더라면 어땠을까요? 그랬다면 어머님은 조금 다르게 반응했을까요?"

"아마 좀 더 인내심을 가지고 편안하게 생각했겠죠" 페기가 인정했다. 나는 말했다. "어머님의 마음 상태가 달랐다면, 마음 중심을 잡고 있었다면 아이들의 반응을 두려워하지 않았을 거예요. 아이들도 엄마라는 존재의 힘을 느꼈을 테고요. 이러한 힘은 어머님이 편안한 접근법을 쓸 때 전달되거든요. 가령 어머님이 아이들 앞으로 가서 기기를 내려놓고 아이들 눈을 직시하며 요청했다면 아이들은 말을 들었을 거예요. 어머님이 아이들의 부모로서 권위 있게 행동하셨기 때문에 아이들은 명확하고 영향력 있는 존재의 힘에 마음이 움직여 말을 따를 수밖에 없어요. 진정한 존재의 힘은 전략과 협박보다 훨씬 더 효과적이에요."

페기는 이러한 접근법에 회의적이었다. 두드러진 행동이 없기 때문에 별 효과가 없을 거라고 여기는 듯했다. 페기는 우선 그 방법이 어떻게 효과가 있는지 직접 경험해봐야 했다. 나는 우리의 목소리, 눈빛, 존재 자체가 마음 중심에 있는 고요함을 기반으로 하고 있다면 사람들과 깊이 소통할 수 있다고 말해주었다. 우리가 이러한 내면의 힘과 연결되어 있지 못하다면 영향력을 발휘하지 못하기 때문에, 아이들의 주의를 끌려면 문제를 크게 만들 수밖에 없다는 점을 지적해주었다.

정지를 위한 시간

우리의 바람이 아무리 강할지라도 그것이 물리적 우주에서 실현되려면 시간이 걸린다. 그 시간이 지날 때까지는 우리에게 아무 일도 일어나지 않는다. 그러므로 자신의 불안과 걱정을 누그러뜨리려는 생각으로 무모하게 돌진해선 안 된다. 우리가 불안해하고 걱정할수록 긍정의 에너지는 잘 발산되지 못하고, 결국 우리의 바람이 실현되는 데 더 많은 시간이 걸린다.

상황을 그저 지켜본다는 것은 적절한 때가 되면 바람이 실현된다는 점을 이해하고 있다는 의미다. 이러한 믿음이 굳건할수록 걱정을 덜 느낀다. 지금 우리에게는 격정적인 에너지와 정반대인 에너지가 필요하다. 바로 고요함에서 흘러나온 에너지다.

그저 가만히 앉아 기다리는 것을 참지 못하는 사람들이 많다. 사람들은 상황이 자연스럽게 흘러가는 과정을 지켜보는 걸 괴로워한다. 자신의 바람이 실현되지 않을까 봐 두렵기 때문이다. 이러한 두려움 때문에 필요한 씨를 뿌리지도 않고서 언젠가 싹이 날 거라고 믿는다. 믿음은 중요한 요소다. 자신이 원하는 결과를 얻기 위해 진정으로 우주와 자신을 믿는 사람이 얼마나 될까? 자녀 문제와 관련된 모든 의심, 혼란, 비교는 믿음이 아닌 두려움에서 나온다.

믿음에 가장 큰 방해 요소는, 우리가 인생에서 '마땅히 이루어야 한다'고 생각하는 기준에 끊임없이 흔들린다는 점이다. 이 때문에 우리는 내면의 나침반을 활용하지 못한다. 자신을 잘 믿는 참자아를 끌어내지 못하기 때문에 너무 성급하게 행동하고, 개입하지 말아야 할 일에 개입하며, 불안하게 맴돌고, 세세한 것까지 통제하려 든다. 불안에서 비롯된 우리의 이러한 행동들 때문에 우리의 자녀들은 자신의 길을 찾고, 자기 문제를 스스로 해결하고, 자신의 진로를 스스로 결정하는 일을 제대로 하지 못한다.

임산부가 아이를 기다리는 9개월여 동안 두려움에 떠는 건 아무 도움이 되지 않는다. 출산을 순조롭게 할 수 있을까 걱정할 시간에 아기방을 꾸민다거나 아기 용품을 사며 적절한 준비를 하는 것이 훨씬 바람직하다. 아이가 태어나도 마찬가지다. 두려워하기보다는 육아라는 책임을 맡아야 한다. 이제 부모가 할 일은 여러 씨앗을 뿌려두고 뒤로 물러서서 아이가 자신에게 이끌리는 씨앗에 물을 주고, 끌리지 않는 씨앗은 무시하는 모양새를 가만히 지켜보는 것이다. 어떤 씨앗에 물을 주어야 하는지 선택해주려 애쓸 때 불안은 스멀스멀 생겨난다. 부모가 왜 물을 주어야 할 씨앗을 지정해주어야 하는가.

씨앗을 뿌리는 일은 자신이 상상하는 특정한 목표 지점에 도달하는 것보다 그 여정을 더 소중하게 여기는 것과 관련이 있다. 이는 자신이 꿈꾸는 완벽한 결과가 아니라 그 과정을 소중히 여긴다는 의미다. 여기서 '완벽함'은 성과를 기준으로 판단된다. 부모는 자녀가 높은 수준의 성취를 이루어내지 못하더라도 자녀의 존재를 기뻐해야 한다. 그래야 자녀는 자신이 조건 없이 존중받을 만한 사람이라는 걸 알게 된다. 역설적이게도 이러한 접근법은 새로운 수준에 도달하도록 자녀를 고무시키는 효과가 있다. 자녀가 자신을 긍정적으로 생각할수록 내면의 소명을 침착하게 따를 가능성이 높다. 이러한 자녀는 자기 자신을 믿는다. 부모도 자신을 그렇게 믿어주었기 때문이다. 설령 자신에게 의구심이 들더라도 부모가 자신의 성장을 믿는다는 사실을 떠올리면서 서두르지 않고 그 여정을 천천히 즐겨야 한다는 점을 상기할 것이다.

육아는 머리로 생각해내는 전략적 간섭이 아니다. 육아는 우리가 우주의 풍족한 에너지를 진정으로 신뢰할 때에만 효과를 발휘하는 믿음의 여정이다. 우리가 더 많이 믿을수록 자녀의 미래에 대한 불안감은 더 많이 줄어든다. 모든 일에는 적절한 타이밍이 있다는 사실을 온전히 믿는다면 상황이 자기 뜻대로 되지 않아도 의심하지 않는다. 삶이 자신에게 제공하는 것을 온전히 받아들인다. 만일 자신이 성장하는 데 무엇인가가 필요하지 않다면 실제로 그것은 자신 앞에 나타나지 않을 것이다. 또한 이러한 사람은 자연의 모든 아름다움은 그 모습을 드러내는 데 시간과 공간이 필요하다는 사실을 받아들인다.

우리는 일정이 빡빡할 때 꼭 해야 할 일을 하기 위해 시간을 내지 못한다. 이는 차가 막힐 때 발끈하지 않고, 아이가 꾸물거릴 때 불같이 화내지 않게 해주는 완충제를 마련하지 못하는 것과 같다. 요즘처럼 정신없는 세상에서 일종의 정지 시간을 마련하는 것은 그 자체로 삶의 기술이다. 이러한 정지 시간을 삶에서 충분히 마련하는 사람은 자신에게 충전할 기회를 주는 셈이다. 의식적인 부모는 아무것도 하지 않는 순간을 공허하고 쓸모없는 시간으로 생각하지 않고 이를 소통, 창의성, 재미를 위한 소중한 기회로 여긴다. 우리의 아이들은, 삶이란 일만으로 이루어진 것도, 놀이만으로 이루어진 것도 아니라는 사실을 알아야 한다. 이 두 가지 사이에서 균형을 유지하는 것이 의식적인 삶의 기술이다.

침묵을 지키기 위한
새로운 약속

접시를 내려놓고 분노도 내려놓고
잡다한 일도 내려놓는다.
이제 내면으로 들어갈 시간,
소음을 잠재우고 침묵할 시간.
이것이 변화를 일으킬 유일한 방법이다.

자아로 들어가는 것을 두려워 말자.
시끄러운 소리 저 밑에 반짝이는 보석이,
확실하고 현존하고 단단하고 고요한 보석이 놓여 있다.
그 사이에 놓인 여러 층을 하나씩 제거해야 한다.
수치심을, 무가치하다는 생각을, 그리고 두려움을.

가장 깊숙이 존재하는 참자아에 도달하면
마침내 진정성과 자유가 무엇인지 알게 될 것이다.
강인해지고 확신이 생길 것이며,
무엇에도 방해받거나 제한되지 않고 자연 그대로인,
자녀의 영혼과 만날 준비가 될 것이다.

chapter 17

부모라는 역할에 집착하지 않기

스스로 자신을 어떻게 생각하는지는 성별, 인종, 사회 계층, 출생 순위, 외모, 지능 등 자신이 무엇으로 설명되는가에 알게 모르게 영향받는다. 부모들은 자녀가 두세 살이 되기 전부터 자녀에게 운동 기질이 있는지, 예술 감각이 있는지, 외향적인지 내성적인지 알고 싶어 한다. 부모들은 자신과 자녀를 여러 가지 명칭과 역할로 규정짓고 싶어 하며, 이런 것이 없으면 세상과 연결될 수 없다고 느낀다.

"내 이름, 역할, 종교, 그 밖의 정체성을 배제한 나는 누구인가?"라는 질문은 특히 부모들이 생각해볼 가치가 있는 중요한 질문이다. 이런 질문에 대해 고민해보는 것은 부모와 자녀 관계에서 무척 중요하다. 부모가 역할이나 외적인 가치 척도에('누구'가 아닌 '무엇'에) 집착하면 어느

면에서는 편할지 몰라도 결국 편협한 판단, 완고함, 융통성 부족으로 이어지기 때문이다.

열여덟 살인 린지의 어머니 라라는 나와 진행하던 상담을 갑자기 그만두었다. 내가 왜 나오지 않는지 물어보자 라라는 자신이 우울증 같은 증상을 겪고 있다고 말했다. 우울증을 겪을 만한 사람이 아니었기에 나는 그녀에게 무슨 일이 생긴 거라고 짐작했다. 마침내 라라가 자신을 드리우던 먹구름에서 빠져나와 나를 찾아왔을 때, 그 내막을 알게 되었다. 딸 린지가 고등학교 졸업과 대학 입학을 준비하고 있는데, 딸이 집을 떠나 성인으로서 독립해야 한다는 사실이 두렵다는 고백이었다. 라라는 딸의 성장을 축하하고 싶지 않았고 어떤 즐거움도 찾지 못했다. '딸'의 '엄마'라는 정체성을 잃을지도 모른다는 생각에 우울증이 찾아왔다. 이러한 우울증은 라라가 '난 이러한 변화에 준비가 되어 있지 않아. 이 변화를 인정하지 못해. 이 변화로 난 행복할 수 없어'라는 생각을 표현한 방식이었다.

라라는 눈물을 흘리기 시작했다. "린지는 이제 품 안의 자식이 아니에요. 그 사실을 믿을 수가 없어요. 린지의 엄마였던 때가 그리워요. 린지의 부모 역할을 했던 때가 정말 좋았어요. 린지를 돌봐주고 많은 경험을 함께했던 시절이 정말 좋았어요. 이제 린지는 저 없이 모든 것을 혼자서 해나가겠죠."

나는 라라가 느끼는 상실감을 이해했다. 아이가 부모의 품을 떠나 자신의 인생길로 발을 내딛으려 할 때 부모가 느끼는 슬픔은 자연스러운 일이다. 엄마나 아빠라는 정체성에 집착했던 부모라면 더 힘든 시간을 보낸다. 하지만 모든 부모는 이런 상황에 마음의 준비를 해야 한다.

부모가 그 시기의 아이에게 필요한 존재로 능숙하게 변화될수록 아이가 성숙을 향한 다음 단계로 진입하는 데 더 현명한 도움을 줄 수 있다.

라라는 말했다. "제가 슬픔에 깊이 빠져 있어서 지난 몇 달 동안 딸과 남편한테 데면데면하게 굴었어요. 잘 대해주지도 못하고 오히려 절 걱정하게 만들었어요." 나는 부드럽게 대답했다. "그런 어머니를 보면서 라라가 어떤 생각을 했을까요? 인생의 다음 단계로 순조롭게 넘어갈 수 있다고 느끼지 못하고 어머니를 걱정했을 거예요. 어쩌면 이건 딸과의 연결 고리를 계속 이어가기 위한 어머님만의 방법일지도 몰라요. 어머님은 딸을 계속 옆에 있게 하는 상황을 만들어서 딸의 행복이 어머님의 상태에 따라 좌지우지되도록 만들고 있어요. 이렇게 함으로써 어머님은 자신이 여전히 필요한 존재라고 느끼고 싶어 해요. 이 때문에 딸은 그때 거쳐야 하는 통과 의례를 즐기지 못하고 있고요. 어머님께서 조심하지 않으면 딸이 누릴 자격을 완전히 빼앗는 거나 마찬가지예요."

라라는 한숨을 내쉬었다. 딸이 반드시 겪어야 하는 변화를 거부하는 방법으로 스스로 우울증을 만들어냈다는 점을 믿지 못하는 듯했다. 나는 라라가 엄마라는 정체성에 전념했기에 훌륭한 딸을 키울 수 있었다는 점을 상기시켜주었다. 그러면서 이제 린지가 그동안 엄마에게 배운 모든 것을 자기 삶에서 실현해야 할 때라고 말해주었다.

이 시점에서 나는 질문했다. "자, 이제 어머님의 모든 노력이 결실을 맺고 딸이 꽃을 피울 때가 되었는데 정말로 딸의 날개를 꺾고 싶으세요? 딸이 어머님이 원했던 그런 여성이 되기를 원치 않으세요? 이제 어머님은 딸이 어린애처럼 어머님께 의존해야 한다는 생각을 버리고 딸과 마음 맞는 친구로서 인생의 다음 여정으로 함께 들어가야 해요."

라라가 큰 충격을 받았던 이유는 엄마라는 역할에서 천천히 벗어났어야 했는데 그러지 못했기 때문이다. 갑자기 그 역할을 억지로 내려놓아야 했기에 힘들었던 것이다. 부모가 자신을 자녀의 정신적인 조언자로 생각하지 않고 부모 역할에 집착하면 자녀가 개성을 발휘할 능력을 제한할 뿐만 아니라 자녀와 깊은 협력자로서 호혜적인 관계를 이어가지 못한다.

많은 부모가 내게 이런 말을 한다. "그 많은 세월 동안 매일 엄마 역할을 했는데 어떻게 그 역할을 단숨에 내려놓을 수 있죠? 어떻게 엄마 역할을 중도에 그만둬야 하는지 모르겠어요."

"정신적 조언자는 부모 역할을 하며 자녀가 필요할 때 도움을 주면서도, 예리한 의식으로 아이가 정신적 존재가 되도록 도와주는 역할도 합니다." 나는 이렇게 설명한다. 이러한 부모는 자신의 역할을 단순히 '엄마'나 '아빠'로 한정 짓지 않고 자녀가 정신적으로 성장하는 데 필요한 부분에 초점을 맞춘다. 그러면서 이렇게 자문한다. "나는 지금 아이의 성장 단계에서 어느 측면에 관심을 기울여야 하는가? 아이가 자신을 가장 진정성 있게 표현하도록 도우려면 내 의식을 어떻게 확장하고 발전시켜야 하는가?"

정신적 지도자의 역할을 하려면 우리가 그동안 섭취해온 이른바 '부모의 쿨에이드'를 끊어야 한다. 자녀가 시험에서 모든 문제를 맞추게 만드는 데 초점을 두지 말고, 자녀가 그렇게 못했을 때 느낄 감정에 초점을 두어야 한다. 자녀가 특정한 사회 집단에 잘 들어맞을까에 초점을 두지 말고, 자녀가 혼자 있을 때 느끼는 감정에 초점을 두어야 한다. 그러니까 전통적인 성공 지표가 아닌, 일반적으로 주류 사회에서 무시되던 지표로 시선을 옮겨야 하는 것이다. 부모는 자녀가 얼마나 크게 웃는지, 감정을 얼마나 깊이 느끼는지, 얼마나 용기 있게 사랑하는지, 얼마나 부끄러움 없이 울 수 있는지에 관심을 기울여야 한다.

우주의 풍족함을 활용한다는 것

나는 부모들이 부모의 역할에 대한 집착에서 벗어나 자녀에게 예전과는 다른 존재가 되도록 하기 위해 우주의 비유를 든다. 우주가 우리의 내면을 반영하기 때문이다. 만일 우주의 풍족함이 자신 안에 반영되어 있다고 생각한다면 내면에 존재하는 이 무한한 공급원을 활용하고, 자녀도 그렇게 하도록 격려해줄 것이다. 실로 천국은 이 지상에 존재하며, 지상에 존재하는 더없이 행복한 현실을 누리지 못하게 막는 요소는 스스로 그것을 의식하지 못하는 상태밖에 없다는 점을 마침내 깨달을 것이다. 우주의 풍족함을 활용할 때 그것이 얼마나 무한하고 찬란하고 윤택한지 깨닫게 될 것이다. 마음 중심에 있는 온전한 자아에 닿으면 이러한 풍족함을 자기 안에서, 뿐만 아니라 다른 사람, 특히 배우자와 아이와의 관계에서도 누릴 수 있게 된다.

현실의 풍족한 측면을 자기 것으로 만드는 건 자신을 있는 그대로 받아들이는 데서 시작한다. 이는 엄마나 아빠 같은 특정한 역할로 자신을 규정하는 것과 근본적으로 다르다. 역할은 때로 유용하지만 온전한 자아의 뒷받침이 있어야 한다. 그렇지 않으면 역할은 결국 우리의 에너지 균형을 심각하게 흔든다. 진정한 자아로 존재하지 못하고 엄마나 아빠로서 '어떠해야 한다'는 머릿속 이미지에 갇혀버리기 때문이다.

자연은 우리 삶에 필요한 균형을 제공하는 데 중요한 역할을 한다. 그리고 이러한 균형은 우리 아이들에게 전해진다. 나는 이를 아주 중요하게 생각한다. 치료전문가로 일해 오면서 오늘날 자연과의 단절이 아이가 겪는 문제, 우울증, 역기능 등 수많은 문제의 원인 중 하나라는 사실을 알게 되었기 때문이다. 나는 아이들이 자연 그 자체와 자연이 돌아가는 원리를 접해야 한다고 부모들에게 말한다. 우주의 구성원인 아이들은 부모가 자신이나 아이들에게 역할을 부여할 때처럼 강요되거나 규정된 방식이 아닌 자연스럽게 자라야 한다.

나는 자녀의 참모습이 드러나는 것은 겹꽃이 개화하는 것과 같다고 생각한다. 만일 부모가 꽃의 단 한 겹만 본다면 만개한 아름다움을 발견하지 못할 것이다. 자녀도 여러 겹의 특성을 지니고 있으므로 부모는 자녀가 내면의 온전한 아름다움을 탐험하도록 도와야 한다. 여기서 당부할 점은, 앞에서도 강조했듯, 자녀의 잠재력을 미래를 향해 밀어붙이게 만드는 목표가 아니라 매일의 경험으로 봐야 한다는 점이다.

자연의 에너지를 수용하면 편협하고 경직된 역할에서 뒤로 물러나 인간 경험의 보편성을 받아들이게 된다. 이렇게 공통된 인간성을 느끼면 분리의 개념에서 벗어나, 서로의 역할과 기대가 없는 상태에서 존재할 수 있는 새로운 자유를 누릴 수 있다. 이렇게 될 때 우리는 타인과의 진정한 연결이 무엇인지 깨닫는다.

자연에서 얻는 통찰력

앞에서도 살펴보았듯이 부모는 완고한 역할이 수반되는, 육아에서

'마땅히 해야 하는 일'에 얽매여 있을 때 자신의 마음과 멀어진다. 이는 결과적으로 자녀와 깊이 소통하는 데 방해가 된다.

나는 에고를 중심으로 한 나의 역할을 내려놓고 참자아에 기반을 두는 한 가지 유용한 방법을 발견했는데, 그것은 전통적으로 자연의 중요한 요소로 여겨지는 것들에 주의를 기울이는 것이다. 물론 이러한 '요소들'은 우주를 이해하는 오늘날의 과학적인 방법과는 거리가 멀다. 하지만 시간이 지나도 변치 않는 이 요소들의 특성은 우리를 존속시켜주는 자연계에서 배워야 할 점이 많다는 사실을 보여준다. 지금부터 자연의 요소들을 살펴보면서 그 특성들을 육아에 적용해보자.

땅

땅의 에너지는 견실하고 뿌리 깊고 견고하다. 이것은 우리의 존재 기반이다. 끝없이 관대한 땅은 모든 형태의 생명이 생겨나고 자랄 수 있게 해준다. 이러한 에너지를 가족 안에서 구현하면, 자녀가 짜증을 내거나 화를 내는 순간에도 냉정을 잃지 않고 자녀의 이런저런 기분과 감정을 수용하며 중심을 잡아야 한다는 점을 인지한다는 뜻이다. 우리는 자녀에게 유익한 허용선을 정할 때 확고하고 확신하는 상태에 있다. 이와 동시에 자녀가 실패를 경험하거나 한계에 직면할 때 넘치는 애정과 연민의 마음으로 자녀를 대한다. 자녀가 두려워하거나 불안해할 때는 부모로서 강인한 상태를 유지한다.

그렇다면 땅의 에너지를 실제 육아에 어떻게 적용할 수 있을까? 가령 자녀가 휴대용 컴퓨터나 휴대전화를 보며 너무 많은 시간을 보낸다고 해보자. 이럴 때 부모는 자녀에게 '나쁜' 아이라는 꼬리표를 붙이지 않고, 자녀와 대립하지 않는다. 대립하면 항상 그에 상응하는 저항감이 생긴다. 그 대신 "자녀가 온전한 사람으로 성장하기 위해 필요한 것은 무엇일까?"라고 자문한다. 만일 자녀가 기기에 빠져 있는 시간을 줄여야 한다는 결론을 내렸다면 기기 화면이 아닌 다른 것에 몰두하며 시간을 보낼 수 있도록 도와야 한다. 이는 기기 화면이 나쁜 것이어서가 아니라 자녀의 성장이 한쪽으로 치우쳐 균형을 잃기 때문이다.

마찬가지로 만일 자녀가 혼자 보내는 시간이 너무 많다면 부모는 자녀가 사람들과 만나고 다양한 경험을 할 수 있게 도와주어야 한다. 반대로 자녀가 지나치게 사교적이어서 사람들을 만나는 데 시간을 너무 허비한다면 부모는 아이가 조용히 생각할 수 있는 시간을 마련하여 성장의 균형을 이루도록 도와야 한다. 청소년 요가 수업에 등록시키거나 하루에 한 시간씩 책을 읽어주는 것도 좋은 방법이다.

이것은 어떤 소절은 강조하고 어떤 소절은 약하게 조절하는 지휘자처럼 자녀의 시간과 활동을 조절하라는 의미가 아니다. 이 접근법은 자녀의 발달 측면 가운데 어떤 측면이 정체되어 있는지 예의주시하면서 자녀의 정신적 안내자 역할을 하도록 자녀를 고무시키는 방법이다. 자녀를 경직된 상태에서 벗어나게 해주는 건 자녀를 특정한 방식으로 행동하도록 강요하는 것과는 근본적으로 다르다. 다시 말하지만, 이 모든 것은 부모가 자녀를 대하는 에너지에 달려 있다. 만일 부모가 자녀를 고치고 통제하고 조종하겠다는 목적으로 관계를 이어간다면 자연스럽게 적대적인 분위기가 형성된다. 이렇게 하지 않고 자녀가 스스로 성장하려는 노력을 부모가 지지해준다면 자녀는 거의 저항하지 않는다.

부모는 항상 자녀의 삶에서 일관성 있는 존재, 자녀가 균형 있게 성장하고 만개할 수 있는 기반을 제공해주는 존재가 되어야 한다. 이렇게 균형 있게 성장해야 온전한 인간성을 갖출 수 있다.

공기

공기는 모든 것을 에워싸고 모든 것 사이에 존재하는 공간이다. 공간은 가벼움과 광대함의 느낌을 풍긴다. 부모들은 자녀가 이러한 특성을 보이기를 원한다. 일에 쫓기고 피곤하고 걱정 많은 부모들은 이와 정반대의 에너지, 즉 무거움, 압박감, 억눌림, 한계를 너무 자주 느낀다. 공간은 내면의 평화를 반영하는 고요함과 침묵을 나타낸다. 하지만 다른 한편으로 보면 공기는 누구도 서 있지 못할 정도의 강풍이라는 형태를 띨 때 강력한 힘을 발휘한다.

공간이라는 상징은 우리가 자녀에게 그들만의 공간을 주는지 생각해보게 만든다. 단순히 사생활, 소유할 권리, 취미, 선호, 자기 나름의 열정이라는 측면에서 공간을 주는지, 뿐만 아니라 필요하면 부모 자신의 에너지를 누그러뜨릴 수 있을 만큼 자녀의 타고난 리듬과 삶의 속도를 존중하는지 생각해봐야 한다.

자녀가 자신의 참모습이 되도록 허용한다는 것은 성적, 성과, '좋은' 행동에 연연하지 않는 우주와 개인적인 관계를 이어가도록 격려하는 것과 같다. 만일 자녀가 이 세상에서 자신의 공간과 위치에 친밀한 연결성을 느낀다면 자신의 꿈과 목표에 주인의식을 가질 수 있다.

불

불은 인생의 케케묵은 것들을 태운다. 재빠르고 파괴적인 불은 우리가 오랫동안 회피해온 변화를 일으키게 만든다. 이러한 회피는 역할 뒤에 숨어서 방조되기 마련이다. 따라서 부모들은 다루고 싶지 않은 문제 상황에 직면하면 "난 네 엄마니까!"라는 식으로 말하려고 한다.

또한 불은 따스하고, 마음을 끌어당기고, 삶을 충전하는 특징이 있다. 나는 불의 에너지를 위협적으로 보지 않는다. 불은 우리의 따스하고 애정 어린 마음이 빛날 수 있도록 삶의 모든 부정적인 힘을 내보내는 힘을 상징한다. 우리가 가정에서 불의 에너지를 구현하면 인정을 보이고, 변화를 시도하며, 불안감·과도함·낭비·미움·미루기·무기력 같은 부정적 특성을 상쇄하기 위해 노력한다. 과거에 대한 강박관념이나 미래에 대한 걱정을 모두 태워버린다면 우리 자신과 자녀의 현재에 온전히 에너지를 쏟을 수 있다.

불 에너지는 우리가 어떻게 활용하느냐에 따라 삶의 질을 높일 수도, 파괴적일 수도 있다는 걸 보여준다. 여기서 우리는 자녀의 단점이 장점이 되기도 하고, 장점이 단점이 되기도 한다는 걸 유추할 수 있다.

감정이 아주 민감한 아이는 상처받는 것에 예민할지는 몰라도 연민이 많고 친절하다. 공격적인 아이는 이러한 공격성 때문에 현실에서 이점을 취할지 몰라도 사람들과 멀어질 가능성이 있다. 자기주장이 강한 아이는 인내심과 팀 협력을 배워야 하는 상황에 직면할 수 있다. 여기서 중요한 점은 자녀의 타고난 성향을 저지하는 것이 아니라 이러한 성향의 균형을 잡아주는 일이다. 그래야 균형 잡힌 성격을 갖춘 사람으로 성장하여 온전한 삶을 꾸려갈 수 있다.

모든 부모에겐 자녀의 에너지에 균형을 잡아줄 능력이 있다. 만일 아이가 아주 민감하다면 부모는 아이가 거친 신체놀이를 하는 활동에 참여하도록 하거나 애정 어린 가르침으로 조금 강단진 마음을 기르도록 도울 수 있다. 만일 자녀가 무신경하고 감수성이 부족하다면 타인에 대한 공감을 형성할 수 있는 상황에 자녀를 의도적으로 노출시킴으로써 그러한 성향을 보완하는 데 도움을 줄 수 있다.

나는 일상에서 이러한 균형의 원리를 실현하기 위해 딸이 경험하는 감정과 정반대의 특성을 드러내면서 딸의 에너지를 원만하게 만들려고 노력한다. 가령 딸이 불안해하면 나는 단호하게 신뢰감을 보여준다. 딸이 화를 내면 나는 고요하게 침묵한다. 딸이 좌절감을 느끼면 나는 평온한 모습을 보여준다. 나는 딸의 에너지에 동조하여 그것을 증폭시키지 않고 그것을 완화해줄 특성을 보여준다. 이렇게 조용하지만 의미 깊은 에너지 변화를 보이면 딸은 자연스럽게 에너지의 균형을 잡고 본래의 자아로 돌아간다.

불은, 우리가 지닌 힘은 삶을 창조할 수도 파괴할 수도 있다는 점을 인정해야 한다고 말한다. 어떤 불길을 지필 것인가는 전적으로 우리 자신에게 달려 있다.

물

물은 인생의 흐름을 따라가는 능력을 상징한다. 흐름은 우리가 일상의 활동에 접근하는 방식에서 중요한 개념이다. 흐름을 따라간다는 것은 불안하고 두려운 마음으로 고투하지 않고 더 이상 삶에 대해 고민하지 않음을 의미한다.

도덕경에도 등장하는 '위무위 사무사爲亡爲, 事亡事'(하지 않는 것처럼 하고, 일하지 않는 것처럼 일하라)가 바로 그런 원리다. 운동선수들은 이러한 느낌을 '완벽한 집중'으로 이해한다. 이 상태가 되면 운동에 몰입하면서 뛰어난 기량을 수월하게 드러낸다. 흐름을 따라가면 스트레스를 전혀 받지 않으면서 많은 일을 달성할 수 있다. 마음의 긴장이 풀어지지만 온전히 몰입할 수 있다. 이따금 몰입을 경험해본 적이 있을 것이다. 정말 기분 좋은 경험이지 않은가. 나는 이러한 최고의 순간들이 인생 전체를 이렇게 살 수 있는 가능성을 열어준다고 생각한다.

물은 다른 이미지도 떠올리게 한다. 물은 솟구치기도 하지만 때로는 정지해 있고, 찬찬히 흘러가기도 하지만 때로는 힘차게 흘러간다. 부모도 자녀를 이런 식으로 대해야 한다. 부모는 부모 역할을 하며 자녀를 제한할 수 있지만, 자녀의 타고난 성향을 거부하지 말고 거기에 맞게 흘러가야 한다. 이는 자녀의 장애물을 지나 광활한 바다로 흘러가는 것을 의미한다. 또한 자녀를 부드럽게 대하되 부모로서의 강력한 존재감을 드러내야 한다는 점을 의미한다. 다시 말해, 물은 상황에 맞게 차분한 에너지와 강렬한 에너지를 모두 발산함을 나타낸다.

자녀가 반항적이라며 분개하는 부모들이 너무 많다. 하지만 이러한 부정적 에너지는 부모 자신에게 역효과를 낼 뿐이다. 얼마나 역효과를 내는지 스스로 인지하지 못하지만 말이다. 부모는 엄격하게 규정된 역할에 얽매이지 말고 자신의 참자아를 온전하게 수용해야만 필요한 변화를 이룰 수 있다. 이와 함께 자녀가 어떤 모습이든지 자녀를 온전히 수용해야 한다. "하지만 아이가 화를 낼 때 어떻게 아이를 있는 그대로 인정할 수 있죠?" 한 부모가 이렇게 물었다. 당연한 질문이다.

만일 삶에서 만나는 모든 사람이 각자의 기분을 느끼고 행동할 권리가 있으며, 자기 삶에 대한 주체성이 있을 때 가장 바람직한 행동을 할 수 있다는 점을 인정한다면, 거부감과 분개에서 벗어나 상대방을 수용할 수 있다. 이는 우리 자신의 행동과 느낌을 인정하지 않는 것이 아니라 상대방의 행동과 느낌에 대한 거부를 멈춘다는 의미다.

해독제 작용을 하는 에너지의 힘

자연은 스스로 균형을 맞출 수 있다. 자연에는 뜨거움과 차가움, 빛과 어둠, 삶과 죽음이 존재한다. 모든 현상에는 그와 상반된 측면이 공존한다. 이렇게 중요한 사실을 기억한다면 자녀와의 관계를 크게 변화시킬 수 있다.

씻기를 싫어해서 부모가 씻자고 할 때마다 소리를 지르는 아이를 예로 들어보자. 이 부모는 목소리를 높이며 아이를 설득하다가 설득이 실패하면 아마 아이를 야단칠 것이다. 부모의 화난 목소리를 들은 아이는 긴장감을 느끼면서 발로 차고 더 소리를 지를 것이다. 그러면 부모는 인내심을 잃고 더 크게 소리를 내지른다. 이제 아이는 바닥에 철퍼덕 드러누워 부모를 발로 차기 시작하고, 이에 발끈한 부모는 아이의 뺨을 때리는 상황이 펼쳐진다.

이 과정은 도미노 효과를 일으킨다. 외관상으로는 아이가 씻기를 거부한 데서 시작된 갈등처럼 보이지만, 실제로 첫째 도미노를 쓰러뜨린 요인은 아이가 아니라 부모의 반응이다. 이런 상황에서 아이, 특히 나이 어린 아이는 큰 변화를 일으킬 수 없다. 이 일을 해야 할 사람은 부모다. 이 사례에서 부모는 계속 아이의 에너지에 상응하는 반응을 보였다. 아이가 목소리를 높이자 부모도 따라서 목소리를 높였다. 아이가 화를 내자 부모도 화를 내면서 과잉 반응을 보였다. 이 부모는 상황을 진정시키지 못하고 계속 악화시키며 긴장감을 높였다.

자녀의 감정적인 반응을 점점 키우지 말고 이에 상반된 에너지를 발산해야 한다. 아이가 불안해서 씻기를 거부하면 부모는 놀이를 유발하고 마음을 안정시키는, 해독제 작용을 하는 에너지를 발산해야 한다. 가령 아이가 소리를 지르면 그 소리를 재미있게 노래로 바꾸어 물속에서 거품 놀이를 하자고 다독이거나 자녀와 함께 욕조에 들어가 비누로 거품을 만들며 아이의 마음을 누그러뜨리는 것이다. 만일 아이가 부모에게서 일말의 불안감이라도 감지한다면 아이의 불안감은 더 증폭된다. 아이는 부모에게서 정반대의 에너지, 즉 차분한 에너지를 감지해야 태도를 바꾼다.

부모와 자녀 사이의 문제는, 겉으로는 그렇게 보일지 몰라도, 서로 다른 에너지가 충돌해서 발생하는 것이 아니라 부모와 자녀가 똑같은 행동을 하며 정면으로 맞서기 때문에 발생한다. 부모가 '부모의 권리'라며 자기 방식만 내세운다면 갈등을 피하지 못한다. 오히려 부모는 자녀와 상반된 에너지, 즉 해독제 작용을 하는 에너지를 발산해야 한다. 따라서 자녀가 몹시 불안해한다면 부모는 자신의 불안을 누그러뜨려야 한다. 자녀가 유난히 공격적이라면 자신의 공격성을 누그러뜨려야 자녀에게 도움을 줄 수 있다.

자녀가 경험하고 있는 감정적 에너지와 똑같은 에너지로 대화하거나 소통하려 한다면(부모들은 흔히 이렇게 하는 경향이 있다) 자기도 모르게 자녀의 에너지를 가라앉히기는커녕 더 강화시키고 만다. 그래서 불안해하는 자녀와 대화를 해도 효과가 없는 것이다. 이렇게 하면 불안이 존재하는 부모의 머릿속 생각에 자녀를 더 갇히게 만든다. 부모는 겉으로는 관심과 공감과 연민을 보이는 것처럼 보이지만, 사실은 자녀의 불편한 기분에 마침표를 찍고 싶은 생각이 더 많이 들 것이다. 불안해하는 자녀에게 "긍정적인 측면을 봐"라든가 "다른 얘기를 해보자"라든가 "네 기분이 어떤지 알지만……"이라고 말하는 것은 자녀의 불안감을 키우는 확실한 방법이다.

아이가 스스로 자신의 행동을 억제할 수는 없다. 하지만 부모 자신의 에너지를 변화시킴으로써 자녀에게 행동을 변화시킬 여지를 줄 수는 있다. 자녀는 부모의 에너지를 감지한다. 그러므로 부모는 자신이 자신을 어떻게 표현하는지 유념해야 하고, 더 중요하게는 자신의 에너지가 자녀에게 해독제 역할을 하는지 주의를 기울여야 한다.

자녀의 감정 중립적으로 수용하기

자녀의 어떤 면을 촉진하고 어떤 면을 제한해야 하는지 판단할 때 중요한 점이 있다. 자녀의 에너지가 파괴적일 때 자녀의 감정을 중립적으로 수용하는 능력이 그것이다. 만일 자녀가 피로감을 느껴서 "피곤해서 짜증나요"라고 말한다면 부모는 자녀의 기분을 인정해주어야 한다. 하지만 만일 자녀가 피곤하다는 이유로 가족에게 무례한 행동을 한다면 이러한 감정은 자제시켜야 한다. 반응을 보이지 않거나 좀 더 강력하게 그만하라고 명령하며 자녀의 감정을 중립적으로 수용해야 한다. 자녀에게 거울이 되어준다는 것은 자녀의 행동이 적절한 선을 넘을 때 자녀에게 그러한 점을 일깨워준다는 의미다.

자녀의 감정을 중립적으로 수용하는 것은 힘 있는 위치에서 자녀를 압도하는 것과는 근본적으로 다르다. 후자는 "난 네 아빠야. 그러니까 내 말 들어!" 같은 말을 하며 역할을 내세우는 방식이다. 권세를 부리지 말고 자녀 옆에서 그들의 감정적 반응을 관찰하며 거기에 말려들지 않아야 한다. 나는 이렇게 하기 위해 딸이 어떤 감정에 지나치게 빠져 있을 때, 지금 딸아이는 감정에 휩싸여 있을 뿐이라는 점을 상기한다. 두려움이 기반된 감정 때문에 딸의 마음 중심에 있는 고요한 공간이 가려져 있을 뿐이라고 생각하는 것이다.

부처님은 감정의 기복과 거리를 두는 것에 대해 말씀하셨다. 이러한 상태를 관찰하되 거기에 끌려들어가지 않는 것이 부처님의 방식이다. 부처님은 이것을 근거로 우리가 일시적인 경험의 지배력에서 자유로워지는 방법을 가르치셨다. 이는 우리가 자녀에게 전해주어야 할 귀중한 가르침이다. 이 가르침을 습득한 부모는 자녀가 격한 감정에 빠져 있을 때 그러한 에너지에 말려들어 덩달아 감정적으로 반응하지 않는다. 부모는 자기중심을 지킴으로써, 감정은 사라질 거고 원래대로 돌아올 거라는 점을 자녀에게 보여줄 수 있다. 그런데 만일 부모가 일시적인 감정에 이끌려 기분이 끊임없이 왔다 갔다 한다면 자녀가 무엇을 배우겠는가. 자녀도 끝없이 감정의 기복을 겪을 수밖에 없다.

자녀의 감정을 중립적으로 수용하는 게 쉬운 일은 아니다. 이렇게 되려면 자기 내면의 신성한 공간, 고요하고 차분한 공간을 깊이 들여다볼 수 있어야 한다. 이 신성한 공간을 기반이 단단한 땅의 에너지로 생각해야 한다. 널찍하고 경건한 대성당의 에너지로 생각해야 한다. 당당하게 우뚝 솟은 장엄한 산봉우리의 에너지로, 끝이 없고 광대한 바다의 에너지로 생각해야 한다. 우리가 이러한 강력한 상태에 들어서야 이성을 잃은 자녀의 감정을 중립적으로 수용할 수 있다.

나는 하루에 15분에서 20분 동안 조용한 공간에 앉아 내 생각들을 관찰한다. 이 방식이 나의 고요한 중심으로 들어가는 데 도움이 된다는 점을 발견했다. 한 번도 이렇게 해본 적이 없다면 처음에는 견디기 쉽지 않을 것이다. 잘 때를 제외하고 고요함에 익숙한 사람은 거의 없기 때문이다. 어쩌면 깜빡 잠이 들지도 모른다. 하지만 일정 기간 동안 이런 연습을 지속하다 보면 기적적인 일이 발생하기 시작한다. 정신이 기민해지는 시간이 갈수록 길어지고, 갈수록 생각을 명료하게 관찰하게 된다. 이때 우리는 각각의 생각에 반응할 필요가 없다는 걸 깨닫는다. 가장 중요한 것은 생각이란 별다른 영향력 없이 머릿속을 들어왔다 나가는 활동적인 패턴이라는 사실을 깨닫는 것이다. 생각은 우리가 생각을 따라가 그것을 이야기로 바꿀 때에만 영향력을 발휘한다. 이렇게 하지 않으면 생각은 그저 지나간다.

마찬가지로 자녀의 격한 감정을 중립적으로 수용하면 그러한 감정은 그냥 지나간다. 이러한 기술이 향상되면 때로는 명확한 허용선을 정하고, 때로는 폭넓은 경험을 하도록 고무시키면서 자녀가 필요로 하는 방식으로 그들을 대할 수 있다. 이렇게 한계를 두면서 풀어주기도 하는 태도는 어느 순간 습관이 되면서 부모와 자녀가 직감적으로 서로의 리듬에 따르도록 한다.

부모가 불안해하지 않으면 생각과 감정적 반응에 더 이상 얽매이지 않는다. 이렇게 되면 자녀의 행동에 중립적인 태도를 유지할 수 있다. 이럴 때 부모는 무모한 반응을 보이는 대신 자녀의 행동을 완화하기 위해 유머, 이야기, 역할 놀이, 그 밖에 다양한 방법을 이용할 수 있다. 이러한 방법은 자녀가 자신의 감정을 정화하는 데 도움을 주어 자신의 참모습에 더 가까워지도록 한다.

진정으로 소통할 여지

마음에 혼란스럽고 복잡한 생각들이 가득 차 있으면 누구나 그만큼 긴장하고 스트레스를 느낀다. 그리고 이러한 감정은 산만함, 성급함, 좌절감으로 드러난다. 이럴 때 부모는 참을성이 바닥나면서 자녀에게 냅다 큰소리를 지르곤 한다. 아이를 키우는 일이 즐겁지 않고 의미도 없으며, '나는 언제쯤 마음이 편안하고 가벼워질까'라는 생각에 사로잡힌다. 그리고 바로 이때, 부모의 '역할'에 근거한 권위를 내세우고 싶어진다. 하지만 그저 자녀를 조용히 관찰한다면 내면의 고요가 자녀와 더 깊은 관계를 이어갈 수 있는 여지를 만들어낸다. 부모의 역할을 내세울 때는 가능하지 않은 일이다. 부모의 내면에 이러한 여지를 만들 수 있는 방법을 간단히 설명하면 다음과 같다.

호기심을 느낄 여지 : 자녀와의 사이에 언어적 공격이 오가지 않고 긴장을 느끼지 않는 상태여야만 자녀의 행동에 호기심을 보일 수 있는 여유가 생긴다. 이럴 때 부모는 자녀를 통제하기보다 이해하려고 한다. 가령 다음처럼 말할 수 있다.

"이것에 대한 네 생각이 궁금한데 말해줄 수 있니?"

"그것에 대해 네가 어떻게 느끼는지 궁금한데 말해줄 수 있니?"

“네게 공감하지만 네 생각과 기분을 더 알고 싶구나.”

“네가 격한 기분을 느끼고 있는 것 같은데, 왜 그런지 말해줄 수 있니?”

이렇게 공격적이지 않고 선택권을 주는 접근법을 쓰면 자녀가 자신의 내면을 들여다보고 자신의 속 깊은 감정을 표현하도록 그들을 고무시킬 수 있다. 이러한 부모는 자신의 생각을 자녀에게 강요해야 할 필요성을 느끼지 않는다. 또한 자녀가 스스로 결론을 내리도록 허용해준다. 자녀가 잘못된 생각을 하고 있되 수용적인 자세라면 부모는 다른 대안을 부드럽게 제안할 수 있다. 여기서 ‘제안한다’는 게 중요하다. 그래야 자녀는 스스로 판단한다. 이것은 생각을 강요하는 것과 매우 다르다.

자녀가 받아들일 준비가 안 되어 있는데 부모의 방식을 강요하는 건 무의미하다. 이럴 때는 부드럽게 제안하거나 질문하면서 단순히 씨앗을 뿌려두는 것이 현명한 방법이다. 언뜻 보면 이런 방법이 대수롭지 않아 보이겠지만, 자녀는 부모의 이러한 제안이나 질문에 항상 어느 정도는 관심을 기울인다. 그러므로 혼자 있을 때 그것에 대해 스스로 생각해볼 가능성이 높다. 이렇게 하는 것은 부모가 곁에 없을 때 자녀에게 굉장히 유익하다.

공유할 수 있는 여지 : 감정적으로 반응하지 않는 마음 상태가 되면 부모는 자신의 어린 시절 경험을 떠올리면서 자녀의 상황이나 기분을 얼마나 이해하고 있는지 자문할 수 있다. 자녀가 공감할 만한 자신의 인생 이야기를 해주어야겠다는 생각이 들 수도 있다. 이 이야기를 설교의 용도로 이용하지 않는다면 다음과 같은 측면에서 도움이 된다.

- 부모와 자녀가 서로 대등한 관계에서 소통한다.
- 부모의 인간적인 측면을 보여준다.
- 자녀의 행동을 악하게 생각하지 않는다.
- 인간 대 인간으로 유대감을 느낀다.
- 자녀를 믿고 부모 자신의 개인적인 측면을 드러낸다.
- 열린 마음으로 의사소통을 한다.
- 설교하지 않으면서도 부모가 깨달은 지혜를 전해줄 수 있다.

부모가, 죄책감을 느끼게 하지 않으면서 마음을 열어 대한다는 걸 자녀가 인지하면 그들은 안정감을 느끼며, 부모와 기꺼이 편안하고 속 깊은 관계를 이어가려 한다. 부모가 마음의 문을 열면 그렇게 하는 게 안전하다는 신호를 자녀에게도 보내게 된다. 부모와 자녀는 서로의 생각을 공유할 때 깊은 유대감을 경험하며, 자녀는 이러한 경험을 오랫동안 소중히 간직한다.

유머를 발휘할 여지 : 자녀를 통제하려는 마음을 거둬들일 때 현 상황을 유머러스하게 받아들일 수 있다. 이렇게 되면 자녀에게 편안하게 접근하며, 다음과 같은 귀중한 교훈도 전해줄 수 있다.

- 네가 설령 나쁜 행동을 하거나 큰 실수를 저질러도
  인생은 비극적이지 않다.
- 인생에는 항상 웃을 일들이 생기기 마련이다.
- 세상이 끝났다는 생각만큼 어리석은 생각도 없다.

- 최악의 상황을 상상하면 아무것도 얻지 못한다.
- 상황을 가벼운 마음으로 받아들이면 내려놓아야 할 것은 내려놓고 성장할 수 있다.

부모가 현실을 좀 더 넓은 시각으로 바라보고 현실에 대해 유머 감각을 보인다면 자녀도 삶을 그렇게 대하는 법을 배운다. 어떤 상황에 대해 과장되거나 비극적인 생각을 하는 대신, 가볍고 편안한 마음으로 인생의 흐름을 따라가는 법을 배운다.

창의성을 발휘할 여지 : 마음이 차분하면 자녀가 실수할 수 있다는 걸 인정한다. 사실 어린 시절에는 완벽해지는 게 중요한 게 아니라 배우고 성장하는 일이 중요하다. 부모의 마음이 차분해야 자녀가 '배움'을 내면화하는 데 도움이 될 창의적인 방법을 시행할 수 있다. 나는 자녀가 인생에서 필요한 가치들을 습득하는 데 도움이 될 창의적인 방법을 두 가지 정도 쓰고 있다.

- 역할 전환 : 자녀가 부모인 것처럼, 부모가 자녀인 것처럼 행동하는 방법이다. 이렇게 하면 자녀는 부모의 관점에서 상황을 보며, 부모는 자녀의 마음을 이해할 수 있다. 결과적으로 이러한 방법으로 상호 이해를 촉진한다.
- 역할극 : 자녀가 어떤 기술을 배울 때, 며칠이나 몇 주 동안 부모와 함께 연습하는 것만큼 좋은 방법도 없다. 입학을 앞둔 아이가 부모와 떨어져 있는 연습을 하고, 혼자 자거나 화장실에 다녀오는 연습을 하도

록 도와주는 일은 아주 중요하다. 이렇게 하면 모든 기술은 근육을 키우는 것과 같아서 시간과 노력을 쏟아야 한다는 점을 자녀가 자연스럽게 이해한다. 부모는 이러한 접근법을 쓸 때 화나고 수치스러운 마음을 자녀에게 전가하는 것이 아니라 여러 기술을 몸소 가르쳐주는 방식을 적용한다.

부모들은 체벌과 협박을 가하는 데만 너무 얽매여 있어 상황을 해결할 완전히 다른 방법이 있다는 생각을 하지 못한다. 앞에서 언급한 이런 방법들은 자녀의 자존감을 약화시키는 것이 아니라 강화시켜주는 방법이다. 자녀에게 적절한 행동을 가르쳐줄 수 있는 현명한 방법은 너무나 많다. 그러나 이러한 방법들을 활용하려면 감정적으로 반응하는 습관을 버려야 한다. 부모가 잠시 마음을 가다듬으면 그 효과는 금방 나타난다. 자녀의 눈은 빛나고 어깨에 긴장이 빠지고 편안해지면서 진심으로 이렇게 말하게 된다.

"저를 인간답게 대해주고 제가 실수를 통해 배울 수 있다는 걸 이해해주셔서 고마워요."

역할에 얽매이지 않겠다는
새로운 약속

정의는 사물을 규정하지만 틀에서 벗어나지 못하고,
역할은 대상을 조절하지만 통제하기도 하며,
직함은 유혹적이지만 사람을 비열하게 만들며,
꼬리표는 칭찬이 담기기도 하지만 본질을 덮어버린다.

이 외적인 엑스트라들은
거짓 자아를 내세우고,
더 깊고 심각한 문제에
일시적인 위안을 제공한다.
그리고 남는 내면의 공허함.

내면의 상처와 흉터를 어루만지지 않으면
이 세상의 그 어떤 보석도, 왕관도, 성찬도
결코 충분하지 않다.

그러니,

비싼 예복과 두꺼운 가면에 의존하지 말고

과감하게 가면과 예복을 벗고

허물을 벗어야 하니,

자아가 여실히 드러나야

자신을 온전히 만날 수 있고

자신의 참모습을 발견할 수 있다.

chapter 18

있는 그대로 자신의 기분 느끼기

사람들은 흔히 감정emotion과 기분feeling을 똑같은 것이라고 혼동한다. 하지만 나는 이 두 가지가 상당히 다르다고 본다. 간단히 말하자면 우리는 자신의 기분을 처리하지 못할 때 감정적으로 반응한다. 불편한 기분을 느낄 때 그러한 기분을 감추기 위한 반응을 드러낸다. 가령 음식을 먹거나 술을 마시거나 담배를 피우고, 남을 탓하거나 책임을 전가하거나 짜증을 내는 등의 반응을 보인다. 이런 모습에 기분이 반영된 것처럼 보이지만 사실 이것은 자신의 진짜 기분을 회피하는 반응이다.

기분은 내면의 깊고 고요한 곳에서만 경험할 수 있다. 우리는 기분과 보조를 맞추고 기분을 어루만지면서 있는 그대로를 경험해야 한다. 기분은 본능적이고 굉장히 개인적인 영역이다. 대부분의 사람들은 자신의 기분을 있는 그대로 느끼도록 훈련되어 있지 않기 때문에 그러한 기분을 감정적인 반응이라는 형태로 사랑하는 사람에게 전가한다.

자신의 기분을 고스란히 느끼면 감정적으로 반응할 시간이 없다. 이럴 때 우리는 마음에 주파수를 맞추어 기분이 우리에게 말을 걸고 우리에게 밀려오고 우리를 변화시키도록 내버려둔다. 이때 우리는 기분의 파도에 휩쓸리고 있다는 점을 인지한다. 감정적인 반응과 정반대로 반응하고 있는 것이다. 우리는 잠잠하고 고요하며 이러한 기분에 담긴 의미를 깨달으며 성장한다.

그러나 우리는 이와 정반대로 반응하는 데 길들여져 있기 때문에 감정의 드라마와 변화 속에서 더 편안함을 느낀다. 아이는 우리의 불편한 기분을 전가하기에 만만한 대상이다. 하지만 아이는 부모의 감정적인 투영을 처리할 준비가 되어 있지 않다. 불편한 기분은 감당하기 버거우며 신경을 거슬리게 하기 때문에 우리는 우리의 내면 상태에 대한 처리를 아이에게 전가한다. 이런 식으로 부모가 떠넘긴 짐을 아이가 평생 끌고 다니게 해서는 안 된다.

우선 부모는 감정의 이면을 들여다봐야 한다. 가령 자신이 아이에게 조바심을 내며 잔소리하고 있다는 사실을 감지하는 순간 행동을 멈추고 곧바로 자신에게 주의를 돌려 자문해야 한다. "내가 아이한테 짜증을 내고 있지만 지금 나의 진짜 기분은 뭘까?"

만일 아이에게 어서 자라고 소리를 지른다면 "내가 소리 지르는 진짜 이유는 뭘까?"라고 자문해보아야 한다. 겉으로는 아이가 충분한 수면을 취하지 못할까 봐, 혹은 부모 말을 거역할까 봐 두려워서 소리를 지른 것처럼 보이지만 조금 더 생각해보면 힘든 하루를 보낸 뒤 혼자 충전할 시간이 필요해서라는 사실을 깨닫게 될 것이다. 다시 말해, 자녀에게 감정을 발산했지만 실제 기분은 혼자 있을 시간이 필요하다는 것이다. 이런 상황이라면 차분한 목소리로 이렇게 말하면 된다. "엄마(아빠)가 힘든 하루를 보내서 피곤하구나. 에너지가 바닥나서 휴식이 필요해. 그래서 엄마(아빠)가 점점 짜증이 나는 걸 참을 수가 없네. 그러니 네가 좀 도와줄래? 이제 너도 잠 잘 시간이 되었잖아."

아이에게 감정적인 반응을 보인 이유를 솔직하게 말해야 자신의 마음속 공간으로 들어가 지금 경험하는 기분을 온전히 느낄 수 있다. 아이는 부모가 솔직하게 말하면 그 말을 받아들이고 부모가 느끼는 기분에 공감할 가능성이 높다.

정말 아이가 잠을 자야 하기 때문에 걱정되는 경우라면 어떨까? 아이의 수면 부족에 대해 두려움을 느낀다는 점을 인지하는 것만으로도 마음은 차분해질 것이다. 자신의 불안을 인지하고 이렇게 말한다면 불안에서 어느 정도는 멀어진다. "이 불안을 행동으로 드러내면 나와 아이에게 더 큰 불안을 일으키게 될 거야. 아이와 티격태격하는 것보다 아이가 몇 분 늦게 자는 게 더 낫지." 나는 부모들에게 항상 이렇게 말한다. "기분을 그대로 느끼되 감정적인 반응은 하지 마세요."

부모 마음에 갇혀 있던 불안은 자녀가 자신의 통제를 거스르는 행동을 할 때 자극받는다. 이럴 때 가만히 마음을 들여다보면서 지금 느껴지는 불안을 그대로 느끼다 보면 기분이 점차 융화된다는 걸 경험하게 될 것이다. 그러면 이 에너지는 자신과 자녀의 삶에 유익하게 쓰인다. 더 이상 반감이나 격한 감정과 얽히지 않고 창의력을 발산하는 힘이 되기 때문이다.

열네 살 남학생 타일러에겐 주말까지 끝내야 하는 숙제가 많았다. 할 일을 잘 미루는 타일러는 막바지 순간이 되어서야 숙제를 하곤 했다. 이 때문에 아버지 앨런은 화가 자주 치밀었다. 토요일 저녁 식사 때 타일러가 하루 종일 책 한 번 펼쳐보지 않은 채, 과제도 안 하고 비디오게임만 했다고 털어놓자 원래 신경질적인 앨런의 불안감은 극에 달했다.

그 순간 앨런은 이성을 잃고 이렇게 소리 질렀다. "한 달 동안 외출 금지야. 넌 믿을 수 없을 만큼 게을러 빠졌어. 그렇게 하다간 한 학기를 망치게 된다고!" 타일러는 반발했다. "하지만 다음 주말에 축구팀 결승전에 나가야 해요. 그 팀에 들어가려고 그동안 얼마나 노력했는데요."

"그럴 생각이었다면 숙제를 했어야지" 앨런이 버럭 소리를 질렀다. "축구보다 학교 숙제가 더 중요해. 아무튼 한 달 동안 외출 금지고 이게 마지막 경고다." 타일러는 위축되지 않고 목소리를 높였다. "전 이런 숙제가 정말 싫어요. 학교도 싫고 그냥 축구만 하고 싶어요. 전 축구를 잘해요. 언젠가 프로선수가 될 거라고요. 아빠가 이번 경기에 못 나가게 날 막을 순 없어요!" 앨런은 격분했다. "아빠가 막지 못한다고? 도대체 넌 어떤 녀석이기에 그 따위로 말하는 거냐? 한마디만 더하면 남은 학기 내내 외출 금지일 줄 알아!"

타일러는 자리에서 일어나 자기 방으로 이어지는 계단 쪽으로 갔다. 그러더니 고개를 어깨 너머로 돌려 이렇게 소리쳤다. "아빠가 정말 싫어요. 아빤 항상 제가 무얼 하든 실패할 거라고만 해요. 만일 제가 실패한다면 아빠가 항상 간섭했기 때문일 거예요. 모두 아빠 탓이에요!" 이 말에 앨런은 남은 학기 내내 외출 금지령을 내렸다.

월요일에 한 직장 동료가 앨런에게 이렇게 조언했다. "아들이 토요

일에 게임을 했다는 이유로 그런 벌을 내리는 건 너무한 것 같아. 자네가 너무 흥분했어. 타일러는 축구를 워낙 잘하니까 그 방면에서 출세할 수도 있잖아."

앨런은 너무 극단적으로 행동하지 말았어야 했다는 걸 이미 알고 있었다. 그는 아들이 축구에 흥미를 갖도록 도와주고 있었고, 아들에게 재능이 있다는 것도 알고 있었다. 앨런은 할 일을 미루는 아들에게 격분한 나머지 작은 일을 크게 만들며 스스로를 궁지에 몰아넣었다. 어떻게 하면 신뢰를 잃지 않으면서 외출 금지를 철회할 수 있을까?

사실 앨런은 그 일이 발생하기 몇 주 전부터 아들의 학교 성적이 걱정돼 나를 찾아와 상담을 했다. 앨런은 타일러가 동기부여가 부족하고 자신의 잠재력을 최대한 발휘하지 못한다고 믿었기에 아들이 나와 상담하기를 원했다. 나는 흔히 그렇듯 우선 아버지와 먼저 상담을 시작했다. 앨런은 그 주 후반에 나를 찾아와 지난 주말에 발생한 일을 말해주었다. 나는 앨런 자신이 타일러의 학업을 방해하고 있다고 말해주었다.

"전 정말 타일러가 축구선수로 성공했으면 좋겠어요. 하지만 학교 공부도 잘하면 좋겠거든요. 만일 프로선수가 되지 못하면 어떡해요? 그렇다면 써먹을 학위라도 있어야 하잖아요."

대부분의 부모들처럼 앨런의 의도는 좋았다. 모든 부모는 높은 곳으로 비상하는 자녀의 모습을 지켜보고 싶어 한다. 부모들은 자녀의 성공에 너무 열중한 나머지 자녀를 돕고, 자녀를 위해서라면 무슨 일이든 하려고 한다. 그날 아침 앨런의 행동도 내게 그런 인상을 주었다. 문제는 자녀가 잘되는 모습을 보고 싶은 바람이 너무 큰 나머지 실패에 대한 두려움의 렌즈로 자녀를 본다는 점이다. 그러면 자녀가 두려움을 고스란히 흡수한다. 그렇다면 어떻게 해야 부모가 두려움에 휩싸이는 것을 피할 수 있을까?

두려움은 우리가 바라는 것과 정반대 결과를 산출하여 일종의 역효과를 내는 경향이 있다. 타일러도 아버지의 불안을 감지했고 그 사실을 분하게 여겼다. 타일러는 아버지의 불안에 너무 큰 중압감을 느꼈다. 이러한 중압감은 학교 과제를 잘하기 위한 자극제가 아니라 손을 놓게 만드는 원인으로 작용했다. 타일러가 모든 것이 아빠 잘못이라고 말한 것은 어쩌면 문제를 정확하게 분석한 셈이다.

나는 이렇게 설명했다. "아버님의 의도는 아들을 돕는 것이었지만 아버님의 불안 때문에 상황이 더 안 좋아졌어요. 아버님이 아들을 통제하지 못할까 봐 두려워하면 그 감정에 휩싸입니다. 그 감정은 객관적인 능력을 앗아가고 내면의 진짜 기분을 가려버리죠. 아버님은 타일러와 함께 창의적인 해결안을 찾는 대신 스스로 아들의 적이 되었어요. 이제 타일러는 학습 과정에 대한 거부감을 스스로 해결하는 대신 아버님에 대한 저항으로 초점을 옮겼어요. 타일러와 숙제의 관계는 타일러와 교사 사이에서 발생한 문제인데, 아버님이 그걸 아버님과 관련된 것으로 만들어버린 거예요."

앨런은 이렇게 실토했다. "그렇게 할 생각은 없었어요. 저는 그저 도와주려 했을 뿐이에요. 어떻게 일이 이렇게 커져버렸는지 모르겠네요. 사실 아들 녀석이 이번 주말에 있을 경기를 놓치는 건 저도 원치 않아요. 아들한테 그렇게 화가 난 것도 아니에요. 저도 아들에게 최고의 아빠가 되고 싶습니다."

나는 자세히 설명해주었다. "우선 아버님이 맨 처음에 느꼈던 기분을 떠올려보세요. 아버님의 기분은 아버님이 보인 감정적 반응과 매우 달랐을 거예요. 아버님은 타일러가 나쁜 점수를 받아서 발생하는 결과를 염려했고, 그러한 결과에서 타일러를 보호하고 싶은 기분이었을 거예요. 문제는 타일러의 미루는 버릇이 너무 심해 학교에서 말썽이 생길까 봐 아버님이 두려워했다는 점이에요. 내면에 있는 두려움의 목소리에 귀를 기울였기에 거기에 압도된 거고 그래서 격한 반응을 보인 거죠. 한마디로 아버님의 감정이 아버님이 느꼈던 기분을 가려버린 거예요."

"감정과 기분은 똑같은 거라고 생각했어요." 앨런이 말했다. "아버님의 기분은 아들이 잘되기를 바라고 지지해주겠다는 거였어요. 하지만 불안감을 느끼면서 두려운 감정에 휩싸였고 그러면서 원래 의도와 정반대의 길로 빠진 거죠. 타일러에 대한 걱정 때문에 자연스럽게 불안감이 커진 거예요. 여기서 중요한 점은 그 불안감에 반응해서 분노하지 말고 불안감을 견뎌내는 겁니다."

"'견뎌낸다'는 게 무슨 뜻입니까?"

"자신의 기분을 인지하면서 그 기분에 압도되지 않고 그것이 자신을 지나쳐가도록 내버려두는 거죠. 그러면 감정적인 반응을 분출하지 않으면서 그 기분 상태를 견뎌내는 법을 배우게 돼요."

기분은 삶에서 맞닥뜨리는 상황에 대한 자연스러운 반응이다. 불안한 기분을 느끼는 것은 자연스러운 현상이다. 하지만 불안을 고스란히 느끼며 자신을 달래는 방법을 모른다면 불안에 압도당한다. 이렇게 되면 격한 감정이 물밀듯 몰려와 진짜 기분을 덮어버린다. 격한 감정은 저항의 기운을 실어 나른다. 바로 이때 질투심, 상대를 조종하거나 통제하려는 마음, 토라짐, 참자아와 멀어지려는 충동, 격한 분노 같은 비생산적인 감정이 발생한다. 이렇게 되는 이유는 자신의 기분을 고스란히 느끼며 내면에서 자신을 달래지 못하기 때문이다. 그렇다면 불안감을 느낄 때는 어떻게 해야 할까?

우선 지금 느끼는 기분을 인지해야 한다. 우리는 대개 내면의 기분을 고스란히 느끼지 못하며 산다. 그래서 우리는 항상 건설적으로 대응하기보다 다소 부정적으로 반응한다. 자신의 기분에 주의를 기울이고 이 기분이 감정적 반응에 가려지는 순간을 감지한다면 이를 자녀에게 투사하지 않게 된다.

내가 이렇게 설명하자 앨런은 물었다. "그러니까 제가 애초에 불안했던 기분을 인정하고 그 기분을 달래는 법을 배웠더라면 아들에게 외출 금지를 내려서 곤경을 자처하진 않았을 거란 말인가요?"

"맞아요. 우리는 자신의 불안을 인정하며 그대로 느끼고 그것을 관찰하는 방법을 배우지 못했어요. 그래서 격분하고 발끈합니다. 아버님께서 아들의 학업 성과가 감정을 격하게 만드는 요소라는 걸 인지했다면 그런 반응은 피했을 거예요. 그런 불안감이 존재한다는 점을 인정하되 그걸 밖으로 표출하진 않았을 거란 말이죠. 그렇게 되면 불안감은 기분으로만 남아 있는 거고, 아들과의 관계를 악화시키는 데 작용하진 않았을 겁니다."

"저 자신한테 일종의 타임아웃을 주는 거네요. 제가 한 말을 후회하지 않도록, 결정을 내리기 전에 마음을 가다듬을 시간을 저 자신한테 주는 거군요." 앨런은 제대로 파악했다.

만일 이런 상황에 놓여 있다면 스스로 타임아웃을 설정하여 다음과 같이 자문해볼 수 있다.

- 나는 왜 아들의 학업 성과에 불안감을 느끼는가?
- 나는 왜 이 일을 나와 관련된 것으로 만드는가?
- 이 일은 내 자존감에 대해 무엇을 말해주는가?
- 나는 왜 내 기분을 아들의 성과와 결부 짓고 있는가?

이러한 질문들은 불안감이 에고에서 발생한다는 사실을 보여준다. 불안감은 부모로서의 권리 의식과 연결되어 자녀를 통제하게끔 한다. 자녀를 세상에 나오게 한 사람은 자신이므로 자녀가 자신의 모습을 반영한다고 생각한다. 그래서 자녀에게 무엇인가를 기대할 권리가 있다고 믿는다. 하지만 본인의 내면이 단단하지 못하기 때문에 자녀가 보여주는 모습이 자신의 기대에 걸맞지 않으면 불안감을 느낀다. 이럴 때 부모는 자녀를 조종하고 지배하려 하고 자녀에게 격분한다.

마음의 중심이 잡혀 있는 사람은 불안한 에고의 모습과 그에 상응하는 방어적인 태도를 보이지 않는다. 이러한 사람은 에고가 그렇듯 자신을 특정한 사람으로 상상할 필요를 느끼지 못하며, 자신의 참모습을 보인다. 자아가 견고한 사람에게는 자기 이미지가 필요하지 않다. 자신의 참모습 그대로 존재하기 때문에 자신의 모습에 대해 전혀 생각할 필요가 없기 때문이다.

이렇듯 부족하다고 느끼는 에고가 아닌 충분하다고 느끼는 자아의 상태일 때, 우리는 힘든 상황에 맞닥뜨리더라도 삶에서 도움을 얻을 수 있다고 여긴다. 그래서 삶을 자비롭다고 생각한다. 이럴 때 행동의 원천은 평온과 유쾌함을 바탕으로 한 신뢰다. 이는 자신을 믿으려는 노력과 관련이 없다. 이러한 노력은 에고의 영역이다. 어떤 노력도 필요하지 않다. 자신을 안심시키고, 믿음을 북돋거나 자신에 대한 긍정적인 생각에 빠질 필요도 없다. 그저 자신의 있는 그대로의 모습을 받아들이면 아이의 삶이 참자아를 중심으로 흘러가는 것을 뿌듯하게 지켜보게 되며, 아이의 삶을 지휘해야 할 필요성도 느끼지 못한다. 아이가 내면을 중심으로 사는 모습을 기쁘게 지켜볼 수 있다.

참자아는 아이에게서든 자기 자신에게서든 가치를 찾아야 한다고 느끼지 않는다. 그러한 가치는 이미 자신 안에 구현되어 있기에 생각할 필요조차 없는 것이다. 참자아는 자신의 자연스러운 상태다. 다만 가족, 교육 제도, 사회가 그것에 의구심을 제기하기 때문에 본인도 의문을 품을 뿐이다.

자신의 기분을 가만히 느끼는 것이 불편하게 여겨지는 주된 이유는 그렇게 할 수 있을 거라고 자신을 믿지 못하기 때문이다. 앞에서도 언급했듯 사람들은 온갖 활동에 몰두하느라 고요한 상태를 두려워한다. 뭔가 불편한 기분을 느끼는 순간 반사적으로 반응했다는 것은 외부로 눈길을 돌렸다는 의미다. 사람들은 지금 발생하는 일을 통해 자신을 고요하게 들여다보려고 하지 않고 정반대로 행동한다. 지금 경험하는 불편한 기분에서 탈피하기 위한 방법을 찾는 것이다.

앨런은 이렇게 물었다. "제 감정을 가만히 느끼다 보니 타일러와 다시 연결되는 느낌이 들었어요. 그러면 이제 어떻게 해야 하나요?"

"타일러를 지지해주세요. 타일러의 선택으로 말미암은 결과에 아버님이 연연해하지 마시고요. 아버님은 결과에 연연해하지 않는 선에서만 아들의 행복을 지지해줄 수 있어요. 타일러와 마음 깊이 소통해서 아버님이 타일러를 깊이 사랑하고 타일러의 행복에 관심이 많다는 걸 아이가 확신한다면 아버님은 타일러에게 진정으로 동기부여를 해줄 수 있어요. 하지만 아버님이 뭘 하라고 강요하면 그런 일은 일어나지 않아요. 타일러에게 관심은 기울이되 간섭하지 말아야 타일러는 진정으로 마음이 원하는 일을 발견할 수 있습니다."

부모가 자녀에게 의도적으로든 무심코든 무엇을 하라고 계속 권한다면 자녀는 어느 순간 동기부여를 느끼지 못한다. 부모는 자신이 가한 압력에서 아이가 회복되는 시간이 지나고 나면 아이 스스로 자기 나름의 방식을 찾을 거라고 믿으며 마음을 다스려야 한다. 이것은 가을에 씨앗을 뿌렸다가 봄의 온기와 내리는 비로 싹이 틀 때까지 기다리는 일과 같다. 씨앗이 동면 상태에 있는데 씨앗의 상태를 보려고 흙을 파는 실수를 저지른다면 씨앗을 죽이는 셈이다.

이러한 실수가 미묘하게 변형된 형태가 바로 아이에게 다음과 같이 말하는 것이다. "네가 내린 선택은 네가 해결해야 해. 형편없는 점수를 받으면 어떤 결과가 생길지 깨달을 만큼 컸잖아. 그런 점수의 결과를 책임져야 할 사람은 내가 아닌 바로 너야. 네가 그만큼 노력해서 그만한 결과를 낸 거니까 네가 감당해야지." 아이가 자립할 수 있도록 자유를 준다고 상상하며 이런 조언을 하는 건 아이의 내면에서 우러나는 경험을 방해하는 것과 같다. 아주 교묘하게 어떤 결과를 만들어내려 애쓰고 있는 것이다. 씨앗이 동면하는 중요한 시기에 씨앗을 파내는 것과 똑같은 행동이다.

앨런은 다시 불안감을 드러냈다. "그러면 저는 그저 타일러를 사랑하는 존재로만 머물러 있고 아이를 돕기 위한 어떤 일도 하지 말아야 한다는 말인가요? 만일 아들이 학교 숙제를 해야 하는데 계속 비디오게임만 한다면 어떻게 해야 하죠? 그냥 무시하나요?"

"타일러가 스스로 제자리를 찾을 시간을 주세요. 과제를 안 내면 선생님들의 지적을 받을 텐데 그렇게 되도록 내버려두세요. 그러다 보면 적절한 때에 학교에서 분명히 전화가 올 겁니다. 그 시점에 개입하는 것이 도움이 될 거예요. 비디오게임이 문제라는 게 분명히 드러났기 때문에 아들에게 차분히 이런 말을 해줄 수 있어요. '만일 네가 약물을 하면서 아무것도 하지 않는데 아빠가 어떤 조치도 취하지 않는다면 아빠는 부모로서의 의무를 다하지 않는 거야. 만일 네가 술에 취해서 운전을 하려고 하는데 차 키를 빼앗지 않았다면 아빠는 너를 망치는 행동을 한 거지. 그런데 학교에서 네가 공부에 관심을 기울이지 않는다고 전화가 왔어. 이젠 네가 과제를 해결하기 위해 스스로 노력해야 해. 아빠는 필요하다면 개입해서 네게 필요한 허용선을 정할 거다. 하지만 너도 이 정도 컸으니까 그걸 스스로 정했으면 한다'라고 말이죠."

타일러는 아버지가 자신을 반대하는 사람이 아니라 지지하는 사람이라는 점을 알게 되면 긍정적으로 대응할 것이다. 앨런이 타일러에게 이렇게 말한다면 그건 강요가 아니라 선택권을 주는 것이다.

부모가 결과에 연연해하지 않아야 자녀에게 진정으로 도움을 줄 수 있다. 앞에서도 언급했듯이 자녀는 부모가 자신의 안녕에 진정으로 관심이 있는지, 아니면 부모 자신의 안녕을 위한 의도인지 직감적으로 알아차린다. 하지만 적절한 순간에는 개입해야 한다. 불안감을 이기지 못해서가 아니라 기회가 자연스럽게 조성되면 그때 개입해야 한다. 물론 이것은 부모가 자녀에게 일어나는 일을 계속 예의주시해야 한다는 의미다. 매 순간 의식적으로 깨어 있어야 적절한 순간을 포착한다. 의식적으로 깨어 있는 사람은 시의적절한 순간을 확실하게 인지하며, 그 과정에서도 단서를 여러 번 감지한다.

많은 부모가 깨닫지 못하지만, 사실 아이들은 부모와 협력하기를 바란다. 하지만 그보다 먼저, 자신에게 필요한 시기에 부모의 의도가 아닌 자신의 계획을 성취하는 데 부모가 도움을 줄 거라는 확신을 얻고 싶어 한다. 자신이 실패할 거라고 두려워하는 부모가 아니라 자신의 장점을 깊이 신뢰하는 부모의 확신을 얻고 싶어 한다. 앞서 언급한 내용을 다시 강조하자면, 여기서 부모가 풍기는 분위기가 중요한 역할을 한다. 항상 말보다 분위기가 더 큰 영향력이 있기 때문이다.

"이번 주 토요일에 축구 시합이 열리는데, 그 부분은 제가 어떻게 해야 하나요?" 앨런이 물었다. 나는 이렇게 대답했다. "진심을 담아 말해보세요. 아버님의 두려움 때문에 작은 일을 크게 만들었다고요. 아버님이 불안을 느꼈는데 그 느낌을 어떻게 해야 할지 몰라 그런 반응을 보인 거라고요. 아들이 신뢰할 만한 아이고 잘해내기를 원하는 아이라는 것을 깨달았다고 설명해주세요. 그리고 아들이 주말에 경기하는 모습을 정말 보고 싶다는 말로 마무리하는 거예요." 앨런은 내 제안대로 했고 타일러는 어떻게 숙제를 완수할 것인지에 대한 계획을 아버지와 협의함으로써 호의적인 반응을 보였다.

우리의 기분은 우리의 마음을 나타내는 지표이지만, 감정적 반응은 에고가 작동하고 있다는 신호다. 마음에서 어떤 기분이 느껴질 때 그 기분에 압도되거나 놀라지 말고 내면에서 반응이 생겼다가 사라지는 것을 가만히 내버려두면 차분하고 좀 더 안정된 상태가 된다.

내면에서 일어나는 일을 제대로 인식하는 것은 해결되지 않은 자신의 문제를 자녀에게 전가하지 않는 비결이다. 부모가 의식적으로 깨어 있으면 자신의 문제를 자녀에게 투사하지 않는다. 내면에서 여러 감정이 뒤섞여 일어날 때 그것으로 스토리를 만들지 말고 가만히 그 감정을 느끼며 관찰하다 보면 결국 마음이 진정된다. 그러면서 더 현명해지고 더 강인해진다. 감정에 잠식당하지 않을 때 자신이 에고가 상상한 것 이상의 존재라는 걸 발견한다.

우리가 알고 있는 정도 이상의 힘과 재원이 우리 내면에 존재한다. 자녀에게 발생한 문제 덕분에 우리는 자신의 참모습이 얼마나 괜찮은지 마침내 발견한다. 그러니 자녀의 문제는 부모에게나 자녀에게나 일종의 선물이라고 볼 수 있다.

기분의 직통로

우리의 삶과 이 세상에서 발생하는 모든 갈등의 이면을 보면 그동안 우리가 실제 느끼는 기분을 고스란히 느껴오지 못했다는 걸 알 수 있다. 우리는 그렇게 하는 대신 자신의 기분을 왜곡해서 타인에게 비난의 화살을 돌리도록 배워왔다.

자녀가 어떻게 느끼는지에 대해 부모가 집착하는 것은 자녀가 자신의 기분을 오롯이 느끼게 내버려두는 것과 정반대의 행동이다. 자녀가 느끼는 기분에 대한 관심을 자녀의 기분을 인정하는 것으로 오해하며 자녀에게 자신의 기분을 느낄 여지를 준다고 생각하지만, 자녀의 기분에 지나치게 관심을 쏟는다거나 비난을 드러내는 건 자녀에게 자신의 기분을 두려워해야 한다는 메시지를 보내는 것과 같다. 자녀의 기분에 중립적인 태도를 보이지 않을 뿐더러, 그러한 기분을 느끼는 것을 자연스럽고 당연한 일로 여기지 않고 무의식적으로 비난한다고 해보자. 그러면 자녀는 그 기분을 더 이상 온전히 느끼지 못하며, 때로는 통제할 수 없을 만큼 격한 감정에 휘말린다.

자녀는 자신이 느끼는 기분이 일상의 일부분이라는 메시지를 받아야 한다. 우리에게 늘 생각이 존재하듯 기분과 두려움 역시 항상 존재한다. 간섭하거나 통제하거나 피하지도 말고 이런 감정들이 존재하도록 내버려두어야 하며, 자연스럽게 왔다 가도록 허용해야 한다. 우리가 개입하고 통제하려 하면 상황은 잘못된 방향으로 흘러가버린다.

자신의 기분에 닿는 명확한 직통로가 있다면, 그래서 그 기분을 필요한 만큼 고스란히 느끼는 일이 두렵지 않다면 그 기분에 휩쓸리지 않는다. 그저 "나는 지금 슬퍼"라든가 "나는 지금 실망했어"라고 자연스럽게 말할 수 있다. 자신의 기분을 단순하고 명확하게 인정한다면 그 기분의 힘에 압도되지 않으면서 느낄 수 있다.

자녀의 생각에 지나치게 집중하고, 변덕스러우면서 거친 방식으로 반응하는 부모를 보면 아이들은 부모를 신뢰하지 않을 뿐만 아니라 두려워하기 시작한다. 유감스럽게도 부모들은 두려움이 담긴 아이의 눈빛을 자신에 대한 존경으로 착각하는 경향이 있다. 부모들은 통제력이 있어야 한다는 전통적인 신념에 너무 얽매여 있기 때문에 자녀들이 부모를 두려워하게 만든다. 그래서 자녀가 누그러진 태도를 보이면 내심 좋아한다. 이런 상황에서는 부모의 에고가 힘을 받으며, 부모는 스스로 영향력 있고 중요한 존재라고 느낀다.

부모가 일종의 감정적 위압인 협박을 자주 쓰면 자녀는 두려움을 느끼고, 그 두려움 때문에 표면적으로는 부모에게 순응할 수도 있다. 하지만 지속적인 행동의 변화를 이끌어내지는 못한다. 사실 이럴 때 아이들은 분노와 화 같은 부정적 감정들로 가득 찬다. 만일 부모가 이렇게 부당한 대우를 지속한다면 결국 아이는 신랄하게 변한다. 반면 자신을 통제하려는 의도가 부모에게 없다는 걸 알게 되면 아이는 부모와 신뢰를 형성한다. 그러한 신뢰가 형성되려면 시간과 노력이 필요하고 부모 자신이 성숙해야만 한다.

자녀와 소통하고 싶다면 자녀에 대한 통제를 멈추는 훈련을 해야 한다. 이렇게 하려면 지금 이 순간을 '있는 그대로' 받아들여야 한다. 가령 지저분한 아이의 방을 보았을 때 나오는 격한 반응을 조절하기 위해 이렇게 자문하는 것도 좋은 방법이다. "왜 바닥에 널려 있는 옷 때문에 내 마음이 안정되지 못하는 거지? 왜 아이를 심하게 비난할 정도로 위협을 느끼는 거지?"

부모들은 신념에 근거한 '마땅히 ~해야 한다'는 기준에 사로잡혀 있기 때문에 쉽게 감정적인 반응을 보인다. 그러면서 그럴 수밖에 없다고 생각한다. 하지만 어떤 신념 때문에 그러한 반응이 나오는지 살펴본다면(대개 여러 가지 신념이 원인으로 작용한다) 감정적 반응을 점점 다스릴 수 있다. 이때 필요한 것은 그러한 상황에서 자문해보는 일이다. 이렇게 하면 자신이 어떤 문화적 신념의 영향을 받고 있는지 인지하게 된다.

하지만 이렇게 한다고 자녀에게 절대 화가 나지 않을까? 전혀 그렇지 않다. 중요한 것은 화난다는 점이 아니라 내면에서 치밀어 오르는 감정에 대응하는 방식이다. 자녀를 무섭게 혼내며 막무가내로 감정적인 반응을 보이는지, 아니면 소통할 수 있고 애정이 전해질 수 있는 좀 더 바람직한 방법이 있는지 살펴보아야 한다.

어떤 상황에서든 감정적 요소를 제거하고 어떤 문제에 대해 솔직한 느낌을 제시한다면 자녀는 부모를 협력자라고 느낄 것이다. 자녀와 감정을 공유하는 건 격한 감정적 반응을 보이는 것과 근본적으로 다르다. 전자의 상황에서는 문제를 탓하거나 변덕을 부리지 않는다. 이때 부모는 어떤 문제에 대해 동의하거나 동의하지 않을 권리가 양측 모두에게 있다는 인식을 바탕으로 자녀와 자유롭게 논의할 수 있다. 부모가 자녀와 유대감을 형성하고 차분하게 협상하면 결국 공동의 결정에 도달한다. 그렇게 얻어진 합의 사항에 대해서는 양측 모두 책임을 져야 한다. 다시 말해, 자녀는 부모가 통제하는 방식을 쓰지 않고 진실로 자신을 돕고 싶어 한다는 점을 파악했기 때문에 부모와의 합의 사항을 지키려 하며, 심지어 부모가 생각하지 못한 제안도 할 수 있다.

나를 불간섭주의나 자유방임주의의 옹호자로 생각했다면 이쯤에서 생각이 바뀌었을 것이다. 의식적인 부모가 되려면 자녀에게 얼마나 많은 주의를 기울여야 하는지 알게 되었을 테니 말이다. 부모가 자신의 기분을 진심으로 공유하고 합의점에 도달할 때까지 자녀와 논의하는 것은, 그저 "엄마(아빠) 말 들어!"라고 말하는 것에 비해 더 많은 시간과 에너지가 소비된다. 아이들은 명령과 지시에 제대로 반응하지 않는다. 아니, 대부분의 사람들이 그렇다.

부모가 부정적인 감정을 발산하지 않고 자신의 기분을 있는 그대로 표현하면서 자녀와 대화를 나눈다면 그 대화는 어떤 식으로 이루어질까? 자녀의 목소리를 어느 정도 허용해야 대화에서 이끌어낸 절충안에 자녀가 수긍할까?

다음 대화는 두세 살된 어린 자녀라도 의사 결정 과정에 참여시킬 수 있다는 점을 보여주는 사례다.

엄마 : "네 방이 지저분한 걸 보면 엄마는 마음이 불편해. 왜냐하면 엄마는 정리되고 깨끗한 걸 좋아하거든. 너는 네 방 때문에 마음이 불편하지 않니?"

자녀 : "아뇨, 전 괜찮은데요."

엄마 : "네가 방을 지저분하게 하는 것처럼 엄마도 우리 집을 지저분하게 해놓는다면 어떨까?"

자녀 : "그건 싫어요. 전 깨끗한 집이 좋아요. 하지만 어질러진 제 방은 괜찮아요."

엄마 : "그러니까 너하고 엄마를 다른 기준으로 생각하는 거네? 엄마는 엄마하고 너를 똑같은 기준으로 생각하려고 노력하는데 말야. 엄마는 집도 깨끗하고 네 방도 깨끗했으면 좋겠어. 우리가 원하는 대로 될 수 있게 계획을 세워볼까? 엄마는 네가 방을 깨끗하게 정리하며 사는 방법을 배웠으면 해. 네 방이 지저분하다고 해서 엄마의 생활이 바뀌지는 않지만 너한테 이런 중요한 방법을 가르쳐주고 싶거든. 엄마는 정리하는 법을 배우는 게 중요하다고 생각해. 엄마가 집을 깨끗하게 해놓는 걸 네가 좋아하는 것처럼, 엄마도 네 방이 그렇게 됐으며 좋겠어. 엄마가 어떻게 도와주면 될까?"

자녀 : "일주일에 한 번씩 청소할게요. 만일 깨끗하지 않으면 엄마가 와서 말해줄래요? 아니면 청소하는 걸 도와줄래요?"

엄마 : "좋아. 그렇게 할게."

아이는 부모가 감정적으로 반응하지 않으면 부모가 자신의 생활에 관여하는 것을 조금은 수용한다. 이럴 때 아이는 부모의 걱정에 관심을 기울이며 부모에게 저항하기보다는 타협 방법을 찾으려 한다. 이 모든 것은 부모가 자신의 감정적 반응을 인정하고 그것을 다스리는 데서 시작된다. 그렇게 하면 아이는 부모의 격한 감정 발산에 놀라서 부모와 거리를 두려 하지 않고, 부모의 기분에 관심을 기울인다. 이제 부모는 "내 말 듣고 있어?"라든가 "내 말 들려?"라고 계속 묻지 않아도 된다.

기분을 다스리는 일은 쉽지 않다. 특히 두려움을 느낄 때 더 그렇다. 두려움을 인지한다는 것은 실제로 어떤 것일까?

기분 : 당신은 자녀가 너무 굼떠서 조바심을 느낀다. 무력감과 좌절감과 무능함을 느낀다.

반응 : 자녀를 재촉하고 자녀에게 소리를 지르고 싶은 생각이 든다.

두려움 인지 : 화가 치솟는 것을 인지한다. 이것은 위험 신호이며 멈추라는 경고다. 내면의 흥분을 인지했다면 심호흡을 크게 하고 조용히 내면을 들여다본다. 필요하다면 방을 나간다.

그리고 다음과 같이 자문하면서 당신의 두려움을 살펴본다.

- 지금 내가 경험하는 두려움에는 어떤 특성이 있는가?
- 나는 앞으로 어떤 일이 발생할 거라고 우려하는가?
- 그게 정말로 그렇게 나쁜 일인가?
- 그렇게 되면 큰일이 나는가?

- 나는 내 두려움이 내 과거에서 왔다는 점을 인정할 수 있는가?
- 나는 그 두려움이 아이와 관련 없다는 점을 인정할 수 있는가?
- 나는 두려움이 왔다가 사라지도록 내버려두고 아이와 더 깊은 신뢰를 형성할 수 있는가?

당신의 두려움을 자세히 살펴보고 관찰하면 다음처럼 확신하게 된다.

- 내 두려움은 잃어버린 자아에서 나왔다.
- 내 두려움은 완벽해야 한다는 내 생각에서 나왔다.
- 내 두려움은 내 자신이 충분하지 못하다는 믿음과 결부되어 있다.
- 내 두려움은 자녀를 일정한 기준에 맞게 키워야 한다는 중압감과 관련되어 있다.
- 내 두려움은 자연스럽고 정상적인 것이다.
- 내 두려움은 나를 규정하지 못하며 나의 한 측면일 뿐이다.
- 나는 두려움이 존재하는 것을 자연스럽게 허용한다.
- 내가 두려움을 느낀다고 해서 내 에너지가 소진되지는 않는다.
- 나는 그저 내 두려움을 관찰하고 있는 그대로 인정하기만 하면 된다.
- 나는 내 두려움이 내면에서 가만히 자리하는 것을 허용한다. 그것을 처리할 사람은 다름 아닌 바로 나 자신이다.
- 내가 내 두려움의 존재를 인정한다면 두려움은 언젠가 사라질 것이다.
- 내가 내 두려움을 부인하거나 그것에 감정적으로 반응하면 두려움은 더욱 심해질 것이다.

자신의 두려움을 있는 그대로 인정해야 그것을 자연스럽게 받아들일 수 있다. 이렇게 되면 부모는 자녀에게 집중하며 차분하게 말할 수 있다. 이런 상태가 되면 자녀는 부모가 자신의 말을 들어주고 자신이 원하는 것을 충족시켜 준다고 느낀다.

자녀를 부모의 감정적인 반응에서 보호해줄 사람은 아무도 없다. 부모가 감정적인 반응을 보일 때 자녀는 굴복하거나 저항하는 방법밖에 없다. 어느 쪽이든 자녀는 부모와 신경전을 벌이느라 상당한 심적 에너지를 소진한다. 상상이나 자발적인 놀이에 써야 하는 에너지인데 말이다. 부모는 자녀의 정신을 진지하게 보호해주어야 한다. 부모는 자녀를 자신과 똑같은 사람으로 만들지 말고, 자녀의 진짜 목소리를 존중하고 참자아를 보살펴주어야 한다.

감정적인 반응을 하지 않기 위한 새로운 약속

분노는 나와 친숙한 관계이고
순간적으로 상당한 영향력을 발휘하지만
이제 그 목적이 다하였고
이제 환영받지 못한다.

분노는 변화를 일으키지 못하고
용기를 불러일으키지도 못하니,
이제 효력을 잃은 분노는 내보내야 한다.
분노에 수반된 혼란과 소음과 드라마도.

그 뒤에 고요가 남고
진실은 고요 속에서 피어난다.
처음에는 고요함에 귀가 멍해지겠지만
고요함을 받아들이면 삶은 변한다.

chapter 19

감정적으로 밀착하지 말고 자주성 주기

내 고객인 발레리는 이런 말을 했다. "전 아들 다니엘에게 학교 공부를 잘하라고 끊임없이 잔소리해요. 사회는 정글과 같으니까요. 다니엘 같은 젊은 흑인이 세상에서 어떻게 살아가는지 전 잘 알거든요. 사회가 얼마나 무자비한지 아주 잘 알아요. 사회가 얼마나 냉정한지 알기 때문에 다니엘에게 준비를 시켜주고 싶어요." 발레리는 아들이 '현실 세계'에 나가도록 준비를 시켜주려고 사회가 냉정하고 불공평하다는 인식을 자신이 경험한 감정과 함께 아들에게 끊임없이 주입했다. 그녀가 세상을 보는 관점에는 두려움과 불안이 스며들어 있었다.

발레리에게 세상은 불안전하고 불공평한 곳이다. 발레리는 피부색 때문에 아들을 걱정했다. 발레리는 자신의 두려움을 지극히 당연하다고 여겼기에 주위에서 그 생각이 타당하지 않다고 말해봐야 소용없을 정도였다. 예전에 발레리를 상담했던 치료전문가들은 그녀가 과거에 살고 있으며, 그녀가 느끼는 인종차별은 현실이 아니라 인식일 뿐이라며 그녀의 기분을 비하했다. 그녀는 아무도 자신의 심정을 이해하지 않는 것 같다며 무시당하는 기분이 들었고 실망스러웠다고 말했다.

"어떤 기분인지 충분히 알겠어요. 이 세상이 특히 유색인종에게 냉정하고 불공평한 곳이라는 건 맞아요. 저는 최선을 다해 아들을 보호하고 준비시켜주고 싶은 어머님의 그 마음에 충분히 공감합니다."

"정말이요?" 발레리는 자신의 기분을 이해하고 지지해주는 사람이 있다는 사실에 놀라면서도 안도감을 느끼는 듯했다.

"어머님의 기분은 굉장히 타당하고 현실적인 거예요. 다른 사람이 이 부분을 이해하느냐 못하느냐는 중요하지 않아요. 중요한 건 어머님이 그렇게 느낀다는 거죠. 그 기분은 오롯이 어머님의 것이고 어머님에겐 그렇게 느낄 권리가 있어요."

"제가 피해망상증이고 저의 두려움이 그대로 현실로 나타나는 거라고 말하는 사람들도 많아요."

"피해망상증이 아니에요. 그들이 어머님의 기분을 주관적으로 판단할 수는 없죠. 기분이란 절대 판단될 수 없습니다. 기분은 기분일 뿐이에요. 우리는 '있는 그대로'의 기분을 느껴야 해요. 다만 어머님이 이해해야 할 점은 지금까지 어머님이 자신의 기분을 온전하게 느끼지 않았다는 거예요."

"제가 저의 기분을 느끼지 않았다고요?" 발레리가 목소리를 높였다.

"그동안 어머님은 그 기분에 반응하고 그 기분을 아들에게 투영해

왔어요. 그렇게 함으로써 아들을 초조하게 만들었죠."

"그렇다면 제 기분을 느끼면서도 아들을 초조하게 만들지 않으려면 어떻게 해야 하죠? 정말이지 저는 아들을 그렇게 만들고 싶진 않거든요. 전 아들을 강인하고 능력 있는 사람으로 키우고 싶어요. 그리고 그렇게 하고 있다고 생각했고요."

"어머님은 어머니의 기분을 가만히 느껴야 해요. 그 기분은 아들이 아닌 어머님의 것이에요. 그 기분을 바로잡으려 하지 말고 그 기분과 친숙해지고 그것이 왔다가 사라지도록 허용해주세요. 어머님은 그 기분을 바로잡으려 하고 있어요. 마지막에 만났던 치료전문가처럼 그런 기분을 멀리 내보내고 싶어 하세요. 그것을 무효화시키려고 하다 보니 본질적으로 그 전문가와 똑같이 하고 있는 거죠."

"제가요?" 발레리는 못 믿겠다는 듯 말했다. "어머님은 아들 때문에 느끼는 불안감이 너무 불편해서 그런 불안감을 멈추게 해줄 사람으로 아들을 택했고, 그래서 그를 변화시키려고 최선을 다하고 있어요. 어머님은 하루 종일 아들에게 지금과 다른 사람이 되라며 성가시게 하고 잔소리하면서 아들의 지금 모습이 충분하지 못하다는 메시지를 전달하고 있어요. 어머님은 불안한 기분이 싫어서, 아들이 변할 수 있을 만큼 계속 잔소리하면 더 이상 불안감을 느끼지 않을 거라 믿고 있어요. 다시 말해, 이 모든 것이 어머님과 관련된 문제예요."

"제가 제 문제를 바로잡기 위해 아들을 이용했다는 걸 못 믿겠어요. 전 아들에게 도움을 주고 있다고 생각했거든요. 그런데 제가 저의 고통스러운 기분을 해결하기 위해 아들을 통제하고 있었던 거군요."

"어머님의 고통은 진짜고 두려움도 진짜예요. 바로 이 부분에서 혼란이 오는 거죠. 이것이 진짜인 이유는 모든 사람이 그렇게 느끼기 때문이 아니라 어머님이 그렇게 느끼기 때문이에요. 하지만 어머님이 그러한 기분을 진실로 느낀다고 해서 아들도 그런 건 아니에요. 그건 어머님의 기분이니까 그대로 인정하세요. 하지만 아들도 그렇게 느끼게 만들 권리가 어머님에게 있다고 생각하진 마세요. 그건 아들의 현실이 아니고 어머님의 현실이에요.

어머님은 어머님의 경험을 아들에게 투영하고 있어요. 그렇게 하지 말고 고통스러운 그 기분을 있는 그대로 느끼면서 그것을 스스로 처리하는 방법을 배워야 해요. 무기력한 기분이 들면 한바탕 우는 것도 방법이고, 비슷한 처지의 사람들과 그런 상황에 대해 이야기 나누는 것도 좋아요. 하지만 그런 기분이 자신의 과거, 관점, 현실에 대한 인식에서 나왔다는 점을 항상 인식해야 해요. 아무도 어머님의 관점에 문제를 제기하지 않아요. 여기서 문제는 어머님의 그러한 관점 때문에 어머님이 아들에게 하고 있는 행동이에요."

"그렇다면 아들이 이 냉혹한 세상에서 불공평한 대우를 받지 않게 하려면 저는 무엇을 해야 하나요?"

"어머님은 그 무엇도 확신할 수 없어요. 그건 어떻게 하면 내가 탄 비행기가 사고 나지 않게 할 수 있느냐고 묻는 것과 같아요. 지금 어머님은 삶에게 확실성을 달라고 요구하고 있어요. 하지만 그건 삶의 본질이 아닙니다. 파괴적인 힘과 창조적인 힘을 모두 내포하고 있고 영구적이지 못한 것이 삶의 본성이에요. 이것이 만물의 기본적인 특성이라고 이해한다면 확실성에 대한 기대를 멈출 수 있습니다. 어머님의 걱정은 단순히 세상이 아들을 불공평하게 대하지 않을까 하는 점이라기보다는,

좀 더 넓은 관점에서, 아들이 그러한 현실에 대처하는 데 너무 연약하지 않을까 하는 점인 것 같아요. 물론 이것 역시 어머님의 생각이 투영된 것이지요. 아이들이 얼마나 상황에 잘 대처하는지 부모님들은 알지 못해요. 그래서 자신의 두려움을 아이들에게 전가하면서 아이들에게 회복탄력성이 별로 없다고 확신하죠. 여자아이나 유색인종 아이들을 무력하게 만드는 것은 현실 그 자체가 아니라, 그 아이들이 현실을 견디지 못할 거라고 믿는 부모님들의 두려움이에요. 아이가 고통스러운 상황에 처하지 않도록 보호하지 마세요. 접근법을 바꿔야 해요. 바람직하지 못한 일은 삶에서 일어나기 마련이지만 그런 상황에 잘 대처할 힘이 아이의 내면에 있다는 걸 가르쳐야 합니다. 그것이 아이들에게 훨씬 도움이 됩니다.

어떤 아이들은 성범죄자나 못된 아이들의 희생자가 될 수 있어요. 그렇기 때문에 아이들에게 자신이 정한 허용선을 지키고, 내면의 목소리를 신뢰하고, 무슨 문제가 발생하면 두려워 말고 곧장 부모에게 알리라고 가르쳐야 해요. 어떤 아이들은 또래 사이에서 너무 불공평하게 따돌림을 당하기도 해요. 그러니 아이를 불안하게 만들지 말고 아이들 내면에 힘이 있다고 느낄 수 있도록 도우면서 그런 현실에 대처하도록 준비시켜주어야 해요. 괴롭히는 사람들을 알아보는 안목과 그들에게 맞서서 말할 수 있는 능력을 키워줘야 해요. 어린 딸이 거부당하는 고통에 직면하지 않도록 사회적 기준에 맞게 살을 빼도록 가르칠 것이 아니라, 있는 그대로의 모습으로도 괜찮고, 설령 험담을 당하더라도 그것에 대처할 능력이 있다고 가르쳐줘야 해요. 자녀에게 지금 그대로의 모습으로 완전하다고 가르쳐야 아이들은 강인해집니다."

"그렇다면 아들이 공부를 못하는 건 어떻게 해결해야 하죠? 그냥 내버려둬야 하나요?"

"지금 어머님은 최종 결과, 혹은 아들의 성적을 걱정하면 안 돼요. 초점을 어머님 자신에게 두어야 해요. 스스로 이런 질문을 해보세요. '지금 나는 아들이 성공, 혹은 실패에 대해 스스로 경험할 수 있는 환경을 만들고 있는가, 아니면 이 과정에 개입하고 있는가? 어떻게 하면 아들의 학업을 통제하지 않으면서 아들을 코치할 수 있을까? 나는 이 상황에 어떤 에너지를 불어넣을 수 있을까? 지금 나는 아들에게 얼마나 많은 부정적 기운을 불어넣고 있는가? 지금 나는 아들에게 자신감을 가르치는가, 자기 비하를 가르치는가? 나의 두려움이 아들의 성공에 어느 만큼 방해가 되고 있는가?'"

발레리는 골똘히 생각하더니 마침내 입을 열었다. "그러니까 모두 제 문제인 거네요. 제가 제 두려움으로 아들을 무력하게 만들었군요. 아들의 문제가 전혀 아닌데 말예요. 전 아들이 노력하고 있다는 생각조차 하지 않았어요. 아들에게 충분한 희망과 자신감을 주지 않고 부정적인 감정만 심어주었어요. 아들은 제가 과중한 부담을 주고 자신을 화나게 만들 거라는 걸 알기에 시험공부를 싫어하는 거예요. 제가 멈춰야겠어요. 제가 그럴 수 있으면 좋겠어요."

발레리는 그날 중요한 사실을 배웠다. 부모의 해결되지 못한 기분은 해로운 감정적 반응으로 바뀌며, 이것은 자녀가 자신을 진정으로 표현하는 데 방해가 된다는 사실 말이다.

감정적 융합의 함정

부모가 자신의 기분과 자녀의 기분을 제대로 구분하지 못한다면 이는 높은 수준의 감정적 밀착을 경험하기 때문이다. 이를 좀 더 전문적으로 말하면 '감정적 융합emotional fusion'이다.

우리가 좀 더 의식적으로 변하면 머릿속의 혼란스러운 생각을 가려낼 수 있게 된다. 이는 마치 세탁물 바구니에서 양말을 모두 꺼내어 차곡차곡 쌓아두는 것과 같다. 이를 가족이라는 관점에서 보면, 부모는 자신의 기분을 자녀에게 투영하지 말고 제자리에 갖다놓아야 한다. 그 자리는 자녀가 아닌 부모 자신의 내면이 놓일 자리다. 이렇게 하면 자녀를 있는 그대로의 모습으로 볼 수 있고, 그 결과 부모 자신의 생각과 별개로 자녀를 온전히 이해하게 된다.

많은 부모가 이런 식으로 자신과 자녀를 감정적으로 분리해야 한다는 걸 두려워한다. 자신이 마음 깊이 바라는 것과 분리되어야 한다거나, 자신과 사랑하는 자녀 사이에 물리적 거리를 두어야 한다는 의미로 받아들이기 때문이다. 하지만 내가 설명하는 것은 완전히 다른 종류의 분리, 그러니까 진정한 소통을 가능하게 하는 분리다. 내가 말하는 것은 감정의 융합을 끝내야 한다는 뜻이다. 그래야 부모는 자신의 감정과 자녀의 감정을, 자신의 경험과 자녀의 경험을, 자신의 내면 상태와 자녀의 내면 상태를 구분하게 된다.

부모가 자녀와 친밀한 상태를 즐기지 못하는 이유는 자녀를 있는 그대로의 모습으로 봐주거나 자녀의 빛나는 회복탄력성을 인정해주지 못하고 자신의 내면 상태를 자녀에게 투영하기 때문이다. 부모는 이 내면 상태에 친숙하며, 이것을 자녀에게 투영하면서 자녀와 가짜 친밀감을 느낀다. 부모는 자신이 자녀와 진정으로 소통하는 것이 아니라 자신이 자녀에게 투영한 모습, 그러니까 자신이 생각하는 자녀의 모습과 소통한다는 점을 깨닫지 못한다. 우리는 어떤 사람에 대해 품고 있는 생각을 계속 유지하도록 그 사람이 허용해줄 때 그 사람과 가깝다고 느낀다. 하지만 그 생각을 그 사람이 받아들이지 못할 때 친밀감은 사라진다.

바로 이런 이유 때문에 부모들은 10대 자녀에게 상당한 위협을 느낀다. 10대 자녀는 이런 식으로 말하면서 부모에게 정면으로 맞선다. "난 나야. 나를 표현할 나만의 방식을 찾고 싶어. 엄마(아빠)는 이걸 허용하지 않을 테니 엄마(아빠)한테서 벗어나고 싶어."

만일 누군가에게 나와 상관없이 그 사람 그대로의 모습을 지키도록 격려한다면 친밀감이 떨어지는 것처럼 보일 수 있다. 하지만 실은 그렇게 하는 것이야말로 진정한 소통이다. 자율적인 개인이야말로 타인과 진정한 소통을 할 수 있기 때문이다.

부모가 자기 인식 능력을 향상시키면 마음이 명확해지고 정리되기 때문에 자녀와 감정적으로 건강하게 분리될 수 있다. 이럴 때 부모는 자신이 현실을 어떻게 인지하는지 분명히 알고 다른 사람은 자신과 똑같이 인지하지 않는다는 점을 인정한다. 나는 이렇게 정리된 내면의 상태를 감정적 분리 상태라 부른다. 이럴 때 부모는 감정적으로 밀착되거나 융합되지 않고 자립한다. 부모 자신이 내면의 틀과 연결되기 때문이다. 이러한 감정적 분리는 위협적으로 느껴지긴 하지만 실제로 고유한 두 마음의 울림을 연결하는 유일한 방법이다.

감정적 자주성

부모가 자신의 기분과 반응을 분리하고, 자녀가 어떠해야 한다는 생각과 의도를 내려놓으면 존재 방식에 상당한 변화가 생기기 시작한다. 예전에는 필요와 부족함을 느끼며 행동했다면 이제는 스스로 충족감을 느끼고 자신에게 힘을 불어넣으며 행동한다. 타인의 긍정, 인정, 찬성에 대한 의존도가 갑자기 사라진다.

의식적인 육아에서 감정적 자주성은 무척 중요하다. 감정적 분리의 첫 단계는 아이가 걸음마를 배우는 시기에 발생한다. 뒤이어 유치원, 초등학교 1학년, 중학교, 고등학교의 마지막 시험에 이르는 어린 시절에 중요한 전환 시점이 이어진다. 이러한 주요 성장 단계를 자녀가 느끼고 실패하고 넘어질 수 있는 자유가 더 많이 허용된 시기라고 생각하지 못한다면, 자녀와 바람직하지 못한 의존 관계를 만들게 된다. 이렇게 되면 자녀는 어떤 일을 처리할 때 부모가 곁에서 도와주지 않으면 제대로 할 수 없다고 느낀다.

유아기에는 부모에게 모든 것을 의지하는 밀착 관계가 필요하다. 하지만 이러한 관계가 필요 이상으로 길게 이어지고, 부모가 자신을 중요한 존재로 느끼고 싶어서 이 기간을 지속한다면 자녀는 고통스러워한다. 부모들은 흔히 10대의 반항에 대해 말하지만, 사실 부모야말로 상당한 자율권이 주어져야 하는 10대의 권리에 저항한다. 10대 자녀의 자율성 요구에 위협을 느끼는 부모는 더 큰 통제력을 발휘하며 자녀에게 저항한다. 10대 자녀는 발달 단계에 맞는 행동을 하는 것뿐이다. 사실 10대 자녀가 더 크게 반항하는 이유는 부모가 자녀에게 투영하는 행위에 대해 일깨워주기 위해서다. 이제 더 이상 그렇게 하지 말라고 말이다. 10대 자녀는 '못된' 것이 아니다. 오히려 이와 정반대다. 자녀들은 부모의 투영에서 분리되기 위한 시도를 스스로 하는 것이다. 부모와 분리되는 과정이 필요한데, 부모가 이러한 시도를 하지 않기 때문에 저항하는 것이다.

부모와 자녀 사이에 싸움이 발생하는 이유는 자녀가 이루려고 하는 자연스럽고, 건전하고, 꼭 필요한 분리에 부모가 반대하기 때문이다. 부모들은 10대 자녀를 '까다롭다'고 말하지만 사실 까다로운 쪽은 자기 자신이라는 점을 깨달아야 한다. 10대 자녀는 까다로운 부모에게 어떻게 대응해야 할지 모를 때 까다롭게 보이는 행동을 한다.

아이는 항상 자율권을 행사하고 스스로 방향을 정하려고 시도한다. 아이와 진정으로 소통하려면 독립적인 존재가 되고 싶은 아이의 바람에 대해 자신이 마음속 깊이 얼마나 위협감을 느끼는지 들여다봐야 한다. 의식 있는 사람이 되면 누구나 독립된 존재로서 자기만의 감정을 느낄 권리가 있다는 걸 깨닫는다. 부모가 이러한 점을 절실하게 깨달을수록 자녀의 있는 그대로의 모습을 더 존중해준다. 이러한 부모는 더 이상 자신의 사고방식을 자녀에게 주입하지 않고, 자녀의 감정, 자녀가 소중하게 여기는 것, 자녀가 삶에서 선택하는 과정을 존중해준다. 자녀를 부모 자신과 독립된 존재로 보며, 자녀가 자기만의 길을 가도록 안내해주는 역할을 하는 것만으로도 영광이라고 생각한다.

자신의 기분을 고스란히 느끼고 자신의 방식으로 삶을 경험하는 것이 허용된 아이는 적절한 위험을 감수하고 삶을 모험처럼 즐길 수 있다. 이러한 아이는 자신의 존재에 확신을 갖기 때문에 열린 마음으로 다른 사람을 신뢰하고 사랑한다. 그래서 부모가 필요한 순간을 두려움 없이 인정한다. 그리고 아이는 자신의 감정과 관점에서 독립성을 가져야 할 순간에 부모에게 바람직하게 의존한다.

상담치료전문가인 나는 고객이 내게 의존해야 한다는 무의식적인 생각을 항상 경계해야 한다. 내 고객인 엘리자베스는 최근에 진행된 상담에서 힘든 시간을 보냈다. 엘리자베스는 상담이 진행되는 내내 울었다. 나는 그녀에게 다음 상담 전에라도 할 이야기가 있으면 전화를 하라고 했다. 그 뒤에 이어진 상담에서 그녀는 이런 말을 했다. "선생님이 제 상태를 확인하기 위해 전화를 하거나 이메일을 보내지 않아 상처받았어요. 선생님에게 거부당했다는 느낌이 들기 시작했거든요. 그런데 그 순간 선생님이 항상 말했던 피해자 역할이 떠올랐고, 그러자 선생님이 필요하면 제가 연락하면 된다는 걸 깨달았어요. 선생님은 무관심한 게 아니었어요. 오히려 그 반대로 제가 스스로 해결할 수 있을 만큼 강인하다는 걸 보여준 거였어요."

우리는 사랑하는 아이에게 '나는 네가 주어진 상황을 네 스스로 해결할 만큼 강인하다고 믿지 않는다'라는 메시지를 소소한 방식으로 끊임없이 보낸다. 오늘도 나는 "별 일 없니?"라든가 "기분이 좀 어떠니?" 같은 문자를 보내 딸의 상태를 확인하고 싶은 충동과 끊임없이 싸우고 있다. 하지만 나는 딸이 할 이야기가 있으면 대화를 요청하리라는 걸 알기에 딸과의 친밀한 관계를 신뢰해야 한다. 나는 부모들에게 자녀가 자기 방문을 잠글 때 불쑥 끼어들지 말라고 말한다. 자녀가 그렇게 행동하는 건 "지금 혼자 있고 싶어요"라고 말하는 것이다. 부모가 자녀의 자율성을 존중한다는 것은 자녀와의 관계를 안심한다는 뜻이다. 물론 자녀가 숙제를 해야 하거나 식사를 해야 한다면, 부모의 필요에 의해 자녀와 대화하려는 의도가 아니므로 자녀의 방으로 들어갈 수 있다.

부모들은 이런 말을 자주 한다. "저도 참 어리석어요. 제가 그렇게 행동했다는 게 안 믿겨요." 나는 이런 말을 들을 때, 내 생각을 변화시켜야겠다거나 나는 현명하니 걱정할 필요 없다는 식의 말을 스스로에게 하라고 권하지 않는다. 그런 상황에서 자신이 어리석다는 생각을 할 수 있다는 점에 공감해야 한다며 이렇게 말한다. "스스로 어리석다는 기분이 들 거예요. 하지만 이런 기분도 더 나아지고 싶다는 느낌이 들게 한다는 점에서 유용한 거예요. 하지만 이런 기분은 마음 상태에 지나지 않기 때문에 두려워할 필요가 없다는 점을 기억해야 합니다." 그러면 그 기분을 두려워하지 않으면서 온전히 느낄 수 있다.

자녀가 부정적인 말을 할 때 "아니야, 넌 바보 같지 않아. 네가 얼마나 똑똑한데!" 하며 자녀의 말을 반박하는 것이 전통적인 육아 방식이었다. 그런데 이런 반응을 보인다고 자녀의 걱정과 불충분하다는 생각이 누그러질까? 그러기는커녕 부모의 생각만 자녀에게 주입하게 된다. 그런 순간에 자녀에게 가장 필요한 건 갑자기 자신이 똑똑하다고 느끼는 것이 아니라, 자신이 '바보 같다'고 느끼는 기분을 스스로 처리하는 방법을 배우는 일이다.

바로 이 부분에서 부모들은 실수를 하는 경향이 있다. 부모들은 자녀가 괴로워하는 모습을 보면서 느끼는 불편한 기분을 없애기 위해 자녀가 자신의 내면과 맺는 관계에 성급하게 개입한다. 기분은 기분일 뿐이라는 점을 반드시 기억해야 한다. 기분은 사람을 규정하지 않는다. 부모가 이 사실을 분명히 인지하면 어느 순간 자신이나 자녀가 느끼는 기분에 대해 덜 불안해하며, 자녀가 다양한 기분을 있는 그대로 느끼도록 도움을 줄 수 있다.

반대 의견을 두려워 말라

반대 의견이 꼭 일이 잘못되어가고 있다는 신호가 아니라는 점을 아이가 이해하면, 자기 내면에 주의를 기울일 수 있는 자신감을 키우고, 자신의 기분을 당당히 말할 수 있는 태도를 기를 수 있다. 이러한 아이는 사람과의 관계에서 반대 의견을 수용하는 법을 배우며, 서로 다른 의견을 절충할 때 느껴지는 불편한 기분을 두려워하지 않는다. 반대 의견을 문제의 신호로 생각하지 않고 건전하다고 여긴다.

모린의 사례를 통해 이 부분을 이해할 수 있다. 모린은 열일곱 살 난 딸과 매일 싸우느라 괴로운 심정을 상담받기 위해 나를 찾아왔다. "온갖 일로 다 싸워요. 제가 파랑이라 말하면 딸은 빨강이라 말하고, 제가 이탈리아라고 말하면 딸은 중국이라고 말하는 식이죠. 그러다 보면 어느새 서로에게 고래고래 욕을 하고 있어요. 이렇게 싸우다가 딸을 잃어버리지 않을까 걱정돼요."

모린은 예전엔 딸과 아주 친한 사이였다고 자랑스럽게 말했다. "예전엔 사이좋게 잘 지냈거든요. 절대로 싸우지 않았어요. 딸은 제 그림자 같았고 제가 가는 곳마다 따라다녔어요. 하지만 올해부터 뭔가 변했어요. 딸아이는 제가 무슨 말을 해도 동의하질 않아요. 딸을 잃을까 봐 너무 너무 두려워요."

모린은 딸이 참자아를 발전시킬 수 없을 만큼 딸을 통제했다. 자신의 낮은 자존감을 세워보고자 그렇게 한 거였다. 사실 이 순종적인 딸은 그동안 어머니의 정체성을 지켜주기 위해 자신의 기분과 의견을 숨겨왔다. 딸은 자신이 어머니의 구명 밧줄이라는 점을 직감적으로 안 것 같았다. 모린은 어머니로서의 정체성에 너무 의존했던 터라 이 역할이 사라지면 자신이 아무것도 아닌 존재가 될 거라고 느꼈다. 그래서 딸에게 심할 만큼 집착했다. 하지만 딸은 이제 자신의 목소리를 내고 싶고, 어머니와 어느 정도 거리를 두고 싶어 하는 나이가 되었다. 바로 이 때문에 끊임없이 의견 충돌이 발생했다.

몇 주가 지나자 모린은 상대방을 독립적인 존재로 존중하는 차원에서 반대 의견을 가치 있게 여기는 법을 배웠다. 반대 의견에 위협을 느끼는 대신 그것을 삶의 일부로 받아들이기 시작했다. 그녀는 의견 차이가 존재할 때가 아니라, 서로의 다름을 용인하지 못할 때 불소통이 발생한다는 사실을 깨달았다.

진정한 친밀감에는 건전한 상호의존이 내포되어 있다. 건전한 상호의존 관계일 때 부모와 자녀는 상대방을 높이기 위해 자신을 양보해야 할 필요성을 느끼지 않으며 서로를 인정하고 돕는다. 서로에게 느끼는 부담에 짓눌리지 않으면서 있는 그대로의 자신을 자유롭게 드러내면서 서로 친밀한 관계를 유지한다. 진정한 친밀감은 감정적 밀착과는 다르다. 친밀감은 통제해야 할 필요성이 없기 때문이다. 진정한 친밀감은 우리를 자유롭게 하지만 감정적 밀착은 우리를 무력하게 한다.

고통에서 배우기

부모들은 자녀가 고통스러워하는 모습을 볼 때 자녀에게 밀착한다. 고통스러운 상황에서 자녀의 감정에 밀착할 때, 부모는 그 경험을 성장의 기회로 삼을 수 있다.

내 딸이 태어난 지 8개월이 채 안 되었을 때였다. 침대에서 딸과 놀고 있다가 잠시 다른 생각을 한 사이 딸아이가 침대에서 떨어져 딱딱한 나무 바닥에 머리를 부딪쳤다. 그때 쿵 하고 울리던 소리가 아직도 귓가에 선연하다. 딸의 얼굴이 창백해지더니 눈동자가 위로 올라가고 의식을 거의 잃은 듯한 상태가 되었다. 나는 어쩜 내가 그렇게 부주의할 수 있는지 믿어지지 않아 공황 상태에 빠졌다. 딸을 진찰한 의사는 맥없는 상태가 계속되면 다음 날 몇 가지 검사를 하겠다고 말했다.

깊은 잠에 빠졌다가 다친 머리가 아파 울었다가 하는 아이를 무릎 위에 살포시 앉히고 몇 시간 동안 있었다. 딸이 울 때마다 심장이 쿵쾅거리며 숨이 가빠졌다. 아무리 애를 써도 내 감정을 다스릴 수 없었다. 누굴 탓할 수도 없었다. 내게 반응해줄 사람이 아무도 없는 상황에서 나는 그런 기분을 혼자 고스란히 느껴야 했다. 그것은 나쁜 경험이었을까? 그 반대였다. 반응의 배출구가 없는 상황에서 고통을 바라보는 나의 관점이 바뀌었다.

그 주에 나를 만난 고객들은 내가 달라 보인다고 말했다. 내가 현실에 더 집중하고 마음의 문을 더 열고 좀 더 마음으로 소통하는 것을 감지한 것이다. 나도 내가 이전과 다르게 느껴졌다. 오랫동안 울면서 '만약 ~하면 어쩌지?'라는 온갖 가정을 하며 많은 시간을 보낸 뒤 나는 살아 있음의 경이로움을 진지하게 깨달았다. 이렇게 내 머릿속에서 나와 내 마음으로 들어가는 경험은 내가 다른 부모들과 소통하는 데 도움이 되었다. 그들의 심란한 마음 상태, 잘못된 판단, 감정적 반응을 나의 주관적 잣대로 판단하기보다 좀 더 인간적이고 치료에 도움이 되는 방식으로 접근하게 되었다.

내가 경험했던 여러 깨달음 가운데 하나는 아무리 극한의 고통을 느끼더라도 자신이 망가지지는 않는다는 사실이다. 오히려 그 반대다. 우리는 그러한 시간을 통해 공감을 배운다. 나는 '행복한' 경험보다는 '고통스러운' 경험을 통해 내면이 훨씬 더 깊어질 가능성이 크다는 점을 알게 되었다. 고통스러운 경험을 하면서 우리는 자신의 한계와 불완전성을 느낀다. 그러면서 공통된 인간성을 깨닫기 때문에 남보다 한 발 앞서려는 욕구는 자연스럽게 사라진다.

고통을 두려워하지 않기 위한 새로운 약속

나는 고통스러운 경험들을 통한 나의 변화를
겸손하게 받아들이겠다.
고통을 경험하는 시간은 고통스럽지만
나는 믿고 순순히 응할 것이며,
고통을 줄이거나 피하려 하지 않고
온전히 받아들일 것이다.

고통에 저항하면 고통이 더 심해지지만
현실을 받아들이면
인간이 된다는 의미를
심오하게 깨달았기 때문이다.

그리하면
나와 함께 삶이라는 여행을 하는 사람들과
더 의미 있는 관계를 맺을 수 있다는 사실을
심오하게 깨달았다.

chapter 20

판단하지 말고 공감하기

더할 나위 없이 좋은 날이었다. 하늘은 구름 한 점 없이 맑고, 말들은 초록 풀이 무성한 초원에서 풀을 뜯고, 아이들은 뛰어다녔다. 딸이 참가한 하계 승마 캠프의 어느 하루였다. 캠프는 뉴욕에 있는 롱아일랜드에서 열렸다. 아이들이 연례 승마대회에서 재능을 뽐내는 모습을 보기 위해 부모들이 몰려들었다. 자신이 좋아하는 말과 한 조가 된 아이들은 즐거운 표정으로 마구를 달고 안장을 얹고 말의 털을 다듬었다.

말들이 원형 경기장에 들어서려고 할 때 큰 목소리가 터져 나왔다. "난 이 말 타기 싫어. 난 로지를 타고 싶단 말이야. 난 로지만 탈 거라고!" 목소리의 주인공은 열 살 난 사바나였다. 나는 그 주인공이 내 딸이 아닌 것에 감사하며 이런 생각을 했다. '오. 이런! 저 아이 부모님은 이제

어떻게 대응하려나?'

사바나의 부모는 딸 옆에 웅크리고 앉아 공감하는 목소리로 말했다. 나무랄 데 없는 태도였다. "엄마 아빠도 네가 로지랑 짝이 안 돼서 슬픈 거 다 알아. 하지만 엄마랑 같이 방법을 찾아보고……." 사바나는 부모의 말을 자르며 더 큰소리로 반항했다. "싫어, 싫다고! 나 집에 갈래. 지금 집에 데려다 줘!" 사바나가 고함을 지르자 아이들 몇 명이 몰려들었다. 자신이 어떤 광경을 만들고 있는지 인지하지 못한 사바나는 울부짖었다. "엄마 말대로 안 할 거야. 엄마 싫어! 나 갈 거야!" 이때 사바나의 어머니가 말했다. "있잖아, 만일 네가 오늘 이 새로운 말을 탄다면 엄마 아빠는 네가 너무 자랑스러울 거야. 주말에 워터파크에 데려가줄게."

나는 속으로 웃음 지으며 생각했다. '보상을 내거시네.' 이 어머니는 딸이 새로운 말을 타도록 구슬리기 위해 또 어떤 약속을 할까? 사바나가 별 감흥을 보이지 않자 어머니는 이렇게 구슬렸다. "그리고 네가 좋아하는 쥬시 매장에 가서 네가 갖고 싶어 했던 예쁜 반바지를 사줄게." 사바나가 여전히 반응을 보이지 않자 어머니는 강수를 두었다. "네가 새 말을 탄다면 애플 매장에 가서 네가 항상 갖고 싶어 했던 새로운 아이패드 케이스를 사줄게. 그렇게 할래?" 요지부동인 사바나는 이렇게 소리쳤다. "싫어! 나 혼자 내버려둬. 난 차 안으로 갈 거야."

그때 아버지가 나서서 딸의 팔을 잡더니 딸을 자신의 방향으로 홱 돌렸다. 아버지는 딸의 어깨를 꽉 잡고서 이를 악물고 매섭게 말했다. "부모한테 그 따위로 말하다니. 버르장머리 없이 굴지 마!"

"버릇없는 게 아니라고! 더 이상 여기 있고 싶지 않아서 그래. 제발 좀 가면 안 돼?" 사바나가 애원했다. 아버지는 화난 목소리로 말했다.

"엄마 아빠가 이 캠프에 쓴 돈이 얼만데. 그리고 네가 여기 보내달라고 졸랐잖아. 그러니까 오늘 너한테 배정된 말을 타지 않으면 앞으론 절대 승마에 지원하지 않을 거다." 겁 먹은 사바나는 훌쩍이며 말했다. "미안해, 아빠. 하지만 못 타겠어." 이때 어머니가 끼어들었다. "미안하다고 하기엔 너무 늦었다. 미안해한다고 상황이 바뀌진 않아. 네가 어떤 상황을 만들었는지 봐. 엄만 너 때문에 너무 창피하고 네가 실망스러워. 엄마 아빤 이제 갈 거고 다시는 여기 오지 않을 거야." 어머니가 화난 기색으로 자리를 뜨자 어리둥절해진 사바나가 뒤를 따라갔다.

내가 생각을 가다듬을 새도 없이 마이아와 친구들이 내게 달려왔다. "저 애 부모님이 얼마나 매정한지 보셨어요?" 마이아가 말했다. 앨리슨은 눈물을 글썽이며 말했다. "사바나가 너무 불쌍해." 그러자 폴라가 분개한 목소리로 말했다. "그냥 쉬게 하면서 친구들 경기나 구경하게 하면 안 되나? 대회 나가는 게 무슨 대수야?"

나는 아이들에게 동의하며 사바나 부모님의 대응 방식에 못마땅함을 드러낼 뻔했다. 5년 전이었다면 이런 독선적인 비판을 쏟아냈을 것이다. "어쩜 저럴 수가! 나라면 완전히 다르게 행동했을 텐데. 나라면 저런 상황에서 절대로 목소리를 높이지 않았을 거야. 하긴 내 딸은 절대로 저렇게 떼쓰지 않았을 테니 내가 그럴 필요도 없겠지." 아마 아이들처럼 그 상황을 아주 단순하게 보면서 자녀를 그렇게 자기중심적으로 키운 부모를 비난했을지 모른다. 하지만 나 역시 그러한 난관에 처한 적이 있고 그럴 때 내가 어떻게 반응했는지 잘 알았기에 상황을 좀 더 겸손하고 마음 넓게 이해할 수 있었다.

나는 아이들에게 이렇게 설명했다. "우리가 사바나의 부모님을 판단하기는 쉬워. 부모님이 그렇게 심한 반응을 하지 말았어야 한다는 너희 말이 옳기도 하고 말이야. 하지만 그분들이 무력감을 느꼈고 어떻게 해야 할지 몰랐다는 점을 너희는 이해해야 해. 그분들이 일부러 매정하게 행동한 게 아니라 몹시 곤란한 상황에 처했기 때문에 그렇게 대처했던 것 뿐이야."

나는 아이들의 감정을 이해했지만, 인간관계에서 발생하는 문제가 항상 일방적이거나 단순하지 않다는 걸 아이들도 알아야 했다. 아이들은 흔히 부모에게 "너무해요!"라고 말한다. 물론 내심 배신감이 느껴질 수 있지만 그렇다고 해서 다른 사람, 특히 부모 때문에 자신이 피해자가 되었다는 기분을 정당화할 수는 없다.

사바나 가족의 경우 부모와 아이 모두 두려움에 사로잡혀 있었기에 몇 가지 대안이 있었음에도 그것을 생각하지 못했다. 상대방이 잘못된 행동을 했다는 생각 때문에 양쪽 모두 무기력해지는 결과가 발생했다. 이렇듯 갈등에 처하면 자신이 상황을 변화시키기에는 무기력하다는 기분이 들어 상황이 정체되고 만다. 우리는 옳고 그름을 따지며 상대방을 너무 쉽게 판단한다. 하지만 나는 우리가 세상을 이런 식으로 바라보면 어떤 식으로든 발전하지 못한다는 사실을 깨달았다.

사바나가 왜 그렇게 난리를 피웠을까 질문을 던진다면 분명 처음에는 이렇게 판단할 것이다. "그 애는 버릇없고 제멋대로야. 항상 자기 뜻대로 될 수 없다는 걸 배워야 해. 감사하는 법도 배워야 하고." 우리는 부정적인 상황이 벌어졌을 때 곧잘 부정적인 반응을 보인다. 부정적인 상황에는 부정적으로만 반응해야 한다고 머릿속에 각인된 것 같다. 마치 그런 상황에 긍정적이거나 중립적인 반응을 보이면 체면을 잃기라도 하는 것처럼 말이다. 일단 이렇게 판단하면 '버릇없는 아이'를 다루는 방법은 혼내거나 교육시키는 것 뿐이라는 결론이 자연스럽게 내려진다. 그러면서 자신이 합리적이라고 생각한다. 자신의 판단이 불완전하고 편견에 쌓여 있다고 생각하지 못한다.

사바나의 경우처럼 감정적인 반응이 발생했을 때 그 상황을 해결하는 첫 단계는, 자신이 상대방의 말에 담긴 깊은 의미를 이해하려 하지 않고 자신의 편견, 의견, 판단을 상대방의 행동에 투영한다는 사실을 인지하는 것이다. 부모는 자녀가 '자신의' 아이라는 이유로 그때그때의 기분에 따라 자녀에게 자신의 판단을 투영한다. 자녀가 자기주장을 내세우면 노여워하고, 자녀가 가진 자기방어의 권리를 '버릇없고' '무례한' 것으로 여긴다. 자녀가 어리다는 이유만으로 부모의 판단을 수동적으로 받아들이기를 기대하기 때문에 이런 현상이 발생한다. 여기에는 본질적으로 불공평한 측면이 존재할 뿐만 아니라, 이렇게 되면 미래에 자녀가 부당한 대우에 맞서 자신을 보호할 능력이 저해된다. 그러면서도 부모는 자녀가 친구들에게 괴롭힘을 당했을 때 대응하지 못하거나 모욕적인 대우를 받으면 어떡하나 걱정한다.

공감의 의미

육아의 일반적인 함정에 빠지지 않도록 의식적인 육아를 실행하려면 옳고 그름의 판단에 얽매이지 말아야 한다. 관점을 달리 해서, 자녀의 행동에 초점을 맞추지 말고 자녀가 내면에서 무엇을 경험하고 있는지 생각해봐야 한다. 우리가 하는 행동은 궁극적으로 우리가 느끼는 기분에서 발생한다. 그러므로 우리는 자신의 기분을 들여다봐야만 자신의 행동을 야기하는 요인이 무엇인지 발견할 수 있고 취해야 할 행동을 파악할 수 있다.

저 상황에서 사바나는 어떤 기분을 느꼈을까? 무엇보다 사바나는 크게 당황했을 것이다. 성과에 대한 기대감이 워낙 컸던 만큼 감정이 크게 요동쳤고, 너무 불안해서 중압감을 다스리지 못했다. 그래서 부모가 몰아붙일수록 더 감정적인 반응을 보인 것이다. 그리고 마침내 허물어지고 말았다. 사바나의 부모는 이 중요한 사실을 모두 파악하지 못했다.

부모의 생각과는 달리, 사바나가 의도적으로, 혹은 일부러 그런 반응을 보인 건 아니다. 예기치 못하게, 완전히 무의식적으로 불안한 에너지가 발생한 것이었다. 불안감에 휩싸인 사람은 아무리 이성적으로 만들려 해도 소용없다. 논리적인 말도 통하지 않는다. 불안에 잠식된 사람과 의사소통을 하려면 다른 언어를 써야 한다. 그러나 안타깝게도 우리 부모들은 이러한 언어를 배우지 못했다. 이러한 언어는 다듬어진 생각이 아닌 마음 중심에서 나온다. 이것은 통제와 조종이 아닌 열려 있는 마음과 용기의 언어다.

각종 육아서에는 부모가 자녀에게 도움을 주는 방법들이 제시되어 있다. 하지만 실제로는 자녀가 느끼는 기분을 헤아리지 않고 자녀를 조종하는 방법이 대부분이다. 많은 육아서가 부모와 자녀가 느끼는 '있는 그대로'의 감정에 주파수를 맞추는 방법이 아닌, '행복한 결과'에 초점을 맞추고 있다.

처음에 사바나의 부모는 딸에게 공감하기 위해 교과서적인 반응을 보이려 애썼지만 결국 딸이 난처한 상황에 대처하는 데 도움을 주지 못했다. 딸을 측은하게 여기고 공감하는 것처럼 보였지만 상황이 악화된 것으로 미뤄볼 때 딸에게 진실로 공감하지 못한 것이 분명하다. 실제로는 마음에 어떤 의도가 있었고 자신들이 원하는 것을 딸이 하도록 만들기 위해 겉으로 공감하는 척했을 뿐이다.

상대방에게 진정으로 공감하면 어떤 의도도 품지 않는다. 진정으로 공감하는 사람은 상대방이 자신과 매우 다른 상태에 놓여 있다는 점을 곧바로 인지하며, 상대방과 소통하려면 자신의 의도를 완전히 포기해야 한다는 점을 안다. 이렇게 신속하게 내려놓으려면 타인과의 소통은 결과를 장담하지 않은 상태에서 매 순간 양측의 에너지가 오가며 흐르는 상태라는 점을 이해할 수 있어야 한다. 이럴 때 우리는 어떤 결론을 내야 한다거나 누구의 의도를 충족시켜야 한다가 아니라, 의사소통 과정 자체가 중요하다는 걸 이해한다. 그리고 이러한 과정에 양측이 함께 참여하는 것이 중요하다는 점을 인지한다.

한 어머니는 내게 자신은 딸에게 전적으로 공감한다면서 이렇게 말했다. "저는 딸이 겪게 될 일을 이해해요. 딸이 불안해하고 있어서 딸이 그렇게 긴장된 기분을 멈출 수 있게 도와주려고 해요." 이것이 진정한 공감일까? 얼핏 딸이 경험하고 있는 기분을 이해한다고 말하기 때문에 공감하는 것처럼 들리지만 실제로 이 어머니는 "엄마는 네가 느끼는 기분이 싫다. 그 기분이 사라졌으면 좋겠어"라고 말하고 있다. 이것은 공감이 아니다.

아이들은 부모가 본심과 다르게 하는 말을 알아차리며, 이때 어떻게 느껴야 하는지 혼란스러워한다. 대부분의 부모들은 실제로는 그렇지 않으면서도 자신이 공감할 줄 아는 부모라고 착각한다. 자녀를 충분히 이해한다고 생각한다. 이렇기 때문에 많은 아이들이 부모에게 "엄마(아빠)는 날 이해하지도 못하면서!"라고 소리치는 것이다. 아이들의 말이 절대적으로 맞다. 부모들은 아이들을 이해하지 못한다.

공감은 상대방이 느끼는 기분을 헤아리는 능력이다. 공감하려면 자녀, 배우자, 친구가 특정한 기분을 느낄 수 있다는 점을 받아들여야 한다. 상대방은 나와 다른 존재이기 때문에 당연히 그렇게 느낄 수 있다. 이러한 생각은 건강한 인간관계에서 반드시 필요하다. 우리 자신을 변화시킬 필요가 없듯, 타인을 변화시킬 필요도 없다. 자신의 기분을 인정받고 싶어 하는 것처럼 타인의 기분이 타당하다는 것을 인정해주어야 한다. 양측의 관점을 모두 수용하는 공간을 마음에 마련하는 것은 쉽지 않은 일이다. 자신의 감정에 포위당하지 않아야만 이렇게 할 수 있다. 불안은 내면의 공간을 위축시킨다. 그러다 보면 통제하려는 마음이 생기고, 이는 곧 분노로 바뀐다. 사바나의 부모에게 바로 이러한 과정이 발생한 것이다.

자녀는 부모가 자신과 진심으로 소통하고 있는지, 아니면 부모의 바람을 따르도록 자신을 조종하고 있는지 감지한다. 후자인 경우 자녀는 부모가 자신의 말을 귀담아 듣지 않고 자신의 바람을 중요하지 않게 여긴다고 느낀다. 그 결과 불안감이 증폭된다. 부모가 자녀에게 진정으로 공감하며 소통하지 않으면 상황을 부모 자신에게 더 불리하게 만들 뿐이다. 자녀는 부모가 자기 말에 귀 기울이지 않는다고 느끼면 말문을 닫고 부모에게 협조하지 않는다. 자녀에게 진정으로 공감하는 방법을 알아야만 친밀하고 소통하고 협력하는 관계를 위한 멋진 관문을 만들 수 있다.

사바나가 그 상황에서 자신의 진짜 속내를 드러낼 수 있었다면 어쩌면 이렇게 말했을지도 모른다. “마음에서 폭풍이 일어 저를 집어삼킬 것 같은 기분인데 엄마가 그 기분을 더 심하게 만들고 있어요. 소리 지르지 말고 마음을 가라앉히고 저와 웃으면서 제 두려움을 해결할 다른 방법을 보여주었으면 좋겠어요.” 하지만 현실에서 사바나의 부모는 딸이 자신들이 원하는 것을 할 수 있는 한에서만 딸의 두려움에 관심을 보일 뿐이었다. 그들에게 중요한 것은 딸을 말에 태우는 일뿐이었다. 하지만 그들이 스스로 만족하기 위해 딸이 해야 할 일에 초점을 맞출수록 딸은 더 불안해지기만 했다.

여기서 정말 중요한 점은 사바나가 새 말에 타는지의 여부가 아니었다. 중요한 건 불안의 파도를 타는 사바나를 어떻게 도와주는가 하는 점이었다. 사바나의 부모가 쓴 방법, 즉 공감, 명령, 보상 제시, 협박은 이런 부분을 해결하지 못했다. 그러다가 딸의 불안이 자신들의 불안까지 자극하자 점점 이성을 잃었다. 이런 상태로는 딸이 자신의 기분을 처리하도록 도울 수 없다.

사바나의 부모는 딸의 기분을 헤아려야 했다. 이렇게 하려면 그 상황에서 자신들의 기분에 연연하지 않아야 한다. 만일 주체할 수 없는 기분이 든다면 잠시 자리를 떠서 기분을 다스려야 한다.

사바나의 부모는 딸에게 주의를 기울여 딸의 마음을 들여다봐야 했다. 이렇게 하려면 딸이 ‘마땅히 무엇을 해야 한다’는 신념을 버리고 현재 딸의 상태를 받아주어야 한다. 이런 말을 해주어야 했을지도 모른다. “말은 타지 않아도 괜찮아. 앞으로 기회는 얼마든지 있을 테니까. 같이 산책이나 하자.” 이것이 상대방의 기분에 공감하는 태도다. 자녀에게 공감하면 자녀의 기분을 몰아내지 않고, 스스로 심란해지지도 않는다. 오히려 자녀의 기분에 차분하게 대처한다. 이렇게 함으로써 자녀에게 불안은 두려워할 기분이 아니라는 걸 보여준다.

수용하려면 진정성이 있어야 한다. 부모는 아이가 했으면 좋겠다고 생각한 것을 아이가 하게끔 만들려고 애쓰지 말아야 한다. 아이를 진정으로 수용했다면 말을 타는 건 더 이상 부모의 관심사가 아니다. 중요한 건 차분한 마음으로 아이를 인정하며 아이와 함께 존재한다는 사실이다. 부모 자신의 의도는 완전히 버린 상태다. 내가 제안하는 방법은 이런 상황에서 "두려워하지 마"라고 말하는 일반적인 접근법과 다르다. 아이가 자신의 불안을 직시하고 그것을 정복하게 만드는 대신 이런 식으로 말하기를 권한다. "불안은 정상적인 감정이니까 불안하다는 사실을 걱정하진 마. 흥분이나 행복을 대할 때처럼 불안을 대해 봐. 불안을 거부하거나 불안에 저항하지 말고 있는 그대로 인정해 봐." 우리가 불안을 거부하거나 불안에 저항하면 불안은 악당으로 변한다. 불안은 있는 그대로 마주하는 것이 낫다. 그러다 보면 적절한 때에 적절한 방식으로 불안은 점차 사라진다. 우리가 불안을 힘으로 몰아내서가 아니라 성숙하게 불안을 극복하기 때문이다.

딸이 말을 타지 않기로 한 사실에 불안해하는 부모의 마음속에는 이런 생각이 존재할 것이다.

- 다른 부모들이 어떻게 생각할까?
- 내 딸이 다른 아이들과 어떻게 비교당할까?
- 아이들이 내 딸을 놀릴까?

- 그동안 돈을 허비한 걸까?
- 말을 타지 말라고 허락하는 것이 힘든 일이 생길 때 포기하라고 가르치는 꼴이 되면 어쩌지?
- 이번 일이 딸의 성공 능력을 보여주는 상징적인 사건일까?

사바나의 어머니가 만일 화를 내지 않고 마구간으로 가서 말을 보여달라고 딸에게 요청했다면 좋았을 것이다. 나라면 그렇게 정중히 요청했을 것 같다. 만일 딸이 동의했다면 어머니는 딸이 그동안 배운 것에 진지한 호기심을 드러내면서 딸이 이루어야 할 성과에 초점을 맞추지 않고 딸의 기량을 믿어주었을 것이다. 또한 딸에게 말에 대한 이야기와 지금까지의 경험을 이야기해달라고 했을지도 모른다. 이때 어머니의 초점은 성과가 아니라 딸의 학습 과정에 맞추어져 있다.

딸이 대회에 나가는지 아닌지에 관심을 두지 않고 딸에게 마음이 통하는 다른 말을 보여줄 수 있냐고 물어보는 것도 좋은 방법이다. 그러면서 새로운 말이 편안한지 아닌지 알아보게 그 말 위에 잠깐 올라타보는 건 어떠냐고 제안하는 것도 좋다. 하지만 이때 딸을 구슬려서는 안 되고 오직 딸이 내켜할 때만 이렇게 해야 한다. 어쩌면 딸은 새로운 말을 데리고 원형 경기장을 걷고 싶어 할지도 모른다. 그렇더라도 어머니는 딸이 경기에 참가하도록 설득하면 안 된다. 딸이 먼저 그렇게 하고 싶다는 의지를 보여야 한다.

사바나가 그 대회에 참가하지 않기로 결정했다면 그 결정에 전적으로 편안한 기분을 느끼는 게 중요하다. 마음이 편안해지면서 자신은 기수로서 유능하며 로지 말고도 다른 말과 대회에 나갈 수 있다고 생각할지도 모른다. 정말로 결과에 연연하지 않는다면 어떤 결과도 받아들일 수 있다.

이렇게 판단하는 사람들도 있을 것이다. '이 접근법은 아이가 경기를 포기해도 괜찮다는 걸 전제로 하는구나.' 나는 이런 대답을 해주고 싶다. 말을 타는 것을 좋아하는 것보다 더 중요한 건 사바나가 자신의 흥미 분야를 탐험하고 싶어 하는 바람이라고. 이는 사바나가 말 타기를 포기한다 해도 마찬가지다.

누구나 흥미 분야를 탐험하면서 어쩌면 그 분야를 일정 기간 동안만 즐길지도 모른다. 어차피 영속적인 것은 없기 때문이다. 사바나가 아무리 말 타기를 좋아해도 머잖아 그것을 포기할지도 모른다. 이것이 영원히 살지 못하는 우리 인간의 본성이다.

정말로 중요한 점은 자신이 선택한 분야에 몰두하기로 한 기간 동안 그 분야를 즐기면서 자신에게 진실해지는 것이다. '이행'은 지금 이 순간에만 존재하며 무엇인가가 얼마 동안 지속될 것인가 하는 개념이 아니다. 배우는 과정에서 매 순간 몰두하는 일을 중요하게 여겨야 한다. 그렇게 하지 못하기 때문에, 그 무엇도 헛되지 않으며 그 무엇도 영원하지 못하다는 사실을 인지하지 못한다.

그 누구도 아이가 무엇인가에 억지로 몰두하도록 만들지 못한다. 아이는 부모의 기대에 걸맞지 않은 기분을 느끼고 경험할 권리가 있다. 자라는 과정에서 흥미 분야가 자연스럽게 변할 수도 있다. 부모는 이를 반대할 것이 아니라 오히려 격려해야 한다. 부모가 아이에게서 이끌어내야 할 중요한 특성은 아이가 무엇인가에 얼마나 오랫동안 몰두하는가가 아니라, 스스로 자신의 몸, 마음, 정신에 어느 정도 몰두하는가 하는 점이다. 후자는 수량화되지 않으며 부모들은 바로 이 때문에 불편함을 느낀다. 눈에 보이는 결과를 중시하는 데 익숙해졌기 때문이다. 이런 태도는 측정할 수 없는 소중한 무엇인가를 스스로 제거하는 것과 같다. 새로운 경험을 하는 매 순간의 과정 말이다.

부모들은 자녀가 삶의 경험에 온전히 참여하기 위해 대담해지면 좋겠다고 말한다. 하지만 결과에 대한 집착 때문에 오히려 자녀에게 두려움을 심어준다. 그 결과 자녀는 불안감으로 무력하게 되어 최선을 다하지 못한다. 자녀는 부모가 자신의 노력이 아닌 성공에만 관심이 있을 때 이를 알아차린다. 그래서 몰두하지 못한다. 자녀가 게으르기 때문이 아니라 실패가 두렵기 때문이다. 사바나가 로지만 원한다고 해서 '까다롭게' 군 것은 아니다. 다른 말을 타고 실패하지 않을까 두려웠을 뿐이다.

부모가 자신에게 내재된 인간성을 발견하고 그것을 받아들이는 법을 배운다면 자녀에게 훨씬 폭넓게 공감할 수 있다. 공감은 머리가 아닌 마음에서 나온다. 또한 공감은 자신의 기분과 경험이 아닌 타인의 기분과 경험에 대해 느끼는 기분이다.

공감으로 현실적인 문제 다루기

당신은 이런 의문이 들지도 모른다. '만일 내 아이가 부모인 내가 해결할 수 없는 기분을 경험하면 어떡하지? 학교에 가야 하는데 가고 싶어 하지 않는다면? 그냥 그런 기분을 고스란히 느끼라고 내버려둬야 하나? 집에 있고 싶어 하는 마음에 공감해줘야 하나? 그렇게 하면 뭐가 해결되나?'

현실감각 없는 허황된 기분에 공감하며 자녀를 키우라는 말이 아니라는 걸 분명히 알아야 한다. 이럴 때는 오히려 아이가 자신의 기분을 이해하고 거기에서 빠져나오도록 도움을 주어야 한다. 어쨌든 아이는 항상 기분의 영향을 받는다. 아이는 그 사실을 모르고, 부모는 감지하지 못할 뿐이다. 부모가 자신의 기분을 제대로 파악하는 방법을 알려준다면 아이는 기분에 압도되지 않으면서 그때그때의 기분에 따라 흘러갈 수 있다는 걸 알게 된다.

아이가 학교에 가지 않으려고 하면 우선 아이가 그 기분을 느낄 여지를 주어야 한다. 이것이 무엇을 의미하는지 분명하게 짚고 넘어가보자. 아이에게 자신의 기분, 특히 불안감을 느낄 여지를 준다는 것은 부모가 그러한 기분이 존재한다는 사실에 불안해하지 않는다는 의미다. 부모가 자녀의 불안감에 대해 불안해하는 순간 자녀는 그것을 감지하기 마련이며, 그러면 자신도 어찌해야 할지 모르는 상태가 된다. 부모는 자녀에게 불안해하지 말라고 말하는 대신 자녀의 기분을 있는 그대로 인정해주어야 한다.

대부분의 부모들은 이런 상황에서 이렇게 말한다. "바보 같은 소리! 학교는 가야지." "겁쟁이처럼 굴지 마!" "학교 안 가면 혼날 거다!" 이런 반응은 자녀가 느끼는 두려움을 없애지 못할 뿐만 아니라 자신의 기분을 수치스럽게 여기고, 심지어 두려워해야 한다고 가르치는 셈이다. 이보다 더 바람직하지 못한 반응은 "좋아, 학교에 가고 싶지 않은 거 이해해. 가기 싫으면 가지 마"라고 말하는 것이다. 나는 많은 부모가 이렇게 말하는 것을 들었다. 이런 반응은 두려움에 굴복하고 현실을 회피하라고 가르치는 것이다.

이제 좀 더 의식적인 접근법을 살펴보자. 우선 아이에게 자신의 기분을 설명해보고 그 기분에 대해 이야기해달라고 요청해본다. 그러면서 부모 자신의 어린 시절 이야기와 그때의 기분을 말해주는 것이다. 아이의 불안을 누그러뜨리기 위해 그런 기분은 일반적이고 자연스러운 것이라고 설명해준다. 이렇게 하면 아이는 두려움에 압도되거나 두려움을 회피하지 않고 있는 그대로 받아들이며 견뎌내는 방법을 배운다.

아이가 자신의 두려움을 받아들일 수 있게 되면 두려움과 친구가 될 수 있다고 생각한다. 이는 마음을 진정시키는 효과가 있다. 부모가 아이를 측은하게 여기거나 곤경에서 구해주는 것이 아니라, 아이 스스로가 편안하게 자신의 두려움에 직면하도록 돕는 것이 공감하는 태도다. 부모가 이런 접근법을 쓰면 두려움은 적절한 때에 사라진다. 부모가 이 과정을 너무 성급하게 생각하면 아이도 두려움을 자연스럽게 받아들이지 못한다. 아이가 두려움을 견뎌내며 그것이 지나가도록 내버려두는 법을 배운다면 자신의 내면을 순조롭게 이끌어나갈 수 있다.

만일 아이가 어릴 때부터 이런 방법을 배울 수 있다면 두려움을 자연스럽게 받아들이게 된다. 그러면 두려움에 쏟는 에너지를 문제에 대한 창의적인 해결안을 발견하는 데 쓸 수 있다. 학교 가기를 거부했던 아이는 결국 스스로 해결책을 찾을 것이다. 이것은 맹목적인 굴복이 아니라 자율적으로 찾은 해결책이다. 앞서도 언급했지만 역할극과 역할 전환을 시도해보는 건 그동안 두려움에 소비되던 에너지를 표현할 새로운 방법을 찾는 데 유용하다. 창의적이고 즐겁고 모험을 즐길 기회를 제공하기 때문이다.

어떤 일이 일어났을 때 조치를 취해야 한다고 생각하는 부모들이 너무 많다. 그래서 나는 자녀가 괴로워할 때 부모가 할 수 있는 새로운 일의 목록을 만들어보라고 한다. 나는 자녀의 현재 상태에 주파수를 맞추는 데 도움이 될 구체적인 일을 '하도록' 요청한다.

- 고요함 속에서 자녀와 가깝게 앉는다.
- 자녀의 눈을 보며 시선을 계속 맞춘다.
- 자녀의 기분에 부드럽게 공감해준다.
- 자녀를 돕기 위해 부모가 옆에 있다는 걸 보여준다.
- 끼어들지 않으면서 자녀의 경험을 이해하려 노력한다.
- 자녀에게 의견을 말하거나 설교하거나 훈계하고 싶은 마음을 거두어들인다.
- 자녀에게 자기 자신의 기분이 중요하다는 확신을 준다.
- 자녀가 조용히 앉아 자신의 기분을 온전히 받아들일 수 있을 때까지 그 기분을 느낄 수 있는 여지를 제공한다.
- 자녀의 기분은 자녀의 것이니, 수치스러워할 일이 아니라는 점을 인정한다.
- 부모 자신의 불안을 들여다보며 그것을 해결한다.

자신의 기분을 표현할 줄 알고 자신의 기분을 소중히 여긴다면 아이는 그 기분을 스스로 처리할 수 있다. 그 결과, 간접적인 방법으로 그 기분을 다시 드러내지 않는다. 아이를 이렇게 만들어주는 것은 부모가 자녀에게 해줄 수 있는 선물이다.

공감은 동일시가 아니다

때로 부모는 자신도 모르게 자녀가 현실에 대한 두려움 속에 파묻히도록 만든다. 앨리스의 사례를 들어보자. 앨리스는 여덟 살이 되었을 때 승강기가 무섭다고 표현하기 시작했다. 앨리스의 부모는 딸을 데리고 도시로 외출할 때마다 극심한 스트레스를 받았다. 하지만 상황은 더 악화되어 앨리스는 어떤 승강기에 타는 것도 거부하기 시작했다. 그래서 이 부모는 고층건물에 갈 때마다 계단을 오르기 시작했다. 앨리스의 어머니는 이렇게 말했다. "딸이 이해는 돼요. 저 역시 어렸을 때 정말 두려움을 잘 느꼈고 많은 걸 무서워했거든요. 딸에게 공감해야 한다고 생각하지만 제가 딸에게 도움을 주고 있는 건지, 아니면 신경을 더 예민하게 만드는 건지 모르겠어요."

이 어머니는 사바나의 부모와 달리 딸의 경험에 온전히 공감하려고 애썼다. 하지만 딸에게 공감하는 것과 자신과 딸을 동일시하는 것의 차이를 이해하지 못했다. 이 어머니는 딸의 불안이 자신의 어릴 적 경험을 거울처럼 보여주고 자신의 나약함을 상기시켜주었기에 딸이 두려움에 직면하는 일을 막으려고 과잉보호했다.

문제는 승강기 자체가 아니라 앨리스가 느끼는 두려움이었다. 겁이 너무 많아 승강기에 타려는 시도를 못한다는 두려움이 문제였다. 앨리스는 이러한 나약함을 어머니에게서 물려받았다. 자녀는 이렇듯 부모의 부족한 부분을 물려받는다. 그렇다면 앨리스의 어머니는 어떻게 반응해야 할까?

첫 단계는 공감이 동일시와 다르다는 점을 인지하는 일이다. 공감하면 이런 식으로 말한다. "승강기를 무서워하는 걸 엄마도 이해해. 네가 이 무서움을 잘 이겨내도록 엄마가 옆에서 도와줄게. 엄마랑 같이 부딪혀보자." 반면 동일시하면 이렇게 말한다. "엄마도 어렸을 적에 승강기를 무서워했어. 이제부턴 엄마랑 계단으로 올라가자." 딸이 그 두려움을 고스란히 느끼고 직시한 뒤 처리해야 하는데 어머니는 그 두려움을 타당한 삶의 방식으로 치부했다.

계단으로 올라간다는 이 해결책에는 여전히 두려움이 담겨 있다. 앨리스의 어머니는 이렇게 상당히 일반적인 두려움을 극복할 회복탄력성이 딸에게 없다고 말한다. 그녀는 딸의 두려움을 자신의 어린 시절과 연관 지음으로써 그것을 일반적인 현상으로 만들었다고 믿지만, 사실 자신의 경험을 그 상황에 투영한 거였다. 이러한 과잉보호식 접근법은 딸의 두려움을 일반화하는 것이 아니라 병리적인 것으로 만든다. 어머니가 이러한 접근법을 쓰면 딸은 자유로워지지 못하고 무기력해진다.

앨리스가 두려움을 직시하도록 하기 위해 어머니가 취할 수 있는 방법이 몇 가지 있다. 우선 딸이 두려움을 느끼는 집 안의 안전사고 상황에 대해 이야기를 만들어보고 함께 승강기를 타는 척하는 방법이다. 이러한 방법을 쓰면 딸이 두려움을 정면으로 직시할 수 있을 뿐만 아니라, 두려움에 따른 감정적 흥분을 가라앉히는 데도 도움을 줄 수 있다.

어머니가 승강기를 두고 딸과 역할 놀이를 하는 방법도 있다. 이때 어머니는 딸에게 이런 말을 해줄 수 있다. "네가 제일 좋아하는 곰 인형이 승강기 타는 걸 좋아할지 궁금하구나. 엄마가 얘를 데리고 한 층 올라갈 테니 어떤지 한 번 볼까? 넌 계단으로 올라가고, 우리 승강기 앞에서 만나자. 만일 곰돌이가 좋아하면 너도 우리랑 같이 승강기를 타고 한

층 내려가고 싶은 생각이 들 거야. 만일 곰돌이가 안 좋아하면 승강기 타는 게 안전하다는 걸 가르쳐주자. 네가 도와줘. 엄마랑 네가 승강기에서 위로 올라가려면 어떤 버튼을 눌러야 하는지 알려주는 것도 재밌겠다. 승강기 타는 게 얼마나 재밌는지 곰돌이한테 보여줄까?"

모험심에 기댄 역할 놀이를 통해 앨리스를 승강기에 적응시킬 수 있는 방법은 그 밖에도 많다. 만일 딸이 좋아하는 음악 그룹이 있다면 아이패드를 가지고 승강기에 타서 그 그룹의 노래를 듣자고 제안할 수도 있다. 승강기에서 앨리스가 좋아하는 아이스크림을 먹는 방법도 있다. 아니면 딸과 가장 친한 친구를 승강기에 함께 태우는 방법도 좋다. 어머니가 밀어붙이거나 통제하거나 절망적으로 포기하지 않고 열정적으로 이런 시도를 할 때 변화가 일어난다.

아이들은 이러한 접근법을 통해 두려움은 회피할 것이 아니라 창의적으로 직면해야 하는 문제라는 걸 배운다. 여기서 중요한 건 딸을 두려움에 굴복하게 만들지 않겠다는 어머니의 결단이다. 이러한 결단은, 불안이란 정면으로 직시해야 한다는 믿음에서 나와야 한다. 어머니가 한동안 탄력적으로 대응하는 것도 필요하다.

여기서 핵심은 앨리스가 승강기 타는 것을 좋아하는 법을 배우는 데 있지 않다는 점을 기억해야 한다. 사바나가 일으킨 상황에서 그녀가 특정한 말을 타는 게 중요하지 않은 것과 같다. 승강기를 좋아하지 않는 사람도 있기 마련이다. 계단으로 올라가면 안 된다는 법이 있는 것도 아니며, 사실 이 방법이 건강에 더 좋다. 하지만 여기서 중요한 점은 불안이 발생할 때 그것을 어떻게 처리하는가이다. 불안이 문제가 안 된다면 승강기를 타든 계단으로 올라가든 그것은 개인적인 선택의 문제다.

내면에서 벌어지는 일 알아차리기

불안은 행동을 일으키는 주요인이다. 두려움을 다루는 법을 배우는 일은 부모가 해결해야 할 매우 중요한 과제다. 이렇게 해야만 자녀가 자신의 두려움을 다룰 줄 알게 되기 때문이다.

두려움을 완전히 없애려는 노력은 두려움에서 벗어나는 방법이 아니다. 두려움이 더 커질 뿐이다. 오히려 두려움을 받아들이고 그것과 친구가 되는 것이 더 바람직한 방법이다. 앞에서도 언급했듯 두려움이 없는 사람은 자신의 불안을 견뎌내는 법을 배운 사람이다. 두려움이 없는 사람은 불안을 느끼지 않는 것이 아니라 불안을 충분히 예상하며 불안이 밀려올 때 그 기분을 온전히 느끼고, 그것에 압도되지 않는 사람이다. 나는 부모들에게 운전석에 앉아 있는 두려움을 자신이 앉은 옆자리에 갖다놓는 이미지를 머릿속으로 그려보라고 제안한다. 두려움이 곁에 존재하지만 그것을 인정하며 자기 할 일을 묵묵히 하다 보면 두려움은 자연스럽게 융화된다. 자신의 두려움을 이해하려면 다음과 같은 질문을 해보면 좋다.

- 내가 지금 경험하는 이 두려움은 무엇일까?
- 지금 이 순간은 내게 무얼 알려주려는 걸까?
- 지금 이 기분은 내게 무얼 말해주는 걸까?

자신이 느끼는 두려움의 정체를 알고 나면 그것을 어떻게 처리해야 하는지 파악할 수 있다. 여기서 중요한 점은 의식적인 인지다. 무의식적으로 두려움에 이끌려가면 곧 그것에 잠식되어버린다. 그래서 두려움을 파악하는 일은 매우 중요하다.

나는 자신의 두려움에 대해 스스로 중요한 질문을 던져보라고 권하지만 그렇다고 혼잣말을 옹호하지는 않는다. 아무리 긍정적인 혼잣말이라도 도움이 되지 않기 때문이다. 의식적 인지는 혼잣말과는 근본적으로 다르다. 대부분의 사람들은 속으로 끊임없이 혼잣말을 하는데, 이러한 혼잣말은 대개 판단, 걱정, 비교, 책망의 형태를 띤다.

마음속의 혼잣말이 선의로도 쓰이고 두려움도 누그러뜨릴 수 있다고 생각할지 모르지만 이것은 의식적 인지와 상반된 행동이다. 의식적인 인지 상태일 때는 내면의 대화를 그저 관찰하며 동참하지 않는다. 의식적 인지에는 변화의 힘이 있지만 혼잣말에는 그러한 힘이 없다. 혼잣말로 더 효율적인 삶의 방식을 끌어낼 수는 없기 때문이다.

아침에 일어날 때 불안감을 느낀다고 해보자. 이때 의식적인 접근법을 쓴다면 가만히 앉아 당신의 불안을 인지한다. 그저 지금 느끼는 기분을 관찰하기만 하면 된다. 불안감을 처리하기 위해 해야 할 일은 없다. 물론 마음은 당신에게 다르게 말할 것이다. 마음은 이런 일로 잔소리하는 것을 좋아하기 때문이다. 단순히 지금 느끼는 기분을 의식적으로 인지하기만 해도 불안을 인정할 수 있다. 이 접근법을 쓰면 자녀나 배우자에게 투영하는 방식으로 불안을 처리하려고 하지 않는다. 불안은 행동으로 드러내거나 타인과 대화할거리가 아니라 의식적으로 수용해야 할 대상이다.

자신의 불안에 대해 속으로 혼잣말을 하는 게 유용하지 않듯이 불안을 무시하는 것 역시 도움이 되지 않는다. 이렇게 하면 불안은 다른 곳에서 나타난다. 반면 우리가 의식적으로 인지하면 현재에 초점을 맞추게 되고 그러면 지금 내면에서 일어나는 일을 처리할 수 있는 능력이 생긴다. 그러니까 의식적인 인지는 지속적으로 자신을 관찰하는 법을 배워서 내면에서 발생하는 일을 알아차리는 상태다. 치아에 치석이 쌓이지 않도록 매일 치실질을 하는 것과 비슷하다고 볼 수 있다. 자신을 관찰할 때는 다음과 같은 질문을 해야 한다.

- 나는 내가 진정 원하는 대로 살고 있나? 내가 어떻게 되어야 한다는 거짓된 이미지가 아닌 나의 참자아에 맞게 살고 있나?
- 나는 나 자신의 모든 측면을 내 삶에 반영하고 있나?
- 나는 나를 존중하기 위해 내 삶에 필요한 허용선을 정했는가?

솔직하고 참자아에 맞게 사는 부모 밑에서 자란 자녀는 자신의 내면 상태를 별로 두려워하지 않는다. 이러한 자녀는 자신이 누구인지에 대한 중심이 서 있기 때문에 자신의 타고난 선함을 확신하며, 열린 마음으로 세상과 소통하는 것을 두려워하지 않는다. 이것은 다른 사람의 선함과 연결되는 일이기도 하다.

주관적 판단을 하지 않겠다는 새로운 약속

타인에 대한 내 판단은
내면의 결핍에서 생겨나고
오래된 청사진에서 생겨나며
타인도 나를 똑같은 방식으로 판단한다.

판단은 자기 성찰보다 훨씬 쉬운 방법이지만,
내 마음의 문을 닫는다.
내가 타인에게 연민을 느껴야만
궁극적으로 나를 용서할 수 있다.

chapter 21

훈계하지 말고 현명한 허용선 정하기

지금까지 부모 자신과 자녀의 상태를 확인하고 거기에 주의를 기울이는 방법을 알아보았다. 그다음으로 중요한 육아 과제는 이러한 소통만큼이나 신성한 것인데, 바로 허용선을 정하는 기술과 훈련이다. '허용선을 정하는 훈련'은 '훈계의 기술'과 다르다. 후자는 훈계를 통해 자녀를 변화시키는 데 초점을 맞추지만, 전자는 부모가 변화하기 위해 스스로를 단련하는 데 초점을 맞춘다. 나는 내 저서 『통제 불능』에서 훈계 전략이 통제와 조종의 수단에 지나지 않는다고 강조했다. 적절한 허용선을 정하는 방법을 이해하지 못하기 때문에 자녀의 잘못을 가정하는 이른바 '훈계 문제'가 대두되는 것이다.

자녀 훈계와 관련된 모든 문제는 부모가 자신의 내면을 단련하지 못하기 때문에 발생한다. 부모가 개입해야 할 대상은 자녀가 아닌 자신의 해이한 마음이다!

나는 한계선을 긋고 적절한 허용선을 정하는 일이 육아에서 어려운 부분이라고 생각한다. 부모들은 이러한 일을 시도할 때 적절한 기준을 정하는 방법을 모른 채 너무 엄격하거나 너무 느슨한 태도를 보이는 경향이 있다.

자녀는 자신의 삶이 체계적이고 예측 가능하길 바란다. 하루의 기본적인 체계는 부모가 정해야 하며 이것은 자녀의 개인적인 필요와 가족생활에 맞게 조정되어야 한다. 하지만 이러한 틀 안에는 자발성, 즉흥적인 놀이, 재미를 위한 여지가 충분히 존재해야 한다. 자녀는 예측하지 못한 상황과 사건에 직면하면 통제되지 못한 행동을 할 가능성이 크다. 부모는 이러한 돌발 상황에서 으레 발생하기 쉬운 격한 감정을 스스로 해결할 줄 알아야 한다.

만일 부모가 자녀에게 분명하고 일관된 허용선을 정한다면 훈계 전략은 필요하지 않다. 자녀에 대한 허용선이 무엇인지, 그것을 어떻게 정해야 하는지 이해가 부족하기 때문에 가정에서 많은 혼란과 갈등이 발생하는 것이다. 좋든 싫든 허용선을 정하는 기술을 아는 것은 가족의 화합을 위해 중요하다. 문제는 한계선과 허용선을 냉정하게 정하는 부모들도 많지만 이를 정하는 데 불편함을 느끼는 부모들도 많다는 점이다. 하지만 이 일을 올바르게 하는 것은 매우 중요하다. 자녀와의 진정한 소통이 자녀가 안정감을 느끼는 데 도움이 되듯, 바람직한 한계선 역시 자녀에게 안정감을 주기 때문이다.

명확하고 일관성 있는 허용선

내가 '허용선'이라고 말하면 당신은 자녀에게 정하는 허용선을 생각할지 모른다. 하지만 나는 항상 부모에서부터 시작한다. 나는 자녀에 대한 허용선보다 부모 내면의 허용선에 더 관심이 많다. 자녀가 허용선을 넘었다면 실제로 그 선을 넘은 사람은 자녀라기보다 부모 자신이다.

이것이 실제로 무엇을 뜻하는지 의아해하는 사람들이 많다. 이는 부모가 자신이 정한 허용선에 미온적인 태도를 보인다는 걸 의미한다. 이는 적절함과 부적절함 사이의 선이 부모의 마음속에 명확하게 그어져 있지 않다는 뜻이다. 부모가 분명한 한계를 긋지 않았다면 자녀는 허용선을 계속 어기기 마련이다. 의식적인 육아의 모든 측면에서 그렇듯, 어긋난 상태는 부모로부터 시작된다.

자녀가 부모의 허용선을 존중하지 않는 이유는 부모가 그것에 대해 양면적인 태도를 보이기 때문이라고 말하면 부모들은 불쾌해한다. 부모들은 자신의 태도가 분명하다고 생각하지만 자신이 자녀에게 헷갈리는 메시지를 얼마나 많이 보내는지에 대해서는 잘 모른다.

부모가 허용선과 관련해 명확성과 일관성이 부족하면 자녀가 말을 거역하거나 반항할 때 반사적으로 비난하고 감정적인 반응을 하는 경향이 두드러지고, 결국 갈등이 발생한다. 부모에게 명확성이 부족하면 양측 모두에게 부정적인 영향을 끼친다. 자녀는 부모에게 이해받지 못하고 인정받지 못한다고 느끼며, 부모는 자녀에게 무시당하고 무기력하다고 느끼기 때문이다. 하지만 육아와 관련한 오래된 신념에 따르면, 부모들은 필요하다고 여기는 징계를 자녀에게 가할 수 있는 지나친 권한을 부여받았다. 부모와 자녀 사이의 어긋난 상태가 애초에 어떻게 시작되었는지 고려되지 않고서 말이다.

다섯 살과 일곱 살 난 두 아이의 어머니 패트리샤는 밤에 아이들을 재우는 일을 힘들어했다. 아이들을 구슬려서 재우는 데 몇 시간이 걸리는 때도 많았다. 그리하여 이 가족에게 밤은 악몽 같은 시간으로 변해버렸다. 내가 평소 상황을 설명해달라고 하자 패트리샤는 이렇게 말했다. "줄리아와 스티븐을 침대에 눕히면 책 두 권을 읽어주고 〈오즈의 마법사〉 주제곡 두 곡을 불러준다고 약속해요. 아이들이 가장 좋아하는 영화거든요. 그런데 제가 두 곡을 불러주자마자 아이들은 다른 노래를 불러달라고 요구해요. 그러다 보면 세 곡이 네 곡이 되고, 어느새 제가 아이들한테 소리를 지르고 아이들은 울고 있죠. 모든 것이 악몽으로 변해버려요." 나는 이렇게 물었다. "책 두 권과 노래 두 곡으로 합의를 보았을 때 마음속으로 명확한 허용선을 정했나요?"

"물론이죠!" 패트리샤는 항변했다. "하지만 애들이 애원하면 전 속으로 '그까짓 거 못해줄 거 있나?'하는 생각이 들어요. 애들이 너무 사랑스러우니까 하나 더 해줄 수 있다고 생각하는 거예요. 그러다 애들이 흥분한 상태가 되어서야 안 된다는 말이 나오는 거죠."

패트리샤가 허용선에 대해 명확한 태도를 보이지 않는 것은 분명했다. 많은 부모들이 그렇듯 패트리샤의 허용선은 실제로 허용선이 아니었다. 자녀의 기분에 따라 변하는 유동적인 것이었다. 물론 이러한 유동성을 선택할 수는 있다. 하지만 언제든 부모 자신이 원할 때 이러한 유동성의 스위치를 끄지 못한다는 점을 알아야 한다. 아이들은 갑작스러운 상황 변화에 분명 감정적으로 반응할 것이기 때문이다. 패트리샤는 이러한 유동성을 의식적으로 선택하지 않았기 때문에 아이들이 방침을 따르지 않자 발끈했다.

나는 이렇게 설명했다. "허용선은 구체적이고 명확하게 느낄 수 있어야 해요. 허용선은 그것이 있느냐, 아니면 없느냐 둘 중 하나인 거예요. 그리고 그 선을 모래 위에 그을지, 돌 위에 그을지 결정할 사람은 아이들이 아닌 바로 어머니이고요. 일단 모래 위에 그을 건지, 돌 위에 그을 건지를 명확히 하면 다른 모든 것은 저절로 명확해져요."

패트리샤는 동의하며 고개를 끄덕였다. "맞아요. 처음에는 돌 위에 선을 그었는데 그게 점점 모래로 바뀌었어요. 애들한테 안 된다고 말하면 못된 엄마가 된 것 같거든요. 그러다 결국 애들한테 소리를 지르면 괴물 같은 엄마가 돼버리는데 말이죠." 나는 분명하게 말했다. "아이들은 으레 해야 할 일을 하는 것뿐이에요. 아이들은 늘 시간을 즐겁게 보내고, 더 많은 즐거움을 요구하거든요. 아이들에게는 문제가 없어요. 즐거움을 멈추지 않는다고 해서 '나쁜' 애들이 아니라는 거죠. 문제는 허용선을 지키지 않아 무력해진 어머님이에요."

아이들은 특히, 두려움에서 비롯된 부모의 일관성 없는 태도를 감지한다. 이를테면, 내 아이가 나를 좋아하지 않을 거라든지 이기적이라고 생각할 것 같은 두려움 말이다. 아이들이 성화를 부릴 때 부모가 화나는 이유는 자신이 자녀의 성장에 '옳다고' 믿는 것을 어쩔 수 없이 내세워야 하는 상황에 직면하기 때문이다. 부모가 지금 상황에서 마땅히 행해야 할 일에 대해 명확한 생각을 하고 있다면 이를 알려주는 걸 어려워하지 않는다. 나는 도덕적 원칙을 지키려는 근본적인 정의감을 갖추어야 한다고 말하는 것이 아니다. 부모가 좀 더 의식적인 사람이 되기 위해 자신과 자녀에게 필요한 올바른 선택을 진지하게 알고 있어야 한다는 점을 말하고 있는 것이다. 만일 자녀에게 아홉 시간의 수면 시간이 가장 적절하다고 생각한다면 부모는 그만큼 수면을 취할 수 있는 환경을 만들기 위해 최선을 다해야 한다. 물론 이를 전쟁 같은 일로 만들면 안 된다. 이 모든 일은 자녀가 성장하는 데 무엇이 필요한지, 어떻게 하면 이것을 가장 잘 제공해줄 수 있는지 곰곰이 생각하는 시간과 열정에 달려 있다. 만일 자녀가 자신의 생각을 분명히 말할 수 있다면 이렇게 말할지도 모른다.

"허용되는 수준을 명확히 정해서 그게 뭔지 알려주세요. 어느 날은 된다 하고 어느 날은 안 된다고 하시잖아요. 정확한 허용선이 도대체 뭐죠? 제 기분이나 짜증에 흔들리지 마세요. 전 그저 부모님이 정한 기준을 부모님도 알고 있는지 시험해보는 거예요. 잘 아신다면 제가 그걸 따를게요. 하지만 그러는 과정에서 싸움이 발생할 수 있어요. 저는 부모님이 정한 저의 허용선을 알아내고 싶어서 그러는 거예요. 사실 전 싸움이 싫어요. 그러니까 부모님이 명확한 태도를 보일수록 싸움은 줄어들 거예요. 그렇다고 독재자처럼 행동하지는 말아주세요. 인정과 사랑을 담아 허용선을 정했으면 해요. 제가 그걸 알아가는 과정을 인내심 있게 지켜봐주세요. 무엇보다 제가 그 선을 넘었을 때 용서해주세요."

허용선을 정하는 목적

솔직히 말해서 부모는 왜 자신이 그런 허용선을 정했는지 진짜 이유를 인지하지 못하는 경우가 많다. 부모는 대개 현재 일어난 일에 대해 반사적으로 허용선을 정한다. 이는 부모가 매우 지치거나 불안한 상태일 때 허용선을 정하는 경향이 있다는 뜻이다. 목적의식을 갖고 허용선에 대해 깊이 생각하지 않는다는 의미다. 나는 부모가 허용선의 목적을 발견하도록 돕기 위해 이 두 가지 질문을 던진다.

"이 허용선은 부모인 당신과 자녀의 참자아에 걸맞습니까?"

"이 허용선은 절충의 여지가 있습니까 없습니까?"

부모가 이 질문에 대해 곰곰이 생각하면 허용선을 정할 당시 숨어 있던 의도와 인지하지 못한 두려움이 수면 위로 떠오른다.

부모가 정하는 허용선에는 가치 있는 목적이 있어야 한다. 자신의 편안함이나 편의를 위해서, 혹은 불안하기 때문에 허용선을 정하면 안 된다. 어떤 허용선은 유익하지만, 어떤 허용선은 부모의 에고만 충족시킨다. 전자는 자녀가 삶에 현명하게 대처하는 데 도움이 된다. 자녀의 회복탄력성을 강화하며 자녀가 안정감을 느끼는 데 도움이 된다. 일종의 일반 수칙으로 볼 수 있는 이러한 허용선은 자녀가 사회에서 제 역할을 잘하고 사회에 기여하는, 균형 잡힌 개인으로 성장하는 데 도움이 된다.

그렇다면 유익한 허용선이란 무엇일까? 모든 가족은 자기 가족 나름의 허용선을 정해야 하지만 내가 가족상담치료사와 어머니로 보낸 수년 간의 경험을 통해 깨달은 유익한 허용선은 다음과 같다.

- 자기 자신에 대한 존중 – 청결과 수면을 통한 자기 관리
- 환경에 대한 존중 – 깨끗한 방과 집
- 마음에 대한 존중 – 공식적이거나 비공식적인 교육의 과정
- 가족과 사회에 대한 존중 – 가족과의 소통과 사회에 대한 기여

나는 이러한 부분과 관련해 부모들에게 이렇게 말한다. "명확하고 차분하게 이해심을 가지고 허용선을 정하세요. 각각의 허용선을 정할 때 가치 있는 목적에 유념하고 이러한 비전에 계속 초점을 맞추어야 합니다. 아이가 여러분을 시험하고 여러분에게 반항할 때 그렇게 행동하는 목적을 생각하며 중심을 잡으셔야 합니다. 이렇게 되어야 부모와 아이의 순간적인 기분에 따라 달라지는 허용선이 아니라 아이에게 더 유익하게 작용하는 허용선이 됩니다. 아이에게 소리치지 말고 아이를 위한 비전에 집중하고 이러한 의도를 아이에게 전달해주어야 합니다."

부모들은 이렇게 묻는다. "입학을 앞 둔 아이가 학교에 가기 싫다고 하면 어떡하죠?" 그러면 나는 이런 말을 해준다. "음, 우선 아이가 왜 가기 싫어하는지 분명히 알아야 합니다. 단순히 반항하는 것인지, 아니면 정말로 심리적인 문제가 있는 건지. 만일 후자라면 빠른 해결책은 없습니다. 하지만 전자라면 부모는 교육이 아이의 성장에 유익한 부분임을 알고 있으므로 교육을 받는 것이 인생의 중요한 과제라는 원칙을 고수해야 합니다. 이러한 비전을 고수하되 아이의 삶에서 이것을 어떻게 실현할지에 대해선 유연성을 보여야 합니다. 모든 학교가 각각의 아이에게 잘 맞는 건 아니거든요. 모든 직업이 각각의 어른에게 잘 맞는 건 아닌 것처럼 말이에요. 이것은 부모가 시간을 들여서 중요한 인생의 과제를 준비하는 데 도움을 주어야 한다는 걸 의미할 수도 있어요. 아이가 변화에 친숙해질 시간을 주는 것이죠. 학교 입학 전에 한 달 동안 아이와 함께 학교 가는 역할 놀이를 해보면 좋아요. 아니면 그런 변화에 스트레스를 덜 받도록 선생님이나 친구들과 대화하는 기술 등을 익히게 도움을 줄 수도 있고요. 학교에 안 가는 것은 허용되지 않는다는 결정을 내렸다면 아이들은 부모의 뜻을 이해하고 따를 겁니다. 아이는 불안하고 두려울지라도 이러한 규범적인(여기서 '규범적'이라는 말은 최선의 것이라는 의미가 아닌 지금 사회에서 정해진 것이라는 의미) 통과의례를 따라야 한다는 걸 잘 알 겁니다. 때로는 부모가 아이의 불안에 대해 불안을 느끼기 때문에 아이에게 유익한, 명확하고 일관된 허용선을 지키지 못합니다.

만일 여러분의 어린 자녀가 목욕을 싫어해서 목욕하기를 거부한다면 어떡할까요? 여러분이 정한 허용선이 유익하다는 확신이 있다면 단호하게 지켜야 합니다. 이럴 때 여러분이 일상에서 목욕의 중요성을 몸소 보여준다면, 목욕은 자기를 돌보는 신성한 행위라는 걸 아이도 이해하게 될 겁니다. 목욕에 익숙해지는 데 시간이 걸리더라도 말이죠.

처음에는 부모가 창의력을 발휘해야 해요. 가령 아이가 비누 거품이 주는 즐거움을 발견하도록 도와주거나 부모가 즐겁게 샤워하는 모습을 지켜보게 하여 청결과 자기애의 힘을 자연스럽게 깨닫게 해주는 거죠. 이와 똑같은 원리가 양치질에도 적용돼요. 처음에는 아이에게 양치질을 시키는 데 30분이 걸릴 수도 있어요. 만일 양치질이 아이의 삶에 유익한 행위라는 확신이 있다면 아이가 이 습관을 기르도록 어떻게 해서든 도와주어야 합니다.

제가 취미나 특별활동에 대해서 이야기하지 않는다는 점에 주목해야 합니다. 이러한 활동들은 아이에게 유익할 수 있지만 의무 사항이 아니기 때문에 부모의 변덕이 아닌 아이의 흥미에 따라 선택되어야 합니다. 이러한 영역에서는 수용 범위를 신중하게 생각한 뒤 허용선을 정해야 합니다. 그래서 '이 활동을 시키는 것은 내 에고의 바람인가, 아이가 진정으로 하고 싶어해서인가?'라고 자문해보는 것이 중요합니다."

이런 식으로 곰곰이 생각하는 것은 무엇이 중요하고 중요하지 않은지 판단하는 데 도움이 된다. 나는 흔히 부모들에게 이렇게 말한다. 혹시 삶에서 꼭 필요하지 않은 취미나 활동을 자녀에게 강요하고 있다면, 적어도 자녀가 그것을 자신의 삶에 적용하는 방법에 대해선 융통성을 발휘하라고 말이다. 가령 부모는 자녀가 악기를 연주하기를 원하는데 자녀는 별로 내켜하지 않는다면 적어도 연습하는 횟수에 대해선 자유롭게 선택권을 주는 식이다. 결국 인간이란 스스로 중요한 선택을 할 기회가 주어질 때 그 선택을 인정하고 그 선택을 통해 성장한다.

이제 허용선을 정할 때 고려해야 할 문제로 넘어가보자. 허용선은 얼마나 절충이 가능할까? 부모는 이것을 스스로 결정해야 한다. 만일 매일 양치질하고 씻는 것이 절충 가능한 일이 아니라면 절충할 수 있는 것처럼 행동하면 안 된다. 내가 아는 한 부모는 열네 살짜리 아들이 주기적으로 양치질을 안 한다는 사실을 발견하고 충격을 받았다. 나는 그들에게 양치질이 삶에서 꼭 필요한 행위라는 점을 아들에게 이해시켜주기 위해 시간과 노력을 쏟았느냐고 물어보았다. 그러자 그들은 그럴 필요가 있다는 생각을 하지 못했다고 대답했다. 그렇다면 자녀가 부모의 생활 방식을 습득하지 않는 것도 당연하다. 부모가 이런 방식을 자녀에게 알려주기 위해 의식적인 노력을 기울이지 않았기 때문이다.

자녀는 부모의 행동을 보고 힌트를 얻는다. 그러므로 부모의 행동은 부모의 믿음과 일치해야 한다. 부모가 말만 번지르르하게 하고 제대로 실천하지 않으면 결국 자녀는 부모의 허식을 간파하고 부모를 만만하게 생각한다. 한번 이렇게 되면 허용선을 다시 정하기란 매우 어렵다.

어떤 영역이든 어떤 허용선에 절충의 여지가 없다고 결정할 때는 신중해야 한다. 이렇게 결정했다면 당연히 부모도 그 허용선을 지켜야 한다. 그래서 나는 부모들에게 충분히 확신한 뒤에 어떤 허용선에 절충의 여지가 없는지 말하라고 권한다. 사실 이런 류의 허용선을 지키기 위해 최상을 노력을 기울일 준비가 된 부모들은 별로 없다.

나는 부모들이 허용선을 지키는 데 얼마나 노력을 기울여야 하는지 이해시키기 위해 자녀가 다쳤을 때 어떤 기분이 드는지 생각해보라고 말한다. 그리고 이렇게 질문한다. "자녀가 크게 다쳤어도 응급실에 가는 일을 두고 갈팡질팡할 건가요? 아이가 끝없이 울어대고 엄마 나쁘다고 말한다고 해서 응급실에 안 데려갈 건가요?" 같은 맥락에서 부모가 만일 어떤 허용선에 절충의 여지가 없다고 결정했다면 본인 또한 그것을 끝까지 지켜야 한다. 부모들은 흔히 어떤 목표에 헌신하겠다는 말을 잘한다. 그러다가 상황이 만만치 않으면, 가령 아이가 계속 꾸물거리거나 저항하거나 불안해하면 노력을 그만둘 수밖에 없다고 생각해버린다.

체벌은 효과가 있을까?

한 아버지가 여섯 살 난 아들에게 타임아웃을 정하는 데 도움을 달라고 요청해왔다. 나는 이렇게 말했다. "타임아웃을 정하는 데 도움을 줄 사람을 찾는다면 저는 적임자가 아니에요."

그러자 그 아버지가 말했다. "어떤 상황에서도 타임아웃을 쓰면 안 된다는 말씀인가요?"

나는 아이가 저녁 식사 자리에서 몹시 무례하게 굴었다는 이유로 자녀를 음침한 구석이나 계단이나 의자로 보내는 것에 단호히 반대한다고 말했다. 강한 호기심을 느낀 이 아버지는 계속 질문했다. "그렇다면 아이가 올바른 방식을 어떻게 배울 수 있죠?"

"강요하는 것은 올바른 방식일까요, 나태한 방식일까요?" 내가 이의를 제기했다. 나는 내 견해를 좀 더 자세히 설명했다. "전통적인 육아 방식에선 부모가 한없이 힘을 사용하는 걸 옹호해왔어요. 성경에도 자녀에 대한 체벌을 교육의 수단으로 긍정하는 내용이 많고요. 하지만 의식적인 육아는 자녀를 대하는 이러한 낡은 방식과 상반됩니다. 미국이 민주주의 원칙을 기반으로 설립된 국가이듯, 작은 국가라고 볼 수 있는 가정도 독재주의에서 벗어나야 합니다. 체벌, 타임아웃, 자녀에게 수치심을 주고 입을 막기 위한 협박은 효과적인 육아가 아니라 나태하고 틀에 박힌 육아예요."

내가 자녀에 대한 나의 접근 방식에 확고한 신념을 갖고 있다는 사실을 알게 된 부모들은 대개 강한 반대 의견을 보인다. 자신들이 자라온 방식과 상반되기 때문이다. 많은 부모가 이렇게 반발한다. "전 회초리와 나뭇가지로 맞아가면서 자랐지만 죽지 않았어요." 인생에서 성공한 사람들은 자신이 좋은 사례라고 생각한다. "전 결국 잘됐으니 체벌이 그렇게 나쁜 교육이었다는 생각은 안 들어요."

내가 자신들의 성장 방식이 타당하다고 말해주길 바라는 이유는 여러 가지다. 그래야 자신의 부모를 어느 정도 이상화할 수 있고, 그래야 부모의 교육 방식을 계속 믿을 수 있기 때문이다. 또한 그렇게 해야 자신이 어린 시절에 느낀 고통이 합리화되기 때문이다. 그래야 그 고통이 결국은 가치 있었다고 느낄 수 있다. 어쨌든 부모의 무지 때문에 자녀가 엄청난 고통을 견뎌야 한다는 것은 용인하기 힘든 일이다. 많은 부모들이 "부모님이 소리를 질러대자 점점 두려워지고 불안해지고 죄책감이 들었어요"라든가 "제가 약물과 알코올 때문에 많은 문제를 겪는 이유는 제가 자랄 때 집안에서 독립된 존재로 대우받지 못했고, 제 기분을 인정받지 못했기 때문이에요"라고 시인할 용기가 없다.

어린 시절의 고통을 인정하면 치러야 할 대가가 너무 크다. 자신의 진짜 기분을 부정하고 행복한 척하는 게 훨씬 쉽다. 많은 사람들이 가족의 외면에 직면하는 일을 힘들어한다. 그래서 자기 기분을 드러내기보다 전반적인 분위기에 편승하는 것이 더 낫다고 느낀다. 그것이 아무리 역기능을 일으키고 바람직하지 못한 결과로 이어질지라도 말이다. 이러한 사람들은 진실을 외면하며 자랐기 때문에 자신의 참자아와 멀어지고 자신의 진짜 기분을 고스란히 느끼는 것을 두려워하면서 진짜가 아닌 삶을 살고 있다.

명확한 한계선과 허용선의 힘

나는 자녀에게 체벌을 가하는 데 반대한다. 그렇다면 자녀에게 바르게 행동하는 법을 가르칠 효과적인 방법은 무엇일까? 나는 자연스럽고 논리적인 결론의 힘을 믿는다. 부모가 일방적으로 결론을 내릴 수는 없다. 결론은 이런 질문에 답함으로써 자연스럽게 얻어지는 것이다. "지금 아이가 행동을 통해 표현하려는 욕구는 무엇일까?" 아이의 근원적인 요구 사항을 알아내면 원인과 그에 따른 결과를 연결할 수 있다. 하지만 결론이 효과적이려면 자녀의 행동에서 나타난 자녀의 필요에 의거하여 자연스럽게 도출된 결론이어야 한다.

자연스럽고 논리적인 결론을 도출하기 전에 선행 조건에 초점을 맞추는 것이 중요하다. 여기서 선행 조건은 부모가 일관성 있고 명확한 허용선을 만들고 지킬 수 있는 능력을 말한다. 어떤 허용선이 아이에게 이롭다고 판단했다면 현실을 제대로 고려하여 온정적인 태도로 허용선을 정해야 한다. 만일 숙제하기 전에 전자기기를 딱 30분 볼 수 있다는 허용선을 정했는데 아이가 이를 어겼다면, 아이에게 공감하면서도 이러한 허용선을 계속 지키는 것이 중요하다.

방법은 여러 가지다. 그중 하나는 부모가 아이의 의견을 고려하여 아이와 합의를 보는 것이다. 그래야 아이가 합의를 어겼을 경우 숙제를 마칠 때까지 기기를 압수해도 순순히 받아들인다. 또 다른 하나는 30분이라는 시간을 어겼을 때, 부모가 기기를 달라고 요구하면서 숙제가 끝나면 돌려주겠다고 약속하는 것이다. 자녀가 화를 내더라도 기기를 끄거나 부모에게 맡기라는 요구를 계속 단호하게 한다.

허용선과 한계선을 단호히 지킨다는 것은 강압을 쓰거나 가혹하게 대한다는 의미가 아니다. 오히려 부모는 자녀가 즐겁고 가벼운 마음으로 그것을 지키도록 도울 수 있다. 부모가 자녀 옆에서 즐겁게 이 닦는 모습을 보여주거나 자녀가 부모나 인형의 이를 닦게해줌으로써 양치질하는 법을 배우도록 도울 수도 있다. 여기서 부모의 에고가 관여하지 않는 것이 중요하다. 에고가 관여하면 곧바로 신경전이 벌어지며 이는 의식적인 접근법에 어긋나기 때문이다.

"만일 아이가 거부하면 어쩌죠?" 한 부모가 물었다. 나는 그런 경우는 허용선을 지키는 부모가 아이의 방식에 익숙해지지 않기 때문이라는 점을 지적해주었다. 그러한 아이는 허용선을 지킬 때까지 좀 더 많은 시간이 걸린다. 부모는 자녀가 기기를 끄거나 건네줄 때까지 그 자리를 뜨지 않으면서 입장을 고수해야 한다. 허용선을 적용할 때는 현재 일어나는 일에 대해 머릿속으로 드라마를 만든다든가 자녀에게 훈계하거나 수치심을 주지 않아야 한다. 부모는 그저 현재에 집중하며 차분하게 계속 요구해야 한다. 부모가 자신의 요구가 관철될 때까지 자리를 뜨지 않으리라는 점을 자녀가 깨달을 때까지 말이다. 부모가 진심을 다해 말한다는 걸 알면 자녀가 순응하는 시간은 더 짧아진다. 자녀가 기기를 만지는 시간과 관련된 자신의 책임에 주의를 기울이기 때문이다.

여기서 중요한 점은 자녀에게 하루에 꼭 해야 할 일이 있다는 사실을 어릴 때부터 가르쳐야 한다는 점이다. 이런 일들은 유난 떠는 상황 없이 평범하고 자연스럽게 일상에 편입되어야 한다. 그래야 자녀는 결국 이러한 일들이 인간으로 존재하고 건강하게 지내는 데 중요한 부분이라는 사실을 알게 된다. 이런 인식을 가지려면 부모의 노력이 필요하다. 때로는 단순히 "지금 당장 양치질을 하면 같이 책을 읽을 수 있어"라고 말할 수도 있다. 중요한 점은 에고의 개입 없이 허용선을 분명하게 지키는 것이다. 부모가 이 과정에서 부처 같은 태도를 보이기란 쉽지 않지만 일관성을 보이는 것은 중요하다.

자녀는 '만일 ~하면 ~한다'는 원칙을 따르면서 집안의 자연스러운 질서에 맞게 도출된 결론을 받아들인다. 부모가 허용선을 명확히 정하고 그것을 제대로 지킨다면 자녀는 결론의 힘을 이해하며, 그에 따라 행동을 바꾼다. 다시 한번 강조하자면 부모가 자녀에게 '주입'하는 것이 아니라 자녀의 행동에서 자연스럽게 '도출'되어야 한다.

이런 접근법을 쓸 때 외적인 보상과 체벌에 대한 의존성이 사라진다. 그러면서 부모와 자녀와의 관계는 아주 견고해지고, 이것은 자녀의 삶에서 성장을 위한 가장 중요한 촉매제가 된다. 이 과정에서 부모가 반드시 해야 할 일은 점점 줄어든다. 모든 것은 부모가 허용선을 어떻게 다루는가에서 시작되며, 이러한 부모의 태도는 가정에서 발생되는 일들에 영향을 끼친다.

허용선을 지키는 기술

우리는 상대방이 나를 좋아하지 않을 거라는 두려움, 혹은 갈등에 대한 두려움 때문에 '노'라고 말하지 못하는 경향이 있다. 그 순간에 진정으로 '노'라고 말하기도 어렵지만 그렇게 말해놓고 그 말을 계속 지키는 것은 더 어렵기도 하다. 앞에서, 부모가 어떤 허용선에 대해 절충이 불가능하다고 결정했다면 그것은 반드시 부모의 자기 성찰 후 신중하게 내린 결정이어야 한다고 했다. 그래야 그 허용선이 부모의 환상, 충족되지 않은 욕구, 통제에 대한 욕구를 위한 것이 아닌 자녀에게 유익한 것이 되기 때문이다.

가령 당신의 아이가 생명에 위협받을 정도로 초콜릿 알레르기가 있다고 가정해보자. 그렇다면 당신은 아무리 작은 조각이라도 아이에게 허용하지 않을 것이다. 모든 부모가 "물론 안 돼!"라고 곧장 대답할 것이다. 그렇다면 이런 질문을 하고 싶다. "아이가 초콜릿을 너무 먹고 싶어 할 때 어떻게 안 된다고 말할 건가요? 미온적인 태도를 보일 건가요?" 이런 류의 허용선을 지키는 건 더 가치 있는 목적이 있기 때문에 부모들은 아이가 자신을 독단적이라거나 못됐다고 생각할까 봐 두려워하지 않는다. 이런 상황에서 자녀가 부모를 나쁘게 생각할 거라는 두려움은 문제가 되지 않는다.

자녀는 부모가 무엇인가를 못하게 하는 것을 싫어한다. 하지만 자녀의 생명이 걸린 상황에서라면 어느 부모라도 양보하지 않을 것이다. 부모는 자녀에게 이런 식으로 말할 수 있다. "엄마(아빠)가 이러는 이유를 이해하지 못한다는 거 알고 있어. 네가 이해할 필요도 없고. 하지만 언젠가 너도 이해할 거야."

이렇듯 무엇인가가 확실할 때에만 완고한 접근법을 써야 한다. 만일 의문을 제기할 여지가 존재한다면 부모와 자녀가 협의를 통해 허용선을 정해야 한다. 부모가 어떤 행동에 적용하는 허용선이 얼마나 완고한지는 이른바 협상 가능한 정도에 달려 있다. 가령 부모가 아이패드 사용을 금지시킬 때 그런 허용선이 아이의 인생이나 건강을 보호하는지 자문해봐야 한다. 아이패드 그 자체가 피해나 죽음을 야기하지는 않으므로 허용선을 정할 때 아이패드 사용 자체를 기준으로 두지 말고 사용 시간을 기준으로 두어야 한다. 이것은 결과가 명백한 문제가 아니기 때문에 자녀와의 협의가 필요하다. 이런 허용선에 대한 협의가 이루어지면 부모는 명확성clarity, 일관성consistency, 온정compassion을 보이면서 이를 지켜야 한다. 나는 이를 세 개의 'c'라고 부른다. 또한 부모는 적절한 순간에 다시 협상할 수 있는 준비도 되어 있어야 한다. 여기에 더해 부모는 바람직한 행동을 직접 보여주어야 한다.

열한 살 조슈아의 아버지 노아는 아들의 청결과 관련된 허용선을 정하는 데 애를 먹었다. "허용선을 여러 번 정했는데도 조슈아가 말을 전혀 듣지 않아요. 그 못된 녀석 때문에 지긋지긋해요." 나는 그의 좌절감에 공감하며 이렇게 말했다. "만일 아버님이 자신의 역할을 나쁜 아빠로 생각한다면 계속 분개할 수밖에 없어요. 하지만 아들의 삶의 질을 향상시킨다는 측면에서 허용선을 정한다면 아버님 자신을 좋은 아빠로 생각하셔야죠."

가치 있는 목적을 생각하며 허용선을 정했다고 생각한 노아는 이렇게 말했다. "전 이 허용선의 가치 있는 목적을 충분히 생각했어요. 이건 올바른 일이라고 생각해요. 제 생활에서도 직접 본을 보이고 있고요. 그런데 조슈아는 말을 안 들어요. 이제 어떻게 해야 하나요?"

나는 아이들이 반발하는 것은 자연스러운 현상이라고 말해주었다. 부모들은 자신이 바라는 것에 자녀가 반발하면 안 된다고 믿는 경향이 있다. 그리고 자녀를 반발하지 못하게 하면 부모 말에 순응하고 고분고분해질 거라고 생각한다. 나는 흔히 부모들에게 이렇게 질문한다. "아이가 왜 반발하면 안 되는 건가요? 반발한다는 건 건강한 마음, 총명함, 용기를 지녔다는 신호 아닌가요? 왜 아이가 부모의 방식을 맹목적으로 따라야 한다고 생각하세요? 부모가 자신한테 거는 기대를 이해할 수 있도록 자녀에게 타당한 근거를 알려줘야 하지 않나요? 아이를 스스로 생각할 줄 모르는 사람으로 키우고 싶진 않으시잖아요."

자녀가 반발할 때 부모가 어떻게 대응해야 하는지는 중요한 문제다. 나는 노아에게 이렇게 말했다. "더 어려운 건 부모로서 그 허용선을 계속 지키는 일이에요. 최대한 의식적이고 온정 있는 태도로 이 행동을 언제까지 기꺼이 가르칠 것인가 하는 부분에서 아버님은 시험당할 수 있어요. 이것은 약속을 지키는 기술을 연마하는 문제에요. 쉽지 않은 일이죠. 왜냐하면 필요한 행동이 다 끝날 때까지 어떤 결과도 발생하지 않으니까요 어쨌든 아이들은 빠져나갈 구멍이 전혀 없다는 걸 알면 순순히 협조합니다. 그래서 집에 있을 때보다 학교에 있을 때 규칙을 더 잘 지키는 거예요. 학교에선 규칙이 엄격하게 정해져 있고 예외 없이 모두에게 적용되기 때문이죠. 조슈아가 아버님 말에 주의를 기울이게 만들려면 바로 이런 태도가 필요해요. 아이들은 커갈수록 부모의 말을 진지하게 받아들이지 않아요. 부모가 본인이 한 약속을 대수롭지 않게 여기는 모습을 오랫동안 봐왔기 때문이죠. 그러니 아빠가 정말 진심이라는 걸 깨달을 때까지, 가령 아들이 시험을 잘 본다거나 야구 연습을 하러 가는 걸 기대하지 않아야 해요."

노아가 허용선을 지키는 것의 의미를 이해하려면 연습이 필요했다. 노아는 목욕을 하고 나서 잠자리에 든다는 계획을 조슈아에게 제시했다. 처음에 아들은 무례하게 굴며 스스로 목욕하라는 아버지의 지시를 따르지 않았다. 노아는 이 방법이 좀 심하다는 생각이 들었다. 통제에 가깝다고 느꼈기 때문이다. 나는 노아에게 단호한 태도를 유지하라고 격려했다. 그는 목욕을 안 하면 다른 뭔가를 "허용하지 않겠다"고 말하는 대신 "네가 목욕을 해야 너나 아빠나 잘 수 있어. 그때까진 아무도 못 잔다"라고 단도직입적으로 말해야 했다. 조슈아는 아빠 말이 진심이라는 걸 알아차렸을 때 마침내 허용선에 동의했다. 이를 계기로 노아와 조슈아는 건강에 대해 진심 어린 대화를 나눌 수 있었다. 두 사람은 약속을 끝까지 지키도록 서로 도움을 주자고 합의도 했다. 일주일 동안의 조정 기간이 지난 후 목욕은 더 이상 그들의 집에서 문젯거리가 되지 않았다.

부모가 허용선을 고수한다는 것이 자녀에게 체벌을 가한다는 의미가 되어서는 안 된다. 이것은 허물지 못하는 어떤 환경을 부모가 만드는 모습을 자녀가 목격한다는 의미다. 바로 이런 이유 때문에 부모는 허용선을 정할 때 신중해야 하고 자신이 온전히 믿는 것만 약속해야 한다. 행동은 시간이 지나면 바꾸기 어렵기 때문에 협상의 여지가 없는 행동에 대해서는 부모가 자녀에게 일찍이 습관을 들여주어야 한다.

다시 한 번 말하지만, 부모가 내면의 갈등을 해결해야 자녀와의 사이에서도 갈등을 덜 일으킨다. 마찬가지로 부모가 자녀에게 가르칠 것을 스스로 실천해야 자녀도 같은 행동을 하고, 모든 가족이 바람직한 행동을 명확하게 인지하는 환경을 만들기가 더 쉬워진다.

자연스럽고 논리적인 결론이 내는 효과

우선 부모가 일관성 있고 명확한 허용선을 만들고 지킬 수 있는 능력이 있는지 점검하면 다음 단계로 넘어갈 수 있다. 바로 결론을 도출하는 일이다. 많은 부모가 특정한 행동의 자연스럽고 논리적인 결론 도출을 어려워한다. 하지만 앞에서도 언급했듯, 항상 결론은 자녀의 행동에서 나타나는 자녀의 필요와 자연스럽게, 혹은 논리적으로 연결되어야 한다. 부모들은 자녀의 행동에만 정신이 팔려서 이렇게 자문해야 한다는 점을 너무 자주 잊어버린다. "내 아이가 왜 이렇게 행동할까? 지금 어떤 기분을 느끼고 있는 거지? 내 아이는 지금 어떤 기술을 배워야 할까? 지금 나한테 뭔가 다른 것을 원하는 걸까?"

아이들의 전형적인 행동과 그들이 무엇을 필요로 하는지 알아내려는 노력, 그에 따른 자연스럽고 논리적인 결론의 예를 들어보자.

행동 : 자녀가 텔레비전을 제때 끄지 않는다.

필요 : 충동 조절, 허용선, 시간을 소중히 여기는 마음

결론 :

1. 자녀에게 어떤 도움을 줄 수 있는지 자문한다.
2. 자녀에게 시간을 소중히 여기는 것에 대해 가르친다. 자녀에게 스톱워치를 줘도 좋다. 자녀와 함께 하루 동안 텔레비전 시청 시간을 표로 만들 수도 있다. 아니면 텔레비전 시청 시간에 대해 자녀와 협의할 수도 있다. 마지막 방법으로, 텔레비전이 자동으로 꺼지는 타이머 설정을 할 수도 있다.
3. 2번 단계를 제대로 실행하지 못하면 자녀가 시간을 소중히 여기고 다른 할 일을 똑바로 할 수 있을 때까지 텔레비전을 치우겠다고 알린다.

행동 : 건망증이 심하다.

필요 : 체계성, 장기 기억력, 집중력

결론 :

1. 자녀에게 어떤 도움을 줄 수 있는지 자문한다.
2. 학교에서 과제물을 가져오지 않았을 때 부모가 도움을 주지 말고 그다음 날 발생하는 결과를 스스로 받아들이게 내버려둠으로써 인과관계를 배우게 한다. 아니면 자녀가 어떻게 해서든 학교에 되돌아가 잊어버린 과제물을 가져오게 만들어 인과관계를 깨닫게 한다. 또는 선생님께 자신의 실수에 대해 설명하고 그것을 벌충할 방법을 묻는 편지를 쓰게 한다.
3. 2번 단계를 제대로 실행하지 못하면 부모가 직접 건망증을 고칠 방법

을 가르쳐줄 거라고 알려준다. 우선 자녀의 하루 일과를 살펴보면서 자녀가 시간을 유용하게 사용하고 책상을 잘 정리하여 집중할 수 있도록 도울 방법을 찾는다. 자녀에게 명상하는 방법을 가르칠 수도 있고 전문 강사에게 체계성 훈련을 받게 할 수도 있다.

행동 : 학교에 가야 하는데 항상 제 시간에 일어나지 못한다.

필요 : 학교에 가고 싶게 만드는 상당한 동기부여, 더 많은 휴식 시간, 불안감이나 우울한 기분을 누그러뜨리기 위한 도움, 친구들과의 문제에 대한 도움

결론 :

1. 자녀에게 어떤 도움을 줄 수 있는지 자문한다.
2. 자녀에게 수면 시간이 더 필요하다면 부모가 취침 시간에 대한 허용선을 정한다. 만일 자녀가 이를 거부하고 저항하면 부모가 나서서 자녀의 방에 있는 수면 방해 요소들을 제거한다. 이렇게 했는데도 자녀가 계속 늦잠을 잔다면 학교 생활이 너무 피곤할 수밖에 없다는 결과를 자녀가 체험하게 한다.
3. 이런 방법들이 효과가 없다면 우울증 같은 좀 더 심각한 문제를 겪고 있을 가능성이 크다. 그렇다면 전문가의 상담을 받아봐야 한다. 아침에 바로 일어나 하루를 맞이할 준비를 하지 못하는 데는 항상 이유가 있다. 삶의 중압감 때문에 무감각해지면 삶의 즐거움을 잃어버린다.

부모가 자녀를 체벌하면 두 사람 사이의 불화만 더 깊어진다. 반면 앞의 예시처럼 부모가 자녀에게 무엇이 필요한지 근본적인 것을 발견하

면 단지 체벌을 통해 행동을 고치려는 것보다 훨씬 더 근원적으로 다가갈 수 있다. 체벌이 아닌 어떤 행동을 취해야 할지 파악할 수 있게 되는 것이다. 물론 문제의 근본 원인을 찾아내는 일은 쉽지 않다. 인내심을 발휘해 전념해야 할 뿐만 아니라 자녀를 수치스럽게 만들거나 질책해야 할 대상이 아닌, 진정으로 소통해야 할 독립적인 존재로 대해야 한다는 점을 인지해야 한다.

특히 부모들은 일반적으로 자녀의 무례한 행동에 대해 어려움을 겪는다. 부모들은 이렇게 묻는다. "아이가 저한테 무례하게 굴면 어떻게 해야 하나요? 이런 행동의 자연스러운 결론은 무엇이죠?" 자녀의 행동에 어떻게 반응해야 하는지 잘 모를 때가 있는데, 특히 자녀가 무례하게 굴 때가 그렇다. 자녀의 무례한 행동은 겉으로 보이는 것이 전부가 아니다. 중요한 건 그렇게 행동하게 만드는 근본적인 요구 사항을 부모가 파악하는 일이다. 자녀가 억눌린 기분을 느낄 수도 있고, 권리를 빼앗겼다는 기분이나 혼란스러운 기분을 느낄 수도 있으며, 학교에 가지 않을 권리가 있다고 느낄 수도 있다. 이 모든 것은 부모의 바람직하지 못한 에너지에서 발생한 것이다. 자녀가 버릇없고 무례하다면 그건 부모가 그동안 자녀와 소통하지 못했고, 일관된 허용선을 정하지 못했다는 사실을 반증한다. 그렇기 때문에 무례한 행동을 멈추게 하는 일은 단순히 1에서 3단계의 과정으로 해결하지 못한다. 다각적인 접근법이 필요하며 물론 그 시작점은 부모다.

"하지만 아이가 무례하게 구는 그 순간엔 어떻게 대처하나요?" 부모들은 계속 이렇게 묻는다. 그러면 나는 이렇게 대답한다. "아이가 무례하게 굴면 부모들은 본능적으로 이를 기분 나쁘게 받아들여요. 이게 바로 부모들이 저지르는 첫 실수입니다. 아주 자연스럽게 아이에게도 똑같이 무례하게 굴죠. 이렇게 되면 순식간에 부정적인 순환 고리가 형성됩니다. 이럴 때는 부모가 깊게 심호흡을 하고 잠깐 자리를 뜨는 게 현명한 방법이에요. 마음이 차분해지고 상황을 객관적으로 볼 수 있을 때 이렇게 자문해보세요. '무례한 말과 행동 이면에 아이가 정말 하고 싶은 말은 무엇일까?" 그러다 보면 자녀에게 공감할 수 있을 겁니다. 물론 곧바로 그렇게 되는 건 아니고 처음에 치밀어 오르던 화가 잠잠해지면 그런 생각이 떠오를 거예요."

의식적인 육아의 모든 측면이 그렇듯, 해결책은 부모 자신이 변하는 데 있다. 자녀가 자신에게 무례하게 구는 원인이 바로 자신임을 깨달으면(부모가 일관성 없는 태도를 보였거나 자녀를 소홀히 대했거나 만만하게 대했을지도 모른다) 자녀와의 관계를 변화시킬 힘이 자신에게 있다는 걸 알게 된다. 그리고 자신이 변하면 자녀도 변한다는 걸 깨닫게 된다.

부모가 반응을 잠시 멈추고 아이와 신경전에 돌입하지 않으면 상황은 변하기 시작한다. 마음의 격한 감정이 잠잠해지면 진정으로 자기성찰을 하면서 "내가 그동안 어떻게 했기에 아이가 나를 이렇게 대해도 괜찮다고 생각하는 걸까?" 또는 "나는 왜 아이가 나를 존중하게끔 하지 못했을까?"라고 자문할 수 있다.

이렇게 부모가 자신에게 초점을 맞추어 생각하면 상황이 변하기 시작한다. 어쩌면 그동안 자녀의 요구를 다 들어주어 자녀가 특권 의식을 갖게 만들었거나 일관성 없는 허용선을 정했다는 사실을 깨달을지도 모른다. 혹은 그동안 자녀 주위를 맴돌며 심하게 통제한 나머지 자녀가 분노와 억눌린 기분을 느껴왔다는 걸 알게 될지도 모른다. 자녀가 보이는 행동의 원인으로 무엇을 발견하든 현재 상황은 바꿀 수 있다. 부모는 책임을 지고 자신이 발산하는 에너지를 바꾸어 원하는 결과를 만들어낼 수 있다.

이런 식으로 열일곱 살인 아들 잭슨과의 관계를 변화시킨 마우라는 좋은 본보기다. 두 사람은 통금시간 때문에 항상 갈등을 빚었다. 마우라가 통금시간을 정할 때마다 잭슨은 이를 지키지 않았다. 마우라는 아들에게 친구 같은 존재가 되고 싶은 마음에 일관성 있는 태도를 보이겠다는 다짐을 매번 저버리고 아들에게 잘못을 벌충할 기회를 주었다. 어쩌면 현명한 접근법이었는지도 모른다. 소리 지르고 고함치는 상황이 뒤이어 발생하지 않았다면, 잭슨이 꼭두새벽까지 집에 안 들어오기에는 아직 너무 어린 나이라는 사실만 빼면 말이다.

나는 마우라에게 말했다. "하루 종일 싸우는 것보단 허용선을 정하는 게 훨씬 더 효과적이에요." 나는 잭슨이 통금시간을 무시하는 이유는 단 하나, 바로 어머니가 그것을 허용하기 때문이라고 말해주었다. 마우라는 처음에 발끈했다. "하지만 집 밖에 못 나가게 하는 방식으로 처벌하고 싶진 않아요. 전 처벌이란 방식을 쓰고 싶지 않아요."

나는 마우라가 느끼는 혼란을 이해했다. 마우라는 의식적인 부모가 되려는 마음에 조금이라도 처벌처럼 보이는 방식을 쓰지 말아야 한다고 생각했다. 나는 이렇게 설명했다. "부모가 감정적인 반응을 통해 아이의 권리를 빼앗는다면 그건 아이를 처벌하는 거예요. 하지만 아이가 정해진 한도를 지키지 못하고 자신의 건강을 해치는 행동을 할 때 부모가 아이의 권리를 빼앗는 것은 자유에도 허용선이 있다는 걸 가르치는 행동입니다. 잭슨은 통금시간 이후에 집 밖에 있어도 될 만큼 성숙하지 않아요. 그 정도로 나이를 먹지도 않았고요. 이런 이유만으로도 잭슨은 집에 제때 들어와야 합니다. 한계선을 가르치지 않으면 잭슨은 자신의 행동을 당연하고 당당하게 여길 거예요. 그럴 권리가 있다고 생각할 거고요. 하지만 자기 마음대로 한밤중에 외출하는 것이 절대 허용되지 않는다는 걸 이해하게 된다면 자신을 안전하게 보호해주고픈 어머님의 바람을 존중해줄 겁니다."

이런 관점으로 상황을 보기 시작하면서 마우라는 자신의 방식을 바꾸었다. 우선 잭슨이 새로운 규정에 동의할 때까지 야간 외출을 금지시켰다. 잭슨은 어머니가 매우 진지하고, 만일 자신이 통금시간을 지키지 않으면 정말 외출을 금지당할 거라는 점을 알아차리자 순순히 규정을 따랐다.

마우라는 아들을 순응하게 만드는 일이 너무 쉽다는 사실에 충격을 받았다. 나는 이렇게 설명했다. "잭슨은 어머니가 자신에 대한 처벌이 아닌 자신을 안전하게 보호하는 데 초점을 맞추고 있고, 부모로서의 이런 역할에 진지한 태도를 보인다는 걸 알아차렸어요. 그래서 어머니 말을 들었고 어머니를 존중한 거예요."

자녀가 다른 방식으로 반응하게끔 에너지를 바꿀 힘이 부모 자신에게 있다는 걸 이해한다면 변화를 이루어낼 수 있다. 분노, 불만, 갈등의 순환 고리에 고착되어 있지 말고 내재된 힘을 이용해 행동을 취하면서 자신을 자유롭게 해주어야 한다. 부모가 자신에게 내재된 힘을 믿고 자신의 가치에 전념하면 자녀도 자연스럽게 이를 따라한다.

스스로 실천하는 부모 되기

부모들은 자녀가 말을 듣지 않으면 설교나 질책을 통해 생활의 지침들을 가르치려고 한다. 하지만 이는 가르침이 아니다. 새로운 행동을 온전히 자기 것으로 만들게 하는 방법에서 벗어나 있기 때문이다. 사람은 흡수를 통해 가장 잘 배우는데 이는 일종의 삼투 과정이다. 자녀가 부모의 방식을 흡수하려면 부모는 자녀도 느낄 수 있는 에너지를 발산하여 자신의 가치를 삶에서 구현해야 한다.

일부 부모들은 자녀 앞에서 올바른 말과 행동만 하려고 애쓰며 교과서적인 접근법을 쓴다. 이런 방법은 불가능하지 않지만 오랫동안 유지하기 힘들다. 자신이 말하는 '선한 행동'을 온전히 실천하지 않기 때문에 곧 싫증을 느낀다. 가령 자녀들에게는 서로 사랑하는 삶에 대해 말하면서 실제 삶의 모습은 그와 다른 메시지를 전하는 경우가 있다. 어떤 부모는 풍부한 경험을 바탕으로 자기 일을 즐기며 일상을 즐겁게 사는 모습이 아닌, 자기 일에 불평하고 사소한 일들을 미루고 자신의 헌신에 분개하는 모습을 보이기도 한다. 이렇게 되면 자녀의 눈에는 부모가 일관되게 살지 않는 것으로 보인다. 자녀는 부모의 축 처진 어깨와 찌푸린 얼굴을 보고, 스트레스가 묻어나는 목소리를 듣는다. 다시 말해, 부모가 겪는 삶의 경험에서 묻어나는 비언어적 표시를 알아채며, 이를 통해 인생은 즐기는 것인지, 아니면 그저 견뎌내는 것인지 파악한다.

규정에 따라 가정을 이끄는 것보다 모든 가족이 일정한 삶의 방식을 구현하게 하는 것이 현명한 접근법이다. 이러한 접근법을 쓰면 갈등이 덜 발생한다. 자녀 스스로 부모에게 무엇을 기대해야 하는지, 가정이 어떻게 운영되는지 알기 때문이다. 자녀는 가정의 규정 그 자체가 아닌 가정의 에너지, 그러니까 부모가 형성한 자연스러운 분위기를 보면서 협력해야겠다고 생각한다. 그렇다면 실제로 허용선을 어떻게 구현해야 할까? 허용선과 관련해 앞에서 논의했던 자기 관리의 한 영역을 예로 들어 부모가 바라는 허용선을 어떻게 구현할지 살펴보자.

유익한 허용선: 자기 관리-목욕, 양치질, 잠자기

구현 지수를 평가하기 위한 질문

- 당신은 자기 관리를 위한 이 모든 습관을 일상에서 실천하는가?
- 당신은 이러한 것들이 당신의 삶에서 얼마나 신성한지 자녀에게 보여주는가?
- 당신은 이러한 것들의 중요성을 자녀에게 어떻게 전달하는가?
- 당신은 이러한 것들의 더 가치 있는 목적에 유념하는가?
- 당신은 이러한 목적을 당신이라는 존재를 통해 보여주는가?
- 당신은 이러한 습관을 매일 자녀에게 가르치는 데 전념하는가?
- 당신은 무슨 수를 써서라도 이러한 원칙을 고수하는가?

자녀가 부모의 에너지를 흡수하고 부모의 가르침을 이해하려면 부모가 상당 수준의 전념을 보여야 한다. 부모가 자신의 삶에서 이러한 부분에 전념하면 자녀는 가정이 돌아가는 방식을 이해하고 가정에서 자신의 자리를 훨씬 쉽게 찾는다. 그렇다고 해서 자녀가 이따금 부모에게 반항하는 일이 아예 발생하지 않는 건 아니다. 하지만 가정에서 적용되는 원칙을 의심하지는 않을 것이다.

부모들이 자녀에게 목욕이나 수면 같은 일상의 습관을 길러주려 애쓰는 일이 진력난다고 말하면 나는 항상 이러한 구현의 원칙을 적용하라고 제안한다. 자녀가 말을 듣지 않는 데 좌절감을 느끼기보다 내면의 무궁무진한 자원을 활용해 가정에서 구현되길 원하는 삶의 모습을 실행해보라고 말이다.

스콧은 목욕하기를 거부하는 다섯 살 난 아들 제레미 때문에 골치가 아팠다. "아들을 욕조에 억지로 데려다 놓진 못해요. 처음엔 스스로 욕조에 들어갈 거라는 생각을 하며 인내심을 가지고 기다려요. 시간이 너무 오래 걸리지만 인내심을 발휘하려 애를 써요." 나는 스콧의 모순을 곧바로 감지했다. "인내심을 발휘한다고 하지만 사실 속으론 부글부글 끓지 않나요? 그 일을 하는 순간이 전혀 즐겁지 않으시죠?" 스콧은 발끈했다. "하지만 전 엄청난 인내심을 보이고 있어요. 절대 냉정을 잃지 않는다고요!"

나는 목욕처럼 일상적인 일이라도 자신이 중요하게 여기는 가치에 대해 열정을 드러내는 일이 얼마나 중요한지 설명했다. "아이가 목욕을 좋아하길 바라시죠? 아이가 스스로 욕조에 들어가 깨끗이 씻는 과정을 즐겼으면 좋으시겠죠? 그렇다면 아버님이 그런 에너지를 직접 드러내야 합니다. 아버님은 불만스럽고 화난 채로 애태우며 기다리고 있어요. 이런 상태로 어떻게 목욕이 즐겁다는 걸 보여줄 수 있겠어요. 아들이 목욕하는 걸 좋아하길 바라신다면 아버님이 목욕을 얼마나 좋아하고, 목욕을 하고 나면 얼마나 기분이 상쾌한지 본을 보여주셔야 해요. 물론 항상 이렇게 하실 필요는 없고 아들이 받아들일 때까지 며칠 동안만 이렇게 하시면 돼요. 이건 아이에게 수영을 가르치는 것과 같아요. 수영을 가르칠 때 직접 물에 들어가 수영이 얼마나 재밌는지 보여주지 않나요?"

스콧은 이러한 접근법이 자신이 그동안 해온 방식과 얼마나 다른지 이해하기 시작했다. 그동안 마음이 아닌 머리에만 초점을 맞추어 이성적인 방법으로 자신이 중시하는 가치를 전달했는데 이제야, 무엇에 대해 말만 하는 것이 몸과 마음과 정신으로 표현하는 것과 얼마나 다른지 깨닫게 된 것이다.

부모가 발산하는 에너지를 자녀가 흡수한다는 걸 스콧에게도 이해시켜야 했다. 스콧은 불안과 분노의 에너지를 발산하면서 아들의 성질을 돋우었다. 그 결과 제레미는 목욕 시간을 스트레스 받는 시간으로 이해했다. 제레미가 목욕을 꺼린 데에는 이런 이유가 숨어 있었다.

구현의 원리는 특히 초등학생 아이에게 중요하다. 이 나이대의 아이가 현실을 살아가는 법을 배우는 데는 특히 부모의 지도가 필요하기 때문이다. 하지만 부모가 아이에게 무엇을 하라고 말한다고 해서 아이가 그것을 로봇처럼 행하지는 않는다. 만일 아이가 운동하기를 바란다면 부모가 운동을 해야 한다. 집이 깨끗하게 정리되기를 바란다면 부모가 그렇게 실천해야 한다. 이렇게 해야 부모의 행동이 앞으로 오랫동안 아이에게 유익하게 작용할 본보기가 된다.

가치의 구현에는 부모와 자녀 사이의 관계를 변화시키는 힘이 있다. 물론 갑자기 변화가 발생하지는 않는다. 어떤 패턴이 마음속에 스며들려면 시간이 걸리기 때문이다. 하지만 결국엔 변화가 일어나며, 이와 함께 자녀는 삶의 방향을 잡아줄 마음의 나침반을 장착한다.

위선 없는 부모 되기

나는 딸 마이아가 '위선자'라는 말의 의미를 배운 날을 유감스럽게 생각한다. 내가 모순적이라고 생각될 때마다 나를 그렇게 부르기 때문이다. 이런 식이다. "엄마는 저보고 인스타그램을 하지 말라고 하면서 엄마는 항상 페이스북을 하잖아요. 그거 위선적인 거 아녜요?" 아니면 이렇게 말한다. "엄마도 저번에 지갑을 집에 두고 나와서 다시 집으로 간 적 있잖아요. 그런데 제가 서류철을 학교에 두고 왔다고 지금 절 혼내시는 거예요?" 나는 딸이 내 약점을 너무 잘 알고 있어 분하기도 하지만, 딸에게 관대해야 한다는 점을 상기시켜주어 고마운 마음도 든다.

자녀에게 가르치려는 것을 직접 구현하면 그동안 자신이 얼마나 위선적이었는지 깨닫는다. 만일 자녀에게 그동안 부모가 얼마나 위선적이었냐고 묻는다면 아이들은 순식간에 위선 목록을 만들 수 있을 것이다! 물론 이렇게 하는 부모는 없겠지만, 나는 부모들이 자녀에게 솔직하면서도 친절하고 사려 깊게 피드백을 요청해야 한다고 생각한다. 나는 마이아가 나의 위선을 발견하고 내게 인지시켜줄 때 짜릿한 기분을 느낀다. 나는 그런 나의 모습을 알고 싶고 변하고 싶다. 나 자신을 조정해가는 삶을 살고 싶다. 내가 단점이 있는 인간이라는 점을 당황스럽게 여기거나 부끄러워할 필요가 있을까? 나의 불완전함을 인정할 때 성장할 기회를 얻을 뿐만 아니라, 아무리 고통스럽더라도 성장을 멈추면 안 된다는 걸 딸에게 가르칠 수 있는 기회인데 말이다. 만일 부모가 자녀에게 허심탄회한 대화를 허용한다면 자녀는 아마 이런 말을 할지도 모른다.

"우리 보고 방을 깨끗이 치우라고 하면서 엄마(아빠) 방은 왜 이렇게 지저분해요?"

"우리 보고 매일 운동하라고 하면서 엄마(아빠)는 운동을 전혀 안 하잖아요."

"우리 보고 하루 종일 게임만 하는 건 안 좋다고 하면서 엄마(아빠)도 항상 핸드폰이나 노트북을 보고 있던데요."

"우리 보고 뒤에서 다른 사람을 나쁘게 말하지 말라고 하면서 엄마(아빠)도 항상 친구 분들과 남을 험담하시잖아요."

"우리 보고 술 마시지 말라고 하면서 엄마(아빠)는 자주 술을 마시던데요."

"우리 보고 운전하면서 문자메시지 보내지 말라고 하면서 엄마(아빠)가 그러는 거 봤어요."

"우리 보고 소리 지르지 말라고 하면서 엄마(아빠)는 항상 소리 지르잖아요."

"우리 보고 나쁜 말 쓰지 말라고 하지만 엄마(아빠)가 욕하는 거 들었거든요."

"우리 보고 물건 잃어버리지 말라고 하면서 엄마(아빠)는 물건을 잃어버려도 신경도 안 쓰잖아요."

클라리스는 나와 질서와 체계에 대한 대화를 나누면서 자녀가 부모의 방식을 따라한다는 사실을 알게 되었다. 그녀는 상담을 하다가 감정에 북받쳐 이렇게 말했다. "필을 아동정신과의사에게 데려가 ADHD 진단 검사를 받을까 해요. 필은 정신이 없어요. 필요한 물건을 못 찾고 항상 물건을 잃어버려요. 그 아이 뒷감당을 하는 것도 이젠 진저리가 나요. 선생님이 필의 방을 한 번 보셔야 해요. 완전 난장판이에요."

나는 자녀가 얼마나 산만한지 불평하는 부모의 이야기를 들을 때면 부모가 얼마나 체계적인 사람인지 알아보기 위해 이런 질문을 던진다. "만일 제가 손님으로 그 댁에 가서 연필과 지우개를 찾는다면 시간이 얼마나 걸릴지 말씀해주시겠어요?" 클라리스는 내 질문에 깜짝 놀라며 더듬더듬 말했다. "음, 제가 전일제로 일하는 터라 아들 둘 있는 집을 정리하기가 무척 어려워요. 모든 게 어질러져 있어요. 모든 잡동사니를 치우겠다고 작정했지만 시간이 안 돼요. 우리 집에선 연필하고, 특히 지우개를 찾으려면 시간이 좀 걸려요. 도처에 너무 많은 물건이 있어서요."

그 대화가 무얼 말하는지 클라리스에게 굳이 설명하진 않았다. 클라리스는 곧바로 내 말 뜻을 이해했다. 클라리스는 여느 부모들처럼 부모의 바람대로 자녀가 필요한 기술을 스스로 습득해야 한다는 환상을 품고 있었고 그것을 자녀에게 강요했다. 하지만 실제로 그녀의 아들은 그녀의 말과 정반대의 메시지를 받아들이고 있었다. 정신없이 어질러도 괜찮다는 메시지 말이다.

자녀에게 피아노나 첼로나 바이올린을 연습하라고 잔소리하는 부모를 많이 보았을 것이다. 악기와 레슨비가 비쌀수록, 선생님이 집으로 더 자주 올수록 부모의 잔소리는 더 심해진다.

내가 딸에게 피아노를 접하게 해주었던 이유는 내가 어렸을 때 피아노를 쳤고 딸도 나처럼 피아노를 좋아하길 바라서였다. 하지만 나의 이 행동에는 문제가 있었다. 내가 더 이상 피아노를 치지 않는다는 점이 그것이다. 내가 말한 것을 실천하고 악기 연주가 정신에 좋다는 믿음을 구현하려면 나는 다시 피아노를 쳐야 했다.

그래서 나는 정확히 두 달 동안 피아노 레슨을 받았다. 그 짧은 기간 동안 직접 피아노를 치며 몇 가지를 깨달았는데, 피아노를 매일 연습하는 건 정말 힘들다는 점이었다. 일주일에 20분의 연습 시간을 일정에 넣는 것도 나로서는 최선이었다. 악기를 연주하려면 올바른 정신 상태가 필요하며, 연주하고 싶은 바람이 마음 깊은 곳에서 일어야 한다. 내가 직접 경험하고 나서야 딸에게 어떤 것도 강제로 연습시키지 말아야겠다고 다짐했다. 이제 나는 딸에게 억지로 악기 연습을 시키지 않는다. 외부의 압력 때문이 아니라 내면에서 연주하고 싶은 기분이 들 때 연주라고 말해준다.

이러한 접근법을 쓴 결과 마이아는 5년 동안 계속 피아노를 쳤을 뿐만 아니라 첼로도 연주할 줄 안다. 솔직히 마이아는 연습을 많이 하지 않는다. 그런데도 연주를 상당히 잘하는 이유는 연습에 대한 강요와 압박이 없어서 악기를 연주하고 싶은 마이아의 바람이 강하게 유지되었기 때문이다. 무엇보다 마이아는 완벽해져야 한다거나 목표를 성취해야 한다는 부담 없이 애정을 바탕으로 연주해야 한다는 점을 알게 되었다.

많은 아이들이 악기 연주나 취미 활동을 중도에 그만두는 이유는 그것을 더 이상 좋아하지 않기 때문이 아니라 어른이 개입하여 연습의 중요성을 계속 세뇌시키거나, 성과를 강조하여 상황을 그르치기 때문이다. 이렇게 되면 아이들은 자신의 취미가 더 이상 개인 취향에 맞는 자연스러운 활동이 아니라 성공을 위한 외적인 기준을 충족시키려는 활동이라는 메시지를 받는다. 만일 아이들이 취미에 대해 스스로 판단할 수 있다면 어른들의 구슬림이나 강요 없이도 어른이 될 때까지 취미 활동을 지속할 가능성이 크다.

서핑이나 서핑보드 없이 하는 보디서핑을 생각해보자. 물론 예외는 있겠지만 내가 알기로는 '강제로' 매주 강습받는 아이는 없다. 바다를 좋아하는 아이들은 차가운 물속에서 몇 시간이나 파도를 완벽하게 잡으려고 애쓰면서 그 과정을 온전히 즐긴다.

어떤 가치를 구현하려면 우선 본인이 그 가치를 믿어야 한다. 만일 부모가 '내 아이가 ~을 ~하게 느꼈으면 좋겠다'고 생각하면서 정작 본인은 그렇게 느끼지 않는다면 자녀는 부모의 이중적인 태도를 감지한다. 만일 부모가 조금이라도 두려움이나 거부감을 드러낸다면 자녀는 곧바로 이를 감지한다. 자녀에게 가르치고 싶은 것을 부모가 직접 구현하려 노력하다 보면 자기만의 장벽에 부딪힐 수 있다. 그러면서 자녀를 이해하고 공감하게 된다. 내가 일주일에 피아노 연습 시간을 20분밖에 내지 못한 것처럼 말이다.

구현은 공감에 이르는 길이다. 부모는 자신이 무엇을 어떻게 배우는지 이해할 때 자녀와 깊은 유대감을 형성하며, 자녀를 삶의 여정에서의 동행자로 생각하여 자녀의 손을 잡을 수 있다. 이럴 때 부모는 뒤에서 자녀를 부추기는 것이 아니라 옆에 나란히 서게 된다.

훈육의 재정의

협박과 체벌에 무의식적으로 의존하는 방식은 전통적인 육아법의 유물이다. 부모가 가정에서 이러한 계급적이고 독단적인 태도를 보인다면 자녀를 독재 체제의 노예로 만드는 데 무언의 동의를 한 셈이다. 자녀를 무시와 억압과 폭력에 저항할 힘이 있는 세대로 키우고 싶다면 자녀의 저항을 허용해주어야 한다. 타당한 저항이라면 말이다. 우리는 자아가 공고하지 못하여 발생되는 두려움에 직면해야 한다.

우리가 대접받고 싶은 대로, 다시 말해 존엄성을 가지고 성장할 가치가 있는 자주적 존재로서 자녀를 대접해야 하는 의미를 온전히 이해할 때 훈육의 낡은 방식에서 벗어나 자녀를 가르칠 새로운 방식을 찾을 수 있다. 궁극적으로 이러한 방식은 보상과 처벌을 중심으로 한 낡은 방식보다 더 교육적이고 현명하고 창의적이고 효과적이다.

낡은 훈육에서 벗어나기 위한
새로운 약속

나는 이제 아이를 협박하거나
그들에게 고함치거나 조건을 달지 않을 것이기에
아이를 통제해야 한다는 관념에서 자유로워지려 한다.
아이를 조종하거나 지시하려 애쓰지 않고
예전과 다르게 대할 것이다.

힘을 행사하지 않고
아이가 자신의 힘을 발견할 수 있도록 도와주고,
아이가 자신의 리더십을 발견하도록 도와주며,
관리하지 않고 고무시키려고 한다.

아이가 자주적인 존재라는 점을 떠올리며
지시하고 지배하지 않으려고 한다.
이렇게 할 때 나의 인간성을 불러일으킬 뿐만 아니라,
아이의 인간성을 온전히 키울 수 있는 여지를 주게 된다.

chapter 22

싸우지 말고 협력적으로 논의하기

부모들은 두려움과 감정적 상태 때문에, 혹은 전통적인 육아 방식에서 벗어나지 못하기 때문에 자녀를 자신과 동등한 존재로 대하기를 꺼린다. 경험이라는 측면에서 볼 때 자녀와 부모는 동등하지 않다. 하지만 자녀가 부모보다 더 성숙한 존재일 수는 있다. 자녀는 명확하고 힘 있는 목소리를 낼 수 있는 자주적 개인으로 대접받고 싶어 한다. 이런 점에서 나는 자녀를 부모와 동등한 존재로 여긴다. 부모가 자주적 존재인 자녀의 권리를 부인할 때 수많은 싸움이 발생한다.

부모는 자녀보다 우월한 존재이고 싶은 바람을 내려놓아야만 한다. 그래야 누구든 상대방이 자기 말을 들어주고 자신을 이해하고 인정할 때 가장 바람직하게 행동한다는 점을 온전히 이해할 수 있으며, 자녀와 상호 합의에 이를 수 있다. 사람이란 으레 지금 자신에게 베풀어지고 있는 것을 이해해야 소극적인 참여자에서 적극적인 협력자가 되는 법이다. 부모의 의식적 인지력이 증가해야 자주적 존재로 대우받고 싶어 하는 자녀의 바람을 저항이나 버릇없는 태도가 아닌 건강하고 적절한 성장의 신호로 이해한다.

부모가 자기 내면의 자주권을 존중해야 자녀에게도 똑같이 할 수 있다. 부모의 의식적 인지력이 증가해야 자연스럽게 에고를 내려놓으며, 자녀가 분명하고 명확한 목소리를 내도록 허용해준다. 자녀의 태도에 대한 반발심으로 성급하게 안 된다고 말하지 않고 수용하는 자세로 자녀와 대화하려 한다. 지금까지는 즉각적으로 신경전을 벌여왔다면 이제는 더 건설적인 방법을 선호하게 된다. 이 과정에서 도움이 될 만한 몇 가지 방법을 안내하려 한다.

말로 표현되지 못한, 자녀의 바람 파악하기

아이가 이런저런 요구를 많이 하고, 마치 특권 의식을 가진 것처럼 행동하면 굉장히 신경이 거슬린다. 이 책 전반에 거쳐 논의했듯이 이런 기분을 느끼는 이유는 부모 자신의 어린 시절에 원인이 있다. 이런 부모는 어린 시절 자신의 부모로부터 통제당하고 세세하게 관리당한다고 느꼈을 가능성이 크다. 그렇다고 아이들이 요구하지 않거나 특권 의식이 없는 것처럼 행동한다고 말하는 것은 아니다. 실제로 아이들은 그렇게 행동한다. 하지만 나는 부모들이 자녀의 요구에 다른 방식으로 접근해야 한다고 믿는다. 내가 제안하는 방법은 아이가 무엇인가를 바라는 상태의 긍정적 측면에 초점을 맞추되, 특권 의식과 탐욕에서 벗어날 수 있게 도움을 주는 방법이다.

아이들은 나이와 상관없이, 어른들이 그렇듯, 중요한 바람을 품고 있다. 물론 나이가 어릴수록 아이의 바람은 공상적 측면이 강하지만 어쨌든 이것도 바람이다. 달까지 날아가고 싶어 하든 사자가 되고 싶어 하든 아이들은 자신에게 한계가 없다는 근원적인 인식의 선과 연결되어 있다. 반면 대부분의 어른들은 본래 인간에게 내재된 이러한 인식의 선과 연결이 끊어져 있다.

아이가 자신의 바람을 자유롭게 표현하도록 허용하면 응석받이가 될까 봐 두려워하는 부모들이 많다. 아이가 비현실적인 기대를 품고 나중에는 자신의 인생을 망칠까 봐 걱정하기도 한다. 자기 인생을 스스로 만들어낼 아이의 권리를 위협적으로 여기는 부모가 있을지도 모른다. 자신이 어떤 사람인지, 어떤 바람이 있는지 표현할 권리가 부모에게 있듯 자녀에게도 똑같이 그런 권리가 있다고 생각하지 못하는 것이다.

자녀에게 너무 많은 권한을 주면 자녀가 우쭐거릴 거라고 우려하는 부모들이 많다. 물론 이런 우려는 이해되는 측면이 있다. 그렇다고 해서 이런 걱정이 자녀의 상태가 바람직하지 못한 상태라는 의미는 아니다. 사실 이런 걱정을 하는 이유는 부모 자신이 아직 참자아라는 단단한 기반 위에 서 있지 못하기 때문이다. 만일 부모가 이런 기반 위에 서 있다면 자녀가 자신과 자신의 바람에 대해 표현하는 것을 지지할 수 있고, 그 결과 자녀가 꿈을 실현하기 위한 길을 만들어가도록 도울 수 있다.

끝없는 노력을 기울여야 하고 오랜 시간이 걸릴지도 모르지만 우리는 우리 바람들의 일부, 혹은 대부분을 이루는 길을 찾을 수 있다. 이루고 싶은 바람을 꿈꾸는 능력은 그것을 실현하는 능력을 이끌어내는 데 중요한 역할을 한다. 마찬가지로 우리 아이들도 꿈을 꾸며 진정으로 의미 있는 바람을 실현할 능력이 있다. 부모가 아이에게 자기 삶을 만들어낼 힘이 자기 안에 있다는 믿음을 고무시켜주지 못하는 것은 결국 자기 운명에 대한 주인의식을 허물어뜨리는 것과 같다.

아이가 여러 가지 바람을 꿈꾸도록 고무시켜주려면 다음과 같은 질문을 중심으로 대화해보면 좋다.

- "너는 내일이 어떤 하루가 되었으면 좋겠니?"
- "네가 내일을 위해 세운 계획이 이루어지도록 엄마(아빠)가 어떤 도움을 주면 좋을까?"
- "네가 세운 계획 가운데 어떤 부분을 엄마(아빠)가 도울 수 있을까?"
- "오늘 네가 바라는 것 가운데 많은 것을 이룰 수 있을까?"
- "네가 네 인생의 주인이라는 생각에 방해되는 요소는 뭐니?"
- "너는 네 삶에서 어떤 부분을 바꾸고 싶니? 이유는 뭐야?"
- "네가 네 삶에 더 큰 주인의식을 갖는 데 엄마(아빠)가 어떤 도움을 줄 수 있을까?"

자녀와 바람에 대해 대화를 나누는 것이 자녀가 하고 싶은 대로 다 할 수 있게 해주어야 한다는 뜻은 아니다. 단지 자녀에게도 바라는 것을 꿈 꿀 권리가 있다는 것을 인정해준다는 의미다. 이러한 대화가 실제 어떤 식으로 이루어지는지 다음의 예를 통해 살펴보자.

자녀 : "이 신발 너무 갖고 싶어요."
부모 : "정말 멋진 신발이구나. 네가 이 신발을 어떻게 하면 살 수 있는지 계획을 세워보자. 엄마(아빠)는 이 신발을 사줄 순 없지만 그토록 갖고 싶다면 네가 이걸 사도록 도움을 줄 순 있어."

자녀 : "전 파란색 머리가 좋아요. 파란색으로 염색하고 싶어요."
부모 : "파란색 머리 멋지지! 엄마(아빠)도 머리를 파랗게 염색할 용기가 있으면 좋겠다. 네가 하고 싶은 머리 색깔을 목록으로 만들어보고 어떤 색깔에 계속 끌린다면 그때 그 색으로 염색하는 것에 대해 이야기해보자."

자녀 : "전 더 큰 집에 살고 싶고 최신 휴대폰도 갖고 싶어요."
부모 : "무슨 말인지 알겠어. 근데 그런 걸 갖는 게 왜 좋은지 말해줄래? 그러면 너의 시각으로 볼 수 있을 것 같아. 지금 당장 이 두 가지를 해주고 싶지만 그럴 수가 없구나. 하지만 넌 이 두 가지를 갖기 위해 돈을 모을 수 있잖아? 이런 계획을 세울 수 있게 엄마(아빠)가 도움을 줄까?"

자녀 : "개를 안 사줘서 엄마(아빠)가 미워요. 개를 갖고 싶다고요."
부모 : "개를 그렇게 좋아하다니 정말 놀랍구나. 엄마(아빠)도 너 같은 마음이면 좋겠어. 그런데 엄마(아빠)는 개한테 충분한 사랑을 줄 수 없기 때문에 지금 당장은 살 수가 없어. 하지만 네가 독립하면 개 한 마리를 꼭 선물해줄게. 개를 좋아하는 사람은 개하고 같이 살아야 하는 법이거든. 몇 년만 기다려. 지금은 상황이 여의치 않으니 개를 키우는 친구나 친척 집에 일주일이나 한 달에 한 번 정도 놀러가는 것도 괜찮겠다."

부모는 이외에 여러 방법으로, 자녀의 요구에 응해야 한다는 중압감을 느끼지 않으면서도 자녀의 바람에 공감할 수 있다. 이렇게 함으로써 시간과 노력을 쏟겠다는 의지만 있다면 자신의 바람을 얼마든지 이룰 수 있다는 걸 자녀에게 가르칠 수 있다. 이때 특정한 바람이 왜 바람직하지 못한지, 그것이 얼마나 '이기적'인지 설교하지 않아야 한다. 중요한 점은 무엇인가를 바라는 자녀의 모습을 지지해주는 일이다.

자녀에게 좀 더 깊이 물어본다면 자녀가 바라는 것들은 대부분 주인의식, 행복, 기쁨, 소통이라는 기분과 관련된다는 사실을 발견할 수 있을 것이다. 자녀에 대해서 어떤 바람도 품지 말라고 말하는 것이 아니다. 자녀의 바람을 지지해줄 때 자녀는 자신을 자유롭게 표현할 수 있다고 느끼며 자신의 상상이 존중받는다고 느낀다. 자녀의 요구를 다 받아줄 필요는 없다. 다만 자녀가 상상의 나래를 펼 수 있게 해주면 된다.

자녀의 바람을 존중하는 것은 갈등을 해결하고 해결책을 찾는 데 중요하다. 자녀가 무엇인가를 원한다고 말하는 순간, 이를 욕심이 많아서라든가 특권 의식이 있어서라고 오해한다면 곧장 말다툼이 발생하고 서로 소통하지 못하게 될 가능성이 크다.

자녀의 요구를 무조건 들어주는 것은 금물

자녀의 이야기에 주의를 기울이면 에고에서 비롯된 바람과 참자아에서 나오는 진정한 바람을 구분할 수 있다. 자녀가 자신의 바람을 말할 때 부모가 진정으로 귀 기울여 들어준다는 것은 자녀가 원하는 대로 다 해준다는 의미가 아니다. 순전히 에고에서 나온 바람으로 특정한 신발을 갖고 싶어 하든, 생명체와 친밀감을 느끼고 싶은 바람에서 반려견을 갖고 싶어 하든지 간에 그렇다.

의식적인 부모는 자녀가 말한 바람을 인지한 다음 그것을 잠시 의식의 영역에 놓아둔다. 자녀가 하는 말에 귀 기울이고 그것을 이해하고 인정해준 다음 자녀가 자신이 바라는 것을 어떻게 얻을지 판단할 시간을 준다. 특히 자녀의 바람이 에고에서 나온 경우 더 그렇다. 가령 부모는 신발을 곧장 사주는 대신 그 신발이 정말 꼭 필요한지, 왜 갖고 싶은지 자녀가 생각할 수 있게 해준 다음 자녀가 신발을 살 수 있는 방법을 생각해내는 데 도움을 줄 수 있다. 만약 자녀의 바람이 참자아에서 나온 필요라는 걸 인지하면 자녀가 바람을 이루도록 적극적으로 도움을 줄 수 있다. 하지만 이 경우라도 만일 자신의 재정 상태에서 부담이 된다면 굳이 지금 당장 무리해서 그 바람을 충족시켜줄 필요는 없다.

내 딸의 경우는 여름 동안 자기 혼자 쓸 말을 임대하고 싶어 했다. 이것은 말에 대한 진정한 사랑에서 나온 바람이었지만 나는 곧장 그 바람을 이루어주어야 할 필요성을 못 느꼈다. 나는 그 바람을 인정하되 의식적인 관점에서 생각했다. 나는 딸에게 말했다. "그렇게 큰돈이 들어가는 투자를 하기엔 아직 너무 일러. 일단 이 멋진 바람을 우리 마음속에 담아두고 있다가 시간이 지나도 마음이 그쪽으로 향하는지 한 번 지켜보자. 만약에 몇 달 후나 몇 년 후에도 네 마음에서 그 바람이 여전히 강하다면 그때 그 바람을 실현할 방법을 같이 생각해보자."

딸은 동의했다. 지금은 1년 정도 지난 시점인데 우리는 여전히 그 바람을 마음에 품고만 있다. 딸은 "계속 말 타기에 전념할지 저도 모르겠어요"라는 말을 몇 번 했고 "제발 오늘 제 말을 갖게 해주세요!"라고 말할 때도 있다. 나는 딸이 말을 갖고 싶다는 바람을 아직 확실히 정하지 않았다는 걸 알기에 이 바람을 내 의식 속에 놓아두고 있다. 나는 이런 말로 딸의 바람을 여전히 인정해주고 있음을 보여준다. "엄마는 네 기분을 십분 이해해. 생각이 오락가락하는 건 자연스러운 현상이야. 큰 거래이기 때문에 내면에서 갈등을 겪고 있는 거지. 네 바람이 일관성을 보일 때까지 기다려보자. 생각이 정해지면 실행 방안을 같이 얘기해보고. 엄마가 네 바람을 허락해줄 순 있지만 네 생각이 명확해졌을 경우에만 그렇게 할 거야."

모든 바람을 성급하게 충족할 필요가 없다는 점을 자녀에게 가르치면 자녀는 외적인 장신구나 장비 없이도 내면의 충족감을 느낄 수 있음을 배운다. 바람을 꼭 충족시킬 필요는 없다는 점도 배운다. 이런 과정이 없기 때문에 수많은 부모가 자녀를 발레나 테니스 학원에 등록시키거나 값비싼 반려동물이나 악기를 사주는 함정에 빠졌다가 나중에야 너무 성급하게 행동했다는 것을, 아이의 단순한 변덕을 진지한 갈망으로 오해했다는 걸 깨닫는다. 성급하게 개입하여 자녀의 모든 바람을 충족시켜주는 것은 자녀가 여러 가지 바람을 마음에 품었다가 그것들을 여과하는 즐거운 과정을 빼앗는 것이다. 부모가 끼어들어 자녀의 모든 요구를 충족시켜주지 않아야 자녀는 자신의 진정한 바람을 생각하면서 그것을 충족시키기 위한 노력을 기울일 수 있다. 그래야 자녀는 무엇인가를 향해 노력하고 목표를 실현하기 위한 계획을 세운다는 것이 어떤 기분인지 알게 된다. 자녀가 순간적으로 갖고 싶다고 생각한 것을 부모가 쉽게 마련해주는 것보다 이것이 훨씬 더 값진 일이다.

물론 이렇게 되려면 부모는 자녀가 있는 그대로 완벽하고 온전한 존재라는 생각을 확고하게 갖고 있어야 한다. 부모는 삶이 풍족하다는 관점과 때가 무르익으면 자녀의 바람이 실현되리라는 믿음을 보여야 한다. 그래야 바람은 삶을 윤택하게 만들어주는 부가적 요소지만 그것이 자아의 본질은 아니라는 점을 자녀에게 알려줄 수 있다. 강렬히 바라는 물건이 우리 내면을 온전히 만족시키지 못한다는 점을 부모가 확고하게 인지할 때, 자녀는 내면의 충족감을 끌어내는 방법을 서서히 배울 수 있다. 어떤 물건을 갖는다고 해서 자존감이 더 커지는 것은 아니다. 자기 자신과 자신의 가치를 깊이 인식할 때에만 이런 인식을 가질 수 있다.

윈-윈 접근법

우리는 지금, 재해석의 힘이 자녀와의 관계를 변화시킬 수 있다는 점을 알아가고 있다. 특히 갈등이 있을 때 더욱 그렇다. 앞에서도 언급했지만 갈등은 대부분의 부모들에게 중요한 문제다. 하지만 갈등을 바람직하게 해결하는 방법을 아는 부모들이 별로 없다. 부모들은 자녀가 공격적으로 나올 때, 자녀가 이런저런 요구를 할 때와 똑같은 두려움을 느낀다. 압박감을 느끼며 자녀를 통제하려 드는 것이다. 그 결과 자녀는 더 공격적으로 나오거나 대화를 거부한다.

부모가 자녀를 이기는 데에만 초점을 맞추면 결국 자녀와 소통하지 못한다. 부모가 우월감을 버리고 양쪽 모두에게 이익이 되도록 온전한 노력을 기울인다면 자녀는 부모의 존재를 든든하게 여기며, 그 결과 부모의 영향력을 진심으로 받아들인다.

부모를 공격적이라고 받아들인 자녀는 부모에 대한 자기 보호적이고 자기 방어적인 반응을 보일 수 있다. 이렇기 때문에 부모는 자녀의 공격성을 재해석해야 마음을 비운 상태로 자녀와 대화할 수 있다. 갈등의 에너지를 협력의 에너지를 바꾸고 싶을 때 일상에 적용할 만한 몇 가지 통찰력을 소개하려 한다.

- 공격은 실제로 방어의 한 형태다.
- 자녀는 공격적으로 받아침으로써 부모의 공격적인 에너지에 저항한다.
- 자기 색이 강한 두 사람이 존재하는 한 갈등은 피할 수 없다.
- 사랑하는 사람들이 함께 살 때 갈등은 자연스럽게 일어난다.
- 갈등은 그것을 어떻게 처리하느냐에 따라 건전한 것이 되기도 한다. 갈등은 대화의 기회를 열어줄 수 있으며, 양측이 자신의 기분을 표현할 기회를 주고, 관계를 재조정하는 데 도움이 된다.

부모가 자녀와의 갈등 또는 자녀의 많은 요구와 공격적 태도를 사적인 감정으로 받아들이면 자녀는 위협적인 기분을 느낄 수밖에 없다. 자녀가 보이는 이러한 의지의 표현들을 신뢰, 개방성, 진정성, 용기의 신호로 보아야 한다. 부모가 갈등을 이렇게 봐야 갈등의 에너지를 잘 활용하여 자녀와의 소통을 촉진할 수 있다. 일반적인 갈등을 전형적인 상호작용과 재정의된 상호작용과 비교해보면 무슨 말인지 이해될 것이다.

갈등 : 10대 자녀가 늦은 시간에 외출하고 싶어 하는데 부모는 동의하지 못한다.

전형적인 상호작용 : 부모는 야간 외출 금지령을 내리고 10대 자녀는 화

가 나서 부루퉁해 있다. 부모가 자기 입장을 고수하거나 항복하거나 둘 중 하나다. 분개, 신랄함, 좌절, 화, 불소통이 뒤따른다.

재정의된 상호작용 : 부모는 이를 10대 자녀와 진심 어린 논의를 할 기회로 활용한다. 부모는 이렇게 말한다. "우리가 서로의 의견에 동의하지는 못하지만 각자의 생각을 존중해서 들어줘야 할 것 같구나. 그렇게 하고 나서 서로 만족하는 합의점을 찾아보자. 우린 서로 무엇이 정말 중요하고 무엇이 별로 중요하지 않은지 파악해야 해. 우리는 결국 서로 이익이 되는 결과를 도출해낼 테니까 서로 만족할 만한 결론에 도달할 거야." 양측은 돌아가며 자신의 입장을 말한다. 이렇게 해서 상대방의 관점을 알게 된다. 비록 동의하지 않더라도 말이다. 긴 논쟁 끝에 마침내 10대 자녀는 외출 전 해야 할 일을 마치고, 한 시간 일찍 귀가하는 데 동의한다.

갈등 : 자녀가 텔레비전을 계속 보고 싶어 하는데 부모는 동의하지 못한다.

전형적인 상호작용 : 텔레비전을 끌 시간이라고 말하는데도 자녀가 꿈쩍도 안 하자 부모가 리모컨으로 텔레비전을 꺼버린다. 자녀가 발을 쿵쿵거리며 발길질을 한다. 부모도 똑같이 행동한다. 둘 가운데 한 명이 이 싸움에서 이긴다.

재정의된 상호작용 : 부모는 이 상황을 협상의 기술을 가르칠 좋은 기회로 보고 이렇게 말한다. "넌 A를 원하고 엄마(아빠)는 B를 원해. 그렇다면 둘 다 만족하는 방법 C를 생각해보자. 너한테 어떤 의견이 있니? 우리 모두가 만족할 수 있는 방법을 같이 찾아가야 해. 이건 시간과 노력이 필요하지만 엄마(아빠)는 너와 함께 그렇게 할 생각이 있어. 엄마(아빠)가 텔레비전을 10분 더 보게 해주고 네가 동의하는 방법, 아니면 보고 싶은 프로

그램을 다 보게 해주는 대신 내일 밤에는 텔레비전을 아예 안 보는 데 동의하는 방법, 그것도 아니라면 프로그램을 다 보게 해주는 대신 그 뒤 30분 동안 독서하는 데 동의하는 방법도 있어. 넌 어떻게 생각해?" 의사 결정 과정에 참여하는 것을 뿌듯하게 여긴 자녀는 부모의 제안을 생각해보고 그 가운데 하나를 선택하거나 다른 방안을 제시한다. 어느 쪽이든 부모와 자녀 모두 만족한다.

의견 충돌이 생길 때 통제력을 발휘하고 싶은 마음에 자녀와 대립하면 안 된다. '협력적인' 방법으로 의견을 모을 수 있도록 자녀를 격려해야 한다. '양보'가 아닌 '협력'이라는 말을 쓴 것에 주목해야 한다. 양보를 하면 대개 자신의 생각을 버리게 된다. 대부분의 사람들은 서로 양보해야 한다고 생각하지만 이렇게 하면 양측 모두가 만족해하는 결과에 이를 수 없다. 양측에게 유리한 상황은 전투적이거나 통제적인 접근법에서 벗어나 협력할 때 이루어진다.

양보하려면 희생이 필요하며 자신에게 중요한 무엇인가를 포기해야 할 수도 있다. 그에 반해 협력적으로 의논하면 모두가 만족할 해결책을 찾게 된다. 협력은 상대를 속여 가능한 한 많은 것을 빼앗으려 애쓰는 것과 상반된 개념으로, 모두가 최상의 결과를 얻도록 노력하는 것이다. 여기서 핵심은 각자의 바람을 될 수 있는 한 만족시키는 것이 목표이기에 누군가의 항복은 존재하지 않는다는 점이다.

양보는 결핍의 기분에서 비롯되는 반면 협력적 논의는 삶이 우리에게 무한한 가능성을 제공한다는 관점에서 비롯된다. 우리는 협력할 때 결핍을 느끼지 않는다. 이때 우리는 우리를 행복하게 해줄 것이 우주에 충분히 존재하며, 우리는 그저 이를 구현할 방법만 파악하면 된다는 생각으로 행동한다. 무한한 가능성에 대한 믿음에서 시작할 때 다양한 대안과 선택이 존재한다는 점을 이내 깨닫는다.

협력적 논의의 목적은 '평화 유지'가 아니다. 일반적으로 사람들은 평화를 유지하고 싶을 때 양보를 한다. 협력적인 논의를 한다고 해서 갈등이 발생하지 않는 것은 아니다. 하지만 상대방의 다른 관점을 인내심 있게 들을수록 모두를 위한 방안을 도출하기 위한 의견들을 더 자유롭게 제시할 수 있다. 나는 내 저서 『통제 불능』에서 이런 말을 했다. "만일 우리가 갈등을 견디지 못한다면, 만족스러운 해결책이 나올 때까지 갈등을 참지 못한다면 결국 우리에게 중요한 무엇인가를, 궁극적으로는 우리 자신의 한 측면을 포기하게 될 것이다."

갈등에 반대해야 한다는 것은 잘못된 생각이다. 갈등은 기본적으로 두 사람의 의견이 일치하지 않는다는 것을 의미한다. 이것이 왜 나쁜 현상인가. 무엇에 대한 의견이 다르다는 것은 그야말로 자연스러운 현상이다. 왜 사람들은 갈등이 불소통을 의미한다고 생각하는지 모르겠다. 우리가 갈등을 대하는 방식을 다시 생각해보기만 해도 갈등은 이와 반대의 의미를 지닌다. 우리가 갈등을 편안하게 여기면 모든 사람의 의견을 존중하고 그 의견에 귀 기울일 수 있다. 이렇게 되면 결국 모두의 자율성과 자기 목소리를 내는 힘이 증가한다.

나는 그동안 상담을 해오면서 자기 의견을 피력하지 못하는 사람들이 주로 싸움과 양보의 방법을 쓴다는 사실을 발견했다. 양보하면 자신이 만족하지 못하는 해결안이 나와도 참아야 하므로 전진하지 못한다. 말다툼과 싸움은 충분하지 못하다는 기분을 드러내는 것이다. 그러니까

이 두 가지는 누구나 자기 내면에 존재하는 충분한 자원을 활용할 수 있다는 점을 인지하지 못하기 때문에 발생한다.

협력적인 논의는 서로 유리한 입장에서 공동의 결정을 도출하는 과정이기 때문에 양측을 전투적이지 않고 침착하게 만든다. 갈등을 해결하려면 어른이든 아이든 자신의 견해를 버리는 것이 아니라 피력해야 한다. 함께 전진하려면 결핍의 기분으로 논의에 임하지 말고 내면의 풍족함으로 협력하여 해결안을 도출해야 한다. 이렇게 내면의 풍족함을 활용할 때 공평하게 협상할 수 있다. 반면 지위를 이용한 강요는 에고의 방식이다.

참자아의 접근법을 쓰면 더 이상 자신을 희생하려고 하지 않는다. 그렇기 때문에 어려운 문제와 건설적으로 씨름하려 한다. 일반적으로 사람들은 '상대방'과 씨름하려 한다고 표현한다. 하지만 나는 '어려운 문제'와 씨름한다고 표현했다. 이 점에 주목해주길 바란다. 사람이 아닌 문제에 초점을 맞춰야 점차 진전을 이룬다. 자존감을 높이겠다고 부모라는 위치에 집착하면 안 된다. 결핍의 기분을 느끼지 않아야 자신의 견해를 저버리지 않고 자녀에게 불합리한 요구도 하지 않는다. 이런 상태라야 부모는 창의적인 해결안이 나올 때까지 위협적인 기분을 느끼지 않고 자유롭게 의견을 제시하면서 진정으로 서로를 위한 방법을 찾는다. 이러한 접근법을 쓸 때 없을 것 같던 해결안이 우리 앞에 나타나는 놀라운 경험을 하게 될 것이다.

하지만 합의점이 존재하지 않는 경우에는 어떻게 할까? 허용선 부분에서 내가 언급했듯이 협상 가능한 영역이 아니라면 논의의 여지는 없다. 이 경우 일상에서 중요한 허용선을 구현하고 지키는 것은 부모에게 달렸다. 하지만 서로가 유리한 협상을 할 수 있다면 갈등을 이용하는 기술을 배워야 한다. 이러한 접근법을 써야 자녀에게 다음과 같은 귀한 교훈을 가르칠 수 있다. 이 가운데 가장 중요한 교훈은 양측 모두에게 행복할 권리가 있다는 점이다.

- 인생이 항상 공평한 것은 아니다.
- 우리는 무엇인가를 얻기 위해 무엇인가를 포기해야 하는 불편함을 감수해야 한다.
- 인간관계는 독재가 아닌 협력이 기반이 되어야 한다.
- 인간관계에서는 양측의 끊임없는 타협이 필요하다.
- 인간관계에서는 서로 다른 의견을 표현하는 일이 수용되어야 한다.
- 서로 다른 의견이 반드시 불소통으로 이어지지는 않으며, 오히려 그 반대일 수 있다.
- 어린이를 포함하여 각자의 의견은 내용에 상관없이 중요하며, 서로 귀 기울여 들어주어야 한다.

협상의 기술은 우리가 자녀에게 전수할 수 있는 아주 중요한 가르침이다. 자녀가 갈등을 위협적으로 생각하지 않는 법을 배워야 의견 차이에 대한 두려움에 주저앉지 않고 그것과 상관없이 수월하게 전진한다. 이럴 때 자녀는 의견 차이에 사적인 의미를 부여하지 않고 사람마다 인생에 접근하는 방법이 다르다는 사실을 받아들인다.

자녀 간의 싸움을 해결하려면

자녀들이 서로 싸우는 일은 일반적이다. 그럼에도 자녀들이 서로 화내고 이기려 드는 모습을 목격하는 것만큼 화나는 일도 없다. 그런데 흔히 부모들은 무의식적으로 한 자녀를 '착한' 아이로, 다른 자녀를 '나쁜' 아이로 꼬리표를 달아 서로 싸우게 만든다. 이런 식으로 꼬리표를 붙이면 부정적인 행동을 결코 멈추게 하지 못하며, 오히려 고착시킨다.

자녀들의 싸움을 그치게 할 첫 단계는 부모가 취해야 하는 행동과 관련 있다. 첫 단계는 부모가 자녀들 가운데 한 명에게 잘못을 돌려서는 안 된다는 점이다. 그래야 자녀들의 경쟁의식을 자극하지 않는다. 자녀들이 싸울 때 부모가 어떻게 반응하느냐는 자녀들이 자라면서 서로 더 친밀해지는지 소원해지는지를 가르는 핵심 요소다. 부모가 명심해야 할 가장 중요한 점은, 부모가 배우자나 친구들과 관계 맺는 방식을 자녀들이 본받는다는 점이다.

자녀들이 싸울 때 부모가 동요되지 않고 누구의 편도 들어주지 않으면 싸움의 기운은 사그라든다. 이렇게 되려면 부모는 상황을 통제하려는 생각을 하지 말아야 한다. 만일 한 자녀가 계속 과격하고 충동적인 행동을 보인다면 다른 자녀와 비교하지 말고 그 자녀 자체만 놓고 문제를 해결해야 한다. 의식적인 부모는 편들지 않으려고 조심하며, 각각의 자녀가 지닌 장점을 존중한다. 또한 자녀들이 서로 연대감을 느끼고 서로를 존중하고 배려하도록 키운다.

자녀들끼리의 싸움에 관여하지 말라는 내 제안에 부모들은 이렇게 항의한다. "하지만 항상 한 아이가 다른 아이를 때리면 어떡하죠?" 그들은 상황을 이렇듯 흑백논리로 설명한다. 한 아이를 가해자로, 다른 아이를 피해자로 설명하는 것이다. 나는 그런 상황은 순식간에 발생하지 않는다고 설명한다. 사실 가정에서 벌어지는 그러한 양상은 모든 구성원, 특히 부모의 암묵적 동의하에 이루어진다. 나는 부모들에게 이렇게 장담한다. "만일 부모가 한 발짝 물러나 자신의 역할을 객관적으로 생각해본다면 자신이 그동안 자녀들 사이에서 발생한 문제에 일조했다는 걸 깨달을 겁니다. 그동안 의식적인 깨달음이 없는 상태에서 편애를 해왔고, 한 아이의 피해자 역할을 묵인해온 거죠. 아마 부모는 그 아이에게 가장 연민을 느꼈을 겁니다. 그 아이가 자신을 좀 더 닮았거나 화를 돋우지 않기 때문이죠."

물론 부모들이 이러한 깨달음에 이르기란 쉽지 않다. 한 아이를 다른 아이와 맞붙게 한 장본인이 자신이라고 생각하고 싶은 부모는 없을 것이다. 하지만 이런 상황은 수많은 가정에서 흔히 일어나는 일이라고 하면 부모들은 그 사실을 좀 더 기꺼이 받아들인다. 나는 이렇게 설명한다. "변화를 이룰 의지가 부모님께 있다면 아이들의 싸움에 개입하여 누군가를 구해주는 일은 더 이상 하지 않아야 해요. 그걸 자신과 아이들에게 선언해야 합니다. 상황이 어떻든지 모든 아이에게 똑같이 책임을 지워야 해요. 둘 다 싸움에 개입했다면 둘 다 책임이 있는 거죠."

부모가 편애하지 않는다는 걸 자녀가 점차 깨달으면 부정적인 행동이 자연스럽게 사라질 가능성이 크다. 만일 한 자녀가 다른 자녀를 유난히 못살게 군다면 부모가 다른 관점에서 상황에 개입해야 한다. 이때 부모는 이 자녀에게 다르게 반응하는 방식을 가르치거나 온 가족이 상담을 받아야 할 수도 있다. 어쨌든 부모가 부정적인 개입을 하지 않는 것이 자녀들 사이의 싸움을 해결하는 데 가장 중요한 부분이다.

작은아이가 큰아이 근처에 있을 때 아이의 안전을 걱정하는 부모를 볼 때마다 나는 항상 이렇게 말한다. "작은아이를 보살피는 것이 큰아이가 해야 할 일은 아니에요. 만일 부모가 큰아이에게 착하고 책임감 있게 행동하라는 짐을 지운다면 큰아이는 반항할 거예요. 만일 큰아이가 작은아이를 돌볼 만큼 성숙하지 않았다는 생각이 든다면 두 아이를 안전하게 떼어놓는 것도 부모의 책임입니다. 큰아이가 미숙한 행동을 자제할 거라는 기대를 하지 말아야 해요. 그렇게 할 수 없어요. 그 대신 부모가 책임지고 두 아이 사이에 안전한 공간을 마련해주어야 합니다."

흔히 부모들은 작은아이보다 큰아이에게 더 높은 기대를 한다. 이 자체로 자녀들 사이에 분노와 악감정이 발생할 가능성이 있고, 그 결과 경쟁 관계가 형성될 수 있다. 또한 부모들은 자녀들이 서로 사랑하고 협조할 것을 강요한다. 이 역시 자녀들의 반발을 살 수 있는데, 특히 자녀들이 이렇게 할 준비가 되어 있지 않을 때 더욱 그렇다. 자녀들이 서로 사이좋게 지내고 친밀감을 느껴야 한다는 부모의 불안한 바람 때문에 자녀들이 오히려 더 멀어지는 일은 흔하게 일어난다. 그러니 자녀들에게 친해지라고 강요하지 말고 서로 가까이 지내는 가운데 자연스럽게 친해지도록 내버려두어야 한다.

가장 중요한 건 자녀들끼리의 싸움이 자연스러운 현상임을 명심하는 일이다. 자녀 간에 벌어지는 싸움은 부모가 자녀들에게 협력과 갈등 해결을 가르칠 수 있는 기회이기도 하다. 자녀들은 다른 자녀들과 사이좋게 지내는 법을 배워야 하는데, 이때 부모가 가르쳐주거나 역할 놀이를 해주어야 한다. 물론 이렇게 하려면 부모가 부지런해야 한다. 자녀들이 어릴 때부터 서로를 이해하는 능력을 부지런히 키워준 부모는 각각의 자녀에게 관심을 주고 그들을 인정해주면서 자녀가 그런 능력을 갖추도록 격려한다. 이렇게 하면 서로 친하게 지내고 싶다는 자녀들의 바람도 자연스럽게 커진다.

현명한 이혼

부부들은 이따금 결혼 생활의 기로에 선다. 이럴 때 그들은 각자의 길을 가는 것 외에 다른 방법이 없다고 느낀다. 나는 부부가 자신들의 문제를 해결하기 위해 사력을 다해야 한다고 생각하지만, 사실 이것이 항상 최선의 방안이거나 가장 적합한 방안은 아니다. 부부가 헤어지는 것이 온 가족에게 훨씬 바람직한 경우도 있다. 사랑하는 사람과의 '계약'에 만기일이 존재할 수 있다는 점을 인지하는 것이 중요하다. 이때 이러한 계약은 삶에서 목적성을 잃고 신랄한 부정성을 띤다. 이런 시점에서 현명한 사람은 상대방을 놓아준다. 분개하거나 후회하지 않고 앞으로 나아가는 것이 중요하다는 걸 깨닫는다.

의식적인 인지 상태에서 관계를 현명하게 정리하기 위한 첫 번째 단계는 지금까지 전개된 상황에 대해 각자 자신의 역할과 책임을 수용하는 일이다. 물론 서로에게 비난의 화살을 돌리고 싶겠지만 이러한 충동은 서로에 대한 경멸만 키우며, 가족들 사이를 더 멀어지게 만들 뿐이다. 두 사람이 어긋난 현실을 인정한다면, 부부로서의 관계가 끝났다고 해서 그동안의 동반자 관계가 전부 실패였다는 의미가 아니라는 점을 받아들일 수 있다.

사람들은 자신의 결혼 생활에 '실패'라는 말을 갖다 붙일 때 그전의 행복했던 시간들을 다 잊어버리는 경향이 있다. 헤어짐을 부정적으로 볼 것이 아니라 고통스럽지만 많은 부부가 겪는 일반적인 변화라고 생각해야 한다. 유익하지 못한 관계를 붙잡고 있는 것보다 관계가 끝난 현실을 받아들이고 아량과 용서와 고마운 마음으로 상대를 놓아주는 것이 현명하다.

의식 있는 부모라면 별거를 하거나 이혼을 했어도 자녀를 위해 의견 차이를 아우를 줄 안다. 부모가 자녀에게 자신의 기분을 말해주고, 부모의 헤어짐에 대한 감정을 표현하게 해주는 것은 자녀와의 관계를 건강하게 조율해나가는 데 있어 중요하다. 모든 가족이 상담 치료를 받는 것도 좋은 방법이다. 이렇게 하면 부부 사이에 아무리 많은 차이점이 존재해도 서로의 연결 고리를 이어가고 싶은 바람이 사라지지는 않는다는 걸 자녀에게 보여줄 수 있다.

가장 흔한 이혼 부작용은 부모의 죄책감과 혼란스러운 아이들의 분노다. 흔히 이혼한 부모와 자녀는 무의식적으로 이러한 감정 상태에서 행동한다. 그 결과 필요 이상의 역기능과 소란이 발생한다. 흔히 이러한 악순환은 새로운 상황에 혼란을 느낀 자녀가 좌절감이나 절망감을 느끼며 이를 행동으로 드러내면서 시작된다. 자녀는 이런 말을 할 수 있다. "전 이렇게 살기 싫어요. 그냥 할머니랑 살래요." 아니면 수업을 빼먹거나 귀가 시간을 지키지 않거나 낙제 점수를 받는 식으로 좀 더 공격적인 행동을 할 수도 있다. 이 모든 감정은 부모의 이혼에 대한 충격 때문에 일어난다. 자녀가 이러한 감정들을 제대로 처리하지 못하면 상황은 더 악화된다.

자녀가 이런 식으로 행동하면 이미 죄책감을 느끼고 있는 부모의 감정은 격해진다. 부모는 자신이 자녀에게 정신적 상처를 남겼다는 생각에 어떤 식으로든 과잉 보상을 해주려 한다. 이는 자녀가 해달라는 대로 해주거나 자녀의 잘못된 행동을 묵인해주는 형태로 나타날 때가 많다. 부모가 이렇게 허용선을 적용하지 않고 자녀의 중심을 잡아주지 못하면 자녀는 더욱 더 통제 불능의 상태가 되어버린다. 그러다 보면 어느새 온 가족이 감정적 혼란을 겪고 마음에 상처를 입는다.

부모는 이러한 변화를 진지하게 받아들이고 자녀에게 올바른 도움을 주어야 한다. 자녀가 알아서 이 과정을 헤쳐 나갈 거라고 믿는 건 순진한 생각이다. 궁극적으로 이혼이 아무리 온 가족에게 바람직한 결정일지라도 자녀는 커다란 정신적 상처를 입는다. 그리고 이러한 상처는 자녀가 앞으로 세상을 보는 관점에 큰 영향을 줄 것이다. 부모가 이러한 부분을 처음부터 인지한다면 온 가족이 격변의 시기를 잘 넘어갈 수 있도록 전문가에게 도움을 청할 수 있다.

부모 자신이 아닌 자녀의 필요에 집중해야 자녀가 보이는 변화의 여러 단계를 순조롭게 밟아나가는 데 도움이 될 행동을 취한다. 의식 있는 부모는 곧바로 냉전에 돌입하지 않고 자녀가 이러한 변화를 순조롭게 거치도록 불안을 누그러뜨리는 한편, 상대 배우자에게 예의를 갖춘다. 또한 서로 감정적 반응을 보이지 않음으로써 비록 결혼 생활은 끝나지만 가족이 이 변화를 잘 견딜 것이고, 시간이 지나도 굳건하게 지낼 수 있음을 보여준다.

적신호에 대처하기

의식적인 육아의 매 순간은 자녀의 필요를 충족시키기 위한 부모의 접근법을 주기적으로 조율하는, 끊임없는 궤도 수정의 과정이다. 하지만 단순한 궤도 수정 이외에 더 많은 것이 필요할 때가 있다.

부모가 아무리 좋은 취지로 자녀를 대해도 자녀는 파괴적인 행동을 할 수 있다. 이때 부모는 자신의 접근법을 철저하게 검토해봐야 한다. 자녀가 처한 문제는 하룻밤 사이에 극단적으로 치달을 수 있는데, 이때 부모는 그렇게 된 이유를 찾으려 애쓰며 당황스러워한다. 자녀는 학교가 바뀌거나 새로운 친구들을 접하면 극단적으로 엇나갈 수 있다. 이럴 때 부모는 생존 본능이 발동해 자신이 가장 잘 아는 것을 한다. 감정이 몹시 격해진 상태로 반응한다는 뜻이다. 그러나 이 상황에선 이와 정반대로 행동해야 한다. 항상 충동적으로 반응해온 방식을 그만두려면 용기가 필요하다.

자녀가 안 좋은 상황에 처해 있을 때, 부모는 자녀만큼이나 상실감을 느끼며 새롭게 직면한 난관에 압도되어버린다. 자녀가 처음으로 마리화나를 피웠거나, 충분히 성숙하지 못한 상태에서 성관계를 맺었거나, 새로운 학교나 친구에 적응하지 못해 공황 발작을 일으켰을 수도 있다. 부모는 이런 상황에 직면하면 혼란과 두려움에 빠진다.

나는 이럴 때 한 걸음 뒤로 물러서서, 그런 일이 갑자기 발생한 것이 아니라 그동안 잘못된 조율들이 축적되어 나타난 결과라는 점을 이해해야 한다고 말한다. 따라서 부모는 그동안의 방식을 멈추고 집안의 에너지에 변화를 주어야 한다. 어쩌면 자녀를 전학시키거나 온 가족이 상담

치료를 받아야 할지도 모른다. 힘든 요인이 무엇이 되었든지 상황이 크게 변해야 한다는 점을 이해해야 한다. 좌절, 죄책감, 수치심, 후회에 빠지지 말고 용기 있게 이 난관을 마주해야 한다.

나는 부모들에게 예측하지 못한 상황이 거의 발생하지 않도록 평소에 자녀와 긴밀하게 소통하라고 권한다. 부모는 자녀의 친구들이 누구인지 잘 알고 있어야 한다. 자녀의 기분, 식습관, 청결 상태에 주의를 기울여야 한다. 나는 부모들에게 소극적인 태도를 취하거나 안심하지 말라고 주의를 주며, 항상 방심하지 말고 자녀에게 주의를 기울이라고 말한다. 만일 자녀가 이틀 연속 저녁을 거르거나, 숙제를 하지 않거나, 자기 방에 너무 오래 틀어박혀 있다면 이는 적신호일 수 있다. 부모는 평소 자녀의 행동 패턴에 관심을 기울였다가 평소와 다른 양상을 보일 때를 감지해야 한다. 자녀에게 주파수를 맞추는 부모는 무방비 상태에서 난관에 부딪힐 가능성이 낮고 상황이 심각해지기 전에 개입할 가능성이 높다. 물론 이렇게 하려면 부모가 끝까지 중심을 잡아야 한다. 자녀에게 난감한 질문을 하는 것을 두려워하지 않고, 필요할 경우 단호한 허용선을 정해야 한다.

어떤 경우에는 가족 상담을 받는 것이 이러한 과정을 시작할 수 있는 유일한 방법이 될 수도 있다. 상담 처방은 나약함의 신호가 아니다. 가족의 안녕을 위해 꼭 필요한 우회로로 이해해야 한다. 만일 부모가 용기를 내어 의식적으로 깨어 있어야 할 필요성에 주의를 기울인다면 돌이킬 수 없는 정도의 상황이 되기 전에 이를 책임질 수 있게 될 것이다.

타고 오던 고속도로를 바꾸는 것은 삶에서 흔히 일어나는 일이다. 새로운 고속도로를 찾는 것은 창의적인 삶의 방식 중 하나다. 그동안 타고 오던 고속도로에 차가 너무 많아 혼잡하거나 가야 할 곳으로 데려다 주지 않는다며 분개하는 것은 감정적으로 미성숙하다는 신호다. 인생의 진정한 승리자는 한 고속도로의 끝이 다가오는 것을 알아차리고 기꺼이 방향을 틀 줄 안다. 다음 도로로 이어진 다리가 위험하게 느껴지더라도 그 다리가 결국 더 확실한 도로로 이어지리라는 점을 안다.

평화의 전사가 되기 위한 용기

지금까지 우리는 우리가 살고 싶은 현실을 창조해낼 힘이 우리 안에 내재되어 있다는 점을 인지하면서 현재에 충실할 때 삶의 진정한 즐거움과 묘미를 경험할 수 있다는 걸 알게 되었다. 부모는, 특히 자녀와 관련하여, 오래된 문화적 신념에서 벗어나 자주성과 존엄성이라는 민주적인 원리를 수용해야 자녀와 즐겁고 자유로운 관계를 맺을 수 있다.

의식적으로 깨어 있는 부모가 되려면 용기가 필요하다. 의식 있는 부모는 자녀의 미래에 부모가 얼마나 많은 영향을 끼치는지 알고 있기 때문에 용기 있고 겸손하게 이러한 책임을 맡는다. 의식적으로 깨어 있는 가족은 단순히 일상의 경험을 통해 자신들의 삶에 큰 변화를 줄 수 있다. 여기서 필요한 것은 부모가 자녀의 마음에 즐거움을 불러일으키는 일이다. 식탁에 둘러앉았을 때 재미있는 이야기를 나누거나, 애정 어린 포옹을 하거나, 취침 전에 잠깐 꿀 같은 시간을 보내는 등 아주 일상적인 일로도 이렇게 할 수 있다.

현재에 충실한 부모를 둔 자녀는 우주의 풍족한 자원을 활용할 줄 알게 된다. 이러한 자녀는 부모가 도전, 고통, 목적을 힘 있게 받아들이는 모습을 보기 때문에 자신의 회복탄력성을 굳게 믿는다. 부모가 자기만의 방식으로 자신을 잘 표현할수록 자녀도 그렇게 될 가능성이 높다. 마찬가지로 부모가 자신의 마음에 주파수를 기울이고 살수록 자녀도 그렇게 될 가능성이 높다.

의식적 인지와 그에 따른 지혜야말로 지구의 평화에 이르는 길이다. 이것은 가정에서, 부모와 자녀의 깨어 있는 마음에서 시작된다.

갈등에서 벗어나기 위한
새로운 약속

전에는 무례함과 저항을 봤다면,
이제 용기와 진정성을 보려 한다.
전에는 통제와 우월감을 원했다면,
이제 협력과 평등을 원한다.

나는 두려움 때문에 지배하려 했고,
무슨 수를 써서라도 이기고 싶었고,
옳음을 내세워 너에게 상처를 주었고,
내 고통을 숨기고자 너에게 고통을 주었다.

내 방식이 잘못되었음을,
내 두려움을 잘못 이해했음을,
내 분노가 편협했음을,
내 통제가 어리석었음을
이제 알게 되었다.

나는 새로운 방식으로 옮겨갈 준비가 되었다.
너의 안녕을 소중히 여기고,
너의 자율성을 신성하게 여기고,
너의 진정성을 값지게 여기는 방식으로.

내가 참된 너를 자유롭게 해주어야
내가 자유로워진다는 점을 알기 때문이다.

새로운 변화의 길목에서

반창고가 떨어져 피부가 벗겨지면서
의식적인 상태가 되는 일은 어렵다.
혼란과 부정의 마음이 한 층 한 층 탄로 나며,
아프고 연한 내 상처는 더 드러난다.

달려가 숨을 곳 없는데,
두려움이 몰려와 나를 숨 막히게 하고,
그 힘에 짓눌릴 것 같은 기분이 든다.
그때 거울이 한 낯선 사람을 되비쳐 보여준다.

옛날 모습도, 아직 새로워진 모습도 아닌 나는
육체 이탈의 상태로 맴돌고 있다.
사용하지 않아 녹이 슨 옛 가면을 지켜보면서
나는 다음 변장을 위해 벌거벗은 채 누워 있다.

왔다 갔다 하는 시계추처럼
의식이 숨바꼭질을 한다.
어느 날 나는 산의 정상에 올랐다가
다음 날 질척질척한 도랑에 빠져 있다.

무능을 선언하며 포기하고 싶은데
그 순간 무엇인가가 변하기 시작한다.
처음에는 조용히, 그러다가 큰 울림과 함께
그동안 기다려온 고요가 찾아온다.

나는 갑자기 새로운 길에 들어섰고,
녹이 슨 옛것들은 땅으로 스며들었다.
나는 앞을 보는 대신 내면을 들여다보며
처음으로 내 자아를 목격한다.

좋은 부모가 되기 위한

30가지 조언

의식적인 육아의 기술은 시간이 갈수록 더 단단하게 키워야 하는 근육과 같다. 이러한 근육을 키우는 데 유익한 30가지 조언을 실었다. 한 달 동안 매일 실천하면 의식의 영역에 깊이 새겨질 것이다.

; 환영의 기도 읊조리기

나는 쉽지 않은 육아에 수반된 모든 것을 환영한다.

나를 변화시키기 위한 이 여정에 내가 동참했기 때문이다.

나는 환영한다.

육아에 수반된 무모함과 소모를,

혼돈과 혼란을,

비겁함과 심란함을,

부루퉁함과 다툼을,

미지의 상태와 예측 불가능을,

무력감과 황폐감을,

불안과 분노를,

지루함과 긴장을.

나는 쉽지 않은 육아에 수반된 모든 것을 환영한다.

지금 그것을 진정으로 받아들일 때

그것의 장엄함과 아름다움에 경외심을 느낄 것을 알기 때문이다.

; 참자아 존중하기

자녀가 하는 일이 아닌 자녀 자체에 초점을 맞춘다.

성과, 시험, 성취, 해야 할 일을 강조하지 않는다.

나와 자녀가 참자아에 주의를 기울이도록 주의하면서 이렇게 말한다.

"오늘 너의 내면을 들여다봤니?"

"오늘 네 마음을 느꼈니?"

"오늘 네 기분을 온전히 느꼈니?"

"오늘 네 마음의 안내에 주의를 기울였니?"

"오늘 네 마음의 목소리가 어떤 말을 했니?"

; 마음의 문 열기

자녀가 잘 때의 얼굴을 마음속에 떠올려본다. 그러면 마음의 문이 열릴 것이다. 이 따스한 공간으로 들어간다. 이곳에서 자녀와 공감대를 형성한다.
자녀가 아팠거나 응급실이나 병원에 갔던 때를 기억하는가? 아니면 당신이 아는 아이가 아프거나 고통스러워하는 모습을 봤던 때를 기억하는가? 그때, 당신이 중요하다고 생각했던 모든 것이 갑자기 중요해지지 않는 경험을 해보았을 것이다. 이런 생각들을 하면 지금 이 순간 여기에 존재하는 것만으로도 축복임을 깨닫는다. 이러한 마음가짐으로 자녀가 당신에게 얼마나 소중한 존재인지 알려주자.
자녀가 기분이 안 좋거나 부루퉁하거나 짜증을 내도 받아주자. 자녀의 어린 시절은 짧다. 자녀의 눈물, 두려움, 외침, 낙담을 모두 받아주자. 어린 시절은 영원하지 않다.

; 연결된 기분 느껴보기

자녀의 얼굴을 어루만지며 자녀가 당신에게 어떤 의미인지 말해준다. 자녀를 잠시 끌어안고 서로 연결된 기분을 함께 느껴본다. 설령 자녀가 충분히 성장했더라도 어쨌든 끌어안아본다.

자녀의 얼굴을 세심하게 들여다보며 자녀의 모습과 자녀가 하는 말에 주의를 기울인다. 자녀가 하는 말을 모두 귀 기울여 듣고 자녀의 에너지를 모두 받아들인다.

; 현재에 집중하기

자녀에게 질문하고 싶은 충동을 참아본다. 그저 자녀의 모습을 지켜보며 자녀가 하는 대로 따라가본다. 아무런 말이나 판단 없이 마음으로 소통하며 자녀를 그대로 수용해준다.

오늘 자녀가 '현재'를 살 수 있는 여지를 준다. 자녀가 자신의 모습을 드러내는 것을 지켜본다. 자녀의 몸짓 언어에 주의를 기울인다. 자녀가 하는 말 이면에 담긴 기분을 이해하려 노력해본다. 그리고 당신 자신에게도 똑같이 해본다.

; 판단하지 않기

아무리 화가 나더라도 자녀를 당신의 잣대로 판단하지 않는다.

성급하게 판단하고 그것을 말로 내뱉지 않도록 주의한다.

잠시 멈추고 뒤로 물러선다.

주관적으로 판단하여 반응하기 전에 이것이 정말 중요한 문제인지 조용히 자문해본다.

; 기분을 마음 편히 표현하도록 해주기

대뜸 질문부터 하지 말고 자녀를 관찰한 뒤 대화의 문을 연다. 자녀를 통제하려 들지 말고 편안하게 해준다.
말을 하지 않아도 괜찮다는 걸 자녀에게 알려주며 대화에 초대한다.
자신의 기분을 그대로 느껴도 괜찮다는 점을 자녀에게 인지시켜준다.

; 완벽하지 못한 모습 수용하기

자녀에게 인간은 누구나 완벽하지 못하다는 점을 상기시켜주면서 겸손한 태도를 보여준다.
자녀가 자신의 완벽하지 못한 모습을 바꾸기보다 있는 그대로 수용하도록 격려해준다.
자녀가 하루하루 조금씩 발전하는 자신의 모습을 수용하도록 가르친다. 그래야 완벽함이 아닌 발전의 관점에서 자신을 생각할 수 있다.

; 고통 허용하기

자녀의 눈물이 마음을 정화시키는 수단이 될 수 있도록 자녀를 달래준다.
자녀의 고통이 나약함의 신호가 아닌 타인과 마음이 연결되어 있는 신호라는 확신을 주며 용기를 준다.
두려움을 느껴야 타인에 대한 공감이 생겨날 수 있다는 점을 상기시켜주며 자녀가 경험하는 기분이 자연스러운 것임을 알려준다.

; 용서 구하기

지난 한 주 동안 당신이 자녀의 기분을 상하게 한 이유를 다섯 가지 써보라고 요청한다. 그 뒤 각각의 사유에 대해 인정하고 사과한다.
자녀에게 더 나은 부모가 될 수 있는 방법을 말해달라고 요청해본다.
그동안 갈등을 일으킨 요소들을 없애면서 치유와 화해의 길을 만든다.

; 추억 만들기

자녀의 인생에서 오래 지속될 추억을 만들기 위해 기회를 포착해보자. 오늘 당신은 자녀의 의식 속에 깊이 각인될 추억을 만들기 위해 어떤 일을 할 수 있을까?
자녀와 함께할 수 있는 특별한 활동을 발견해보자. 자녀에게도 의견을 구하고 실행할 수 있는 방안을 생각해본다.
오늘 자녀를 이해하고, 자녀에게 미소 짓고, 5분 동안 자녀와 소통하겠다고 다짐한다. 매일 저녁 일정한 시간에 자녀와 함께 시간을 보낸다.

; 내면의 안내자에게 귀 기울이게 하기

자녀에게 자신의 의견을 강요하거나 충고하거나 훈계하지 않는다.
자녀에게 내면의 안내자에게 주의를 기울이고 그것을 따를 수 있는 여지를 준다.
자녀 스스로 리더십을 발휘하게 해주고 자신의 길을 탐험하도록 돕는다.

; 해독제 작용을 하는 에너지 이용하기

해독제 작용을 하는 에너지의 힘을 인정한다. 만일 자녀가 큰소리를 내면 당신은 부드럽게 대한다. 자녀가 불안해하면 당신은 마음 중심을 잡는다. 자녀가 화를 내면 당신은 고요한 모습을 보인다.

자녀가 느끼는 기분의 에너지를 감지한 뒤 그것에 맞서거나 그 기분을 공격하지 않는다.

당신의 에너지를 변화시켜야 자녀가 변한다는 사실을 믿는다.

; 의식적인 요청과 수용 연습하기

자녀가 진정으로 바라는 것을 요청할 수 있게 해준다.

고마운 것을 고맙게 받아들이고 감사를 표현한다.

소통하고 싶은 자아의 바람을 들어주고 단절을 원하는 에고의 바람을 거절한다.

; 바꾸어 생각하기

모든 것을 긍정적으로 바꾸어 생각해본다. 만일 자녀가 산만하다면 "와우, 우리 아들(딸) 에너지가 넘치는데?"라고 말해본다. 만일 자녀의 기분이 언짢아 보이면 "오늘 하루 힘들었던 모양인데 이제 너만의 시간을 누려 봐"라고 말한다. 만일 자녀가 무례하게 군다면 "너 뭐 안 좋은 일 있구나. 우리 잠시 심호흡을 해보자"라고 말해도 좋다.

자녀의 행동이나 말에서 긍정적인 측면을 강조해본다. 당신의 생각이 어떠할지라도.
오늘 당신의 삶에서 풍족함을 발견해본다. 당신의 신체, 부엌, 하는 일, 정원, 가정, 가족에게서 감사할 거리를 찾아보자.

; 잔소리 그만하기

반복해서 말하지 말자! 반복해서 잔소리하는 대신 자녀의 눈을 깊이 들여다보고 자녀에게 협조를 부탁한다.
자녀와 합의하고 오늘 무슨 일을 하든 그것을 따른다. 이렇게 하지 않으면 발전은 없다.
소통을 우선시하고 자녀를 바로잡아주어야 한다는 생각을 버린다.

; 자녀가 이끌게 해주기

자녀가 자신의 일정을 스스로 짤 수 있게 해주고 당신은 보조자 역할만 한다.
자녀가 자신의 나이에 맞게 가족을 위한 결정을 내릴 수 있게 허용해줌으로써 내면의 안내를 활용할 수 있게 한다.
체계적이지 못한 시간에 대한 관리권을 자녀에게 넘겨준다. 자녀가 자신의 시간을 관리하게 한다.

; 자녀의 거울이 되어주기

당신이 들었다고 생각한 말이나 듣고 싶은 말이 아닌 자녀가 한 말을 반추해본다.
자녀가 당신에게 보내는 사인에 주의를 기울인다. 자녀가 말을 안 하면 이렇게 자문해본다. "아이의 이 행동은 나에 대해 무엇을 말해주는 걸까?"
현재에 집중하는 능력과 의식적 인지 수준을 높인다. 당신이 자녀의 참자아를 어떻게 반영해 보여주고 있는지에 초점을 맞춘다.

; 의식적 인지 가르치기

자녀의 기분을 잘 관찰한다. 그 뒤 자녀에게 자신의 기분을 잘 아는 것은 학교 공부만큼이나 중요하다는 걸 가르친다.
자녀가 자기 내면을 거울처럼 들여다보며 자신의 기분을 인지한 상태에서 그것을 처리하도록 도와준다.
의사소통을 할 때 당신의 기분에 주의를 기울인다. 그래야 자녀도 그렇게 하는 법을 배운다.

; 불평하지 않기

불평하지 말고 행동한다. 불평하는 대신 상황을 바꾸기 위해 무엇을 할 수 있는지 자문해본다.
자녀에게 비난의 화살을 돌리지 말고 상황이 그렇게 된 것에 자신이 일조한 부분이 있는지 생각해본다. 있다면 책임을 진다.

변화를 일으킬 수 있는 자신의 힘을 믿는다. 소극적인 불평을 힘 있고 적극적인 행동으로 바꾼다.

; 자신을 제한하는 신념 바로잡기

자신의 선택이 내면의 결핍감에서 나온 것인지 풍족감에서 나온 것인지 인지한다.

어떤 생각이 용기와 힘을 갖는 데 도움이 되고, 어떤 생각이 낙담과 두려움을 느끼게 하는지 주의를 기울인다. 이것을 자녀에게도 가르친다.

자녀에게 자신이 믿는 것을 선택할 권한을 주고 신념 체계를 맹목적으로 따르지 말고 그것에 의문을 던지라고 가르친다.

; 자녀가 하는 일에 동참하기

지금 하는 일을 멈추고 자녀가 하고 있는 일에 동참해보라. 자녀가 아이패드를 하든 컴퓨터를 보든 숙제를 하든 상관없다. 그냥 자녀 옆에 앉아 자녀의 세계에 잠깐 들어가본다.

자녀에게 게임 한 가지를 선택하게 하거나 자신이 이끌 수 있는 활동(케이크 굽기, 사진 찍기, 산책하기 등) 한 가지를 선택하여 15~30분 정도 활동하게 한다. 그동안 옆에 있어준다.

자녀와 잠시 농담을 하거나, 추억을 떠올리거나, 수수께끼 놀이를 하며 함께 웃는다. 웃으며 보낸 즐거운 시간의 추억은 평생 간다.

; 시간을 소중히 여기게 하기

자녀가 혼자 있는 시간, 가족과 보내는 시간, 노는 시간, 공부하는 시간을 소중하게 여기는 법을 배우도록 계획을 세우는 데 도움을 준다.
놀이 시간만큼 공부하는 시간도 중요하며, '내 시간'만큼 '함께하는 시간'도 중요하다는 점을 받아들이도록 이끌어준다.
당신이 직접 본을 보임으로써 이러한 균형의 가치를 보여준다.

; 자기 관리 거르지 않기

당신의 삶에서 자기 관리를 우선순위에 두어야 한다. 자기 관리를 하면 기분이 좋아진다는 점에 초점을 맞춘다.
몸에 좋은 음식을 먹고 매일 운동하면서 몸을 가꾼다.
자기 비판을 걷어내고 매일 돌볼 몸과 닦을 이가 있다는 사실에 경이를 표한다. 오늘 자신의 몸에 감사를 표현한다.

; 스스로 선택하게 하기

원한다면 자신의 문제를 해결할 선택권이 항상 자녀에게 있음을 알려주어 용기를 북돋는다.
자녀에게 자신의 삶에 대해 가능한 한 많은 선택권을 준다.
실패는 성공보다 훨씬 효과적인 선생님이라는 점을 인지하며, 자녀가 자신의 선택에서 비롯된 실수를 통해 배울 수 있게 돕는다.

; 엄격한 허용선 정하기

허용선을 정해야 하는 이유를 인지하고, 필요성을 인정했다면 확신을 갖고 허용선을 정한다.
허용선에 대한 동의를 구하고 신중하게 실행한다.
허용선을 삶의 방식으로 구성하고, 인내심을 발휘하여 기다려줌으로써 일상적으로 스며들게 한다.

; 갈등을 새롭게 보기

진정성은 흔히 갈등과 닮아 있다는 사실을 인지하며 갈등이 발생하는 걸 두려워하지 않는다.
갈등을 힘의 공유로 생각한다.
갈등의 이면에 존재하는 에너지를 해결책을 찾는 데 쓴다.

; 지금 '있는 그대로'의 모습 받아들이기

지금 이 순간의 자녀와 당신의 있는 그대로의 모습을 받아들인다.
자녀와 당신이 마땅히 어떠해야 한다는 환상을 내려놓는다.
당신과 자녀의 장점과 단점을 모두 받아들인다.

; 오늘을 살기

어제 저지른 실수나 과거에 더 잘했어야 하는 일에 집착하지 않는다. 그보다는 지금 이 순간 바로 여기서 변화를 이루겠다고 다짐한다.
오늘 새로운 의식으로 당신에게 필요한 변화를 한 번에 한 가지씩 이루겠다고 결심한다.
지난 일을 후회하지 말고 현재에 집중한다.

; 참자아로 존재하기

걱정, 두려움 그리고 이를 통제해야 한다는 생각을 내려놓는다.
자녀에게 가능한 한 적게 간섭하며 자녀의 방식을 따라간다.
본질에 집중하고 그렇지 못한 것을 모두 내려놓는다.

감사의 글

이 책이 전하는 메시지의 힘을 항상 믿어준 WME의 에이전트 제니퍼 월시에게 감사를 전합니다. 제니퍼, 당신은 제게 단순한 에이전트가 아닌 마음의 자매라는 걸 잊지 말아요.

명확성과 믿음과 비전을 보여준, 바이킹 출판사의 대표이자 발행인인 브라이언 타르트에게 감사를 전합니다. 당신의 뛰어난 수완 덕분에 이 책이 전 세계의 많은 부모를 변화시키고 많은 가족을 치유해주리라 믿어요. 정말 감사드립니다.

제가 저를 발견하고, 대담한 시도를 하고, 꿈을 꾸도록 허용해주신 부모님께도 감사드립니다. 제 용기와 창의력과 소명 의식은 두 분의 교육을 통해 생겨났습니다. 부모님께 무한한 감사를 전합니다.

나를 가장 많이 일깨워주는 남편 오즈와 딸 마이아에게도 감사를 전합니다. 제 삶에서 두 사람의 존재로 말미암아 제가 마음의 문을 열고 변화될 수 있었습니다.

아이만큼
자라는 부모

1판 1쇄 인쇄 2018년 9월 17일
1판 1쇄 발행 2018년 9월 21일

지은이 셰팔리 차바리
옮긴이 김은경

발행인 양원석
본부장 김순미
편집장 최은영
디자인 RHK 디자인팀 지현정, 김미선
해외저작권 황지현
제작 문태일
영업마케팅 최창규, 김용환, 정주호, 양정길, 이은혜, 신우섭,
유가형, 임도진, 우정아, 김양석, 정문희, 김유정

펴낸 곳 ㈜알에이치코리아
주소 서울시 금천구 가산디지털2로 53, 20층(가산동, 한라시그마밸리)
편집문의 02-6443-8888 **구입문의** 02-6443-8838
홈페이지 http://rhk.co.kr
등록 2004년 1월 15일 제2-3726호

ISBN 978-89-255-6473-9 (03590)